高等院校技能应用型教材·网络技术系列

PHP+MySQL
Web 应用开发

赵增敏　李彦明　主　编
朱粹丹　赵朱曦　副主编

電子工業出版社
Publishing House of Electronics Industry
北京•BEIJING

内 容 简 介

本书以 Apache 2.4.38 作为 HTTP 服务器，以 PHP 7.3.2 作为 Web 编程语言，以 MySQL Community Server 8.0.15 作为 Web 数据库，系统地讲述了基于 PHP 和 MySQL 的 Web 应用程序的开发技术。本书分为 10 章，主要内容包括搭建 PHP 开发环境，PHP 语言基础，PHP 数据处理，PHP 面向对象程序设计，构建 PHP 交互网页，PHP 文件处理，PHP 图像处理，MySQL 数据库管理，通过 PHP 操作 MySQL，开发新闻发布系统。本书中所有实例程序均在 Windows 10 平台上调试通过。

本书可作为高等院校、高等职业院校计算机类相关专业课程教材和教学参考书，也可供 PHP、MySQL 爱好者和 PHP 动态网站开发维护人员学习和参考。

图书在版编目（CIP）数据

PHP+MySQL Web 应用开发 / 赵增敏，李彦明主编. —北京：电子工业出版社，2019.8

ISBN 978-7-121-35979-8

Ⅰ. ①P… Ⅱ. ①赵… ②李… Ⅲ. ①PHP 语言－程序设计－高等学校－教材 ②SQL 语言－程序设计－高等学校－教材 Ⅳ. ①TP312.8 ②TP311.132.3

中国版本图书馆 CIP 数据核字（2019）第 018410 号

策划编辑：薛华强
责任编辑：程超群　　　　特约编辑：田学清
印　　刷：山东华立印务有限公司
装　　订：山东华立印务有限公司
出版发行：电子工业出版社
　　　　　北京市海淀区万寿路 173 信箱　　　　邮编：100036
开　　本：787×1092　1/16　　印张：21　　字数：636 千字
版　　次：2019 年 8 月第 1 版
印　　次：2023 年 1 月第 9 次印刷
定　　价：59.80 元

凡所购买电子工业出版社图书有缺损问题，请向购买书店调换。若书店售缺，请与本社发行部联系，联系及邮购电话：（010）88254888，88258888。

质量投诉请发邮件至 zlts@phei.com.cn，盗版侵权举报请发邮件至 dbqq@phei.com.cn。

本书咨询联系方式：（010）88254569，xuehq@phei.com.cn，QQ1140210769。

前　言

PHP（Hypertext Preprocessor，超文本预处理器）是一种通用脚本开源语言，它在语法上混合了 C、Java 和 Perl 语言的精华，非常容易学习和操作。PHP 具有简单性、开放性、安全性、跨平台性、低成本和开源免费等优点，支持绝大多数的主流数据库和各种 Internet 协议，并可以通过 API 进行扩展。PHP 将脚本嵌入 HTML 文档，其执行效率远高于完全生成 HTML 标记的 CGI 程序，它既可以单独运行，也可以作为模块运行于 Web 服务器，特别适用于 Web 应用开发领域。

MySQL 是当今很流行的关系型数据库管理系统，它可以跨平台运行，支持多线程、多用户和重负载，具有快速可靠、易于使用、安全性好、连接性好、开源免费等优点。在 Web 应用开发领域，MySQL 堪称 PHP 的最佳搭档。

本书系统地介绍了基于 PHP 和 MySQL 的 Web 应用程序的开发技术。全书共分为 10 章：第 1 章讲述搭建 PHP 开发环境，首先介绍各个 PHP 开发组件，然后介绍 PHP 开发环境分立组件安装和集成软件安装；第 2 章介绍 PHP 语言基础，包括 PHP 基本知识、PHP 数据类型、变量与常量、运算符与表达式、流程控制语句和函数；第 3 章介绍 PHP 数据处理，包括数组操作、字符串处理、正则表达式，以及日期和时间；第 4 章介绍 PHP 面向对象程序设计，包括面向对象程序设计概述、类与对象、类的继承、抽象类与接口，以及魔术方法；第 5 章介绍构建 PHP 交互网页，包括表单数据处理、URL 参数处理、AJAX 请求处理、Cookie 应用和会话管理；第 6 章介绍 PHP 文件处理，包括文件操作、目录操作和上传文件；第 7 章介绍 PHP 图像处理，包括配置 GD 库、图像基本操作、绘制图形和绘制文本；第 8 章介绍 MySQL 数据库管理，包括 MySQL 应用基础、创建和管理数据库、创建和维护表、数据操作与查询、其他数据库对象、数据备份和恢复，以及安全性管理；第 9 章介绍通过 PHP 操作 MySQL，包括 MySQL API 简介、连接 MySQL、查询记录和增删改操作；作为前面各章所讲知识的综合运用，第 10 章介绍基于 PHP 和 MySQL 开发新闻发布系统，主要包括系统功能设计和各个系统功能模块的实现。

本书中的所有实例程序源代码均通过上机测试。所用 HTTP 服务器为 Apache 2.4.38，操作系统平台为 Windows 10 专业版，Web 编程语言为 PHP 7.3.2，Web 数据库服务器为 MySQL 8.0.15，PHP 开发工具为 PhpStorm 2018.3.4。

本书实例中涉及的人名、电话号码和电子邮件地址均属虚构，如有雷同，实属巧合。

本书由赵增敏、李彦明担任主编，朱粹丹、赵朱曦担任副主编。参加本书编写、资料搜集、代码测试和文字录入排版的人员包括余霞、王庆建、吴洁、卢捷、刘颖、姜红梅、郭宏、王亮、宋晓丽、段丽霞、李强、李娴、连静、朱永天。由于作者水平所限，书中疏漏和不足之处在所难免，欢迎广大读者提出宝贵意见。

为了方便教师教学，本书还配有电子课件、习题答案和实例程序源代码。请有上述需要的教师登录华信教育资源网（www.hxedu.com.cn）并在免费注册后进行下载，有问题时请在网站留言板留言或与电子工业出版社联系（E-mail：hxedu@phei.com.cn）。

作　者

目录

CONTENTS

第 1 章　搭建 PHP 开发环境

工欲善其事，必先利其器。如果要开发 PHP Web 应用程序，则需要在计算机上搭建 PHP 开发环境。搭建 PHP 开发环境主要有两种方式：一种方式是逐个安装各个组件并进行相应的配置，另一种方式是使用集成包来配置 PHP 开发环境。为了高效地进行 PHP Web 应用项目开发，在搭建好 PHP 开发环境后，通常还需要选择安装一种合适的 PHP 开发工具。本章将介绍如何在 Windows 10 平台上搭建 PHP 开发环境，首先简单介绍 PHP 开发组件，然后介绍 PHP 开发环境分立组件安装和集成软件安装。

1.1　PHP 开发组件介绍

PHP 开发组件主要包括 Apache 服务器、PHP 语言和 MySQL 数据库。本节对这些组件分别进行简要介绍。

1.1.1　Apache 服务器

Apache HTTP Server 项目是 Apache 软件基金会（Apache Software Foundation）于 1995 年推出的一个开源软件项目，旨在为包括 UNIX 和 Windows 在内的现代操作系统开发和维护开源 HTTP 服务器，该项目的目标是提供与当前 HTTP 标准同步的 HTTP 服务，并提供一个安全、高效和可扩展的 Web 服务器软件。Apache HTTP Server（简称 Apache）一直是互联网上很受欢迎的 Web 服务器软件，它快速、可靠且易于扩展，具有卓越的跨平台性和安全性，可以运行在大部分广泛使用的计算机平台上，目前占据了 Web 服务器 60%以上的份额。

Apache 之所以如此受欢迎，是因为它具有以下主要特点。

- 支持最新的 HTTP/1.1 通信协议。
- 拥有简单而强有力的基于文件的配置过程。
- 支持通用网关接口。
- 支持基于 IP 和基于域名的虚拟主机。
- 支持多种方式的 HTTP 认证。
- 集成 Perl 处理模块。
- 集成代理服务器模块。
- 支持实时监视服务器状态和定制服务器日志。
- 支持服务器端包含指令（SSI）。
- 支持安全 Socket 层（SSL）。
- 提供用户会话过程的跟踪。
- 支持 FastCGI。
- 通过第三方模块可以支持 Java Servlets。

如果计划为网站选择一款 Web 服务器软件，则 Apache 毫无疑问是最佳选择。

1.1.2　PHP 语言

PHP（Hypertext Preprocessor，超文本预处理器）最初是由 Rasmus Lerdorf 在 1994 年设计的，用来统计其个人网站的访问量。Rasmus Lerdorf 在 1995 年以“Personal Home Page Tools(PHP Tools)”为题发布了 PHP 1.0。PHP 现在已成为一种非常流行的开源 Web 编程语言，主要用于开发服务器

端应用程序及动态网页。

PHP 具有以下主要特点。

1．跨平台性

PHP可以在Windows、Macintosh、UNIX和Linux等操作系统平台上运行，而且可以与Apache、IIS 等主流 Web 服务器一起使用。更为难得的是，PHP 代码无须做任何修改即可在不同的 Web 服务器平台之间移植，这正是 PHP 备受人们青睐的重要原因之一。

2．开放性源代码

PHP 的原始代码完全公开，这种开源策略使无数业内人士欢欣鼓舞。新函数库的不断加入，使得 PHP 具有强大的更新能力，从而在 Win32 或 UNIX 平台上拥有更多新功能。PHP 是完全免费的，其所有源代码和文档都可以免费下载、复制、编译、打印和分发。

3．运行于服务器端

PHP 脚本可以嵌入到 HTML 文档中，并由 Web 服务器识别出来交给 PHP 脚本引擎解释执行，从而完成所需要的功能，执行结果以 HTML 代码形式返回客户端浏览器。在客户端可以看到 PHP 脚本的执行结果，但看不到 PHP 脚本代码。

4．执行效率高

与其他解释性语言相比，PHP 消耗的系统资源比较少，当使用 Apache 作为 Web 服务器并将 PHP 作为该服务器的一部分时，无须调用外部二进制程序即可运行 PHP 脚本，且解释执行 PHP 脚本不会增加系统额外的负担。

5．数据库访问功能

通过 PHP 可以访问多种数据库格式，包括 MySQL、Oracle、SQL Server、Informix、Sybase，以及通用的 ODBC 等。当开发 PHP 动态网站时，PHP 与 MySQL 更是一对黄金搭档。

6．图像处理功能

通过在 PHP 中调用 GD 库中的函数，可以很方便地创建和处理 Web 上最为流行的 GIF、PNG 和 JPEG 等格式的图像，并直接将图像流输出到浏览器中。GD 库是一个用于动态生成图像的开源代码库，GD 库文件包含在 PHP 安装包中。

7．面向对象编程

PHP 支持面向对象编程，它提供了类和对象，可以支持构造函数和抽象类等。PHP 5.0 于 2004 年 7 月 13 日正式发布，该版本在面向对象编程方面有了重要变化，主要包括：对象克隆，访问修饰符（公共、私有和受保护的），接口、抽象类和方法，以及扩展重载对象等。

8．可伸缩性

网页中的交互作用可以通过 CGI 程序来实现，但 CGI 程序的可伸缩性不理想，需要为每一个正在运行的 CGI 程序创建一个独立进程。解决方法就是将 CGI 语言的解释器编译进 Web 服务器。PHP 也可以通过这种内嵌的方式进行安装，使 PHP 具有更好的可伸缩性。

9．语言简单易学

PHP 的语法利用并吸取了 C、Java 和 Perl 等语言的精华，只要了解一些编程的基本知识，就可以开始进行 PHP 编程，很容易学习。

1.1.3 MySQL 数据库

MySQL是一种关系型数据库管理系统，由瑞典的MySQL AB公司拥有和赞助，目前属于Oracle 旗下产品。在 Web 应用方面，MySQL 是最好的关系型数据库管理系统应用软件。MySQL 所使用的 SQL 语言是用于访问数据库的常用标准化语言。MySQL 软件采用了双授权政策，分为社区版（Community）和商业版（Commercial）。由于其体积小、速度快、总体拥有成本低，尤其是开放源码这一特点，因此在中小型网站开发中一般会选择 MySQL 作为网站数据库服务器。MySQL 社区版性能卓越，搭配 Apache 和 PHP 可以组成良好的开发环境。

MySQL 具有以下特点。

1．快速、可靠、易于使用

MySQL 最初是为了处理大型数据库而开发的，与已有的解决方案相比，它的速度更快。多年以来，MySQL 已成功应用于众多要求很高的生产环境。MySQL 一直在不断地发展，目前已能提供丰富的功能。MySQL 具有良好的连通性、速度和安全性，使其非常适合用作网站的后台数据库。

2．工作在客户端/服务器模式下或嵌入式系统中

MySQL 是一种客户端/服务器数据库管理系统，它由一个多线程 SQL 服务器、多种不同的客户端程序和库、众多管理工具，以及广泛的应用编程接口 API 组成。

3．真正的多线程

MySQL 是一种多线程数据库产品，它采用了核心线程的完全多线程。如果有多个 CPU，它可以方便地使用这些 CPU。MySQL 使用多线程方式执行查询，可以使每个用户至少拥有一个线程，对于多 CPU 系统而言，其查询的速度和所能承受的负荷都将高于其他系统。

4．跨平台性

MySQL 使用 C 和 C++语言编写，并使用多种编译器进行测试，从而保证了源代码的可移植性，使其能够在各种平台上工作，这些平台包括 AIX、FreeBSD、HP-UX、Linux、mac OS、Novell Netware、OpenBSD、OS/2 Wrap、Solaxis 和 Windows 系列等。由于 MySQL 和 PHP 都具有跨平台性，两者可以在各种平台上配合使用。

5．提供多种编程语言支持

MySQL 为多种编程语言提供了 API，这些编程语言包括 C、C++、Eiffel、Java、Perl、PHP、Python、Ruby 和 Tcl 等。

6．提供多国语言支持

常见的编码格式，如 UTF-8、中文的 GBK 和 BIG5、日文的 Shift_JIS 等，均可作为数据库中的表名和列名使用。

7．数据类型丰富

MySQL 提供的数据类型很多，包括带符号整数和无符号整数、单字节整数和多字节整数、FLOAT、DOUBLE、CHAR、VARCHAR、TEXT、BLOB、DATE、TIME、DATETIME、TIMESTAMP、YEAR、SET、ENUM 和 OpenGIS 空间类型等。

8．安全性好

MySQL 采用十分灵活和安全的权限和密码系统，允许基于主机的验证。当连接到服务器时，所有的密码传输均采用加密形式，从而保证了密码安全。

9．处理大型数据库

使用 MySQL 可以处理包含 0.5 亿条记录的数据库。据报道，有些用户已将 MySQL 用于包含 6 万个表和约 50 亿条记录的大型数据库。

10．连接性好

在任何操作系统平台上，客户端均可使用 TCP/IP 协议连接到 MySQL。在 Windows 系统中，

客户端可以使用命名管道进行连接。在 UNIX 系统中，客户端可以通过 UNIX 域的套接字建立连接。Connector / ODBC（MyODBC）接口为使用 ODBC 连接的客户端程序提供了 MySQL 支持。

1.2 PHP 开发环境分立组件安装

1.2.1 下载和配置 Apache

在 Windows 10 平台上安装 Apache 的过程主要包括以下步骤。

1. 下载和解压 Apache

Apache 服务器软件可以从 https://www.apachehaus.com/cgi-bin/download.plx 网址下载，如图 1.1 所示。在笔者撰写本书时，Apache 最新的稳定版本为 Apache 2.4.38，适用于 Windows 操作系统平台的版本分为 32 位和 64 位两种，安装包的文件名分别为 httpd-2.4.38-o102q-x86-vc14.zip 和 httpd-2.4.38-o102q-x64-vc14.zip，文件大小分别为 10.2MB 和 11.4MB。本书所使用的 Apache 服务器软件为 64 位版本。

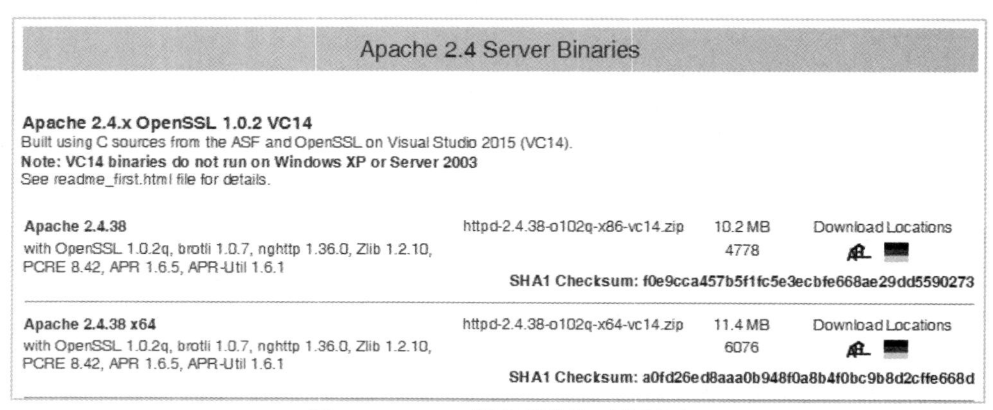

图 1.1　Apache 服务器软件下载页面

使用压缩软件 WinRAR 或 WinZIP 对下载的 Apache 安装包文件进行解压操作。本书使用的解压目录为 D:\WAMP\Apache24，其内容如图 1.2 所示。

2. 修改服务器配置文件

在完成 Apache 安装包的解压操作后，需要对 Apache24\conf 目录中的服务器配置文件 httpd.conf 进行修改。使用 Windows 自带的记事本程序打开该文件，查找以下两行内容。

```
#Define SRVROOT "/Apache24"
#ServerRoot "${SRVROOT}"
```

在找到后，将其更改如下。

```
Define SRVROOT "D:/WAMP/Apache24"
ServerRoot "${SRVROOT}"
```

其中，第一行使用 Define 指令定义了一个名为 SRVROOT 的变量，该变量的值是一个用双引号引起来的字符串，表示 Apache 所在目录（用正斜杠分隔路径的各个部分）；第二行使用 ServerRoot 指令设置 Apache 安装的基本目录，所设置的值也是一个字符串，此处引用了第一行定义的变量 SRVROOT，该变量名用花括号括起来，并添加美元符号$作为前缀。

图 1.2　Apache 解压目录内容

3. 在 Windows 中安装 Apache 服务

以管理员身份进入命令提示符（cmd）窗口，使用 CD 命令切换到 Apache24\bin 目录中，然后输入并执行以下命令。

```
httpd -k install
```

执行情况如图 1.3 所示。

图 1.3　在命令提示符下安装 Apache 服务

当看到提示信息"The 'Apache2.4' service is successfully installed."时，就表明 Apache 服务已经安装成功。在默认情况下，在 Windows 10 中安装 Apache 服务时其名称为"Apache2.4"。在 Apache 服务安装后，会将对服务器配置文件 httpd.conf 进行测试，如果提示信息"Errors reported here must be corrected before the service can be started."之后并无其他信息出现，则表明 Apache 服务器配置文件中不包含任何错误；如果在这段信息之后还有其他错误提示信息出现，则需要纠正所出现的错误，然后才能启动 Apache 服务。

4. 管理 Apache 服务

对于已经安装成功的 Apache 服务，可以使用以下 3 种方式对其进行管理。

（1）使用 Apache 服务器主程序 httpd.exe 进行管理。这是一个命令行程序，其使用方法如下。

- 启动服务：httpd -k start。
- 停止服务：httpd -k stop。
- 重启服务：httpd -k restart。
- 卸载服务：httpd -k uninstall。

（2）使用 Apache 所提供的 Apache Service Monitor 实用工具进行管理。该工具包含在 Apache24\bin 目录中，文件名为 ApacheMonitor.exe，其运行界面如图 1.4 所示。

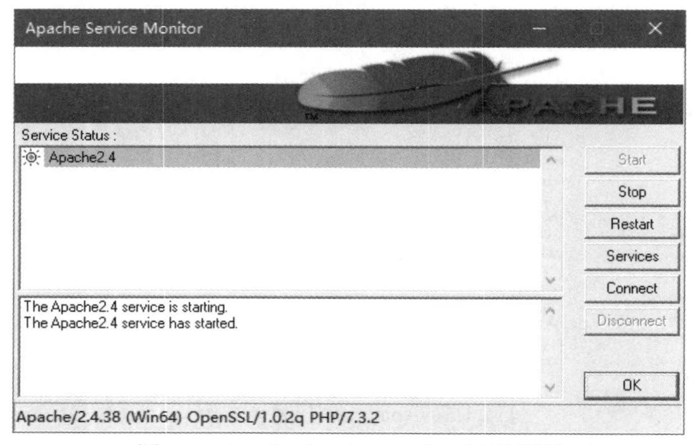

图 1.4　Apache Service Monitor 运行界面

Apache Service Monitor 实用工具的运行界面包含以下按钮。

- Start：启动 Apache 服务。
- Stop：停止 Apache 服务。
- Restart：重启 Apache 服务。所谓重启，就是先停止 Apache 服务，再启动 Apache 服务。当修改 Apache 服务器配置文件时，必须重启 Apache 服务，才能使修改生效。
- Services：打开 Windows 服务管理工具。
- Connect：连接远程计算机。
- Disconnect：断开远程计算机。

（3）使用 Windows 服务管理工具进行管理。单击“开始”菜单按钮，然后单击“管理工具”→“服务”命令，即可打开 Windows 服务管理工具的运行界面，如图 1.5 所示。

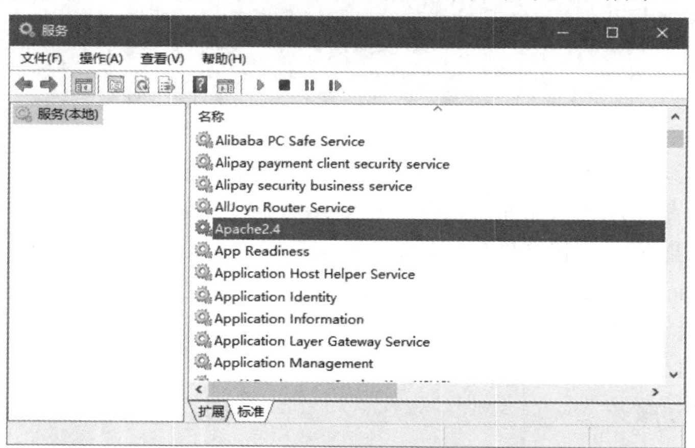

图 1.5　Windows 服务管理工具的运行界面

Windows 服务管理工具的运行界面包含以下按钮。

- ▶：启动服务。
- ■：停止服务。
- ⏸：暂停服务。
- ⏯：重新启动服务。

5．测试 Apache 服务

要对 Apache 服务进行测试，可以在浏览器地址栏中输入“http://localhost”，并按“Enter”键，即可进入如图 1.6 所示的 Apache 服务测试页（Apache24/htdocs/index.html），表明 Apache 已开始正常工作。

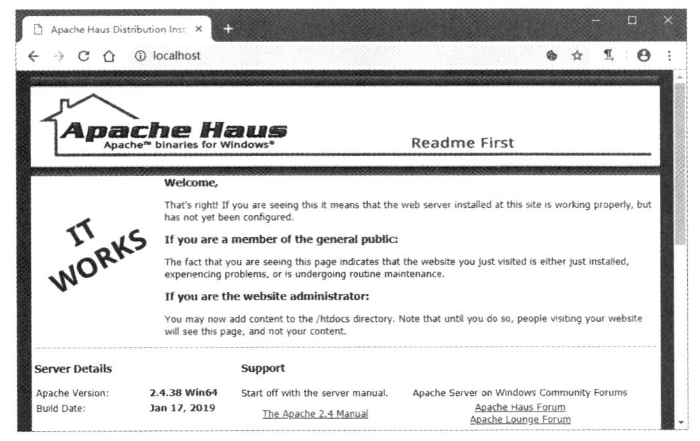

图 1.6　浏览器中打开的 Apache 服务测试页

6．设置基于 Apache 的网站主目录

图 1.6 所示的脚本运行界面实际上是网站主目录中的一个 HTML 网页，其文件名为 index.html。在默认情况下，基于 Apache 的网站主目录为 Apache24/htdocs。根据实际需要，也可以在服务器配置文件 httpd.conf 中使用 DocumentRoot 指令更改网站主目录，具体步骤是用记事本程序打开该配置文件，查找以下内容。

```
DocumentRoot "${SRVROOT}/htdocs"
<Directory "${SRVROOT}/htdocs">
   Options Indexes FollowSymLinks
   Require all granted
</Directory>
```

在找到上述内容后，将其中的“${SRVROOT}/htdocs”更改为要设置的新目录，如可将其更改为“E:/ApacheDocs”，然后重启 Apache，使新的设置生效。

7．在 Apache 中创建虚拟目录

如果要将网站文件存储在主目录之外的某个目录中，则应将该目录设置为虚拟目录。因此，需要在服务器配置文件 httpd.conf 中使用 Alias 指令将一个虚拟路径映射为该目录，并使用 Directory 指令对该目录的访问权限进行设置。例如：

```
Alias /php "G:/phpdocs"
<Directory "G:/phpdocs">
   <RequireAll>
      Require all granted
   </RequireAll>
</Directory>
```

1.2.2　下载和配置 PHP

在 Windows 平台上安装和配置 PHP 语言引擎的过程主要包括以下步骤。

1．下载和解压 PHP

PHP 的 Windows 版本可以从其官网下载，网址为 https://windows.php.net/download，如图 1.7 所示。在笔者撰写本书时，PHP 的最新版本为 PHP 7.3.2，适用于 Windows 操作系统平台的版本分为 32 位和 64 位两种，安装包的文件名分别为 php-7.3.2-Win32-VC15-x86.zip 和 php-7.3.2-Win32-VC15-x64.zip，文件大小分别为 24.31MB 和 22.63MB。本书所使用的 PHP 是 64 位版本。

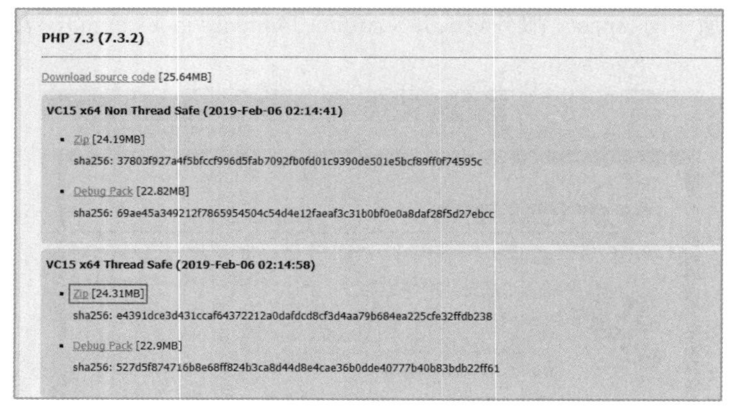

图 1.7　PHP 下载页面

使用压缩软件将下载的 PHP 安装包文件解压到指定的目录。本书使用的解压目录为 D:\WAMP\PHP7.3.2，其内容如图 1.8 所示。

图 1.8　PHP 解压目录内容

2．创建 PHP 配置文件

对 PHP 解压目录中的 php.ini-development 文件进行复制，并将副本文件重命名为 php.ini，由此得到 PHP 配置文件。使用记事本程序打开配置文件 php.ini，查找以下内容。

```
; extension_dir = "./"
```

在找到后，删除上述内容前的分号，并将等号右侧修改为 PHP 动态模块的加载路径，即 PHP 解压目录中 ext 文件夹的路径，亦即动态链接库 php*.dll 所在的位置。修改后内容如下。

```
extension_dir = "D:/WAMP/PHP7.3.2/ext"
```

3．使 Apache 支持 PHP

为了使 Apache 支持 PHP，需要对 Apache 服务器配置文件 httpd.conf 进行修改。使用记事本程序打开配置文件 httpd.conf，在该文件末尾添加以下内容。

```
PHPIniDir "D:/WAMP/PHP7.3.2/"
LoadModule php7_module "D:/WAMP/PHP7.3.2/php7apache2_4.dll"
AddType application/x-httpd-php .php
```

其中，“D:/WAMP/PHP7.3.2/”表示 PHP 的安装路径。读者可以根据自己的 PHP 安装路径进行设置。在完成 Apache 服务器配置文件修改后，在重启 Apache，使所做的更改生效。

4. 测试 PHP

使用记事本程序新建一个文本文件，并输入以下内容。

```
<?php phpinfo(); ?>
```

其中，“<?php”和“?>”是 PHP 脚本语言的定界符；phpinfo()函数用于输出关于 PHP 配置的信息，包括 PHP 编译选项、启用的扩展、PHP 版本、服务器信息和环境变量（如果编译为一个模块）、PHP 环境变量、操作系统版本信息、path 变量、配置选项的本地值和主值、HTTP 头和 PHP 授权信息（License）等；在 PHP 脚本代码中，应在每个语句末尾添加一个分号作为结束符。

将该文件命名为 test.php，并保存到基于 Apache 的网站主目录中。

在浏览器地址栏中输入“http://localhost/test.php”，并按“Enter”键，即可进入如图 1.9 所示的 PHP 测试页面，表明 PHP 运行环境配置成功。

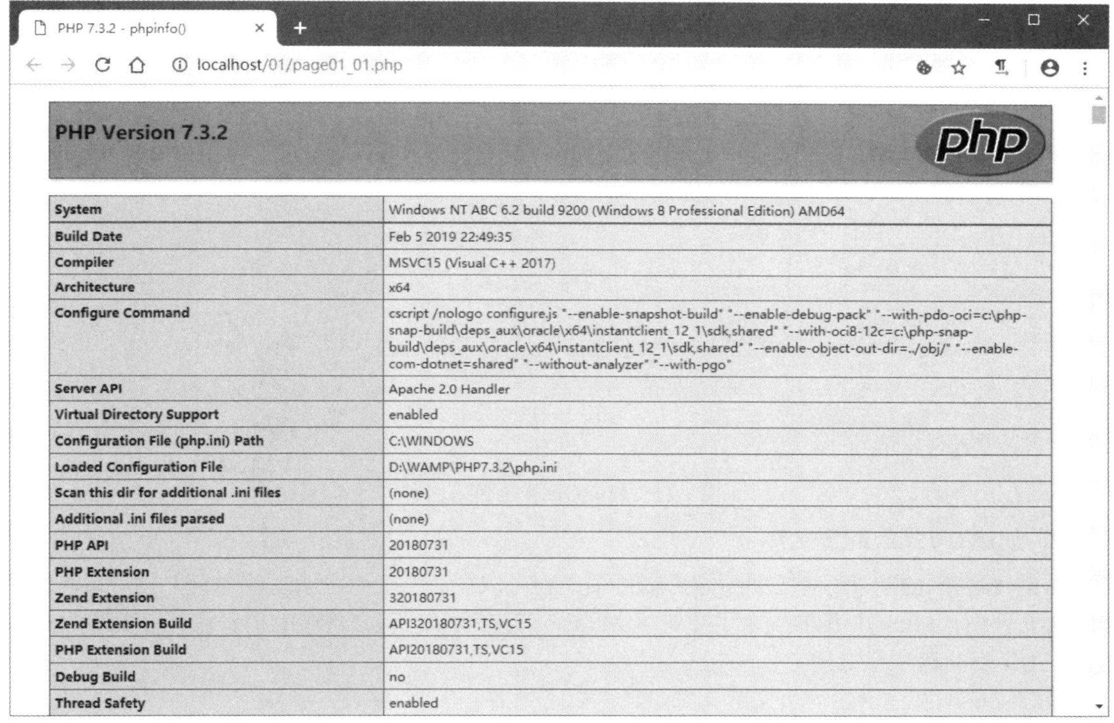

System	Windows NT ABC 6.2 build 9200 (Windows 8 Professional Edition) AMD64
Build Date	Feb 5 2019 22:49:35
Compiler	MSVC15 (Visual C++ 2017)
Architecture	x64
Configure Command	cscript /nologo configure.js "--enable-snapshot-build" "--enable-debug-pack" "--with-pdo-oci=c:\php-snap-build\deps_aux\oracle\x64\instantclient_12_1\sdk,shared" "--with-oci8-12c=c:\php-snap-build\deps_aux\oracle\x64\instantclient_12_1\sdk,shared" "--enable-object-out-dir=../obj/" "--enable-com-dotnet=shared" "--without-analyzer" "--with-pgo"
Server API	Apache 2.0 Handler
Virtual Directory Support	enabled
Configuration File (php.ini) Path	C:\WINDOWS
Loaded Configuration File	D:\WAMP\PHP7.3.2\php.ini
Scan this dir for additional .ini files	(none)
Additional .ini files parsed	(none)
PHP API	20180731
PHP Extension	20180731
Zend Extension	320180731
Zend Extension Build	API320180731,TS,VC15
PHP Extension Build	API20180731,TS,VC15
Debug Build	no
Thread Safety	enabled

图 1.9　PHP 测试页面

1.2.3　下载和配置 MySQL

在 Windows 10 平台上安装 MySQL 的过程主要包括以下步骤。

1. 下载和解压 MySQL

MySQL 产品分为商业版和社区版两种。在笔者撰写本书时，MySQL 社区版的最新版本为 MySQL Community Server 8.0.15，该版本可以从 https://dev.mysql.com/downloads/mysql/网址下载，如图 1.10 所示。MySQL Community Server 8.0.15 分为安装版和免安装版两种，本书所使用的 MySQL 是免安装版，其安装包的文件名为 mysql-8.0.15-winx64.zip，文件大小为 184.1MB。

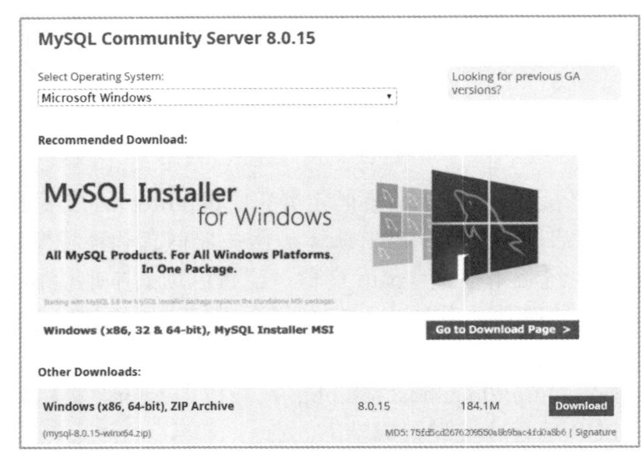

图 1.10　MySQL 社区版下载页面

将下载的 MySQL 安装包文件解压到指定目录，如“D:\WAMP\mysql-8.0.13”，该目录包含的内容如图 1.11 所示。

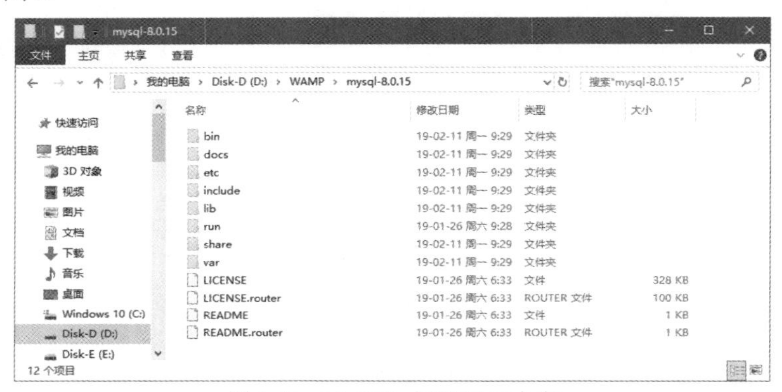

图 1.11　MySQL 解压目录内容

2．创建 MySQL 配置文件

如果在运行 MySQL 时需要指定启动选项，则可以在命令行中指明这些选项，也可以将其放在配置文件中，MySQL 配置文件的文件名为 my.ini。在每次启动 MySQL 时，使用该配置文件指定 MySQL 启动选项最方便。

通过记事本程序创建一个文本文件，输入以下内容。

```
[mysql]
# 设置 mysql 客户端默认字符集
default-character-set=utf8mb4
[mysqld]
# 设置 3306 端口
port=3306
# 设置 mysql 的安装目录
basedir=D:/WAMP/mysql-8.0.15
# 设置 mysql 数据库的数据的存放目录
datadir=D:/WAMP/mysql-8.0.15/data
# 设置允许的最大连接数
max_connections=200
# 设置服务端使用的默认字符集
character-set-server=utf8mb4
# 设置创建新表时使用的默认存储引擎
default-storage-engine=INNODB
```

将该文件命名为my.ini，编码格式设为ANSI，并保存到MySQL安装目录中。

注意： 在保存MySQL配置文件时，不要使用UTF-8编码格式，否则会出现错误！

3．安装MySQL

以管理员身份进入命令提示符（cmd）窗口，使用CD命令切换到MySQL解压目录的bin文件夹中，通过输入以下命令对MySQL进行初始化。

```
mysqld --initialize --console
```

这条命令的执行结果如图1.12所示。

```
管理员: C:\WINDOWS\system32\cmd.exe
D:\WAMP\mysql-8.0.15\bin>mysqld --initialize --console
2019-02-11T01:55:36.520674Z 0 [System] [MY-013169] [Server] D:\WAMP\mysql-8.0.15\bin\mysql
d.exe (mysqld 8.0.15) initializing of server in progress as process 11456
2019-02-11T01:55:57.713708Z 5 [Note] [MY-010454] [Server] A temporary password is generate
d for root@localhost: b2dbuCr22e%H
2019-02-11T01:56:06.069510Z 0 [System] [MY-013170] [Server] D:\WAMP\mysql-8.0.15\bin\mysql
d.exe (mysqld 8.0.15) initializing of server has completed

D:\WAMP\mysql-8.0.15\bin>
```

图1.12　MySQL初始化

在执行MySQL初始化命令过程中，会为root用户随机生成了一个临时密码。在图1.13中这个临时密码为“b2dbuCr22e%H”，安装时需要记住这个密码，以备后用。

为了在Windows系统中注册MySQL服务，应执行MySQL服务器端程序“mysqld.exe”，所用的命令格式如下。

```
mysqld install
```

这条命令的执行结果如图1.13所示。此时，显示“Service successfully installed.”，表明MySQL服务注册成功。在默认情况下，所注册的MySQL服务的名称为“MySQL”。如果要使用其他名称作为MySQL服务的名称，则应在mysqld install命令后面指定一个服务名称，如“MySQL80”。

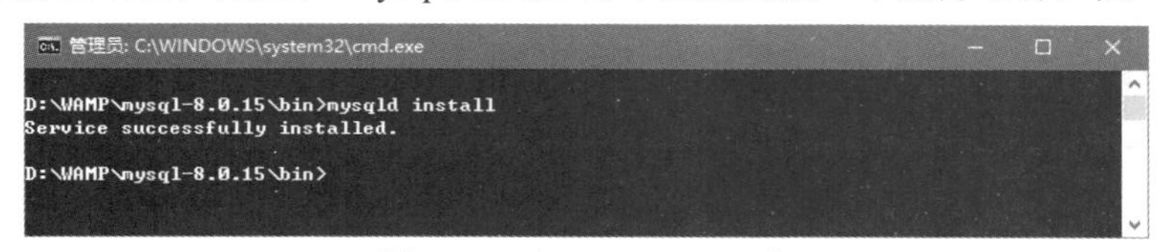

图1.13　注册MySQL服务

为了启动MySQL服务，需要执行Windows网络命令net，命令格式如下。

```
net start mysql
```

在执行这条命令后，即可显示“MySQL服务已经启动成功”，如图1.14所示。

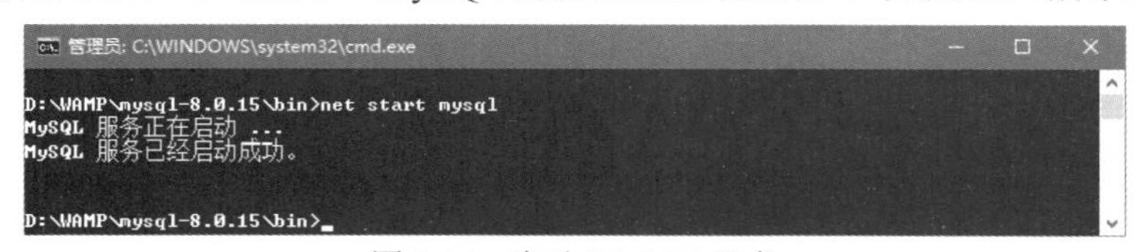

图1.14　启动MySQL服务

4．登录MySQL

通过运行命令行MySQL客户端程序（mysql.exe）登录到MySQL，命令格式如下。

```
mysql -uroot -p
```

其中，“-u（user）”指定登录用户名，“-p（password）”指定连接服务器时使用的密码。如果未在命令行提供密码，则按“Enter”键后会提示输入密码，此时可以输入图1.12生成的临时密码。如果成功登录到MySQL，则会看到命令提示符“mysql>”，如图1.15所示。

```
管理员: C:\WINDOWS\system32\cmd.exe - mysql -uroot -p

D:\WAMP\mysql-8.0.15\bin>mysql -uroot -p
Enter password: ************
Welcome to the MySQL monitor.  Commands end with ; or \g.
Your MySQL connection id is 8
Server version: 8.0.15

Copyright (c) 2000, 2019, Oracle and/or its affiliates. All rights reserved.

Oracle is a registered trademark of Oracle Corporation and/or its
affiliates. Other names may be trademarks of their respective
owners.

Type 'help;' or '\h' for help. Type '\c' to clear the current input statement.

mysql> _
```

图 1.15　登录 MySQL

由于 MySQL 8 采用了新的密码策略，导致很多 MySQL 客户端工具不再受支持。为了能使用原来的密码策略，在登录成功后应立即修改 root 用户的密码策略并设置新密码，命令格式如下。

```
ALTER USER 'root'@'localhost' IDENTIFIED WITH mysql_native_password BY '新密码';
```

ALTER USER 命令的执行结果如图 1.16 所示。

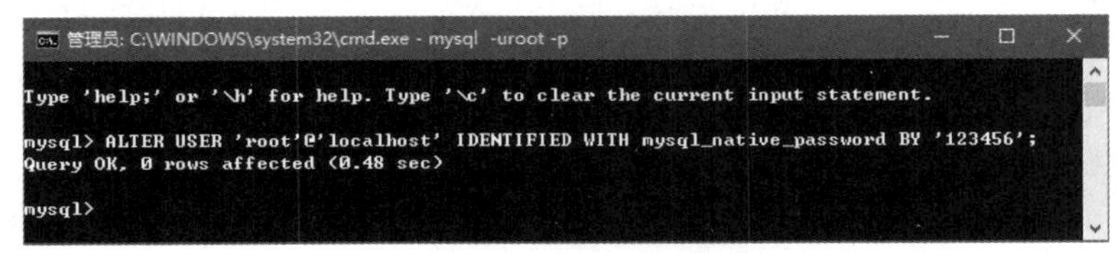

图 1.16　使用 ALTER USER 命令修改密码策略和密码

5. 管理 MySQL 服务

MySQL 服务可以通过以下两种方式来管理。

（1）命令方式。将 MySQL 解压目录下的 bin 文件夹路径添加到 Windows 环境变量 path 中，以管理员身份执行命令提示符（cmd），然后使用 MySQL 服务器程序 mysqld.exe 或 Windows 网络命令 net 对 MySQL 服务进行管理。

- 安装服务：mysqld install。
- 卸载服务：mysqld –remove。
- 启动服务：net start mysql。
- 停止服务：net stop mysql。

（2）图形方式。使用 Windows 服务管理工具对 MySQL 服务进行管理，如图 1.17 所示。

图 1.17　使用 Windows 服务管理工具管理 MySQL 服务

1.3　PHP 开发环境集成软件安装

前文介绍了如何通过逐个安装分立组件来搭建 PHP 开发环境，这种方法的优点是可以及时使用各个组件的最新版本，但整个过程颇为烦琐，对初学者而言有一定难度。为了简化 PHP 开发环境的搭建过程，可以使用集成软件包来完成各个组件的安装和配置。近年来，出现了多种 PHP 环境集成包，如 XAMPP、APMServ、WampServer、PHPWAMP、phpStudy、PHPnow、EasyPHP、AppServ 和 PHPMaker 等。本节以 phpStudy 为例介绍如何使用集成包来搭建 PHP 开发环境，其他集成包的使用方法大同小异。

1.3.1 安装 phpStudy

phpStudy 是一个 PHP 调试环境的程序集成包，它集成了最新的“Apache+PHP+MySQL+phpMyAdmin+ZendOptimizer”，所有组件可以一次性安装，且无须配置即可使用。phpStudy 软件版本很齐全，它支持自定义 PHP 版本，适合所有场景；软件功能强大，不仅支持 IIS 和 Apache，而且支持 Linux 系统；phpStudy 软件包经过精简压缩，其程序绿色小巧，非常容易学习，适合初学者使用。

phpStudy 软件包可以从其官网（http://phpstudy.php.cn/）下载。phpStudy 软件安装包的文件名为 phpStudy20180211.zip，文件大小只有 59.8MB。下载 phpStudy 并对其进行解压缩，会得到一个自解压文件 phpStudySetup.exe。双击自解压文件 phpStudySetup.exe，即可弹出如图 1.18 所示的对话框，然后输入或选择解压目标文件夹，并单击“是”按钮，即可开始执行文件解压操作。

在完成 phpStudy 安装包解压缩后，目标文件夹内包含的 phpStudy.exe 文件为 phpStudy 控制面板主程序，Apache、PHP 和 MySQL 等组件则包含在 PHPTutorial 文件夹中，如图 1.19 所示。

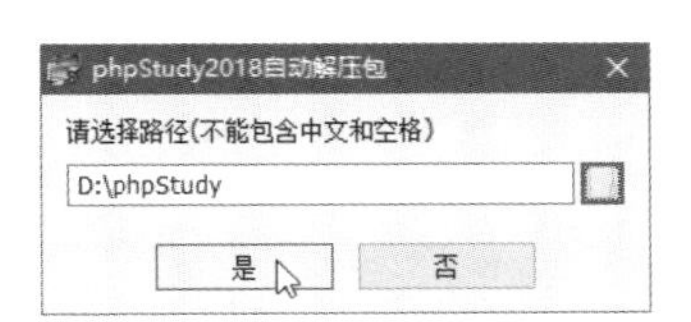

图 1.18　选择 phpStudy 安装文件夹

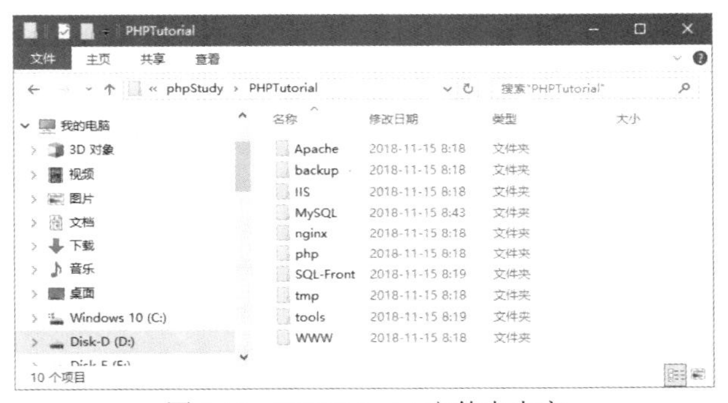

图 1.19　PHPTutorial 文件夹内容

PHPTutorial 安装文件夹主要包含以下内容。

- Apache 文件夹：包含 Apache 的安装文件。
- backup 文件夹：存放备份文件。
- IIS 文件夹：主要包含一些用于控制 IIS 服务器运行的批处理文件。
- MySQL 文件夹：包含 MySQL 的安装文件。
- nginx 文件夹：包含 Nginx 服务器的安装文件。
- php 文件夹：包含各种版本的 PHP 语言引擎支持文件。
- SQL-Front 文件夹：包含 MySQL 数据库可视化图形工具 SQL-Front 的安装文件。
- WWW 文件夹：站点主目录。MySQL 数据库管理工具 phpMyAdmin 包含在该目录中。

在完成 phpStudy 安装后，会自动打开控制面板，如图 1.20 所示，并在 Windows 任务栏通知区域显示一个图标。右击该图标，即可弹出 phpStudy 控制菜单，如图 1.21 所示。

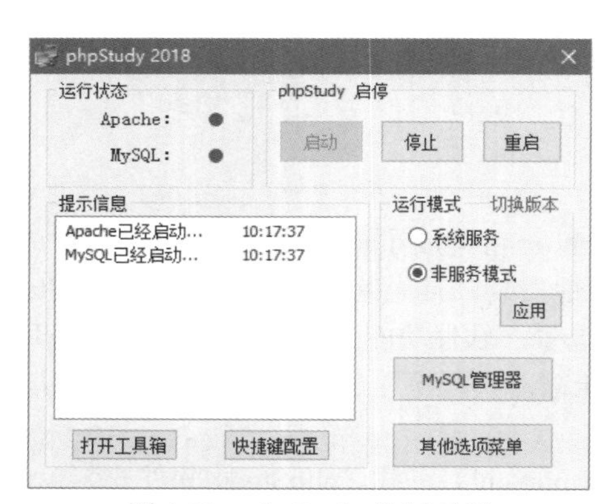

图 1.20　phpStudy 控制面板

图 1.21　phpStudy 控制菜单

在 phpStudy 控制菜单中单击“查看 phpinfo”命令，即可在浏览器中打开 PHP 服务器的配置信息页面，如图 1.22 所示。

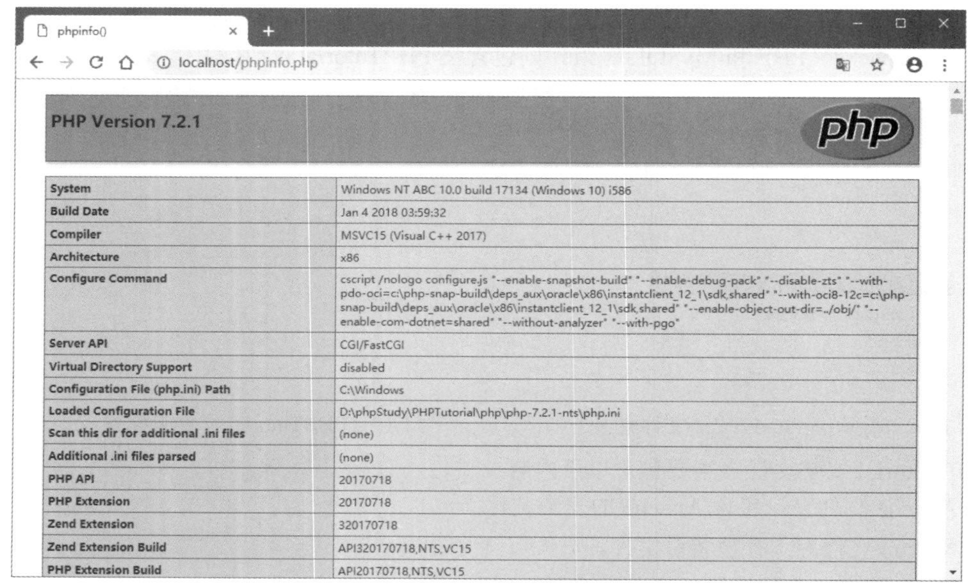

图 1.22　PHP 服务器的配置信息页面

1.3.2　设置 phpStudy 运行模式

phpStudy 的运行模式实际上是指 Apache 和 MySQL 的运行模式，分为系统服务模式和非服务模式。如果使用系统服务模式，则计算机开机后会自动启用相关服务；如果使用非服务模式，则计算机开机后不会启动相关进程。

如果要设置 phpStudy 的运行模式，可执行以下操作。

（1）打开 phpStudy 控制面板。

（2）在“运行模式”下选择“系统服务”或“非服务模式”，如图 1.23 所示。

（3）单击“应用”按钮。

设置“系统服务”模式后，即可使用 Windows 服务管理工具对 Apache 和 MySQL 的运行状态进行查看和控制，还可以设置相应服务的启动类型，可选项包括“自动（延迟启动）”“自动”“手动”“禁用”。

也可以使用 phpStudy 控制面板来启动或停止 Apache 和 MySQL 的进程。当 Apache 和 MySQL 都处于运行状态时，通过单击“停止”按钮，可以停止 Apache 和 MySQL 的运行；通过单击“重启”按钮，可以先停止再启动 Apache 和 MySQL 的运行。

当 Apache 和 MySQL 都处于停止状态时，通过单击“启动”按钮，可以使 Apache 和 MySQL 进入运行状态。

如果要单独控制某个服务器的运行或停止，可以右击相应按钮，然后在弹出菜单中单击相应的命令。例如，当 Apache 和 MySQL 都处于运行状态时，如果要停止 Apache 的运行，可以右击“停止”按钮，然后单击“停止 Apache”命令，如图 1.24 所示。

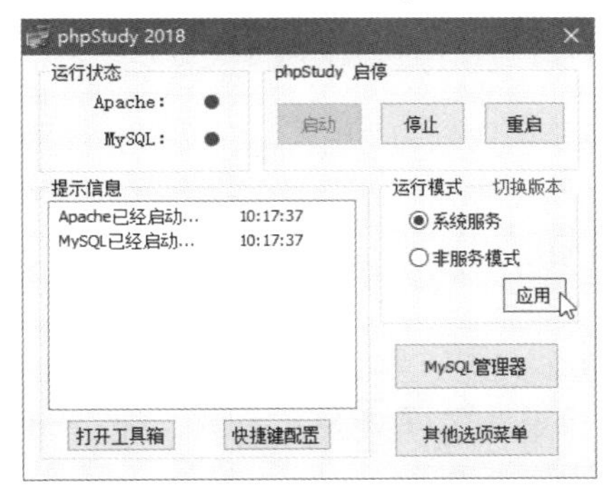

图 1.23　设置 phpStudy 的运行模式

图 1.24　单独停止 Apache 运行

1.3.3　切换 PHP 版本

PHP 有 NTS（None Thread Safe，非线程安全）和 TS（Thread Safe，线程安全）两个版本，NTS 在执行时不进行线程安全检查；TS 在执行时会进行线程安全检查，以防止有新要求就启动新线程。作为一种开放源代码的 Web 编程语言，PHP 当前仍在不断改进，其版本经常会进行升级，而且每次升级都会带来一些新的变化。

使用 phpStudy 配置 PHP 开发环境时，可以根据需要切换 PHP 的版本，操作方法如下。

（1）打开 phpStudy 控制面板。

（2）单击“切换版本”命令，从弹出菜单中选择所需的 PHP 版本和 Web 服务器类型，如图 1.25 所示。

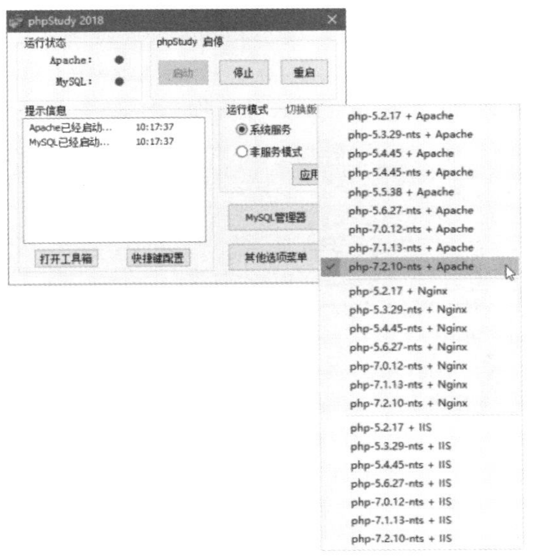

图 1.25　切换 PHP 版本

说明：在图 1.25 所示的菜单中，凡包含“nts”字样的选项均为非线程安全版本，不包含“nts”字样的则是线程安全版本。除了支持 Apache，phpStudy 还为 Nginx 和 IIS 两种 Web 服务器提供支持。Nginx 是一款 HTTP、反向代理服务器、邮件代理服务器和通用的 TCP/UDP 代理服务器，最初由俄罗斯程序员伊戈尔·赛索耶夫编写，其并发能力在同类服务器中表现十分出色。IIS（Internet Information Services，互联网信息服务），是由微软公司提供的基于 Windows 平台运行的互联网基本服务。如果选择使用 IIS 作为 Web 服务器，则必须在 Windows 系统中启用 CGI 应用程序开发功能，否则会出现错误。

每当选择新版本 PHP 时，phpStudy 都会自动重启。此时可以在 phpStudy 控制菜单中单击“查看 phpinfo”命令，然后在 PHP 服务器配置信息页中查看当前的 PHP 版本号。

1.3.4 配置 MySQL

如果要对 MySQL 进行配置，可执行以下操作。

（1）在 Windows 任务栏通知区域右击 phpStudy 图标，然后单击“MySQL 工具”→“设置或修改密码”命令。

（2）在图 1.26 所示的“MySQL 设置”对话框中，设置“端口”、“最大连接数”、“字符集”和“数据库引擎”，然后单击“应用”按钮，将这些设置保存到 MySQL 配置文件 my.ini 中。

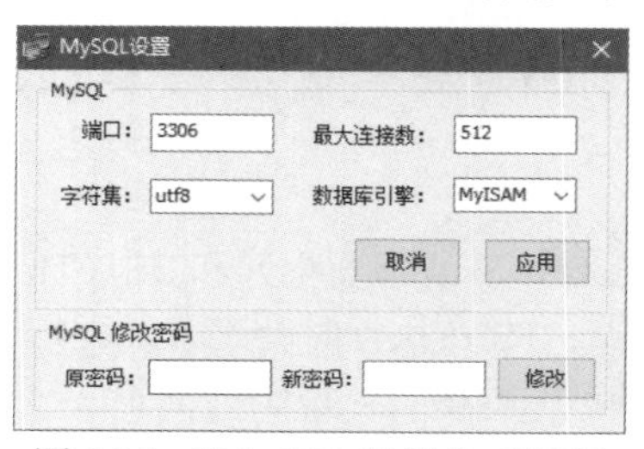

图 1.26 “MySQL 设置”对话框

（3）如果要修改 root 用户的登录密码，可以输入原密码和新密码，然后单击“修改”按钮。如果忘记 root 用户的登录密码，则可以在 phpStudy 控制菜单中单击“MySQL 工具”→“重置密码”命令，然后输入新的密码。

（4）在 phpStudy 中，可使用以下 3 种方式对 MySQL 进行操作和管理。

- 使用 MySQL 命令行工具。操作方法为：在 phpStudy 控制菜单中单击“MySQL 工具”→“MySQL 命令行”命令，当出现提示信息“Enter password:”时输入登录密码，登录成功会出现提示符“mysql>”，可以在此输入并执行 SQL 语句，如图 1.27 所示。

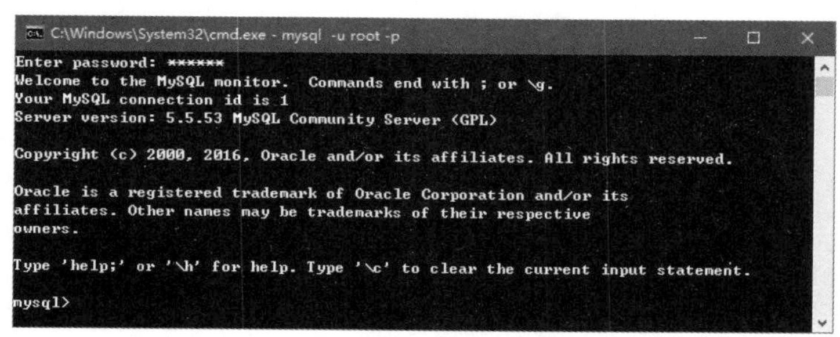

图 1.27 MySQL 命令行工具

- 运行基于 PHP 的 MySQL 管理工具 phpMyAdmin。操作方法为：在 phpStudy 控制菜单中单击“phpMyAdmin”命令，在 phpMyAdmin 登录页面中输入用户名和密码，然后单击“执行”按钮，如图 1.28 所示；在登录成功后，即可进入 phpMyAdmin 首页，如图 1.29 所示。

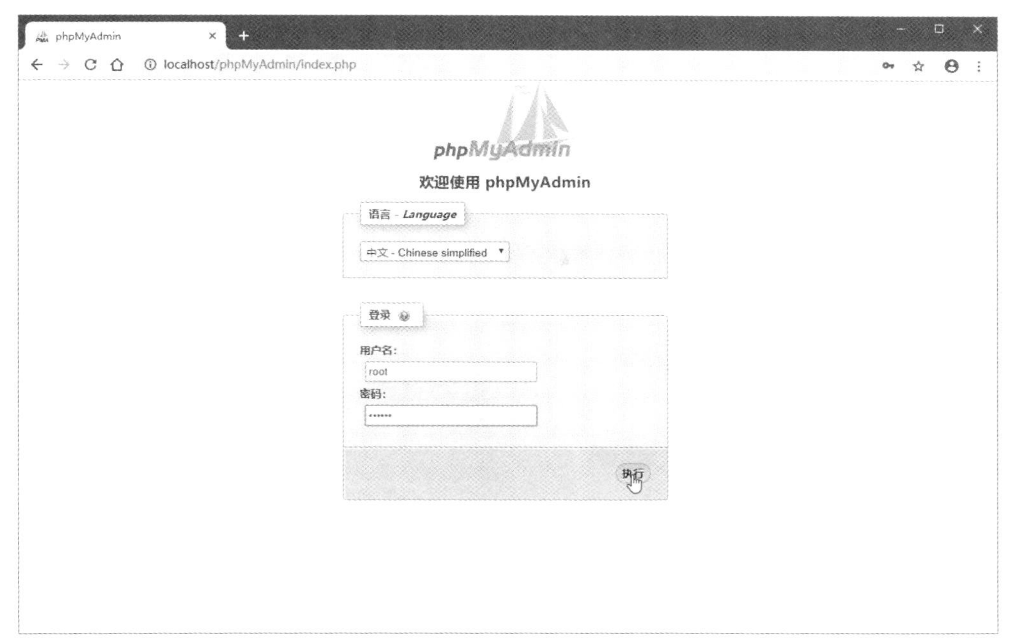

图 1.28　在 phpMyAdmin 中登录 MySQL

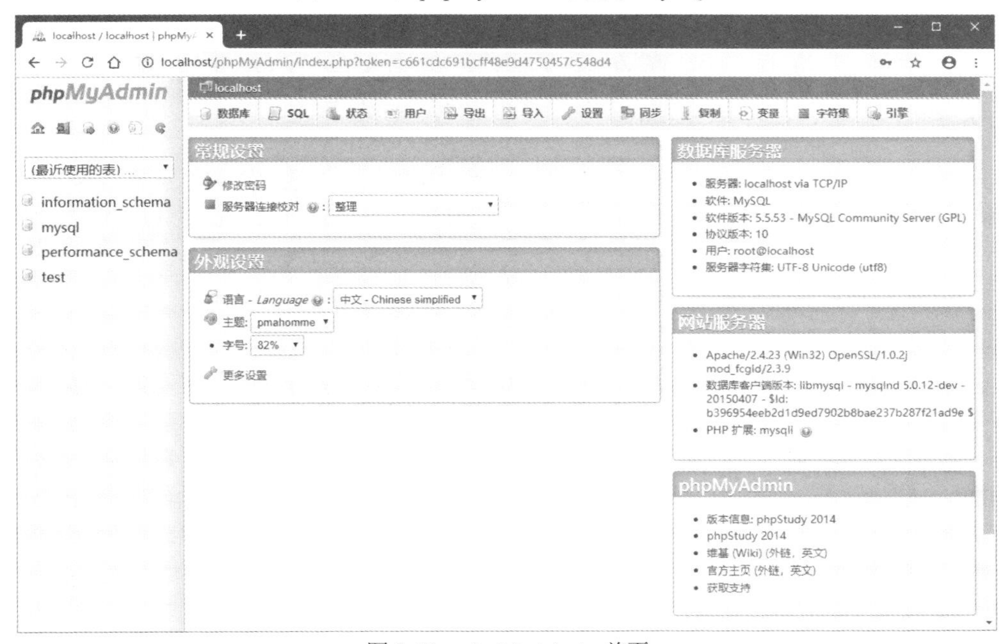

图 1.29　phpMyAdmin 首页

- 运行 MySQL 可视化管理工具 MySQL-Font。操作方法为：第一，在 phpStudy 控制面板中单击“MySQL 管理器”→“MySQL-Front”命令，如图 1.30 所示；第二，当启动 MySQL-Front 程序并出现“添加信息”对话框时，输入登录名称、要连接的主机、用户名、密码和数据库，然后单击“确定”按钮，如图 1.31 所示；第三，在“打开登录信息”对话框中，选择已添加的登录名称，然后单击“打开”按钮，如图 1.32 所示；第四，在登录成功后，即可进入 MySQL-Front 程序窗口，如图 1.33 所示。

图 1.30　启动 MySQL-Front

图 1.31　“添加信息”对话框

图 1.32　“打开登录信息”对话框

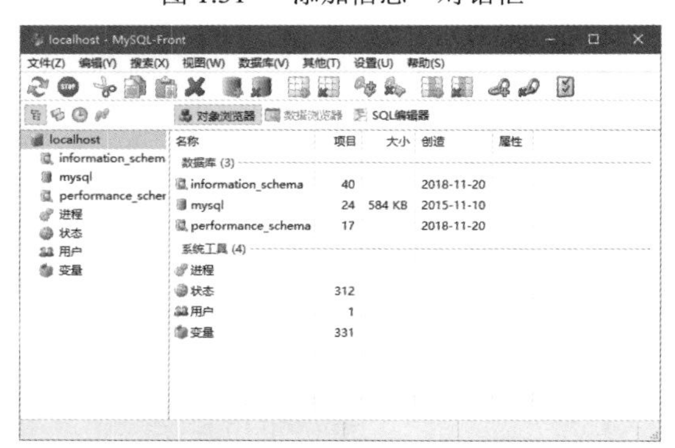

图 1.33　MySQL-Front 程序窗口

1.3.5　PHP 开发工具介绍

在搭建好 PHP 开发环境后，为了提高 PHP 应用开发的效率，通常还需要选择安装一个合适的 PHP 开发工具。目前有各种各样的 PHP 开发工具，例如，Adobe Dreamweaver、Zend Studio 和 PhpStorm 等。

1．Adobe Dreamweaver

Adobe Dreamweaver 为 PHP+MySQL 应用开发技术提供了很好的支持，可以用来创建数据库连接，并在同一站点的所有 PHP 页面中使用；通过各种 Spry 表单验证控件可以方便地检查表单数据，也可以通过可视化操作快速生成记录集并分页显示记录，以及添加记录导航条和记录计数器；通过各种功能强大的服务器行为可以快速生成具有查询记录、添加记录、更新记录和删除记录功能的 PHP 数据访问页，也可以快速生成具有用户注册、登录和限制访问等功能的 PHP 动态网页。美中不足的是，Dreamweaver CS6 及其更早版本所支持的 PHP 和 MySQL 版本都比较低，而 Dreamweaver 的最新版本已经不再提供各种服务器行为。

2．Zend Studio

Zend Studio 是 Zend Technologies 公司开发的 PHP 集成开发环境。Zend Studio 除了支持强大的 PHP 开发，还支持 HTML、JavaScript、CSS，但它只对 PHP 提供调试支持。在 Zend Studio 5.5 系列后，官方推出了基于 Eclipse 平台的 Zend Studio，当前最新的版本 Zend Studio 13.6 就是基于 Eclipse 平台构建的。Zend Studio 具备功能强大的专业编辑工具和调试工具，支持 PHP 语法加亮显示、语法自动填充、书签、语法自动缩排和代码复制功能，内置一个强大的 PHP 代码调试工具，支持本地和远程两种调试模式，以及多种高级调试功能。

3．PhpStorm

PhpStorm 是捷克 JetBrains 公司开发的一款 PHP 集成开发工具，旨在提高 PHP 应用开发的效率，完美支持各种主流框架，包括Symfony、Drupal、WordPress、Zend Framework、Laravel、Magento、Joomla!和CakePHP等。它提供了全能的PHP工具，其内建编辑器实际“了解”PHP代码，并且深刻理解其结构，支持所有PHP功能，提供了优秀的代码补全、重构、实时错误预防等功能，在开发现代技术和维护遗留项目中皆可完美适用。PhpStorm涵盖各种前端开发技术，提供了重构、调试和单元测试等功能，例如，HTML5、CSS3、Sass、Less、Stylus、CoffeeScript、TypeScript、Emmet和JavaScript；通过实时编辑功能，可以立刻在浏览器中查看变更。PhpStorm提供了各种内建开发工具，通过集成版本控制系统、支持远程部署、数据库/SQL、命令行工具、Vagrant、Composer、REST客户端和多种其他工具，可以直接在IDE内执行很多日常任务。根据开发平台不同，PhpStorm分为Windows、mac OS和Linux版本，有专业版和社区版两种。目前PhpStorm的最新版本为2018.3.4，它对PHP 7.3提供支持。在本书写作过程中，主要使用PhpStorm作为PHP集成开发工具。

习　题　1

一、选择题

1．在下列各项中，（　　）不是Apache的特点。

A．不提供用户会话过程的跟踪

B．支持最新的HTTP/1.1通信协议

C．支持基于IP和基于域名的虚拟主机

D．支持实时监视服务器状态和定制服务器日志

2．要在Apache中创建虚拟目录，应使用（　　）指令。

A．Alias　　B．DirectoryIndex

C．ServerName　　D．DocumentRoot

3．在下列各项中，（　　）命令用于启动Apache服务。

A．httpd -k install　　B．httpd -k start

C．httpd -k restart　　D．httpd -k uninstall

4．MySQL服务器配置文件为（　　）。

A．my.sql　　B．me.sql

C．my.ini　　D．me.ini

5．在下列各项中，（　　）不是phpStudy的组成部分。

A．Apache服务器　　B．PHP语言

C．MySQL数据库　　D．Server SQL数据库服务器

6．MySQL数据库服务器的默认管理员账号是（　　）。

A．admin　　B．root

C．sys　　D．sa

7．卸载MySQL服务的命令是（　　）。

A．mysqld install　　B．mysqld --remove

C．net start mysql　　D．net stop mysql

二、判断题

1．（　　）使用Apache Service Monitor实用工具可以管理Apache服务。

2．（　　）Apache服务器配置文件是httpd.ini。

3．（　　）Listen指令仅指定Apache监听的端口。

4.（　　）通过 Apache 发布的文件只能保存在站点主目录中。

5.（　　）MySQL 初始化命令是：mysqld --initialize --console。

6.（　　）通过 phpStudy 配置的 Apache 和 MySQL 只能以系统服务模式运行。

7.（　　）使用 phpStudy 可以在不同的 PHP 版本之间切换。

8.（　　）“<”和“>”是 PHP 的定界符。

三、简答题

1. Apache 有哪些主要特点？
2. 如何在 Apache 站点中创建虚拟目录？
3. PHP 有哪些主要特点？
4. 如何使 Apache 支持 PHP？
5. MySQL 有哪些主要特点？
6. phpStudy 集成包由哪些组件组成？
7. phpStudy 有哪两种运行模式？

四、操作题

1. 从网上下载 Apache，然后进行安装和配置，并对 Apache 服务进行测试。

2. 从网上下载 PHP 安装包，然后修改 Apache 配置文件使 Apache 支持 PHP，并编写一个 PHP 测试文件，其内容为：<?php phpinfo(); ?>。

3. 从网上下载 MySQL，然后进行安装和配置，并从命令行连接到 MySQL。

4. 在 D:盘上创建一个名为 phpdocs 的文件夹，然后将该文件夹设置为站点的主目录。

5. 在 E:盘上创建一个名为 news 的文件夹，然后通过修改 Apache 配置文件将该文件夹设置为站点中的一个虚拟目录。

6. 安装 phpStudy，然后切换不同的 PHP 版本并查看 PHP 服务器配置页。

第 2 章　PHP 语言基础

PHP 语言主要用于编写服务器端脚本程序。一个 PHP 应用程序是由一些 PHP 文件和其他资源组成的。PHP 文件通常称为 PHP 动态网页，其扩展名为.php，其内容既可以是纯 PHP 代码，也可以同时包含 PHP、HTML、CSS 和 JavaScript 代码。通过 PHP 动态网页可以完成任何其他 CGI 程序能够完成的各种任务，如接收和处理用户请求、访问数据库等。本章讲述 PHP 语言的基础性内容，主要包括 PHP 基本知识、数据类型、变量与常量、运算符与表达式、流程控制语句和函数等。

2.1　PHP 基本知识

在编写 PHP 动态网页之前，需要了解一些 PHP 编程的基本知识，例如，PHP 动态网页由哪些内容构成，如何创建 PHP 代码段和 PHP 注释，如何使用 PHP 与 HTML、JavaScript 一起协同工作等。

2.1.1　PHP 动态网页概述

PHP 动态网页是混合使用 PHP 和 HTML 编写的 Web 页面，也就是扩展名为.php 的 HTML 文档，实际上就是纯文本文件。它可以通过记事本程序或任何文本编辑器来创建和编辑，且必须保存到 Apache 网站的主目录或虚拟目录中。

PHP 动态网页主要由以下 4 个方面的内容组成。

（1）HTML 标签。PHP 文件中可以包含各种标准的 HTML 标记，例如，<html>...</html>、<head>...</head>、<title>...</title>、<body>...</body>、<p>...</p>、
、<form>...</form>等，通过这些 HTML 标签可以构建文档结构并添加各种内容。

（2）CSS 样式表。PHP 文件可以包含 CSS 样式规则，用于设置网页元素的外观。既可以在文档首部通过<style>...</style>嵌入 CSS 样式定义，也可以通过<link>标记链接外部 CSS 样式表文件，还可以在 HTML 标签中通过 style 属性设置 CSS 样式。

（3）客户端脚本。一般情况下可以在文档首部通过<script>...</script>标签来添加基于 JavaScript 脚本语言的客户端脚本程序，主要用于执行表单数据检查等操作。

（4）PHP 代码。符合 PHP 语法的各种语句，这些语句在服务器端运行，用来执行各种各样的操作，例如，收集表单数据、发送/接收 Cookies 和访问数据库等。为了区分 PHP 代码与其他内容，PHP 代码必须使用 PHP 定界符括起来，详情请参阅 2.1.2 节。

PHP 文件存储在网站服务器上，在客户端必须通过 HTTP 协议来访问这些文件。在 PHP 应用开发过程中，同一台计算机往往既是服务器又是客户端计算机。即使在这种情况下，也必须通过 HTTP 协议来访问 PHP 文件，也就是在浏览器地址栏输入形如“http://虚拟路径”格式的页面地址。这一点不同于 HTML 静态网页。

服务器对 HTML 静态网页和 PHP 动态网页的处理过程是不同的。当访问者通过客户端浏览器发出 HTML 静态网页请求时，Apache 会直接将该页面的内容发送到客户端浏览器。当访问者通过客户端浏览器发出 PHP 动态网页请求时，Apache 服务器首先将 PHP 代码转发给 PHP 语言引擎进行处理，然后将其执行结果连同原有的 HTML 代码合成一个完整的 HTML 文档并发送到客户端浏览器。在客户端浏览器上可以查看 PHP 代码的执行结果，但无法查看 PHP 代码。

2.1.2 创建 PHP 代码段

在解析 PHP 文件的过程中，PHP 解释器会寻找 PHP 定界符的起始标记“<?php”和结束标记“?>”，这一对定界符的作用是提示 PHP 解释器从何处开始解析 PHP 代码，以及到何处停止解析。这种解析方式使得 PHP 代码可以被嵌入各种不同的文档，而起始标记与结束标记之外的内容都会被 PHP 解释器忽略。

如果一个 PHP 文件的内容是纯 PHP 代码，最好在文件末尾删除 PHP 结束标记“?>”。这样做的目的是为了避免在 PHP 结束标记后意外加入空格或者换行符，从而导致 PHP 输出这些空白，但脚本此时并无输出的意图。

使用 PhpStrom 创建 PHP 文件时，文件末尾的 PHP 结束标记会被自动删除。如果要将 PHP 代码嵌入 HTML 文档，就必须补上 PHP 结束标记，以符合标准。

<?php...?>是 PHP 定界符的标准形式，除了这种标准形式，PHP 定界符还有以下 3 种形式。

（1）短形式<?...?>：如果在文档中使用这种形式的定界符，就必须在配置文件 php.ini 中设置“short_open_tag=On”，然后重启 Apache。

（2）ASP 定界符<%...%>：如果在 PHP 文件中使用这种形式的定界符，就必须在配置文件 php.ini 中设置“asp_tags=On”，然后重启 Apache。

（3）HTML 标签<script language="php">...</script>：指定由 PHP 解释器来解析<script>与</script>标签之间的代码。

建议使用标准形式的 PHP 定界符，不建议使用其他形式的定界符。

在编写 PHP 代码时，应遵循以下规则。

- 每个语句以分号结束。在一行中可以写一个语句，也可以写多个语句。
- 所有用户自定义函数、类和关键词都对大小写不敏感。
- 变量名均以$符号开头，而且所有变量都对大小写敏感。如$username、$UserName 和 $USERNAME 分别表示不同的变量。

【例 2.1】创建 PHP 代码段示例。源文件为 02/page02_01.php，源代码如下。

```
<?php
echo '<p>Hello, world!</p>';
echo '<p>Hello PHP!</p>';
?>
```

在上述 PHP 代码段中，使用了 echo 结构输出两个 HTML 段落（使用<p>和</p>标签创建），两个语句均以分号结束。

在 PHP 中，echo 不是一个函数，而是一个语言结构，因此不一定要使用括号来指明参数，可以使用单引号或双引号将输出的内容引起来。由于 PHP 文件的内容为纯 PHP 代码，因此删除了文件末尾的结束标记“?>”。

PHP 代码段运行结果如图 2.1 所示。

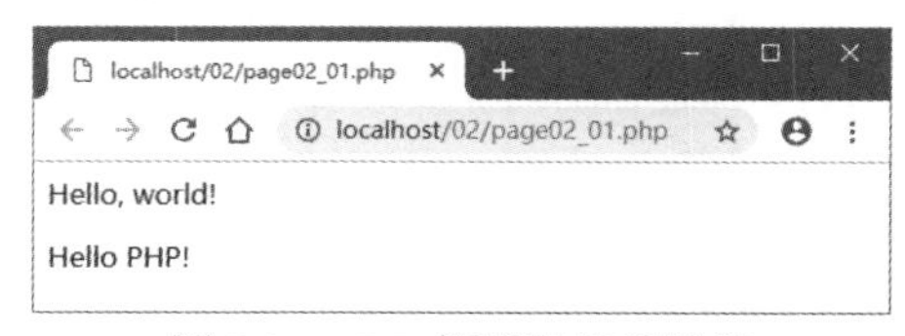

图 2.1　PHP 代码段运行结果

2.1.3 编写 PHP 注释

为了提高 PHP 代码的可读性，以便进行日后维护和代码修改，通常需要对重要语句添加注释说明。在 PHP 中，可以使用以下 3 种注释方式。

（1）C++风格的单行注释“//”。注释从“//”开始，到行尾结束，该方式主要用于添加一行注释。如果要添加多行注释，则应在每行前面都添加“//”。例如：

```
//这是一行注释文字
```

（2）UNIX Shell 风格的单行注释“#”。与单行注释“//”相同。例如：

```
# 这是另一行注释文字
```

单行注释“//”或“#”仅注释到行末或当前的 PHP 代码段，这意味着在“//... ?>”或“#... ?>”之后的 HTML 代码将会被显示出来。其中，“?>”标记的作用是跳出 PHP 模式并切换到 HTML 模式，单行注释“//”或“#”并不能影响这一点。

（3）C 语言风格的多行注释“/*...*/”。注释从“/*”开始到“*/”结束，可以用于添加多行注释文字。例如：

```
/*
这是一行注释文字
这是另一行注释文字
*/
```

不能嵌套这种方式的注释，将大段代码变为注释时很容易出现这种错误。例如：

```
/*
echo "这是一个测试。";              /* 这个注释将出现问题 */
*/
```

2.1.4 PHP 与 HTML 混合编码

在解析 PHP 文件时，凡是位于开始标记“<?php”与结束标记“?>”之外的内容都会被 PHP 解析器忽略，这使得 PHP 文件可以包含 PHP 和 HTML 的混合内容，从而可以将 PHP 代码嵌入 HTML 文档。例如：

```
<p>这一行内容将被 PHP 忽略并由浏览器显示。</p>
<?php echo "这一行内容将被 PHP 解析。"; ?>
<p>这一行内容也将被 PHP 忽略并由浏览器显示。</p>
```

上述代码将按照预期运行，当 PHP 解释器遇到结束标记“?>”时，就会将其后的内容原样输出，直到遇到下一个开始标记“<?php”。但是，当处于条件语句中间时，PHP 解释器将根据条件判断来决定输出哪些内容，跳过哪些内容。例如：

```
<?php if ($condition == true) { ?>
  <p>如果条件为 true 则显示这一行。</p>
<?php } else { ?>
  <p>否则的话显示这一行。</p>
<?php } ?>
```

在上述示例中，if...else 语句被分割成 3 个 PHP 代码段，并在两个代码段之间包含 HTML 代码，此时 PHP 将直接输出上一个结束标记与下一个开始标记之间的 HTML 代码。当需要输出大量 HTML 内容时，退出 PHP 解析模式比使用 echo 结构，以及 print()函数输出这些内容更为有效。

【例 2.2】 PHP 与 HTML 混合编码示例。源文件为 02/page02_02.php，源代码如下。

```
<!doctype html>
<html>
<head>
<meta charset="utf-8">
<title>PHP 与 HTML 混合编码示例</title>
</head>

<body>
<?php
date_default_timezone_set("Asia/Shanghai");   //设置默认时区
?>
<p>当前时间是：<b><?php echo date("H:i:s"); ?></b></p>
```

```
<?php
$time=localtime();                          //用 localtime 函数获取本地时间，返回值为数组
$hour=$time[2];                             //从数组中获取小时值
if ($hour>=6 && $hour<12) {                 //若当前时间在早上 6 点以后中午 12 点以前
?>
  <p>上午好！</p>
<?php } elseif ($hour>=12 && $hour<18){//若当前时间在中午 12 点以后下午 6 点以前 ?>
  <p>下午好！</p>
<?php } elseif ($hour<23) {                 //若当前时间在 23 点之前 ?>
  <p>晚上好！</p>
<?php } ?>
</body>
</html>
```

上述代码包含一个 if...elseif 语句，它跨越了 4 个 PHP 代码块，其 3 个分支分别是一个 HTML 段落，用于在不同时间段显示不同的问候语。代码运行结果如图 2.2 所示。

图 2.2　PHP 与 HTML 混合编码示例

2.1.5　PHP 与 JavaScript 协同工作

PHP 文件可以同时包含 PHP 服务器端脚本和 JavaScript 客户端脚本，且这两种脚本可以协同工作。当访问者通过客户端浏览器发出对某个 PHP 页面的请求后，由 PHP 在运行中按照 HTML 的语法格式动态生成页面，并由服务器将整个页面的数据发送给客户端浏览器，该页面中可能包含<script>标签，从而动态生成由浏览器执行的客户端 JavaScript 脚本。

使用 PHP 生成或操作客户端脚本，可以增强其有效性。例如，可以编写服务器端脚本，根据服务器特有的变量、用户浏览器类型或 HTTP 请求参数对客户端脚本加以组合。

通过将 PHP 服务器端脚本语句融入 JavaScript 客户端脚本，可以在请求时动态初始化和更改客户端脚本。例如：

```
<script type="text/javascript">
  var js_var=<?php echo 服务器定义值; ?>;
  ...
  //在此处编写 JavaScript 客户端脚本
<?php
  //用于生成客户端语句的 PHP 服务器端脚本
?>
  //在此处编写 JavaScript 客户端脚本
  ...
</script>
```

【例 2.3】PHP 与 JavaScript 协同示例。源文件为 02/page02_03.php，源代码如下。

```
<?php
date_default_timezone_set("Asia/Shanghai");   //设置默认时区
$now = date("Y-m-d H:i:s");                   //获取当前系统时间
$username = "李明";
?>
<!doctype html>
<html>
```

```
<head>
  <meta charset="utf-8">
  <title>PHP 与 JavaScript 协同示例</title>
</head>

<body>
<script type="text/javascript">
  document.writeln('<p>当前时间是：<?php echo $now; ?></p>');
</script>
<?php
echo '<script type="text/javascript">';
echo 'alert("欢迎' .$username .'访问本网站！")';
echo '</script>';
?>
</body>
</html>
```

本例首先在 JavaScript 脚本中嵌入 PHP 代码块“<?php echo $now; ?>”，目的是引用服务器变量 now。然后，在由 PHP 代码生成的 JavaScript 脚本中直接引用服务器变量 username 的值，其中，英文句点“.”为连接运算符，用于将两个字符串连接成一个新的字符串。代码运行结果如图 2.3 所示。

图 2.3　PHP 与 JavaScript 协同示例

2.2　PHP 数据类型

数据类型是指一组性质相同的值的集合，以及定义在该集合上的一组操作的总称。变量是用来存储值的所在处，所有变量都具有数据类型，以决定能够存储哪种数据和可以进行哪些操作。在 PHP 中，变量无须声明数据类型即可赋值，值的数据类型便是变量的数据类型。本节首先对 PHP 中的数据类型做一个简要的说明，然后介绍各种数据类型的使用方法。

2.2.1　数据类型简介

PHP 支持 9 种原始数据类型和一些伪类型，如图 2.4 所示。原始数据类型包括 4 种标量类型、3 种复合类型和 2 种特殊类型，伪类型在 PHP 文档里用于指示参数可以使用的类型和值，它们不是 PHP 中的原生类型。

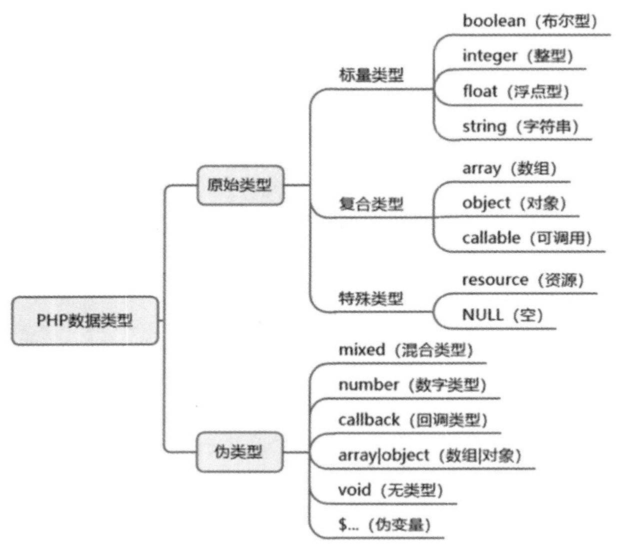

图 2.4　PHP 数据类型

2.2.2　整型

整型数是集合 Z = {..., −2, −1, 0, 1, 2, ...} 中的某个数。整型数的字长与平台有关，64 位平台下整型数的取值范围为−9 223 372 036 854 775 808～9 223 372 036 854 775 807。

整型数可以使用十进制、十六进制、八进制或二进制形式来表示，其前面可以加上符号（-或+）。二进制表示的整型数从 PHP 5.4.0 开始可以使用。

除十进制表示形式外，使用其他进制表示形式时，都要添加一个前缀。当使用八进制表示形式时，数值前必须加上 0（零）。当使用十六进制表示形式时，数值前必须加上 0x。当使用二进制表示形式，数值前必须加上 0b。例如：

```
<?php
$n1 = 123456;              //十进制数
$n2 = -321;                //负数
$n3 = 0123;                //八进制数（等于十进制 83）
$n4 = 0x1A;                //十六进制数（等于十进制 26）
$n5 = 0b11111111;          //二进制数（等于十进制 255）
?>
```

2.2.3　浮点型

浮点型也称为浮点数、双精度数或实数。浮点数的字长与平台相关，其最大值为 1.8e308，并具有 14 位十进制数的精度。例如：

```
<?php
$a = 1.23456;
$b = 1.23e5;
$c = 9E-10;
?>
```

2.2.4　字符串

一个字符串是由一系列的字符组成的，其中每个字符等同于一个字节，且只能有 256 种不同可能性的字符。一个字符串最大可以达到 2GB。从语法上讲，一个字符串可以使用以下 4 种表示形式来定义。

1. 用单引号定义字符串

定义一个字符串最简单的方法是用单引号（'）将它引起来。如果要在字符串中包含单引号本身，则需要在其前面添加一个反斜线（\）来转义。如果要表示反斜线本身，则需要使用两个反斜线（\\）。其他任何方式的反斜线均被视为反斜线本身，因此其他转义序列并不具有任何特殊含义，例如，“\r”或“\n”只表示这两个字符本身。在单引号字符串中，变量和特殊字符的转义序列将不会被替换。例如：

```
<?php
echo ' PHP+MySQL Web应用开发';
//将一个字符串写在多行
echo 'WAMP是指
Windows（操作系统）+
Apache（HTTP服务器）+
MySQL（网络数据库）+
PHP（服务器脚本语言）';

echo 'Mary once said: "I\'ll be back"';   //输出：Mary once said: "I'll be back"
echo '您确实要删除C:\\*.*吗？';            //输出：您确实要删除C:\*.*吗？
echo '您确实要删除C:\*.*吗？';             //输出：您确实要删除C:\*.*吗？
echo '使用\n不会换行';                     //输出：使用\n不会换行
echo '访问PHP变量username';                //输出：访问PHP变量username
?>
```

2. 用双引号定义字符串

定义字符串的另一种方法是使用双引号（"）将它引起来。如果要在字符串中包含双引号本身，则需在其前面添加一个反斜线（\）来转义。当使用双引号定义字符串时，PHP将对一些特殊字符组成的转义序列进行解析，如表2.1所示。

表2.1 PHP转义字符序列及含义

序　列	含　义
\n	换行符，ASCII字符集中的LF或 0x0A（10）
\r	回车符，ASCII 字符集中的CR 或0x0D（13）
\t	水平制表符，ASCII字符集中的HT或0x09（9）
\v	垂直制表符，ASCII字符集中的VT或0x0B（11），从PHP 5.2.5开始
\e	Escape，ASCII 字符集中的 ESC或0x1B（27），从PHP 5.4.0开始
\f	换页符，ASCII字符集中的FF或 0x0C（12），从PHP 5.2.5开始
\\	反斜线
\$	美元标记
\"	双引号
\[0-7]{1,3}	符合该正则表达式序列的是一个用八进制方式来表达的字符
\x[0-9A-Fa-f]{1,2}	符合该正则表达式序列的是一个用十六进制方式来表达的字符

注意：与单引号字符串一样，如果试图使用反斜线（\）转义任何其他字符，则反斜线本身将被显示出来。

使用单引号和双引号定义字符串的主要区别在于，单引号字符串中包含的转义字符序列和变量都不会被替换；双引号字符串中的转义字符序列会被替换，其中的变量会被解析并使用变量值替换。有时需要使用花括号将变量名括起来，以便于变量解析。例如：

```
<?php
$username = "张三";
echo "你好，$username";          //输出：你好，张三
```

```
?>
```

3. 用 heredoc 结构定义字符串

第三种定义字符串的方法是使用 heredoc 句法结构“<<<”，语法格式如下。

```
<<<标识符
    字符串内容
标识符;
```

其中，标识符应遵循 PHP 的命名规则：只能包含字母、数字和下画线，并且必须以字母或下画线开始；开始标识符与结束标识符相同，从 PHP 5.3.0 起，在 heredoc 结构中可以用双引号将开始标识符引起来；字符串内容可以写在一行或多行，其所包含的变量将被解析和替换。

注意：在开始标识符之后不能包含任何字符（包括空格、制表符等），结束标识符必须位于该行的第一列，其后只能包含一个分号，不能包含任何其他内容，否则会出现语法错误。

使用 heredoc 结构定义字符串的示例如下。

```
<?php
$name = "Smith";

$str = <<<EOD
<p>My name is $name.</p>
<p>This is example of string
spanning multiple lines
using heredoc syntax.</p>
EOD;
?>
```

4. 用 nowdoc 结构定义字符串

就像 heredoc 结构类似于双引号字符串一样，nowdoc 结构是类似于单引号字符串的。nowdoc 结构很像 heredoc 结构，但是在 nowdoc 结构中不进行变量的解析操作。该结构适用于嵌入 PHP 代码或其他大段文本而无须对其中的特殊字符进行转义的场合。

nowdoc 结构使用与 heredoc 结构一样的标记“<<<”，但是跟在其后面的标识符必须使用单引号引起来，如，“<<<'EOT'”。heredoc 结构的所有规则同样适用于 nowdoc 结构，尤其是结束标识符的规则。

使用 nowdoc 结构定义字符串的示例如下。

```
<?php
$str = <<<'EOT'
Example of string
spanning multiple lines
using nowdoc syntax.
EOT;
?>
```

2.2.5 布尔型

布尔型是一种最简单的数据类型，其值可以是 true 或 false，且这两个布尔值是不区分大小写的，因此也可以写成 TRUE 或 FALSE，还可以写成 True 或 False。例如：

```
<?php
$foo = True;      //设置变量 foo 为 true
?>
```

布尔型变量通常用于流程控制。例如：

```
<?php
// “==” 运算符用于检测两个变量是否相等并返回一个布尔值
if ($username == "") {
    echo "此项功能登录后才能使用";
```

```
}

//以下写法是不必要的
if ($show_separators == true) {
    echo "<hr>\n";
}

//因为可以使用以下这种简单的方式
if ($show_separators) {
    echo "<hr>\n";
}
?>
```

注意：在使用 echo 结构输出 true 时，显示为 1；在使用 echo 结构输出 false 时，显示为空。

2.2.6 数组和对象

在 PHP 中，数组实际上是一个有序映射，而映射是一种将值关联到键名的类型。数组可以使用 array()语言结构来定义，该结构接受任意数量用逗号分隔的键/值对，语法格式如下。

```
$a = array(键名=>值, ...);
```

其中，键名可以是整数或字符串，默认键名为 0，1，2，…；值可以是任意类型。例如：

```
<?php
$a1 = array(1, 2, 3, 4, 5, 6, 7, 8, 9, 10);   //默认键名为 0, 1, 2, …, 9, 10
$a2 = array("username"=>"admin", "password"=>"123456");//键名为 username 和 password
?>
```

自 PHP 5.4 开始，可以使用短数组定义语法格式，也就是使用方括号（[]）来代替语言结构 array()。例如：

```
<?php
$a1 = [1, 2, 3, 4, 5, 6, 7, 8, 9, 10];
$a2 = ["username"=>"admin", "password"=>"123456"];
?>
```

在 PHP 中，要创建一个新的对象，可使用 new 语句来实例化一个类。例如：

```
<?php
class foo {                           //定义 foo 类
    function do_foo() {               //定义类方法 do_foo
        echo "Doing foo.";
    }
}
$bar = new foo();                     //创建类 foo 实例（对象）
$bar->do_foo();                       //调用对象的方法
?>
```

此处仅简单说明数组和对象，详细介绍参见本书第 3 章和第 4 章的相关内容。

2.2.7 资源类型

在 PHP 中，资源类型属于一种特殊类型。资源是通过专门的函数来建立和使用的。资源变量保存了到外部资源的一个引用。资源类型变量用于保存为打开文件、数据库连接、图形画布区域等的特殊句柄。

2.2.8 NULL 类型

在 PHP 中，NULL 也是一种特殊类型。NULL 值表示一个变量没有值。NULL 类型唯一可能的值就是 NULL，这个值不区分大小写。使用 echo 结构输出 NULL 将显示为空。

在下列情况下，该变量的值将被认为是 NULL。

- 尚未被赋值。
- 被赋值为 NULL。
- 被 unset()函数销毁。

2.2.9 伪类型

伪类型并不是 PHP 中的原生类型，它们仅用于指示函数的参数可以使用的类型和值。常用的伪类型如下所述。

- mixed：说明一个参数可以接受多种不同的（但不一定是所有的）数据类型。例如，gettype()可以接受所有的 PHP 数据类型，str_replace()可以接受字符串和数组类型。
- number：说明一个参数可以是 integer 或 float 类型。
- callback/callable：在 PHP 5.4 之前使用 callback 伪类型，从 PHP 5.4 开始使用 callable 伪类型，两者含义完全相同，均可用于指定回调类型。
- array | object：说明参数既可以是数组类型，也可以是对象类型。
- void：作为返回类型意味着函数的返回值是无用的，void 作为参数列表意味着函数不接受任何参数。
- $...：在函数原型中表示“等”。当一个函数可接受任意多个参数时使用此变量名。

2.2.10 类型转换

PHP 属于弱类型语言。在 PHP 中定义变量时，不需要指定明确的类型，变量的类型是根据使用该变量的上下文所决定的，当上下文发生变化时变量的类型将会随之转换。变量的类型转换可以分为自动类型转换和强制类型转换，下面分别进行介绍。

1. 自动类型转换

先后将不同类型的值赋给一个变量，其类型就会自动发生变化，这种情况称为自动类型转换。例如，如果将一个字符串值赋给变量 var，则$var 就是字符串类型；如果随后又将一个整数赋给该变量，则它的类型就会变成整型。如果在乘法运算中有一个操作数是浮点数，则所有操作数均视为浮点数，运算结果也是浮点数，否则操作数和运算结果均会被解释为整型数。例如：

```
<?php
$x = "1";                       //变量 x 是字符串（ASCII 码为 49）
$x = $x * 2;                    //变量 x 现在是一个整数（2）
$x = $x * 2.6;                  //变量 x 现在是一个浮点数（5.2）
$x = 2 * "10 Little Piggies";   //变量 x 是整数（20）
$x = 5 * "10 Small Pigs";       //变量 x 是整数（50）
?>
```

注意：自动类型转换并没有改变操作数本身的类型，其所改变的仅是这些操作数如何被求值，以及表达式本身的类型。

2. 强制类型转换

如果要强制将一个变量当作某种类型来求值，则需对其进行强制类型转换。在 PHP 中，要对一个变量进行强制类型转换，只需在该变量之前加上用括号括起来的目标类型。PHP 允许的强制类型转换包括以下 8 种。

（1）(int), (integer)：转换为整型（integer）。

在将布尔型转换为整型时，false 会转换为 0，true 会转换为 1；在将浮点数转换成整型数时，会舍弃小数部分，仅保留整数部分。此外，也可以使用 intvar()函数来获取变量的整数值。

（2）(bool)，(boolean)：转换为布尔型（boolean）。

当转换为布尔型时，被认为是 false 的值包括：布尔值 false 本身；整型值 0（零）；浮点型值 0.0（零）；空字符串（""）；字符串（"0"）；不包含任何元素的空数组；特殊类型 NULL（包括尚未赋值的变量）；从空标记生成的 SimpleXML 对象。此外，也可以使用函数 boolval()来获取变量的布尔值。

（3）(float)，(double)，(real)：转换为浮点型（float）。

在将一个字符串转换为数值时，如果该字符串没有包含“.”、“e”或“E”，且其数值在整型值的范围之内，则该字符串会被转换为整型值，否则均被视为浮点值。此外，也可以使用函数 floatval()来获取变量的浮点值。

（4）(string)：转换为字符串（string）。

当转换为字符串时，布尔值 true 会被转换为字符串“1”，false 会被转换为空字符串（""）；整型数或浮点数会被转换为数字的字面样式的字符串（包括浮点数中的指数部分）；数组会被转换成字符串“array”；对象会被转换成字符串“object”；资源类型的值会被转变成形如 "Resource id #1" 的字符串；NULL 会被转变成空字符串。此外，也可以使用 strval()函数来获取变量的字符串值。

（5）(array)：转换为数组（array）。

当转换为数组时，对于任意整型、浮点型、字符串、布尔型和资源类型而言，如果将一个值转换为数组，则会得到一个仅有一个元素的数组，该元素即为此标量的值，其下标为 0。如果将一个对象类型转换为数组，则会得到一个数组，其元素为该对象的属性，键名将为成员变量名。在将 NULL 转换为数组时，会得到一个空的数组。

（6）(object)：转换为对象（object）。

当转换为对象时，如果将一个对象转换为对象，则它不会有任何变化；如果将其他任何类型的值转换为对象，则会创建一个内置类 stdClass 的实例。如果该值为 NULL，则新的实例为空。在将数组转换为对象时，会使键名成为属性名并具有相对应的值。

（7）(unset)：转换为 NULL（自 PHP 5 起支持）。

使用(unset) $var 可以将变量 var 转换为 NULL，但不会删除该变量或销毁其值，只是返回 NULL 值而已。

（8）(binary)：转换为二进制字符串（PHP 5.2.1 新增）。

注意：*在进行强制类型转换时，允许括号内有空格和制表符；通过将一个变量放置在双引号中可以将该变量转换成字符串。类型转换并不会改变变量的类型，要设置变量的类型可以使用 settype()函数。*

强制类型转换的示例如下。

```
<?php
$x = (int)"PHP";          //变量 x 为整型（0）
$x = (int)3.14;           //变量 x 为整型（3）
$x = (int)true;           //变量 x 为整型（1）
$x = "$x";                //变量 x 为字符串（"1"）
$x = (string)3.14;        //变量 x 为字符串（"3.14"）
$x = (bool)1;             //变量为布尔型（true）
$x = (boolean)0;          //变量为布尔型（false）
$x = (boolean)"0";        //变量为布尔型（false）
?>
```

2.3 变量与常量

变量是一种用于访问计算机内存地址的占位符，以及该地址存储程序运行时可更改的数据。使用变量不需要了解变量在内存中的地址，通过变量名即可查看或设置变量的值。常量是一个简单值的标识符，其值在程序执行期间不能改变。下面介绍 PHP 中变量和常量的使用方法。

2.3.1 定义变量

在 PHP 中规定，变量使用一个美元符号（$）后面跟变量名来表示，且该变量名是区分大小写的。

1. 变量的命名

变量名与其他标识符一样，都遵循相同的命名规则：一个有效的变量名由字母或下画线开头，后面可以跟任意数量的字母、汉字、数字或下画线。变量命名通常是与变量赋值操作同时进行的。例如：

```
<?php
$username = "张三";                 //合法变量名，以字母开头
$_9site = "www.mysite.com.cn";     //合法变量名，以下画线开头
$站点 = "www.mysite.net";           //合法变量名，可以用中文
$9site = "www.mysite.com";         //非法变量名，以数字开头
count = 123; //无效变量名，未加$前缀
?>
```

2. 变量的赋值

在 PHP 中，通过赋值操作可以命名变量并对变量进行初始化。未初始化的变量具有默认值：布尔型变量的默认值为 false；整型和浮点型变量的默认值是零；字符串型变量的默认值为空字符串；数组变量的默认值为空数组。

通过赋值操作可以设置变量的值，语法格式如下。

```
$变量名 = 表达式
```

在执行赋值操作时，首先计算操作符“=”右边的表达式的值，然后将该值赋予左边的变量。例如：

```
<?php
$x = 123;                 //变量 x 的值为 123
$y = $x * 2 + 6;          //变量 y 的值为 252
$z = $x / $y;             //变量 z 的值为 0.48809523809524
?>
```

当使用一个变量（源变量）对另一个变量（目标变量）赋值时，有以下两种赋值方式。

（1）传值赋值。直接使用源变量对目标变量赋值，语法格式如下。

```
$目标变量名 = $源变量名
```

通过执行传值赋值可以将源变量的值赋予目标变量，此后无论修改哪个变量都不会影响另一个变量。例如：

```
<?php
$x = 123                  //变量 x 的值为 123
$y = $x                   //执行传值赋值后，变量 x 的值为 123，变量 y 的值为 123
$x = 456                  //变量 x 的值为 456，变量 y 的值为 123
$y = 789                  //变量 x 的值为 456；变量 y 的值为 789
?>
```

（2）引用赋值。在源变量前面添加符号“&”，语法格式如下。

```
$目标变量名 = &$源变量名
```

通过执行引用赋值可以使目标变量指向源变量，从而可以通过目标变量来引用源变量。此时，如果修改目标变量将会影响到源变量，反之亦然。例如：

```
<?php
$x = 123                  //变量 x 的值为 123
$y = &$x                  //执行引用赋值后，变量 x 和 y 的值均为 123
$x = 456                  //变量 x 和 y 的值均为 456
$y = 789                  //变量 x 和 y 的值均为 789
?>
```

注意：如果想把一个变量传递给一个函数，并希望保留在函数内部对该变量值的修改，则在定义函数时应指定它接受一个传递引用，而不是将传递值的变量作为参数，再将变量引用传递给函数。

2.3.2 可变变量

在PHP中，除了用标识符表示变量名，也可以用一个变量的值表示另一个变量的名称，这就是可变变量，也称为动态变量。如果要动态地创建一个变量名，则可以使用“可变变量”语法来实现，即在其值要作为变量名使用的变量前面加一个美元符号$。如果在一个变量名前面放两个美元符号$，则PHP会取右面变量的值作为变量名。例如：

```
<?php
$x = "hello";
$$x="world";               //$$x 等效于$hello
echo "$x ${$x}";           //输出："hello world"
?>
```

注意：使用花括号还能构造出用于表示变量名的更复杂的表达式，在此表达式中甚至可以包含函数调用。PHP运行得出位于花括号内的表达式的值，并将该值作为一个变量名。

2.3.3 变量相关函数

PHP 提供了一些与变量相关的函数，可用于检测、处理和打印变量。以下介绍这些函数的使用方法。

1. 检查变量是否被设置

为了保证PHP代码的安全运行，在使用一个变量前应检查该变量是否已被定义。下面介绍两个相关的函数。

（1）empty()函数：用于检查一个变量是否为空，语法格式如下。

```
empty(mixed $var) : bool
```

其中，var表示待检查的变量。如果var存在且为非空非零值，则empty()函数返回false，否则返回true。空字符串（""）、0、"0"、NULL、false、空数组array()、$var（已经声明但尚未赋值的变量）及没有任何属性的对象都将被认为是空的。

（2）isset()函数：用于检测变量是否被设置并且非NULL，语法格式如下。

```
isset(mixed $var[, mixed $var[, $...]]) : bool
```

其中，var表示待检测的变量。如果var存在且其值不是NULL，则返回true，否则返回false。isset()函数只能用于检查变量，通过该函数来传递任何其他参数都将造成解析错误。如果使用isset()函数测试一个被设置成NULL的变量，则会返回false。

如果一次传入多个参数，则isset()函数只有在全部参数都被设置时返回true，计算过程从左向右进行，一旦中途遇到未被设置的变量时就会立即停止。

2. 检查变量的类型

在PHP中，可以在同一个变量中存储不同类型的数据。例如，可以先将一个整型数存储在某个变量中，然后再将一个字符串存储到该变量中。在实际应用中，常常需要了解变量值所属的数据类型，这可以通过调用下列PHP函数来实现。

（1）使用表2.2中列出的函数可以检查变量或对象是否属于某种数据类型，如果变量或对象属于该类型，则返回true，否则返回false。

表 2.2 类型测试函数及其功能

类型测试函数	功 能
bool is_int(mixed $var)	如果变量参数 var 为整型，则返回 true，否则返回 false

续表

类型测试函数	功　能
bool is_float(mixed $var)	如果变量参数 var 为浮点型，则返回 true，否则返回 false
bool is_numeric(mixed $var)	如果变量参数 var 为数值型，则返回 true，否则返回 false
bool is_string(mixed $var)	如果变量参数 var 为字符串，则返回 true，否则返回 false
bool is_bool(mixed $var)	如果变量参数 var 为布尔型，则返回 true，否则返回 false
bool is_array(mixed $var)	如果变量参数 var 为数组，则返回 true，否则返回 false
bool is_object(mixed $var)	如果变量参数 var 为对象，则返回 true，否则返回 false
bool is_resource(mixed $var)	如果变量参数 var 为资源类型，则返回 true，否则返回 false
bool is_scalar (mixed $var)	如果变量参数 var 为标量，则返回 true，否则返回 false

（2）使用 gettype()函数测试一个变量的数据类型，语法格式如下。

```
gettype(mixed $var) : string
```

其中，var 表示待测试的数据。gettype()函数以字符串形式返回参数值的类型，其可能值为："Boolean"、"integer"、"double"（由于历史原因，如果数据类型是 float，则返回"double"而非"float"）、"string"、"array"、"object"、"resource"和"NULL"。

（3）使用 var_dump()函数显示变量的相关信息，语法格式如下。

```
var_dump(mixed $expression[, mixed $...]) : void
```

其中，expression 为要打印的变量。

var_dump()函数显示关于一个或多个表达式的结构信息，包括表达式的类型与值。数组将递归展开值，通过缩进显示其结构。

（4）使用 print_r()函数显示关于变量的易于理解的信息，语法格式如下。

```
print_r(mixed $expression[, bool $return=false]) : bool
```

其中，expression 为要打印的表达式。

print_r()函数显示关于一个变量的易于理解的信息。如果给出的参数是字符串、整型数或浮点数，则打印变量值本身。如果给出的是数组，则按照一定格式显示键和元素。对象与数组类似。如果要捕捉 print_r()函数的输出，可将 return 参数设置为 true，此时 print_r()函数将不显示结果，而是返回其输出内容。

3. 销毁变量

使用 unset()函数可以销毁给定的变量，语法格式如下。

```
unset(mixed $var[, mixed $...]) : void
```

其中，var 为要销毁的变量。当使用 unset()函数销毁指定的变量后，在使用 isset()函数检测该变量时会返回 false。

【例 2.4】定义和检测变量示例。源文件为/02/page02_04.php，源代码如下。

```
<?php
$x = 123456;
$y = "PHP+MySQL Web 应用开发";
$z = false;

echo "变量\$x：{$x}；";
echo "类型：" .gettype($x);
echo "；" .(isset($x) ? "已被设置" : "未被设置");
echo "；" .(empty($x) ? "为空" : "不为空");
var_dump($x);
echo "变量\$y：{$y}；";
echo "类型：" .gettype($y);
echo "；" .(isset($y) ? "已被设置" : "未被设置");
echo "；" .(empty($y) ? "为空" : "不为空");
```

```
var_dump($y);
echo "变量\$z：{$z}；";
echo "类型：" .gettype($z);
echo "；" .(isset($z) ? "已被设置" : "未被设置");
echo "；" .(empty($z) ? "为空" : "不为空");
var_dump($z);
?>
```

本例定义了一些变量，然后使用 gettype()函数检测变量的数据类型，使用 empty()函数检查变量是否为空，使用 isset()函数检查变量是否已被设置，使用 var_dump()函数显示变量的相关信息。代码中用到了 PHP 的条件运算符"？:"，它根据测试条件的取值不同而返回不同的值。代码运行结果如图 2.5 所示。

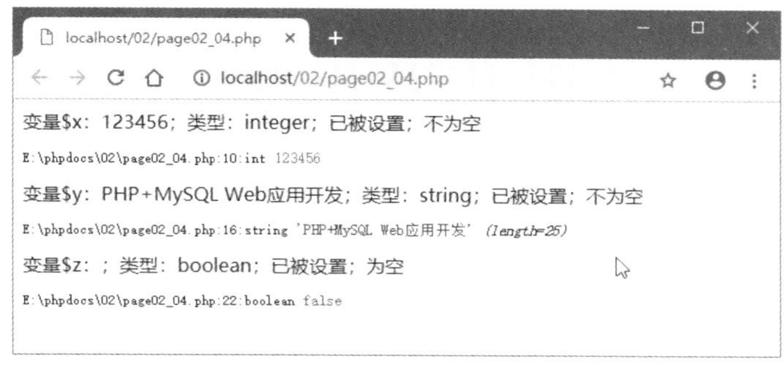

图 2.5　定义和检测变量示例

2.3.4　定义常量

常量是用一个标识符（名字）表示的简单值。在脚本执行期间不能改变常量的值。默认情况下常量是对大小写敏感的，按照惯例常量标识符是用大写字母来表示的。在 PHP 中，常量分为自定义常量和预定义常量两种。

1. 自定义常量

在 PHP 中，可以用 define()函数来定义常量，语法格式如下。

```
define(string $name, mixed $value[, bool $case_insensitive=false]) : bool
```

其中，name 指定常量名，应遵循 PHP 标识符命名规则，即以字母或下画线开始，其后连接字母、数字或下画线；value 指定常量的值；case_insensitive 指定常量名是否区分大小写，如果设置为 true，则不区分大小写。在常量定义成功时，该函数返回 true，否则返回 false。

在使用自定义常量时，应注意以下几点。

- 常量只能用 define()函数定义，而不能通过赋值语句定义。
- 一个常量一旦被定义，就不能再改变或取消定义。
- 常量只能包含标量数据，即 boolean、integer、float 和 string。
- 不要在常量名前面加上美元符号$。
- 如果常量名是动态的，也可以用 constant()函数来读取常量的值。
- 用 get_defined_constants()函数可以获得所有已定义的常量列表。
- 如果只想检查是否定义了某个常量，则可以调用 defined()函数。
- 常量可以在任何地方定义和访问。

定义和使用常量的示例如下。

```
<?php
define("USER", "root");        //定义常量，默认区分大小写
echo USER;                     //输出“root”
echo User;                     //输出 User 时出错
```

```
?>
```

自 PHP 5.3.0 起，可以使用 const 关键字在类定义外部定义常量，语法格式如下。

```
const 常量名 = 常量值;
```

例如，常量 USER 也可以使用 const 关键字定义，语法格式如下。

```
const USER = "root";
```

2. 预定义常量

PHP 提供了大量的预定义常量，可以在脚本中直接使用。不过，很多常量都是由不同的扩展库定义的。它们只有在加载了这些扩展库时才会出现，或者在动态加载后，或者在编译时已经包括进去了。在预定义常量中，有一些特殊的常量不区分大小写，并且会根据其使用的位置而改变其值，这些常量被称为魔术常量。例如，__LINE__就是这样的常量，其值由它在脚本中所处的行来决定。表 2.3 列出了 PHP 中的一些预定义常量及其功能。

表 2.3　PHP 预定义常量及其功能

预定义常量	功　能
__LINE__	返回常量所在文件中的当前行号
__FILE__	返回常量所在文件的完整路径和文件名
__DIR__	返回文件所在的目录
__FUNCTION__	返回常量所在函数的名称
__CLASS__	返回常量所在类的名称
__METHOD__	返回常量所在该方法被定义时的名称
__NAMESPACE__	返回当前命名空间的名称
PHP_VERSION	返回 PHP 的版本号
PHP_OS	返回执行 PHP 解析器的操作系统名称

【例 2.5】自定义常量和预定义常量示例。源文件为 02/page02_05.php，源代码如下。

```
<?php
define("TITLE", "PHP 常量应用示例");
const NL = "\n";
echo "<h3>" .TITLE ."</h3>" .NL;
echo "<ul>";
echo "<li>当前操作系统: " .PHP_OS ."</li>" .NL;
echo "<li>PHP 版本号: " .PHP_VERSION ."</li>" .NL;
echo "<li>当前目录: " .__DIR__ ."</li>" .NL;
echo "<li>当前文件: " .__FILE__ ."</li>" .NL;
echo "<li>当前代码行号: " .__LINE__ ."</li>" .NL;
echo "</ul>" .NL;
?>
```

上述代码首先声明了两个自定义常量，然后通过预定义常量输出当前操作系统、PHP 版本号、当前目录、当前文件和当前代码行号等信息。代码运行结果如图 2.6 所示。

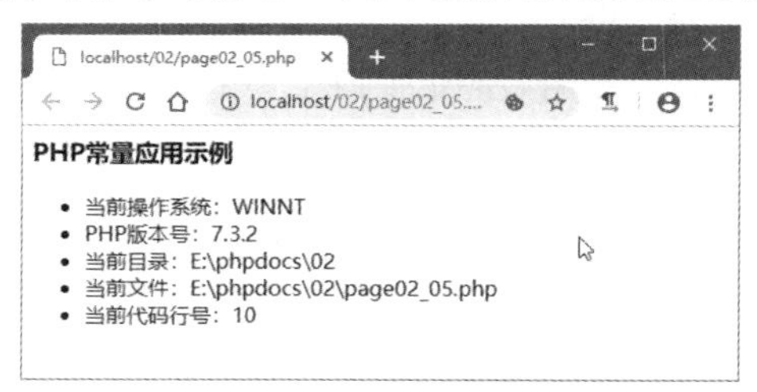

图 2.6　PHP 常量应用示例

2.4 运算符与表达式

PHP 提供了丰富的运算符，可以用来进行各种各样的运算。运算符与变量、常量、属性、函数的返回值等值元素组合在一起会形成表达式，它将产生一个新值。运算符通过执行计算、比较或其他运算来处理值元素。本节对运算符和表达式的使用方法进行简要介绍。

2.4.1 算术运算符

算术运算符包括加号（+）、减号（-）、乘号（*）、除号（/）和取模运算符（%），分别用于执行加、减、乘、除和求余数运算。

其中，“-”除了作为减号使用，也可以作为一元运算符（负号）使用，即对一个数取其相反数；使用除号（/）进行除法运算时总是返回浮点数，即使两个运算数是整型数或由字符串转换成的整型数也是如此。当被除数$a 为负值时，取模运算$a % $b 的结果也是负值。

使用算术运算符的示例如下。

```
<?php
$a = 32;
$b = 6;
echo $a + $b;          //输出 38
echo $a - $b;          //输出 26
echo $a * $b;          //输出 192
echo $a / $b;          //输出 5.3333333333333
echo $a % $b;          //输出 2
?>
```

2.4.2 赋值运算符

基本的赋值运算符是“=”，其作用是将右边表达式的值赋给左边的操作数。

赋值表达式的值就是所赋的值。例如，赋值表达式“$a=3”的值是 3。这样，一个赋值表达式也可以用于其他表达式，例如：

```
$a = ($b = 2) + 6;          //执行赋值操作后，$b 的值为 2，$a 的值为 8
```

除了基本的赋值运算符，还可以将其他运算符与赋值运算符组合后构成复合赋值运算符。常用的复合赋值运算符如表 2.4 所示。

表 2.4 常用的复合赋值运算符

运 算 符	语 法	等 价 形 式
+=	$x += $y	$x = $x + $y
-=	$x -= $y	$x = $x - $y
*=	$x *= $y	$x = $x * $y
/=	$x /= $y	$x = $x / $y
%=	$x %= $y	$x = $x % $y
.=	$x .= $y	$x = $x. $y

使用赋值运算符的示例如下。

```
<?php
$x = 2;
$y = 3;
$z = $x + $y;               //$z 的值为 5
$num = ($a = 3) + ($b = 6)//$a 的值为 3，$b 的值为 6，$num 的值为 9
$x += 8;                    //等价于$x = $x + 8，$x 的值为 10
$y -= 1;                    //等价于$y = $y - 1，$y 的值为 2
$x *= 2;                    //等价于$x = $x * 2，$x 的值为 20
$y /= 0.25;                 //等价于$y = $y / 0.25，$y 的值为 8
```

```
$x %= 7;                    //等价于$x = $x % 7, $x 的值为 6
$str = "Hello";
$str .= " World";           //等价于$str = $str ." World", $str 的值为"Hello World"
?>
```

2.4.3 递增/递减运算符

PHP 支持 C 语言风格的前/后递增运算符（++）和递减运算符（--），这些运算符都是单目运算符，它们经常在循环语句中使用。PHP 提供的递增/递减运算符如表 2.5 所示。

表 2.5 递增/递减运算符

运 算 符	语 法	说 明
++（递增）	++$x（前加）	首先在$x 的值上加 1，然后返回$x 的值
	$x++（后加）	首先返回$x 的值，然后在$x 的值上加 1
--（递减）	--$x（前减）	首先在$x 的值上减 1，然后返回$x 的值
	$x--（后减）	首先返回$x 的值，然后将$x 的值减 1

使用递增/递减运算符的示例如下。

```
<?php
$x = 2;
echo ++$x;                  //输出 3
echo $x;                    //输出 3
$y = 3;
echo $y++;                  //输出 3
echo $y                     //输出 4
$x = 5;
echo --$x;                  //输出 4
echo $x;                    //输出 4
$y = 6;
echo $y--;                  //输出 6
echo $y;                    //输出 5
?>
```

在 PHP 中，还可以对字符进行递增运算，例如，对“a”进行递增将得到“b”，对“z”进行递增将得到“aa”。但不能对字符进行递减运算，递减字符值没有效果。例如：

```
<?php
$x = "m";
echo ++$x;                  //输出"n"
$y = "Z";
echo ++$y;                  //输出"AA"
$z = "c";
echo --$z;                  //对字符递减无效，输出"c"
?>
```

递增/递减运算符对布尔值没有影响。递减 NULL 值也没有效果，递增 NULL 值的结果是 1。

2.4.4 字符串运算符

在 PHP 中，字符串运算符用于连接两个字符串。连接运算符包括基本连接运算符（.）和复合连接运算符（.=），“.”返回两个字符串连接后形成的新字符串，“.=”将右边操作数连接到左边操作数，并将结果字符串赋给左边操作数。

使用字符串运算符的示例如下。

```
<?php
$str1 = "Hello";
$str2 = " World";
echo $str1 .$str2;              //输出"Hello World"
```

```
$str1 .= $str2;
echo $str1;                    //输出"Hello World"
?>
```

2.4.5 位运算符

位运算符允许对整型数中指定的位进行置位，即对二进制位从低位到高位对齐后进行运算。在执行位运算时，会将操作数转换为二进制整数，然后按位进行相应的运算，运算的结果以十进制整数表示。如果两个运算数都是字符串，则位运算符将对字符的 ASCII 值进行操作。PHP 提供的位运算符如表 2.6 所示。

表 2.6 位运算符

运 算 符	语 法	功 能
&（按位与）	$x & $y	把$x 和$y 中均为 1 的位设置为 1
|（按位或）	$x | $y	把$x 或$y 中为 1 的位设置为 1
^（按位异或）	$x ^ $y	把$x 和$y 中不同的位（一个为 1，另一个为 0）设置为 1
~（按位取反）	~$x（单目运算符）	把$x 中为 0 的位设置为 1，为 1 的位设置为 0
<<（向左移位）	$x << $y	把$x 中的位向左移动$y 次（每一次移动都表示“乘以 2”）
<<（向右移位）	$x >> $y	把$x 中的位向右移动$y 次（每一次移动都表示“除以 2”）

使用位运算符的示例如下。

```
<?php
echo 3 & 5;          //输出 1 (00000011 & 00000101 = 00000001)
echo 3 | 5;          //输出 7 (00000011 | 00000101 = 00000111)
echo 3 ^ 5;          //输出 6 (00000011 ^ 00000101 = 00000110)
echo ~3;             //输出-4 (~00000011 = 11111100)
echo 3 << 2;         //输出 12 (00000011 << 10 = 00001100)
echo 32 >> 2;        //输出 8 (00100000 >> 10 = 00001000)
?>
```

2.4.6 比较运算符

比较运算符用于比较两个值的大小，通过比较运算符连接操作数将构成比较表达式。PHP 提供的比较运算符如表 2.7 所示。

表 2.7 比较运算符

运 算 符	语 法	功 能
==（等于）	$x == $y	若$x 等于$y，则结果为 true，否则结果为 false
===（全等）	$x === $y	若$x 等于$y 且两者类型相同，则结果为 true，否则结果为 false
!=（不等于）	$x != $y	若$x 不等于$y，则结果为 true，否则结果为 false
<>（不等于）	$x <> $y	若$x 不等于$y，则结果为 true，否则结果为 false
!==（非全等）	$x !== $y	若$x 不等于$y 或两者类型不同，则结果为 true，否则结果为 false
<（小于）	$x < $y	若$x 小于$y，则结果为 true，否则结果为 false
>（大于）	$x > $y	若$x 大于$y，则结果为 true，否则结果为 false
<=（小于或等于）	$x <= $y	若$x 小于或等于$y，则结果为 true，否则结果为 false
>=（大于或等于）	$x >= $y	若$x 大于或等于$y，则结果为 true，否则为 false
<=>（组合比较符）	$x <=> $y	当$x 小于、等于、大于$y 时，分别返回整型值-1、0、1。从 PHP 7 开始提供
??（NULL 合并操作符）	$x ?? $y	若$x 存在且不为 NULL，则返回其值，否则返回$y 的值。若两个操作数均未定义且不为 NULL，则返回 NULL。从 PHP 7 开始提供

如果将一个数字和一个字符串进行比较，或者将包含数字内容的字符串进行比较，则字符串

会被转换为数值并按照数值进行比较。

使用比较运算符的示例如下。

```
<?php
var_dump(0 == "a");           //0 == 0 -> true
var_dump("1" == "01");        //1 == 1 -> true
var_dump("10" == "1e1");      //10 == 10 -> true
var_dump(100 == "1e2");       //100 == 100 -> true

echo 1 <=> 1;                 //输出 0
echo 1 <=> 2;                 //输出-1
echo 2 <=> 1;                 //输出 1
echo 1.5 <=> 1.5;             //输出 0
echo 1.5 <=> 2.5;             //输出-1
echo 2.5 <=> 1.5;             //输出 1
echo "a" <=> "a";             //输出 0
echo "a" <=> "b";             //输出-1
echo "b" <=> "a";             //输出 1
echo "a" <=> "aa";            //输出-1
echo "zz" <=> "aa";           //输出 1

echo $x ?? "\$x 不存在";       //输出“$x 不存在”
$x = NULL;
echo $x ?? "\$x 为 NULL";      //输出“$x 为 NULL”
$x = 100;
echo $x ?? "另一个值";         //输出 100
?>
```

2.4.7 条件运算符

在 PHP 中还有一个条件运算符，即“? :”。这是一个三元运算符，通过它可以连接 3 个操作数，并构成一个条件表达式，语法格式如下。

```
(expr1) ? (expr2) : (expr3)
```

条件表达式“(expr1) ? (expr2) : (expr3)”的值按照以下规则计算：如果 expr1 的值为 true，则返回 expr2，否则返回 expr3。从 PHP 5.3 开始，可以省略条件运算符中间的操作数，条件表达式“expr1 ?: expr3”在 expr1 为 true 时返回 expr1，否则返回 expr3。

例如，可以使用条件运算符来计算一个数的绝对值，即：

```
$abs = $x >= 0 ? $x : (-$x);
```

【例 2.6】比较运算符和条件运算符示例。源文件为 02/page02_06.php，源代码如下。

```
<?php
echo '假设 $x = ' .($x = 200) .', $y = ' .($y = 300) .', 则: ';
echo '<ol>';
echo '<li>$x == $y -> ' .($x == $y ? 'true' : 'false') .'</li>';
echo '<li>$x === $y -> ' .($x === $y ? 'true' : 'false') .'</li>';
echo '<li>$x <> $y -> ' .($x <> $y ? 'true' : 'false') .'</li>';
echo '<li>$x != $y -> ' .($x != $y ? ' true' : 'false') .'</li>';
echo '<li>$x !== $y -> ' .($x !== $y ? 'true' : 'false') .'</li>';
echo '<li>$x < $y -> ' .($x < $y ? 'true' : 'false') .'</li>';
echo '<li>$x > $y -> ' .($x > $y ? 'true' : 'false') .'</li>';
echo '<li>$x <= $y -> ' .($x <= $y ? 'true' : 'false') .'</li>';
echo '<li>$x >= $y -> ' .($x >= $y ? 'true' : 'false') .'</li>';
echo '<li>$x <=> $y -> ' .($x <=> $y) .'</li>';
echo '<li>$y <=> $x -> ' .($y <=> $x) .'</li>';
echo '<li>$x ?? $y -> ' .($x ?? $y) .'</li>';
echo '<li>$z ?? $y -> ' .($z ?? $y) .'</li>';
echo '</ol>';
```

```
?>
```

在使用比较运算符比较两个变量时，如果运算结果为 true，则输出为整数 1，如果运算结果为 false，则输出为空（什么也看不见）。如果想输出 true 或 false，则可以通过条件运算符来实现。本例中的代码运行结果如图 2.7 所示。

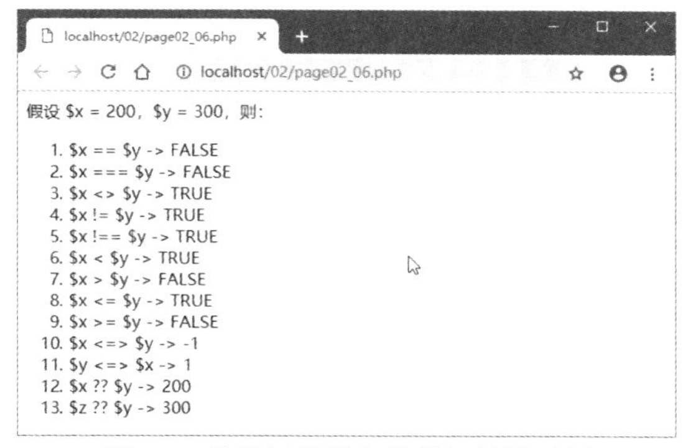

图 2.7　比较运算符和条件运算符示例

2.4.8　逻辑运算符

逻辑运算符用于连接布尔表达式并构成逻辑表达式，逻辑表达式的值为布尔值 true 或 false。在 PHP 中，逻辑运算符包括逻辑与、逻辑或、逻辑异或和逻辑非，这些逻辑运算符如表 2.8 所示。

表 2.8　逻辑运算符

运 算 符	语　法	说　明
and（逻辑与）	$x and $y	若$x 和$y 均为 true，则结果为 true；若两者中任一个为 false，则结果为 false
or（逻辑或）	$x or $y	若$x 或$y 中任一个为 true，则结果为 true；若两者均为 false，则结果为 false
xor（逻辑异或）	$x xor $y	若$x 和$y 的值不相同，则结果为 true；若两者的值相同，则结果为 false
!（逻辑非）	! $x	若$x 为 true，则结果为 false；若$x 为 false，则结果为 true
&&（逻辑与）	$x && $y	若$x 和$y 均为 true，则结果为 true；若两者中任一个为 false，则结果为 false
||（逻辑或）	$x || $y	若$x 或$y 中任一个为 true，则结果为 true；若两者中任一个为 false，则结果为 false

在 PHP 中，逻辑与和逻辑或都有两种不同形式的运算符，它们的运算优先级不同。

【例 2.7】各种逻辑运算符示例。源文件为 02/02-11.php，源代码如下。

```
<?php
echo '假设 $a=' .( $a = 3 ) .', $b=' .( $b = 6 ) .', $c=' .( $c = 8 ) .', 则：';
echo '<ol>';
echo '<li>$a > 0 && $b * $b - 4 * $a * $c > 0 -> ';
echo ( $a > 0 && $b * $b - 4 * $a * $c > 0 ) ? 'true' : 'false';
echo '<li>$a + $b > $c || $a - $b < $c -> ';
echo ( $a + $b > $c || $a - $b < $c ) ? 'true' : 'false';
echo '<li>$a > $b xor $b < $c -> ';
echo ( $a > $b xor $b < $c ) ? 'true' : 'false';
echo '<li>!($a > $c) -> ';
echo !( $a > $c ) ? 'true' : 'false';
echo '</ol>';
?>
```

本例中的代码运行结果如图 2.8 所示。

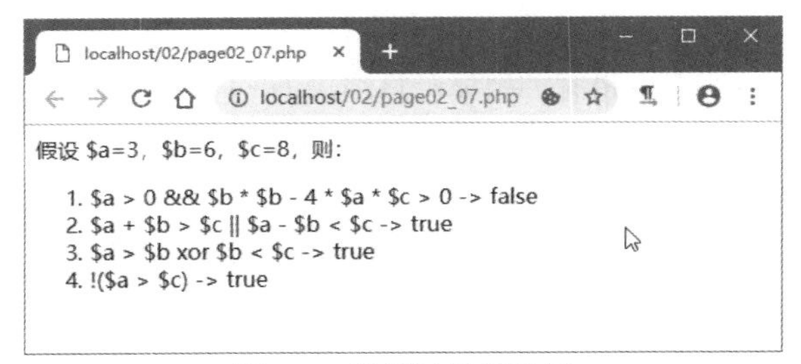

图 2.8　逻辑运算符示例

2.4.9　其他运算符

除了前面介绍的运算符，PHP 还提供了以下运算符。

1．错误控制运算符

错误控制运算符用符号“@”表示。当将其放在一个 PHP 表达式之前时，该表达式可能产生的任何错误信息都被忽略，语法格式如下。

```
@表达式
```

如果用 set_error_handler()设置了自定义的错误处理函数，其仍然会被调用，但是该错误处理函数可以调用 error_reporting()，而且该函数在出错语句前有“@”时，其返回值为 0。如果激活了 track_errors 特性，则表达式所产生的任何错误信息都会被存放在变量 php_errormsg 中，且该变量在每次出错时都会被覆盖。

```
<?php
/* 故意的文件错误 */
$my_file = @file ('non_existent_file') or
    die ("打开文件失败：错误是'$php_errormsg'");

//错误控制运算符适用于任何表达式，而不仅仅是函数
$value = @$cache[$key];
//如果索引$ key 不存在，则不会发出通知。
?>
```

注意：“@”运算符只对表达式有效。如果能从某处得到一个值，就能在其前面加上“@”运算符。例如，可以将它放在变量、常量、函数和 include 调用等之前，但不能将它放在函数或类定义之前，也不能用于条件结构如 if 和 foreach 等。

2．执行运算符

执行运算符用反引号（``）表示。PHP 可尝试将反引号中的内容作为 shell 命令来执行，并将其输出信息返回（即赋给一个变量而不是简单地丢弃到标准输出）。使用反引号运算符（``）的效果与 shell_exec()函数相同。例如：

```
<?php
$output = `dir`;
echo "<pre>$output</pre>";
?>
```

注意：执行运算符在激活安全模式或关闭 shell_exec()函数时是无效的。

3．数组运算符

PHP 提供的数组运算符如表 2.9 所示。

表 2.9　数组运算符

运 算 符	语　法	结　果
+（联合）	$a + $b	$a 和$b 的联合
==（相等）	$a == $b	如果$a 和$b 具有相同的键 / 值对，则为 true
===（全等）	$a === $b	如果$a 和$b 具有相同的键 / 值对，并且顺序和类型都相同，则为 true
!=（不等）	$a != $b	如果$a 不等于$b，则为 true
<>（不等）	$a <> $b	如果$a 不等于$b，则为 true
!==（不全等）	$a !== $b	如果$a 不全等于$b，则为 true

注意：“+”运算符将右边的数组元素附加到左边的数组后面，针对两个数组中都有的键名，只用左边数组中的键名，右边数组中的键名会被忽略。

数组联合的示例如下。

```
<?php
$a = array("a" => "苹果", "b" => "香蕉");
$b = array("a" => "雪梨", "b" => "草莓", "c" => "樱桃");
$c = $a + $b;                          //$a 和$b 的联合
var_dump($c);
?>
```

运行结果如下。

```
array (size=3)
  'a' => string '苹果' (length=5)
  'b' => string '香蕉' (length=6)
  'c' => string '樱桃' (length=6)
```

如果数组中的元素具有相同的键名和值，则在比较时相等；如果数组中的元素具有相同的键 / 值对，并且顺序和类型也相同，则在比较时全等。例如：

```
<?php
$a = array("苹果", "香蕉");
$b = array(1 => "香蕉", "0" => "苹果");

var_dump($a == $b);                    //bool(true)
var_dump($a === $b);                   //bool(false)
?>
```

4．类型运算符

类型运算符 instanceof 用于确定一个变量是否属于某一个类（class）的实例，如果这个变量属于该类的实例，则结果为 true，语法格式如下。

```
变量 instanceof 类名
```

使用类型运算符的示例如下。

```
<?php
class MyClass {}
class NotMyClass {}
$a = new MyClass;
var_dump($a instanceof MyClass);       //bool(true)
var_dump($a instanceof NotMyClass);    //bool(false)
?>
```

2.4.10　表达式

表达式是 PHP 的重要基础之一。通过在表达式后面添加一个分号（;）可以构成一个语句。最基本的表达式形式是常量和变量，比较复杂的表达式是函数。在 PHP 中，表达式可以说是无处不在的。除了常见的算术表达式，还有各种各样的表达式。

以下是一个简单的赋值语句。

```
$x = 100;
```

请问这个语句中包含几个表达式呢？

显而易见，在赋值运算符“=”的左边，变量 x 是一个表达式；在该运算符的右边，“100”是一个整型常量，也是一个表达式。在赋值之后，变量 x 的值变为 100，因此它就是一个值为 100 的表达式。这样就有两个表达式。

实际上，在这个例子中还有一个表达式，就是位于分号“;”左边的“$x = 100”，这是一个赋值表达式，其值也是 100。在该赋值表达式右边添加一个分号，表示语句的结束，由此构成一个赋值语句。赋值表达式也可以出现在另一个赋值语句中。例如：

```
$y = ($x = 100);
```

在执行这个语句后，变量 x 和 y 都变为 100。赋值运算符具有右结合性，即赋值操作的顺序是从右到左的。因此，上述语句也可以写成以下形式。

```
$y = $x = 100;
```

一个常用的表达式类型是用比较运算符构成的关系表达式，这些表达式的值为 false 或 true。PHP 支持各种比较运算符，通过这些运算符构成的关系表达式经常用于条件判断语句。通过逻辑运算符连接比较表达式可以构成逻辑表达式，用来表示更复杂的条件。

通过三元条件运算符（?:）可以构成条件表达式。例如：

```
$condition ? $expr1 : $expr2
```

如果表达式 condition 的值是 true（非零），则计算表达式 expr1 的值，并将其值作为整个条件表达式的值；否则，将表达式 expr2 的值作为整个条件表达式的值。

2.4.11 运算符优先级

前面介绍了 PHP 中的各种运算符。在实际应用中，一个表达式中通常包含多种运算符，在这种情况下，运算符的优先级决定计算的先后顺序，运算符的结合方向也对表达式的计算有影响，此外，可以使用括号来提高某些优先级低的运算符。

表 2.10 从高到低列出了 PHP 中各种运算符的优先级。同一行中的运算符具有相同优先级，此时它们的结合方向决定求值顺序。“左”表示表达式从左向右求值，“右”则相反。

表 2.10 运算符优先级

结合方向	运算符	附加信息
无	clone new	clone 和 new
左	[	array()
右	**	算术运算符
右	++ -- ~ (int) (float) (string) (array) (object) (bool) @	递增 / 递减和类型运算符
无	instanceof	类型运算符
右	!	逻辑运算符
左	* / %	算术运算符
左	+ - .	算术运算符和字符串运算符
左	<< >>	位运算符
无	< <= > >=	比较运算符
无	== != === !== <> <=>	比较运算符
左	&	位运算符和引用
左	^	位运算符
左	|	位运算符

续表

结合方向	运算符	附加信息
左	&&	逻辑运算符
左	||	逻辑运算符
左	??	比较运算符
左	? :	三元运算符
right	= += -= *= **= /= .= %= &= |= ^= <<= >>=	赋值运算符
左	and	逻辑运算符
左	xor	逻辑运算符
左	or	逻辑运算符

2.5 流程控制语句

流程控制语句用于控制程序执行的流程，使用这些语句可以编写制定决策或重复操作的代码。本节介绍各种流程控制语句的使用方法，包括选择语句、循环语句、跳转语句和包含文件语句等。

2.5.1 选择语句

当需要在 PHP 代码中进行两个或两个以上的选择时，可以通过测试条件来选择要执行的一组语句。PHP 提供的选择语句包括 if 语句和 switch 语句。

1. if 语句

if 语句是最常用的选择语句，它根据表达式的值来选择要执行的语句，基本语法如下。

```
if (expr)
   statements
```

当执行上述 if 语句时，首先对表达式 expr 求布尔值。如果表达式 expr 的值为 true，则执行语句 statements；如果 expr 的值为 false，则忽略语句 statements。statements 可以是单条语句或多条语句；如果是多条语句，则应使用花括号（{}）将这些语句括起来以构成语句组。

如果希望在满足某个条件时选择一组语句，而在不满足该条件时执行另一组语句，则可以使用 else 来扩展 if 语句，语法格式如下。

```
if (expr)
   statements
else
   elsestatements
```

当执行上述语句时，首先对表达式 expr 求布尔值；如果表达式 expr 的值为 true，则执行语句 statements，否则执行语句 elsestatements。其中，statements 和 elsestatements 可以是单条语句或语句组。

如果要判断多个条件，则需要使用 elseif 来扩展 if 语句，语法格式如下。

```
if (expr1)
   statements
elseif (expr2)
   elseifstatements
...
else
   elsestatements
```

当执行上述语句时，首先对表达式 expr1 求布尔值；如果 expr1 的值为 true，则执行语句 statements，否则对表达式 expr2 求布尔值；如果 expr2 的值为 true，则执行语句 elseifstatements；否则继续计算下一个表达式，以此类推；如果表达式的值均为 false，则执行语句 elsestatements。其中，statements、elseifstatements 和 elsestatements 都可以是单条语句或语句组。

另外，可以根据需要将一个 if 语句嵌套在其他 if 语句中。

【例 2.8】给定 a、b、c 三条边长，用 if 语句判断是否构成三角形。源文件为 02/page02_08.php，源代码如下。

```
<!doctype html>
<html>
<head>
<meta charset="utf-8">
<title>判断是否构成三角形</title>
</head>

<body>
<h3>判断是否构成三角形</h3>
<hr>
<?php
$a = 3;
$b = 4;
$c = 5;
echo '<p>假设 a=' .$a .', b=' .$b .', c=' .$c .', 则</p>';
if ($a + $b > $c && $b + $c > $a && $c + $a > $b) {
    echo '<p>以 a、b、c 为边可以构成三角形。</p>';
} else {
    echo '<p>以 a、b、c 为边不能构成三角形。</p>';
}
?>
</body>
</html>
```

在上述代码中，根据变量 a、b、c 的值，使用 if 语句判断它们能否构成一个三角形并输出判定结果。代码运行结果如图 2.9 所示。

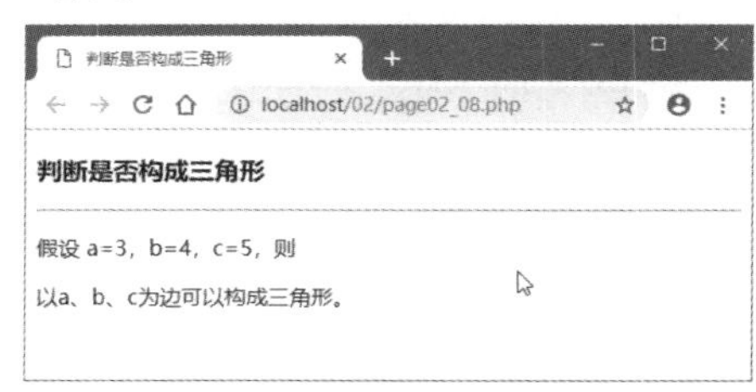

图 2.9　判断是否构成三角形

2．switch 语句

如果要将同一个变量或表达式与多个不同的值进行比较，并根据它等于哪个值来执行不同的操作，可以使用 switch 语句来实现，语法格式如下。

```
switch (expr) {
  case expr1:
    statements1
    break;
  case expr2:
    statements2
    break;
  ...
  default:
    defaultstatements
    break;
}
```

在执行 switch 语句时，首先计算表达式 expr 的值；如果 expr 的值等于 expr1 的值，则执行语句 statements1，直到遇到第一个 break 语句或 switch 语句结束；否则检查 expr 的值是否等于 expr2 的值；如果两者相等，则执行语句 statements2，直到遇到第一个 break 语句或 switch 语句结束，以此类推；如果表达式 expr 的值不等于表达式 expr1、expr2 等的值，则执行语句 defaultstatements，然后结束整个 switch 语句。

注意：在使用 switch 语句时，如果不在 case 的语句段后写上 break 语句，则 PHP 会继续执行下一个 case 分支中的语句段。

【例 2.9】使用 switch 语句将英文星期转换成中文星期。源文件为 02/page02_09.php，源代码如下。

```
<!doctype html>
<html>
<head>
<meta charset="utf-8">
<title>switch 应用示例</title>
</head>

<body>
<h3>switch 应用示例</h3>
<hr>
<?php
//设置默认时区
date_default_timezone_set("Asia/Shanghai");
echo "今天是" .date("Y 年 n 月 d 日") ." ";

//从日期中取出星期（英文）
$d = date("D");

//将英文星期转换成中文星期 */
switch ($d) {
    case "Mon":
        echo "星期一";
        break;
    case "Tue":
        echo "星期二";
        break;
    case "Wed":
        echo "星期三";
        break;
    case "Thu":
        echo "星期四";
        break;
    case "Fri":
        echo "星期五";
        break;
    case "Sat":
        echo "星期六";
        break;
    case "Sun":
        echo "星期日";
        break;
}
?>
</body>
</html>
```

在上述 PHP 代码中，通过调用 date()函数格式化一个本地日期，传递给该函数的参数即格式字符串。在这个格式字符串中，Y 表示 4 位数的年份；n 表示不带前导 0（零）的月份；d 表示月份中的第几天，是带有前导 0（零）的两位数字；D 表示星期中的第几天，用 3 个英文字母的文本表示，例如，星期一表示为“Mon”。使用 switch 语句将英文星期转换为中文形式，代码运行结果如图 2.10 所示。

图 2.10　switch 语句应用示例

2.5.2　循环语句

PHP 提供了 4 种形式的循环结构，包括 while 语句、do-while 语句、for 语句和 foreach 语句，分别适用于不同的情形。本节介绍前 3 种形式，foreach 语句留待第 4 章介绍。

1．while 语句

while 语句根据指定的条件将一组语句执行零遍或若干遍，语法格式如下。

```
while (expr)
   statements
```

当执行 while 语句时，只要表达式 expr 的值为 true，就重复执行嵌套中的循环语句，直到该表达式的值变为 false 时结束循环。表达式的值在每次开始循环时检查，即使这个值在循环语句中改变了，语句也不会停止执行，直到本次循环结束。在某些情况下，如果 while 表达式的值一开始就是 false，则循环语句一次都不会执行。statements 可以是单个语句或语句组，语句组应使用花括号（{}）括起来。

2．do-while 语句

do-while 语句根据指定的条件将一组语句执行一遍或若干遍，语法格式如下。

```
do {
  statements
} while (expr);
```

do-while 语句与 while 语句相似，区别在于表达式 expr 的值是在每次循环结束时检查，而不是在开始时检查，因此 do-while 语句至少会执行一次。

【例 2.10】 while 和 do-while 循环语句应用示例。源文件为 02/page02_10.php，源代码如下。

```
<!doctype html>
<html>
<head>
<meta charset="utf-8">
<title>while 和 do-while 循环语句应用示例</title>
</head>

<body>
<h3>while 和 do-while 循环语句应用示例</h3>
<hr>
<?php
$i = 1;
$sum = 0;
while ($i <= 100) {
    $sum = $sum + $i;
    $i++;
```

```
}
echo '<p>1+2+3+...+99+100=' .$sum .'</p>';

$i = 1;
$sum = 0;
do {
    $sum = $sum + $i;
    $i += 2;
} while ($i <= 199);
echo '<p>1+3+5+...+197+199=' .$sum .'</p>';
?>
</body>
</html>
</html>
```

在上述 PHP 代码中，通过 while 语句计算前 100 个自然数之和，通过 do-while 语句计算前 100 个奇数之和，代码运行结果如图 2.11 所示。

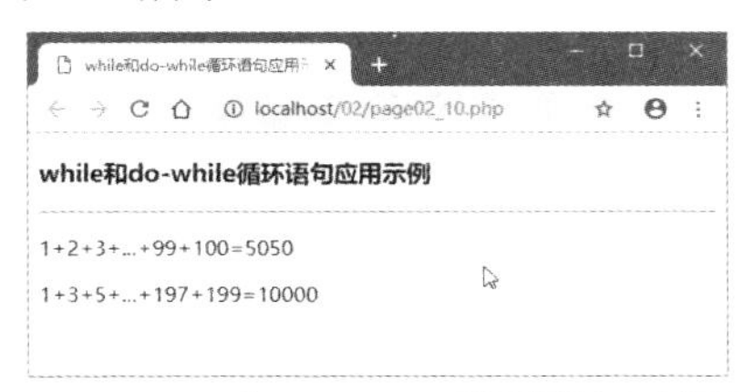

图 2.11 while 和 do-while 循环语句应用示例

3. for 语句

for 语句是 PHP 中最复杂、使用频率最高的循环结构。在已知循环次数的情况下，使用 for 语句是比较方便的。for 语句的语法格式如下。

```
for (expr1; expr2; expr3)
    statements
```

其中，表达式 expr1 在循环开始前无条件求值一次；表达式 expr2 在每次循环开始前求值，如果其值为 true，则执行嵌套的循环语句 statements，否则终止循环；表达式 expr3 在每次循环之后执行。

在上述语法格式中，3 个表达式都可以省略不写。如果省略表达式 expr2，则意味着 for 语句将无限循环下去，因为与 C 语言一样，PHP 认为其值为 true。在这种情况下，通常会使用 break 语句来结束循环而不是用 for 的表达式真值进行判断。

【例 2.11】使用 for 循环语句生成表格。源文件为 02/page02_11.php，源代码如下。

```
<!doctype html>
<html>
<head>
<meta charset="utf-8">
<title>for 循环语句应用示例</title>
<style>
table {
    border-collapse: collapse;
    margin: 0 auto;
}
caption {
    font-size: large;
    font-weight: bold;
    margin-bottom: 16px;
}
td {
```

```
    padding: 10px;
    text-align: center;
}
</style>
</head>

<body>
<?php
echo '<table border="1">';
echo '<caption>用 for 循环语句动态生成表格</caption>';
for ($row = 1; $row <= 5; $row++) {
    echo '<tr>';

    for ($col = 1; $col <= 5; $col++) {
        echo '<td>第' .$row .'行第' .$col .'列</td>';
    }
    echo '</tr>';
}
echo '</table>';
?>
</body>
</html>
```

在上述 PHP 代码中，通过双重 for 循环语句动态生成了一个 5 行 5 列的表格。外层 for 循环执行一次，会生成表格中的一行；内层 for 循环执行一次，会生成表格行中的一个单元格。代码运行结果如图 2.12 所示。

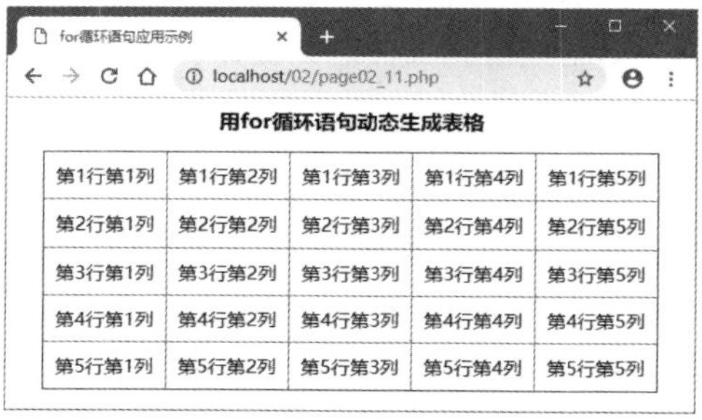

图 2.12　用 for 循环语句动态生成表格

2.5.3　跳转语句

在 PHP 中，break、continue 和 goto 是 3 个常用的跳转语句，它们可以用在 switch 语句和各种循环语句中，以增加对程序流程的控制。

1．break 语句

break 语句用于结束当前 for、foreach、while、do-while 或 switch 语句的执行，在该语句中可以添加一个可选的数字参数，以决定跳出几重循环。

2．continue 语句

在各种循环结构中，continue 语句用于跳过本次循环中剩余的代码，并在条件求值为 true 时开始执行下一次循环。continue 也可以用于 switch 语句。在 continue 语句中，可以使用一个可选的数字参数，以决定跳过几重循环到循环结尾。

【例 2.12】跳转语句示例。源文件为 02/page02_12.php，源代码如下。

```
<!doctype html>
<html>
<head>
```

```
<meta charset="utf-8">
<title>跳转语句应用示例</title>
<style>
span {
    display: inline-block;
    width: 2.5em;
    margin-left: 6px;
    margin-bottom: 6px;
    padding: 3px;
    background-color: green;
    color: white;
    text-align: center;
    font-weight: bold;
}
</style>
</head>

<body>
<h3>跳转语句应用示例</h3>
<hr>
<?php
$i = 0;
while (true) {                                          //此循环貌似为无限循环,因为循环条件恒为true
    $i++;
    if ($i == 20 || $i == 40) continue;                 //若遇到数字 20 和 40，则提前结束本次循环
    //若遇到 10 的倍数，则添加一个换行标记
    if ($i != 1 && ( $i - 1 ) % 10 == 0) echo "<br>";
    if ($i > 50) break;                                 //若数字大于 50，则结束整个 while 循环
    echo "<span>$i</span>";
}
?>
</body>
</html>
```

在上述代码中，由于 while 语句以 true 作为循环条件，因此它是无法正常结束的。在循环体中对变量值进行检查，如果变量值变为 20 或 40，则跳过剩余的语句，结束本次循环并继续执行下一轮循环；如果变量值变为大于 50，则结束整个循环。代码运行结果如图 2.13 所示。

图 2.13　跳转语句应用示例

3. goto 语句

从 PHP 5.3 开始，可以使用 goto 语句跳转到程序中的另一位置，这个目标位置可以用目标名称加上冒号来标记，而跳转指令是在 goto 语句之后连接目标位置的标记，语法格式如下。

```
goto 目标位置;
```

在 PHP 中，对 goto 语句的使用有一定限制，目标位置只能位于同一个文件和作用域，无法跳出一个函数或类方法，也无法跳到任何循环或 switch 语句中。但可以使用 goto 语句跳出循环或 switch 语句，常用方法是使用 goto 语句代替多层的 break 语句。例如：

```
<?php
```

```
goto a;                        //跳到 a 处
echo 'Foo';                    //不执行

a:
echo 'Bar';
?>
```

使用 goto 语句跳出循环结构的示例如下。

```
<?php
for ($i = 0, $j = 50; $i < 100; $i++) {
    while ($j--) {
        if ($j == 17) goto end;
    }
}
echo "i = $i";
end:
echo 'j hit 17';
?>
```

上述代码的输出结果为：

```
j hit 17
```

2.5.4 流程控制的替代语法

PHP 提供了一些流程控制的替代语法，包括 if、while、for、foreach 和 switch 等语句。替代语法的基本形式是将左花括号（{）换成冒号（:），而将右花括号（}）分别换成“endif;”“endwhile;”“endfor;”“endforeach;”“endswitch;”，例如：

```
<?php if ($a == 5): ?>
A is equal to 5
<?php endif; ?>
```

在上述示例中，HTML 内容“A is equal to 5”用替代语法嵌套在 if 语句中，该内容仅在$a 等于 5 时显示。

替代语法同样可以用在 else 和 elseif 中。用替代语法格式编写包含 elseif 和 else 的 if 语句的示例如下。

```
<?php
if ($a == 5):
    echo "a equals 5";
    echo "...";
elseif ($a == 6):
    echo "a equals 6";
    echo "!!!";
else:
    echo "a is neither 5 nor 6";
endif;
?>
```

注意：不要在同一个控制块内混合使用两种语法。

由于 switch 之后的换行符被认为是结束标记“?>”的一部分，所以在 switch 与 case 之间不能有任何输出。有效写法的示例如下。

```
<?php switch ($foo): ?>
<?php case 1: ?>
    ...
<?php endswitch ?>
```

在 switch 与第一个 case 之间的任何输出（包含空格）都将导致语法错误。无效写法的示例如下。

```
<?php switch ($foo): ?>
    <?php case 1: ?>
```

```
    ...
<?php endswitch ?>
```

2.5.5 包含文件语句

PHP 提供了一组包含文件语句，包括 include、include_once、require 和 require_once 语句。使用这些语句可以在一个 PHP 文件中包含并运行指定的其他文件，从而实现代码的可重用性，并简化代码结构。

1. include 语句

include 语句用于包含并运行指定文件，语法格式如下。

```
include filepath;
include(filepath);
```

其中，filepath 是一个字符串，用于指定被包含文件的路径。被包含文件既可以是 PHP 文件，也可以是其他类型的文件。

搜索被包含文件的顺序是：首先在当前工作目录相对的 include_path 下查找，然后在当前运行脚本所在目录相对的 include_path 下查找。如果 include_path 设置为“.”，当前工作目录是/www/，在脚本中要包含文件 include/a.php，并且该文件中有一句“include "b.php"”，则搜索 b.php 的顺序为：首先查看/www/，然后查看/www/include/。如果文件名以“./”或“../”开始，则只在当前工作目录相对的 include_path 下查找。

include_path 是 php.ini 文件中的一个配置选项，用于指定一组目录的列表，指示 require 和 include 语句搜索被包含文件的先后顺序。该选项的格式与系统的 path 环境变量类似，在 Windows 系统中用分号分隔各个目录。

例如，在 Windows 下可以把 include_path 设置为：

```
include_path=";d:\php\includes"
```

在包含路径中允许相对路径，可以用“.”表示当前目录，用“..”表示上一级目录。

include 语句在开发 PHP 动态网站时很有用。在一个网站中，大部分页面的页眉和页脚都是相同的，为了避免在每个页面中编写同样的代码，可以将页眉和页脚的内容分别放在 header.php 和 footer.php 中，然后在其他页面中包含这两个文件。此外，还可以把一些经常要调用的函数放在专门的文件中，通过包含该文件就可以调用其中的所有函数。

当使用 include 语句时，应注意以下几点。

- 当一个文件被包含时，PHP 语法解析器在目标文件开头脱离 PHP 模式并进入 HTML 模式，到文件结尾处恢复。因此，如果要在目标文件中编写 PHP 代码，就必须包括在有效的 PHP 定界符之间。
- 当使用 include 语句包含一个文件时，如果找不到指定的文件，就会产生一个警告信息，同时继续运行脚本。
- 在被包含的文件中，可以使用 return 语句来终止该文件中程序的执行，并返回调用它的脚本，也可以从被包含文件中返回一个值。在 include 语句调用脚本中，可以像普通函数一样获得 include 语句调用的返回值。
- include 语句是一个特殊的语言结构，其参数两端的括号不是必需的。不过，如果要使用 include 语句调用的返回值，就必须用括号将整个 include 语句括起来。
- 如果要在条件语句中使用 include 语句，则必须将其放置在语句组中，也就是放在花括号内部。

【例 2.13】 包含文件应用示例。被包含文件为/includes/vars.php，源代码如下。

```
<?php
$domain = "www.myphp.org";          //定义一个变量
```

```
$email = "admin@myphp.org";        //定义另一个变量
return "OK";                       //设置返回值
?>
```

主文件为/02/page02_13.php，源代码如下。

```
<!doctype html>
<html>
<head>
<meta charset="utf-8">
<title>包含文件应用示例</title>
<style>
div {
    font-family: "华文隶书";
    font-size: 40px;
    color: red;
    height: 100px;
    line-height: 100px;
    text-shadow: 5px 5px 5px grey;
}
div, p {
    text-align: center;
}
</style>
</head>

<body>
<div>PHP Web 应用开发学习网站</div>
<hr>
<footer>
    <p>
        <small>
            <?php
            if (( include "../includes/vars.php" ) == "OK") {
                echo "版权所有：";
                echo "域名：" .$domain;
                echo "；电子信箱：" .$email;
            }
            ?>
        </small>
    </p>
</footer>
</body>
</html>
```

代码运行结果如图 2.14 所示。

图 2.14　包含文件应用示例

2. include_once 语句

include_once 语句用于在脚本执行期间包含并运行指定文件，其功能与 include 语句类似，唯一的区别在于：如果该文件中的代码已经被包含，则不会被再次包含，如同此语句名称暗示的那样，只会包含一次。

在脚本执行期间，同一个文件有可能被包含超过一次，在这种情况下，为了确保该文件只被包含一次，以避免函数重复定义、变量重新赋值等问题，应该使用 include_once 语句。

include_once 语句的返回值与 include 语句相同。如果指定文件已被包含，则返回 true。

3. require 语句

require 语句用于包含并运行指定文件，语法格式如下。

```
require filename;
require (filename);
```

require 语句与 include 语句功能类似，唯一的区别在于：如果找不到指定文件，include 语句会产生一个警告，而 require 语句会导致一个致命错误。如果想在丢失文件时停止处理页面，则应使用 require 语句。

使用 require 语句的示例如下。

```
<?php
require "prepend.php";
require $somefile;
require ("somefile.txt");
?>
```

4. require_once 语句

require_once 语句用于在脚本执行期间包含并运行指定文件，其功能与 require 语句类似，所不同的是，如果该文件中的代码已经被包含，则不会被再次包含。

在脚本执行期间，同一个文件有可能被包含超过一次，在这种情况下，为了确保该文件只被包含一次，以避免函数重复定义、变量重新赋值等问题，应该使用 require_once 语句。

2.6 函数

函数是拥有名称的一段程序，也称为子程序。函数用于实现特定的功能。调用函数时可以向它传递一些参数，当函数执行完毕后还可以向调用代码返回一个值。同一个函数可以被一个或多个函数调用任意次，不同函数之间也可以互相调用。在 PHP 中，函数分为内部函数和用户自定义函数。内部函数是由 PHP 提供的，可以在程序中直接调用以完成所需的功能，用户自定义函数是由用户自己定义的，为了减少重复编写程序段的工作量，建议将一些常用的功能模块编写成函数并在需要时直接调用。

2.6.1 内部函数

PHP 提供了丰富的标准函数和语言结构，这些标准函数称为内部函数或内置函数。大部分内部函数可以在代码中直接使用。按照功能可将 PHP 内部函数分为以下类别。

- 影响 PHP 行为的扩展
- 音频格式操作
- 身份认证服务
- 日历和事件相关扩展
- 针对命令行的扩展
- 压缩与归档扩展
- 信用卡处理
- 数学扩展
- 非文本内容的 MIME 输出
- 进程控制扩展
- 其他基本扩展
- 其他服务
- 搜索引擎扩展
- 面向服务器的扩展

- 加密扩展
- 数据库扩展
- 文件系统相关扩展
- 国际化与字符编码支持
- 图像生成和处理
- 邮件相关扩展
- 会话扩展
- 文本处理
- 与变量和类型有关的扩展
- Web 服务
- Windows 平台下的扩展
- XML 操作

有一些内部函数需要与特定的 PHP 扩展模块同时进行编译，否则在使用它们时将会出现一个致命的“未定义函数”错误。例如，在使用图像函数 imagecreatetruecolor()创建一个真彩色图像时，就需要在编译 PHP 时加上 GD 库的支持。

为了有效地使用内部函数，在调用函数前可以对可用函数信息进行检测。

1．检查函数是否存在

使用 function_exists()函数可以检查指定的函数是否存在，语法格式如下。

```
function_exists(string $function_name) : bool
```

其中，function_name 指定要检查的函数名。通过调用 function_exists()函数可以检查已定义函数的列表，包括内部函数和用户自定义函数。如果指定的函数存在，则返回 true，否则返回 false。

2．检查模块中包含的函数

使用 get_extension_funcs()函数可以获取一个模块中所有函数名组成的数组，语法格式如下。

```
get_extension_funcs(string $module_name) : array
```

其中，module_name 指定模块名，必须以小写形式表示。

例如，以下的代码用于显示 XML 和 GD 模块所包含的函数。

```
print_r(get_extension_funcs("xml"));
print_r(get_extension_funcs("gd"));
```

3．所有已定义函数

使用 get_defined_functions()函数可以获取包含所有已定义函数的一个数组，语法格式如下。

```
get_defined_functions(void) : array
```

本函数返回一个多维数组，其中包含所有已定义函数，包括内部函数和用户自定义函数。内部函数可以通过键名“internal”访问，用户自定义函数可以通过键名“user”访问。

【例 2.14】检测 PHP 内部函数相关信息。源文件为 02/page02_14.php，源代码如下。

```
<!doctype html>
<html>
<head>
<meta charset="utf-8">
<title>检测 PHP 内部函数相关信息</title>
<style>
h3 {
    text-align: center;
}

div {
    column-count: 3;                    /* 分 3 列显示 div 元素 */
    column-rule: thin dashed gray;      /* 设置分隔线样式 */
    column-gap: 32px;                   /* 设置列间距 */
}

ul, ol {
    margin-top: 0;
    margin-left: 12px;
    padding-left: 6px;
```

```
}
</style>
</head>

<body>
<h3>检测 PHP 内部函数相关信息</h3>
<hr>
<div>
<?php
echo "<ul>";
echo "<li>函数 mysqli_connect" .( function_exists("mysqli_connect") ? "已" : "不
" ) ."存在";
echo "<li>函数 no_exist" .( function_exists("no_exist") ? "已" : "不" ) ."存在";
echo "<li>GD 模块中包含 " .count(get_extension_funcs("gd")) ." 个函数";
$arr = get_defined_functions();          //获取包含所有已定义函数的数组
$n = count($arr["internal"]);            //count 函数返回数组中元素的数目
sort($arr["internal"]);                  //对数组中的元素按字母进行升序排序
echo "<li>PHP " .PHP_VERSION ." 提供了 {$n} 个内部函数: ";
echo "<ol>";
foreach ($arr["internal"] as $v) {      //用 foreach 语句遍历内部函数组成的数组
    echo "<li>$v";
}
?>
</div>
</body>
</html>
```

本例不仅检测了函数 mysqli_connect 和 no_exist 是否存在，还检测了 GD 模块中包含的函数数目，并列举了当前 PHP 版本提供的所有内部函数。代码运行结果如图 2.15 所示。

图 2.15　检测 PHP 内部函数

2.6.2　自定义函数

在 PHP 中，可以通过关键字 function 来定义函数，语法格式如下。

```
function function_name($arg1, $arg2, ...$argN) : return_type {
    statements
    return expr;
}
```

其中，function_name 为要创建函数的名称。在命名函数时，应遵循与变量命名相同的规则，但函数名不能以美元符号（$）开头。函数名不区分大小写，但在调用函数时，通常使用与其在定义时相同的形式。

$arg1～$argN 是函数的参数，通过这些参数可向函数传递信息。一个函数可以有多个参数，它们之间用逗号隔开。但是，函数的参数是可选的，也可以不为函数指定参数。参数可以是各种数据类型，如整型、浮点型、字符串和数组等。statements 表示在函数中执行的一组语句，称为函数体。任何有效的 PHP 代码都可以在函数内部使用，甚至包括其他函数和类的定义。return_type 指定函数的返回值类型，其可用的类型与参数声明中可用的类型相同。

return 语句用于立即结束此函数的执行并将它的参数作为函数的值返回，也用于终止脚本文件的执行。任何类型都可以返回，包括列表和对象。这会导致函数立即结束运行，并将控制权传递回它被调用的行。return()是语言结构而不是函数，仅在参数包含表达式时才需要用括号将其括起来。

在定义一个函数后，就可以在代码中调用它，语法格式如下。

```
function_name(参数列表)
```

如果定义函数时设置了一组参数（形式参数，简称“形参”），则调用函数时也需要提供相应的参数（实际参数，简称“实参”）。如果定义函数时未设置参数，则调用函数时仍然需要在函数名后面加上一对括号。如果函数具有返回值，则可以将函数调用作为表达式的一部分。在这种情况下，如果以语句形式来调用函数，则会丢弃函数的返回值。

【例 2.15】用户自定义函数的定义和调用。源文件为 02/page02_15.php，源代码如下。

```
<!doctype html>
<html>
<head>
<meta charset="utf-8">
<title>自定义函数应用示例</title>
</head>

<body>
<h3>自定义函数应用示例</h3>
<hr>
<?php
//创建用户自定义函数 show_text，其功能是在页面指定位置显示文字信息
//函数的参数分别指定文字内容、x 和 y 坐标、字体、字号和文字颜色
function show_text($text, $x, $y, $font_name, $font_size, $color) : void {
    $str = '<div style="position: absolute; ';
    $str .= 'top: ' .$y .'px; left: ' .$x .'px; ';
    $str .= 'font-family: ' .$font_name .'; ';
    $str .= 'font-size: ' .$font_size .'px; ';
    $str .= 'text-shadow: 3px 3px 3px grey; ';
    $str .= 'color: ' .$color .';">' .$text .'</div>';
    echo $str;
}

//调用函数
show_text("PhpStorm", "60", "90", "华文隶书", "36", "red");
show_text("PHP+MySQL Web 应用开发", "100", "120", "方正榜书行简体", "32", "blue");
?>
</body>
</html>
</html>
```

本例声明了一个名为 show_text 的自定义函数，其功能是在页面指定位置显示文字信息。该函数设置了 6 个参数，分别用于指定要显示的文字内容、x 和 y 坐标、字体名称、字号大小和文字颜色。在完成函数定义后，连续两次以语句形式调用该函数，会在不同位置显示不同的文字信息。代码运行结果如图 2.16 所示。

图 2.16　自定义函数应用示例

2.6.3　函数的参数

在定义函数时，可以为函数设置一个参数列表；在调用函数时，可以将参数传递到函数中。函数的参数列表就是以逗号作为分隔符的表达式列表。在默认情况下，参数是按值传递的，但是，可以通过引用方式传递参数，也可以设置参数的默认值，同时支持可变长度的参数列表。

1．通过引用传递参数

在默认情况下，函数参数是按值传递的，这意味着即使在函数内部改变了形参的值，也不会改变函数外部实参的值。如果希望函数修改传递给它的参数值，则必须通过引用方式来传递参数。如果要使函数的一个参数通过引用方式传递值，则在定义函数时，必须在该参数前预先加上引用符号“&”，而在调用函数时，则不必再添加这个符号。

通过引用方式传递函数参数的示例如下。

```
<?php
function swap(&$x, &$y) : void { //定义函数 swap，用于交换两个参数的值
    //在函数内部交换形参$x 和$y 的值
    $t = $x;
    $x = $y;
    $y = $t;
}

$a = 2;                              //$a 的值为 2
$b = 3;                              //$b 的值为 3
echo $a, $b;                         //输出 23
swap($a, $b);                        //调用函数 swap，通过引用传递实参$a 和$b
echo $a, $b;                         //实参被交换，$a 的值为 3，$b 的值为 2，输出 32
?>
```

2．设置参数的默认值

在定义函数时，可以根据需要为参数设置默认值，当调用函数时如果未指定参数值，则参数将自动使用其默认值。默认值既可以是标量类型，也可以是数组和特殊类型（如 NULL 值）。但是，默认值必须是常量表达式，而不能是变量、类成员或函数调用。当使用默认参数时，默认参数必须放在非默认参数的右侧，否则函数可能不会按照预期的情况工作。自 PHP 5 起，设置默认值的参数也可以通过引用方式传递。

在函数中使用默认参数的示例如下。

```
<?php
function fruit ($name, $color="红") : string {//定义函数时为参数$color 设置了默认值
  return "这是一个{$color}{$name}。";
}

echo fruit ("苹果");                 //未指定第二个参数，输出结果为："这是一个红苹果。"
echo fruit ("苹果", null);           //第二个参数为 null，输出结果为："这是一个苹果。"
echo fruit ("苹果", "青");           //第二个参数为"青"，输出结果为："这是一个青苹果。"
?>
```

3．可变数量参数

PHP 在用户自定义函数中支持可变数量的参数列表。根据所用的 PHP 版本不同，可变数量参数可以通过以下两种方式来实现。

方式一： 在 PHP 5.5 及其更早的版本中，如果要在用户自定义函数中使用可变数目的参数，则不需要定义参数列表，可以在函数内部使用下列函数获取参数的相关信息。

（1）使用 func_num_args()函数可以返回传递给函数的参数数目，语法格式如下。

```
func_num_args(void) : int
```

该函数返回传递给当前用户自定义函数的参数数目。

（2）使用 func_get_arg()函数可以从参数列表中获取一个参数，语法格式如下。

```
func_get_arg(int $arg_num) : mixed
```

其中，$arg_num 指定参数在参数列表中的位置偏移量，第一个参数的位置偏移量为 0。如果 arg_num 大于实际传递的参数数目，则产生一个警告，且 func_get_arg()函数将返回 false。

（3）使用 func_get_args()函数可以返回一个由函数参数列表组成的数组，语法格式如下。

```
func_get_args(void) : array
```

该函数返回一个数组，该数组中的每个元素是当前用户自定义函数的参数列表中的对应成员的一个拷贝，但不考虑那些默认参数。

注意： 上述函数不能作为函数的参数使用。如果要向函数中传递一个值，可以将结果赋给一个变量，然后向函数中传递该变量。此外，当在自定义函数外部调用这些函数时，会产生一个警告。

方式二： 在 PHP 5.6 及其更高版本中，可以在函数的参数列表中包含“...”标记，表示该函数接受可变数量的参数，此时参数会作为数组传递给给定变量。

下面通过一个示例说明如何通过以上两种方式来设置可变数量的参数列表。

【例 2.16】 可变数量参数示例。源文件为 02/page02_16.php，源代码如下。

```
<?php
//用第一种方式定义具有可变数量参数的函数
function sum1() : int {                          //定义函数时未设置任何参数
    $acc = 0;
    $count = func_num_args();                    //获取参数个数

    for ($i = 0; $i < $count; $i++) {            //通过 for 循环遍历所有参数
        $acc += func_get_arg($i);                //从参数列表中获取一个参数并进行加法运算
    }
    return $acc;                                 //返回所有参数之和
}

echo "<h3>可变数量参数示例</h3>";
echo "<hr>格式一<br>";
echo "1+2+3=" .sum1(1, 2, 3);
echo "<br>";
echo "1+2+3+4+5+6=" .sum1(1, 2, 3, 4, 5, 6);

//用第二种方式定义具有可变数量参数的函数
function sum2(...$numbers) : int{                //定义函数时在参数之前添加“...”标记
    $acc = 0;
    foreach ($numbers as $n) {                   //通过 foreach 循环遍历参数列表（数组）
        $acc += $n;                              //获取当前数组元素并进行加法运算
    }
    return $acc;                                 //返回所有参数之和
}

echo "<br>格式二<br>";
```

```
echo "1+2+3=" .sum2(1, 2, 3);
echo "<br>";
echo "1+2+3+4+5+6=" .sum2(1, 2, 3, 4, 5, 6);
?>
```

本例通过不同的方式定义了两个包含可变数量参数的函数，即sum1和sum2函数。在定义sum1函数时未设置任何参数，在函数内部通过 func_num_args()函数获取所传递参数的数量，通过func_get_arg()函数获取参数列表中的一个参数，并使用for循环计算出所有参数之和。在定义sum2函数时，在参数前面添加了“...”标记，并在函数内部将该参数作为数组处理。在调用这两个函数时均可传递任意多个参数。代码运行结果如图2.17所示。

图2.17　可变数量参数示例

2.6.4　函数的返回值

函数的返回值通过在函数内部使用return语句返回，语法格式如下。

```
return [表达式]
```

其中，表达式的值可以是任何类型，包括列表和对象。在执行return语句时，函数立即结束运行并将控制权传递回它被调用的代码行。如果在一个函数中调用return语句，则会立即结束此函数的执行，并将return语句的参数作为函数的值返回给调用代码。如果没有在return语句中提供表达式，则函数会返回NULL值。

设置和使用函数返回值的示例如下。

```
<?php
function square($x) : int {
  return $x * $x;
}

echo square(3);  //输出：9
?>
```

函数不能返回多个值，但可以通过返回一个数组来得到类似的效果。例如：

```
<?php
function small_numbers() : array {
  return array(0, 1, 2);                          //返回一个数组
}

list($zero, $one, $two) = small_numbers(); //调用list函数把数组中的值赋给一些变量
echo $zero .', ' .$one .', ' .$two;            //输出：0, 1, 2
?>
```

如果要从函数返回一个引用，则必须在函数声明和指派返回值给一个变量时都使用引用操作符（&）。例如：

```
<?php
function &test (&$x) {          //声明函数时在函数名前加&，并以引用方式传递参数x
  $x++;
  return $x;                    //从函数中返回对参数$x的引用
}
$a = 100;
```

```
$b = &test($a);                    //调用函数时在函数名前加&，使变量 b 指向变量 a 的内容
test($b);                          //不使用函数返回值，改变$b 的同时也改变了 a
echo $a .', ' .$b;                 //输出：102, 102
?>
```

【例 2.17】使用函数计算最大公约数。源文件为 02/page02_17.php，源代码如下。

```
<?php
function gcd($x, $y) : int {
    if ($x < $y) {                 //若$x 小于$y，则交换它们的值
        $t = $x;
        $x = $y;
        $y = $t;
    }
    while ($y != 0) {              //用辗转相除法计算最大公约数
        $t = $x % $y;
        $x = $y;
        $y = $t;
    }
    return $x;                     //返回计算结果
}

echo "<h3>计算最大公约数</h3>";
echo "<hr>";
echo "<ul>";
echo "<li>36 和 63 的最大公约数是 " .gcd(36, 63);
echo "<li>600 和 1500 的最大公约数是 " .gcd(600, 1500);
?>
```

在上述 PHP 代码中，定义了一个名为 gcd 的函数，其功能是计算传入参数的最大公约数。代码运行结果如图 2.18 所示。

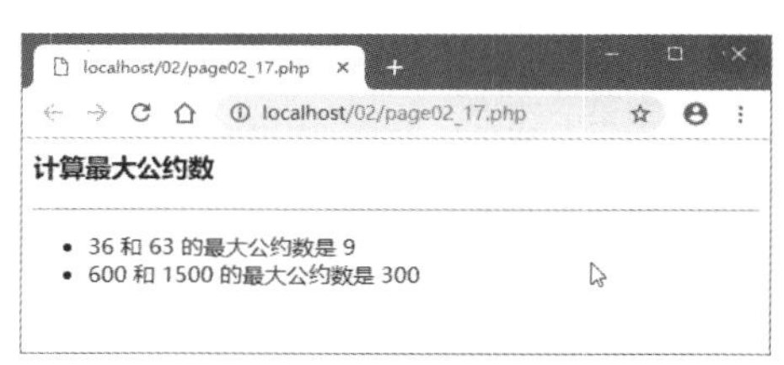

图 2.18　计算最大公约数

2.6.5　变量作用域

变量作用域即变量定义的上下文背景，也就是变量的生效范围。

（1）变量的作用域与包含文件。大多数 PHP 变量不仅在当前 PHP 文件中生效，其作用域还会包含 include 和 require 语句引入的文件。例如：

```
<?php
$x = 1;
include "another.php";
?>
```

在上述代码中，变量 x 在包含文件 another.php 中也是有效的。

（2）局部变量。在用户自定义函数中，引入一个局部函数范围。在默认情况下，任何用于函数内部的变量将被限制在局部函数范围内，这种变量称为局部变量。例如：

```
<?php
$x = 1;                                 //在函数外部定义的是全局变量

function test() : void {                //定义函数
    echo $x;                            //在函数内部引用的是局部变量
```

```
}
test();                                  //调用函数
?>
```

在上述示例中，由于在定义函数 test()时通过 echo 语句引用了一个局部变量 x，但在函数内部并未定义该变量，因此在执行该语句时会出现未定义变量错误，而且在调用函数时也会再次出现同一错误。

（3）全局变量。在任何函数外部定义的变量是全局变量。如果要在函数内部使用全局变量，可以先用 global 关键字来声明全局变量，再对全局变量进行访问。例如：

```
<?php
$x = 2;                                  //在函数外部定义全局变量
$y = 3;                                  //另一个全局变量

function sum() : void {                  //定义函数
    global $x, $y;                       //声明全局变量$x、$y
    $y = $x + $y;                        //结果：$y 的值为 5
}
sum();                                   //调用函数
echo $y;                                 //输出全局变量$y，结果为 5
?>
```

在函数内部，也可以直接通过预定义数组 GLOBALS 来访问全局变量。在 GLOBALS 数组中，每一个变量为一个元素，键名对应变量名，值对应变量的内容。GLOBALS 数组之所以在全局范围内存在，是因为 GLOBALS 数组是一个超全局变量。上述示例也可以改写成以下形式。

```
<?php
$x = 1;                                                //在函数外部定义全局变量
$y = 2;                                                //另一个全局变量
function sum() : void{                                 //定义函数
    $GLOBALS["y"] = $GLOBALS["x"]+$GLOBALS["y"];       //通过 GLOBALS 数组引用全局变量
}
sum();                                                 //调用函数
echo $y;                                               //输出全局变量
?>
```

（4）静态变量。静态变量使用关键字 static 来声明，它仅在局部函数作用域中存在，但当程序执行离开此函数作用域时，其值并不会丢失。例如：

```
<?php
function test() : void {                               //定义函数
   static $a=0;                                        //声明静态变量
   echo $a."<br>";
   $a++;
}                                                      //离开函数作用域时保留 a 的值
test();                                                //输出：0
test();                                                //输出：1
test();                                                //输出：2
?>
```

2.6.6　可变函数

PHP 支持可变函数的概念。这表示如果一个变量名出现了括号，则 PHP 会寻找与该变量的值同名的函数，并且尝试执行它。可变函数也称为变量函数，它可以用来实现包括回调函数、函数表在内的一些用途。需要注意的是，可变函数不能用于语言结构，例如，echo、include、require 等语句。

【例 2.18】可变函数应用示例。源文件为 02/page02_18.php，源代码如下。

```
<?php
function add($x, $y) : int {
```

```
        return $x + $y;
    }

    function subtract($x, $y) : int {
        return $x - $y;
    }

    function multiply($x, $y) : int {
        return $x * $y;
    }

    function divide($x, $y) : int {
        return $x / $y;
    }

    echo "<h3>可变函数应用示例</h3>";
    echo "<hr>";

    $a = 6;
    $b = 3;

    $op = "add";
    echo "$a + $b = " .$op($a, $b);
    echo "<br>";

    $op = "subtract";
    echo "$a - $b = " .$op($a, $b);
    echo "<br>";

    $op = "multiply";
    echo "$a * $b = " .$op($a, $b);
    echo "<br>";

    $op = "divide";
    echo "$a / $b = " .$op($a, $b)
    ?>
```

在上述 PHP 代码中，分别定义了 4 个算术运算函数，然后使用同一个变量 op 依次指向这些函数，并通过该变量来调用这些函数。代码运行结果如图 2.19 所示。

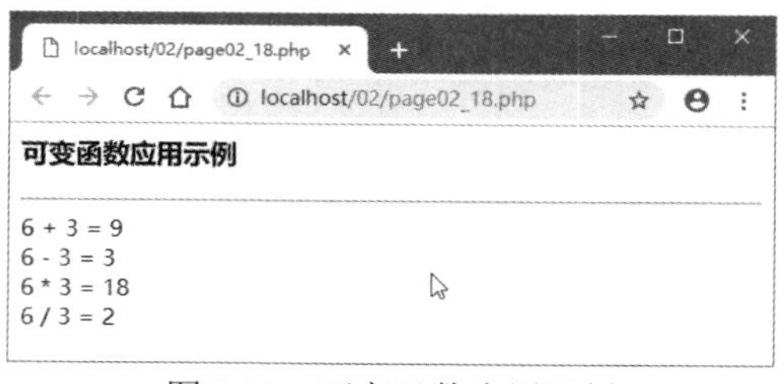

图 2.19　可变函数应用示例

2.6.7　匿名函数

匿名函数也称为闭包函数，它允许临时创建一个没有指定名称的函数。匿名函数经常用作回调函数的参数。当然，也有其他应用的情况。匿名函数仅在 PHP 5.3.0 及其更高版本有效。

匿名函数也可以作为变量的值来使用。PHP 会自动将表达式转换成内置类 Closure 的对象实例。将一个 Closure 对象赋值给一个变量的方式与普通变量赋值的语法是一样的，最后也要加上分号。例如：

```
<?php
$greet = function($name) {
    echo "Hello $name";
};

$greet("World");      //输出: "Hello World"
$greet("PHP");        //输出: "Hello PHP"
?>
```

习 题 2

一、选择题

1．访问 PHP 动态网页可通过（　　）协议来实现。

A．FTP　　B．FILE　　C．HTTP　　D．NETBEUI

2．在下列各项中，（　　）不属于 PHP 定界符。

A．<%...%>　　B．<#...#>　　C．<?...?>　　D．<?php...?>

3．函数调用 gettype(1.23)的返回值是（　　）。

A．boolean　　B．string　　C．integer　　D．double

4．通过调用（　　）函数可检查变量是否为字符串。

A．is_int()　　B．is_string()　　C．is_numeric()　　D．is_float()

5．使用魔术常量（　　）可返回当前文件的完整路径和文件名。

A．__CLASS__　　B．__DIR__　　C．__FILE__　　D．__LINE__

6．当转换为布尔型时，（　　）不会被转换为 false。

A．0　　B．空字符串""　　C．空数组　　D．-1

7．当包含并运行指定文件时，（　　）仅会包含一次，且找不到文件会产生一个警告。

A．include　　B．include_once　　C．require　　D．require_once

二、判断题

1.（　　）如果使用单引号定义字符串，则字符串中的变量名在运行时会被变量值替代。

2.（　　）若要创建动态变量，可在其值作为变量名使用的变量前面加一个“@”符号。

3.（　　）若要引用一个变量，可在该变量名前添加一个“&”符号。

4.（　　）在 PHP 中，“不等于”运算符用“≠”表示。

5.（　　）while 语句根据条件将一组语句执行一次或多次。

6.（　　）do-while 语句根据条件将一组语句执行零次或多次。

7.（　　）continue 语句可结束整个循环语句的执行，break 语句可跳过剩余语句结束本次循环的执行。

8.（　　）在使用函数的默认参数时，默认参数必须放在非默认参数的右侧。

9.（　　）使用 get_defined_functions()函数可获取所有用户自定义函数。

10.（　　）语句“echo "" ?: "good";”的输出结果为空。

11.（　　）语句“echo "OK" ?: "";”的输出结果为"OK"。

12.（　　）假设变量 a 尚未定义，则语句“echo $a ?? "Bye";”的输出结果为空。

三、简答题

1．PHP 文件包含的主要内容是什么？

2．服务器对 HTML 静态网页和 PHP 动态网页的处理过程有什么不同？

3．在 PHP 中定义字符串有哪些方法？

4．“$x++”与“++$x”有什么区别？

5．条件运算符（?:）的运算规则是什么？

6．include 语句与 include_once 语句有什么异同？

7．require 语句与 include 语句有什么区别？

8．局部变量与全局变量有什么区别？

四、编程题

1．创建一个 PHP 文件，要求用 3 种不同格式定义字符串并显示在页面上。

2．创建一个 PHP 文件，要求使用预定义常量获取当前操作系统名称、PHP 版本号、当前目录、当前文件和当前行号并显示在页面上。

3．创建一个 PHP 文件，利用 if 语句判别给定的 3 个数字能否构成一个三角形。

4．创建一个 PHP 文件，利用 switch 语句将英文星期转换中文星期。

5．创建一个 PHP 文件，分别通过 while 和 do-while 语句计算前 100 个奇数之和。

6．创建一个 PHP 文件，通过双重 for 循环创建一个 10 行 10 列的表格。

7．创建两个 PHP 文件，要求在其中一个文件定义两个变量，在另一个文件中包含变量文件并显示这些变量的值。

8．创建一个 PHP 文件，要求通过用户自定义函数在页面指定位置上以指定字体、字号和颜色显示一个字符串。

9．创建一个 PHP 文件，要求定义和调用下列函数：（1）用于交换两个变量值的函数；（2）用于设置文本的字体和颜色的函数；（3）用于计算若干个数字之和的函数。

第 3 章　PHP 数据处理

PHP 支持多种数据类型，既支持标量类型（如整型、浮点型和字符串），也支持复合类型（如数组和对象）和特殊类型。根据需要对各种类型的数据进行处理也是 PHP Web 应用开发的一项重要内容。本章介绍 PHP 中几种常用类型数据的处理方法，包括数组、字符串、正则表达式，以及日期和时间等。

3.1　数组操作

数组是一种复合数据类型，用于保存一组类型相同或不相同的数据，并将一组值映射为关键字（简称键）。键也称为索引，其值可以是整数或字符串，相应的数组分别称为枚举数组和关联数组。存储在数组中的值称为单元或数组元素，其值可以是标量或另一个数组，相应的数组分别称为一维数组或多维数组。本节介绍如何在 PHP 中创建和处理数组。

3.1.1　创建和访问数组

在 PHP 中，可以使用语言结构 array()或短数组语法来创建数组。

1．使用语言结构 array()创建数组

语言结构 array()用于新建一个数组，通常将其用于赋值语句，语法格式如下。

```
$array_name = array([mixed $...]);
```

其中，array_name 表示数组名；“...”以“key => value”的格式定义一个数组元素，不同数组元素用逗号分开。key 是可选的，用于指定元素的索引，其取值可以是数字或字符串；value 表示元素的值，可以是任何数据类型（包括数组）。

如果省略索引，则会自动产生从 0 开始的整数索引，对于整数索引而言，产生的下一个索引是当前最大的整数索引加 1；如果定义了两个相同的索引，则后一个会覆盖前一个。在最后一个数组元素后面加逗号虽然不常见，却是合法的语法。

语言结构 array()返回根据参数所创建的数组。

使用语言结构 array()创建数组时，应注意以下几点。

- 如果对某个值没有指定索引，则其索引是当前最大的整数索引加 1。如果指定的索引已经有了值，则该值会被覆盖。
- 如果将索引指定为浮点数，则被取整为整型数。
- 如果将索引指定为 true，则索引为 1；如果将索引指定为 false，则索引为 0。
- 如果使用 NULL 作为索引，则等同于使用空字符串；如果使用空字符串作为索引，则会新建或覆盖一个用空字符串作为索引的值，这与使用空的方括号不同。
- 不能使用数组或对象作为索引。

对于一维数组而言，可以通过数组名、方括号和索引来引用这个数组中任何一个元素的值，语法格式如下。

```
$array_name[key]
```

也可以使用赋值语句来改变数组元素的值，语法格式如下。

```
$array_name[key] = value;
```

在对一个数组中的元素赋值时，如果该数组目前还不存在，则会创建一个新数组并向其中添加指定的元素。这是创建数组的一种替换方法。

另外，在对一个数组中的元素赋值时，可以不指定索引，即在变量名后加上一对空的方括号

（[]），语法格式如下。

```
$array_name[] = value;
```

在这种情况下，取当前最大的整数索引并在其基础上加 1 作为新的索引。如果当前还没有整数索引，则将新的索引设置为 0。

创建一维数组的示例如下。

```
<?php
$arr1 = array(1, 2, 3, 4);                    //未指定索引，索引默认为0、1、2、3
echo $arr1[2];                                //输出：3
$arr1[] = 5;                                  //在数组中添加一个元素，其索引为4
$arr2 = array(1 => 10, 2 => 20, 3 => 30, 40, 50, 60); //索引为1、2、3、4、5、6
$arr3 = array("name" => "root", "pwd" => "123");     //键名为"name"和"pwd"
$arr4["color"] = "blue";                      //数组$array3不存在，创建该数组
$arr5[] = 100;                                //数组$array4不存在，创建该数组，索引为0
?>
```

如果要引用多维数组内的元素，则需要使用数组名、方括号和多个索引来实现。例如，对于二维数组，可以通过以下语法格式来访问其元素。

```
$array_name[key1][key2]
```

创建和使用二维数组的示例如下。

```
<?php
$cars = array(
    1 => array("BMW", 15, 13),
    2 => array("Audi", 5, 2),
    3 => array("Land Rover", 17, 15)
);
echo "品牌：" .$cars[1][0] .", 库存：" .$cars[1][1] .", 销量：" .$cars[1][2] ."<br>";
echo "品牌：" .$cars[2][0] .", 库存：" .$cars[2][1] .", 销量：" .$cars[2][2];
?>
```

上述代码的输出结果如下。

```
品牌：BMW，库存：15，销量：13
品牌：Audi，库存：5，销量：2
```

2. 使用短数组语法创建数组

从 PHP 5.4 开始，可以使用短数组语法来创建数组，语法格式如下。

```
$array_name = [key => value, ...];
```

其中，$array_name 表示数组名；key 是可选参数，用于指定数组元素的索引，其值可以是整数或字符串；value 表示数组元素的值，可以是任何数据类型（包括数组）。

使用短数组语法创建数组的示例如下。

```
<?php
//创建一维数组
$colors = ["red", "green", "blue"];           //索引为0、1、2
echo $colors[2];                              //输出"blue"
$colors[] = "magenta";                        //在数组中添加新元素，其索引为3
echo $colors[3];                              //输出"magenta"
//创建二维数组
$students = [
    1 => ["name" => "张三", "gender" =>"男", "age" = > 19],
    2 => ["name" => "李四", "gender" =>"女", "age" = > 18],
    3 => ["name" => "王麻", "gender" =>"男", "age" = > 20]
];
echo $students[1]["name"];                    //输出："张三"
echo $students[2]["gender"];                  //输出："女"
echo $students[3]["age"];                     //输出：20
?>
```

如果要从数组中删除一个元素，则可以将该元素作为参数传入 unset()函数：

```
unset($array_name[key]);
```

如果要删除整个数组，则应将数组名传入 unset()函数：

```
unset($array_name);
```

3.1.2 打印数组内容

在创建一个数组后，可以通过“数组名[索引]”格式访问该数组中的元素，此时可以使用语言结构 echo 来显示特定数组元素的内容。

如果要显示数组中包含的所有索引和相应的值，则可以使用 print_r()函数来实现，该函数的功能是以易于理解的格式打印变量的内容，语法格式如下。

```
print_r(mixed $expression[, bool $return]) : mixed
```

其中，参数 expression 表示要打印的表达式；return 指定是否要获取 print_r()函数输出的内容，其默认值为 false，当此参数值为 true 时，print_r()函数会以字符串形式直接返回数组的索引和相应的值的信息，而不是输出这些信息。

如果输入的内容是字符串、整型数或浮点数，将直接输出该值本身。如果输入的内容是数组，则按一定格式显示数组元素的索引和相应的值。对象类型与数组类似。

【例 3.1】 创建两个数组并打印其内容。源文件为 03/page03_01.php，源代码如下。

```
<?php
echo "<h3>打印数组内容</h3>";
echo "<hr>";

//以短数组语法创建一维数组
$arr1 = [1000, 2000, 3000];
$str1 = print_r($arr1, true);
echo "<pre>{$str1}</pre>";

//以短数组语法创建二维数组
$arr2 = [
    1 => ["姓名" => "张三", "性别" => "男"],
    2 => ["姓名" => "李四", "性别" => "女"]
];
$str2 = print_r($arr2, true);
echo "<pre>{$str2}</pre>";
?>
```

本例分别以短数组语法创建了一个一维数组和一个二维数组，然后通过调用 print_r()函数来获取关于这两个数组的索引和相应的值的信息，由于将第二个参数值设置为 true，因此该函数并没有输出信息，而是以字符串形式直接返回数组的索引和相应的值的信息。为了显示预格式化的数组信息，在调用 echo 时需要用<pre>标签将 print_r()函数的返回值包围起来。代码运行结果如图 3.1 所示。

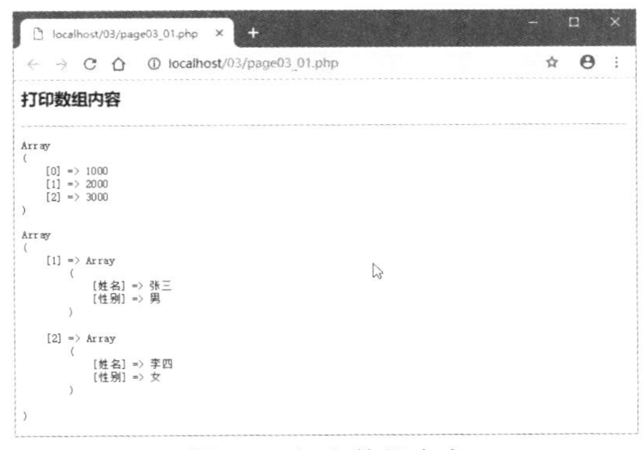

图 3.1 打印数组内容

3.1.3　遍历数组

在 PHP 中，可以通过 foreach 循环语句来遍历数组。这个语句只能用于数组，如果试图将该语句用于其他数据类型或一个未初始化的变量，则会产生错误。

foreach 语句有以下两种语法格式。

格式一：

```
foreach (array_expr as $value )
    statements
```

格式二：

```
foreach (array_expr as $key = >$value)
    statements
```

第一种语法格式遍历给定的 array_expr 数组。在每次循环中，当前元素的值被赋给变量 value，并且数组内部的指针向前移一步，因此在下一次循环中将会得到下一元素。

第二种语法格式是第一种语法格式的扩展，其作用与第一种语法格式相同，但当前数组元素的索引会在每次循环中被赋给变量 key。这种语法格式还可以用于遍历对象。

【例 3.2】遍历数组示例。源文件为 03/page03_02.php，源代码如下。

```
<?php
echo "<h3>遍历数组示例</h3>";
echo "<hr>";

$student = [
    "姓名" => "李明",
    "性别" => "男",
    "出生日期" => "2000-10-19",
    "电子信箱" => "liming@163.com"
];

printf("<p>数组信息：<br>");
var_dump($student);

printf("</p>学生信息：<ul>");
foreach ($student as $key => $value) {
    echo "<li>", $key, "：", $value, "</li>";
}
?>
```

本例以字符串作为键名创建了一个数组，然后使用 var_dump()函数打印该数组的内容，最后通过 foreach 循环语句遍历这个数组。代码运行结果如图 3.2 所示。

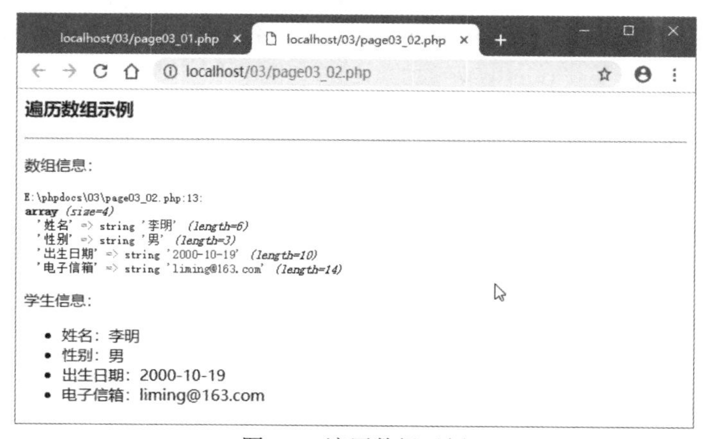

图 3.2　遍历数组示例

3.1.4 预定义数组

PHP 提供了一些预定义数组，它们可以在 PHP 代码中被直接使用，而不需要进行初始化。这些数组包含来自 Web 服务器（如果可用）、运行环境和用户输入的数据，而且在全局范围内自动生效，因此也称为超全局变量。一些常用的 PHP 预定义数组如表 3.1 所示。

表 3.1 常用的预定义数组

预定义数组	描 述	应 用 示 例
$GLOBALS	包含一个引用指向每个当前脚本的全局范围内有效的变量，该数组的键名为全局变量的名称	用$GLOBALS["a"]可访问在脚本中定义的全局变量$a
$_SERVER	由 Web 服务器设定或直接与当前脚本的执行环境相关联，是一个包含诸如头信息、路径和脚本位置的数组，该数组的实体由 Web 服务器创建。在脚本中可以用 phpinfo()函数来查看其内容	用$_SERVER["PHP_SELF"]可获取当前正在执行脚本的文件名，与 document root 相关
$_GET	经由 URL 请求提交至脚本的变量，是通过 HTTP GET 方法传递的变量组成的数组，可用来获取附加在 URL 后面的查询参数值	用$_GET["id"]可获取附加在 URL 后的名为 id 的参数的值
$_POST	经由 HTTP POST 方法提交至脚本的变量，是通过 HTTP POST 方法传递的变量组成的数组，可用来获取通过表单提交的数据	用$_POST["name"]可获取通过表单提交的名为 name 的表单元素的值
$_COOKIE	经由 HTTP Cookies 方法提交至脚本的变量，是通过 HTTP cookies 传递的变量组成的数组，可用于读取 Cookie 值	用$_COOKIE["email"]可获取存储在客户端的名为 email 的 Cookie 值
$_REQUEST	经由 GET、POST 和 COOKIE 机制提交至脚本的变量，因此该数组并不值得信任。所有包含在该数组中的变量的存在与否和变量的顺序均按照 php.ini 中的 variables_order 配置指示来定义	$_REQUEST 数组包括 GET、POST 和 COOKIE 的所有数据
$_FILES	经由 HTTP POST 文件上传提交至脚本的变量，是通过 HTTP POST 方法传递的已上传文件项目组成的数组，可用于 PHP 文件上传编程	用 $_FILES["userfile"]["name"] 可获取客户端机器文件的文件名
$_SESSION	是当前注册给脚本会话的变量，是包含当前脚本中会话变量的数组，可用于访问会话变量	用 $_SESSION["user_level"] 可检索名为 user_level 的会话变量的值

常用的$_SERVER 数组元素如表 3.2 所示。

表 3.2 常用的$_SERVER 数组元素

元 素 键 名	元素值描述
PHP_SELF	当前正在执行脚本的文件名，与 document root 相关
GATEWAY_INTERFACE	服务器使用的 CGI 规范的版本。例如，“CGI/1.1”
SERVER_NAME	当前运行脚本所在服务器主机的名称。如果该脚本运行在一个虚拟主机上，该名称由那个虚拟主机所设置的值决定
SERVER_SOFTWARE	服务器标识的字符串，在响应请求时的头信息中给出
SERVER_PROTOCOL	请求页面时通信协议的名称和版本。例如，“HTTP/1.0”
REQUEST_METHOD	访问页面时的请求方法。例如，“GET”“HEAD”“POST”“PUT”
REQUEST_TIME	请求开始时的时间戳。从 PHP 4.2.0 起有效
QUERY_STRING	查询字符串，即 URL 中第一个问号（?）之后的内容
DOCUMENT_ROOT	当前运行脚本所在的文档根目录，在服务器配置文件中定义
HTTP_ACCEPT	当前请求的 Accept 头信息的内容
HTTP_ACCEPT_CHARSET	当前请求的 Accept-Charset:头信息的内容。例如，“iso-8859-1,*,utf-8”
HTTP_ACCEPT_ENCODING	当前请求的 Accept-Encoding:头信息的内容。例如，“gzip”

续表

元 素 键 名	元素值描述
HTTP_ACCEPT_LANGUAGE	当前请求的 Accept-Language:头信息的内容。例如，“zh-cn”
HTTP_CONNECTION	当前请求的 Connection:头信息的内容。例如，“Keep-Alive”
HTTP_HOST	当前请求的 Host:头信息的内容
HTTP_REFERER	链接到当前页面的前一页面的 URL 地址
HTTP_USER_AGENT	当前请求的 User-Agent:头信息的内容
HTTPS	如果脚本是通过 HTTPS 协议访问，则被设为一个非空的值
REMOTE_ADDR	正在浏览当前页面用户的 IP 地址
REMOTE_HOST	正在浏览当前页面用户的主机名。反向域名解析基于该用户的 REMOTE_ADDR
REMOTE_PORT	用户连接到服务器时所使用的端口
SCRIPT_FILENAME	当前执行脚本的绝对路径名
SERVER_ADMIN	该值指明了 Apache 服务器配置文件中的 SERVER_ADMIN 参数。如果脚本运行在一个虚拟主机上，则该值是那个虚拟主机的值
SERVER_PORT	服务器所使用的端口，默认为 80。若使用 SSL 安全连接，则该值为用户设置的 HTTP 端口
SERVER_SIGNATURE	包含服务器版本和虚拟主机名的字符串
PATH_TRANSLATED	当前脚本所在文件系统（不是文档根目录）的基本路径。这是在服务器进行虚拟到真实路径的映像后的结果
SCRIPT_NAME	包含当前脚本的路径
REQUEST_URI	访问此页面所需的 URI
PHP_AUTH_USER	当 PHP 运行在 Apache 或 IIS（PHP 5 是 ISAPI）模块方式下，并且正在使用 HTTP 认证功能，这个变量便是用户输入的用户名
PHP_AUTH_PW	当 PHP 运行在 Apache 或 IIS（PHP 5 是 ISAPI）模块方式下，并且正在使用 HTTP 认证功能，这个变量便是用户输入的密码

【例 3.3】 用预定义数组来获取服务器变量。源文件为 03/page03_03.php，源代码如下。

```
<!doctype html>
<!doctype html>
<html>
<head>
<meta charset="utf-8">
<title>服务器变量列表</title>
<style>
h3 {
    text-align: center
}

table {
    border-collapse: collapse
}
</style>
</head>

<body>
<h3>服务器变量列表</h3>
<table border="1">
<?php
echo "<tr><td>变量</td><td>变量值</td></tr>";

foreach ($_SERVER as $key => $value) {
```

```
    echo "<tr><td>", $key, "</td><td>", $value, "</td></tr>";
}
?>
</table>
</body>
</html>
```

代码运行结果如图 3.3 所示。

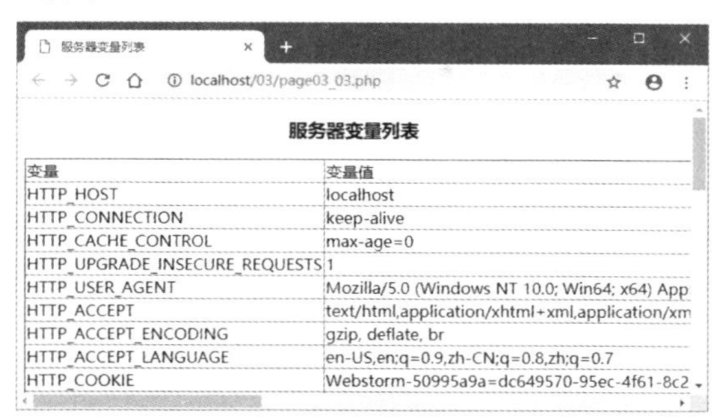

图 3.3　服务器变量列表

3.1.5　使用函数创建数组

除了使用语言结构 array()和短数组语法创建数组，还可以通过调用 PHP 内部函数来创建数组，包括以下几种情况。

1．使用变量创建数组

通过调用 compact()函数可以基于一组变量创建一个数组，该数组中的键即变量名，该数组中的值则是变量的值，语法格式如下。

```
compact(mixed $varname[, mixed $...]) : array
```

其中，varname 可以是一个包含变量名的字符串或包含变量名的数组。对于每个参数而言，compact()函数在当前的符号表中查找该变量名并将其添加到输出的数组中，变量名成为键名，变量内容则成为该键的值。compact()函数接受可变的参数数目，其返回值是将所有变量添加进去后的数组。

与 compact()函数功能相反的函数是 extract()，后者从数组中将变量导入当前符号表，其语法格式如下。

```
extract(array &$array [, int $flags[, string $prefix]]) : int
```

其中，array 为关联数组。extract()函数将数组中的键名作为变量名，数组中的值作为变量的值。该函数将每个键/值对在当前的符号表中建立变量，并受参数 flags 和 prefix 的影响。

通过调用 list()函数可以将数组中的元素值赋给一组变量，语法格式如下。

```
list(mixed $var1[, mixed $...]) : array
```

list()函数可以在一次操作中为多个变量赋值并返回指定的数组。

【例 3.4】compact()、compact()和 list()函数应用示例。源文件为 03/page03_04.php，源代码如下。

```
<?php
echo "<h3>数组与变量</h3>";
echo "<hr>";
$name = "张三";
$gender = "男";
$age = 19;
/* 基于 3 个变量创建数组 */
$student = compact("name", "gender", "age");
echo "<ul>";
echo "<li>基于变量创建数组：";
```

```
print_r($student);

$arr = ["aa" => 100, "bb" => 200, "cc" => 300];
/* 从数组导入 3 个变量 */
extract($arr);
echo "<li>将数组导入变量：";
echo "$aa, $bb, $cc";

$info = ["咖啡", "棕色", "咖啡因"];
/* 通过数组为 3 个变量赋值 */
list($drink, $color, $power) = $info;
echo "<li>将数组中的值赋给一组变量：";
echo "{$drink}是{$color}的，{$power}使它变得特别。";
echo "</ul>";
?>
```

代码运行结果如图 3.4 所示。

图 3.4　数组与变量

2. 基于两个数组创建数组

通过调用 array_combine()函数可以基于现有的两个数组创建一个数组，该数组使用一个数组的值作为键名，使用另一个数组的值作为相应的值，语法格式如下。

```
array_combine(array $keys , array $values) : array
```

其中，keys 和 values 均为数组，它们分别作为新数组的键和值。array_combine()函数返回一个数组，该数组采用 keys 数组的值作为键名，采用 values 数组的值作为相应的值。如果数组 keys 和 values 的元素个数不同，则返回 false，此时会产生一个警告错误。

3. 根据范围创建数组

通过调用 range()函数可以根据范围创建包含指定元素的数组，语法格式如下。

```
range(mixed $start , mixed $end[, number $step]) : array
```

其中，start 指定数组第一个元素的值；end 指定数组结束元素的值；step 为正整数，用于设置步长，即元素之间的步进值，默认值为 1。range()函数返回一个数组，第一个元素的值为 start，最后一个元素的值为 end。

【例 3.5】 array_combine()和 range()函数应用示例。源文件为 03/page03_05.php，源代码如下。

```
<?php
echo "<h3>基于数组或范围创建数组</h3>";
echo "<hr>";
$a = ['紫', '红', '黄'];
$b = ['葡萄', '苹果', '香蕉'];
$c = array_combine($a, $b);
echo "<ol>";
echo "<li>基于两个数组创建数组<br>";
print_r($c);
$arr1 = range(1, 5);
echo "<li>根据范围创建数组";
echo "<ul><li>使用默认步长：";
print_r($arr1);
```

```
echo "<li>设置步长为 2：";
$arr2 = range(2, 10, 2);
print_r($arr2);
echo "<li>使用字符序列：";
$arr3 = range('a', 'f');
print_r($arr3);
?>
```

代码运行结果如图 3.5 所示。

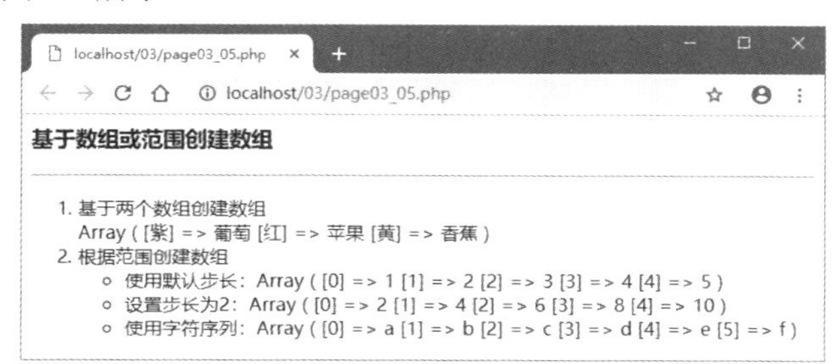

图 3.5　基于数组或范围创建数组

3.1.6　键名和值的操作

数组是一种复合数据类型，通过数组可以将一组值映射为键名。借助 PHP 提供的数组函数，可以对键名和值进行各种操作。

1．检测键名是否存在

通过调用 array_key_exists()函数可以检查数组中是否存在指定的键名或索引，语法格式如下。

```
array_key_exists(mixed $key, array $array) : bool
```

其中，key 为要检查的键名，可以是任何能作为数组索引的值。array 是一个数组，包含待检查的键名。如果 array 数组内存在 key 键，则 array_key_exists()函数返回 true，否则返回 false。

注意： array_key_exists()函数仅搜索第一维的键名，不会搜索多维数组中嵌套的键名。

2．在数组中搜索值

通过调用 array_search()函数可以在数组中搜索给定的值，语法格式如下。

```
array_search(mixed $needle , array $haystack[, bool $strict = false]) : mixed
```

其中，needle 表示要搜索的值，如果该参数是字符串，则以区分大小写的方式进行比较；haystack 表示待搜索的数组；strict 为可选参数，如果其值为 true，则在 haystack 数组中检查完全相同的元素。如果在 haystack 数组中找到了 needle 值，则返回它的键，否则返回 false。如果 needle 值在 haystack 数组中不止一次出现，则仅返回与其第一个匹配的键。

【例 3.6】 在数组中检测键名和搜索值示例。源文件为 03/page03_06.php，源代码如下。

```
<?php
echo "在数组中检测键名和搜索值";
echo "<hr>";
$arr = ['aa' => 1, 'bb' => 2, 'cc' => 3];
echo "<ul>";
if (array_key_exists('cc', $arr)) {
    echo "<li>键名<ins>'cc'</ins>存在于数组中";
}
$arr = [0 => 'blue', 1 => 'red', 2 => 'green', 3 => 'red'];
$key = array_search('green', $arr);
echo "<li>'green'对应的键名为<ins>{$key}</ins>";
$key = array_search('red', $arr);
echo "<li>'red'对应的键名为<ins>{$key}</ins>";
?>
```

代码运行结果如图 3.6 所示。

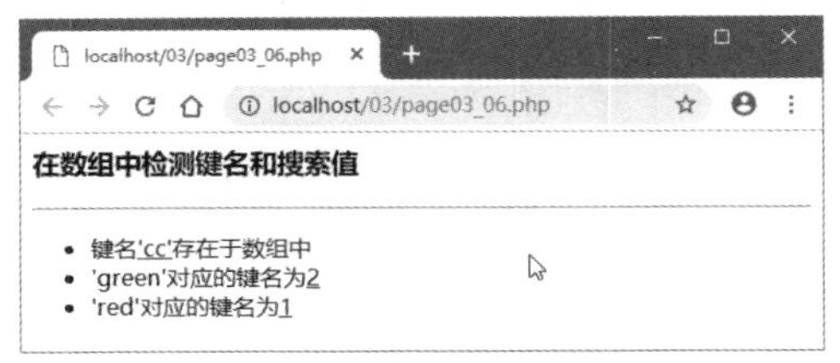

图 3.6　在数组中检测键名和搜索值

3．获取第一个和最后一个键名

从 PHP 7.3.0 开始，新增了 array_key_first()和 array_key_last()函数，分别用来获取数组中的第一个和最后一个键名，语法格式如下。

```
array_key_first(array $array) : mixed
array_key_last(array $array) : mixed
```

其中，array 是一个数组。如果数组不为空，则 array_key_first()函数返回数组中的第一个键名，array_key_last()函数返回数组中的最后一个键名，否则返回 NULL。

4．获取数组中的键名

通过调用 array_keys()函数可以获取数组中部分的或所有的键名，语法格式如下。

```
array_keys(array $array[, mixed $search_value = null [, bool $strict = false]]) : array
```

其中，array 是一个数组，包含要返回的数字或字符串类型的键名；search_value 为可选参数，如果指定了该参数，则只有包含这些值的键名才会返回，否则返回 array 数组中的所有键名；strict 也是可选参数，设置判断搜索时是否使用严格的比较。

5．获取数组中的所有值

通过调用 array_values()函数可以返回数组中所有的值，语法格式如下。

```
array_values(array $array) : array
```

其中，array 是一个数组；array_values()函数返回该数组中所有的值并对其建立数字索引。

【例 3.7】从数组中获取键名和值示例。源文件为 03/page03_07.php，源代码如下。

```
<?php
echo "<h3>从数组中获取键名和值</h3>";
echo "<hr>";
$arr = ['a' => 1, 'b' => 2, 'c' => 3];
$firstKey = array_key_first($arr);
$lastKey = array_key_last($arr);
echo "<ol>";
echo "<li>数组：";
print_r($arr);
$arr = [0 => 100, "color" => "red"];
echo "<br>第一个键名={$firstKey}，最后一个键名={$lastKey}";
echo "<li>数组：";
print_r($arr);
echo "<br>键名列表：";
print_r(array_keys($arr));
echo "<br>值列表：";
print_r(array_values($arr));
$arr = ["blue", "red", "green", "blue", "blue"];
echo "<li>数组：";
print_r($arr);
echo "<br>键名列表：";
print_r(array_keys($arr));
```

```
echo "<br>包含'blue'的键名列表：";
print_r(array_keys($arr, "blue"));
echo "<br>值列表：";
print_r(array_values($arr));
?>
```

代码运行结果如图 3.7 所示。

图 3.7　从数组中获取键名和值

6. 用给定键和值填充数组

通过调用 array_fill_keys()函数可以使用指定的键和值填充数组，语法格式如下。

```
array_fill_keys(array $keys , mixed $value) : array
```

其中，keys 是一个数组，在此使用该数组的值作为键来填充另一个数组；value 为填充数组时所使用的值。array_fill_keys()函数返回填充后的数组。

7. 用给定值填充数组

通过调用 array_fill()函数可以使用给定的值填充数组，语法格式如下。

```
array_fill(int $start_index , int $num , mixed $value) : array
```

其中，start_index 表示数组的第一个索引值，如果该参数为负数，则所返回的数组的第一个索引是 start_index 的值，但后面的索引从 0 开始；num 表示要插入元素的数目，必须大于或等于 0；value 表示用来填充的值。array_fill()函数使用参数 value 的值在一个数组中填充 num 个条目，键名由 start_index 参数指定的值开始，函数的返回值为填充后的数组。

【例 3.8】填充数组示例。源文件为 03/page03_08.php，源代码如下。

```
<?php
echo "<h3>用指定的键和值填充数组</h3>";
echo "<hr>";
$keys = array('foo', 5, 10, 'bar');
$arr = array_fill_keys($keys, 'banana');
echo "<ul>";
echo "<li>";
print_r($arr);
$a = array_fill(2, 3, 'banana');
echo "<li>";
print_r($a);
echo "<li>";
$b = array_fill(-2, 4, 'pear');
print_r($b);
?>
```

代码运行结果如图 3.8 所示。

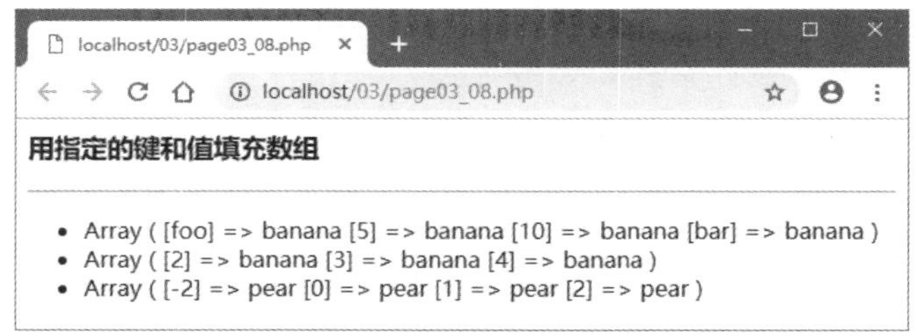

图 3.8　用指定的键和值填充数组

8. 交换键名与值

通过调用 array_flip()函数可以交换数组中的键名和值，语法格式如下。

```
array_flip(array $array) : array
```

其中，array 表示要交换键名和值的数组。array_flip()函数返回一个交换后的数组，即数组中的键名变成值，而数组中的值变成键名。如果同一个值出现多次，则最后一个键名将作为它的值，而其他键名将被丢弃。

【例 3.9】交换数组中的键名和值。源文件为 03/page03_09.php，源代码如下。

```
<?php
echo "<h3>交换键名和值</h3>";
echo "<hr>";
$input = array("oranges", "apples", "pears");
$flipped = array_flip($input);
echo "<ul>";
echo "<li>原数组：";
print_r($input);
echo "<li>交换键名和值之后：";
print_r($flipped);
?>
```

代码运行结果如图 3.9 所示。

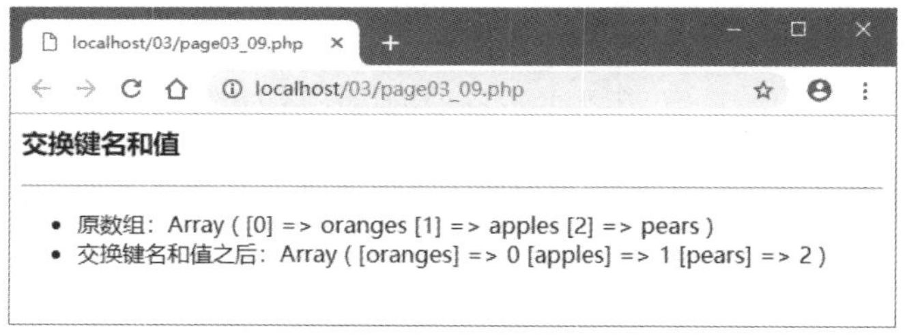

图 3.9　交换键名和值

9. 移除替换数组元素

通过调用 array_splice()函数可以移除数组中的部分元素并用其他值取代，语法格式如下。

```
array_splice(array &$input, int $offset[, int $length[, mixed $replacement]]) : array
```

其中，input 表示输入的数组，该参数是通过引用传值的。offset 表示偏移量，如果其值为正，则从 input 数组中 offset 指定的偏移量开始移除；如果其值为负，则从 input 数组末尾倒数 offset 指定的偏移量开始移除。length 指定要移除的元素数目，如果省略该参数，则移除 input 数组中从 offset 指定的偏移量开始到末尾的所有元素；如果该参数的值为负数，则移除 input 数组中从 offset 指定的偏移量开始到末尾倒数 length 的所有元素；如果该参数的值为 0，则不移除任何元素。replacement 是一个数组，被移除的元素将被此数组中的元素替代。array_splice()函数返回一个包含被移除元素的数组。

通过调用 array_unique()函数可以移除数组中重复的值，语法格式如下。

```
array_unique(array $array [, int $sort_flags = SORT_STRING]) : array
```

其中，array 表示输入的数组；sort_flags 是可选参数，可以用于修改数组的排序行为。array_unique()函数接受 array 数组作为输入内容，并返回一个没有重复值的新数组。array_unique()函数先将值作为字符串排序，对每个值只保留首次遇到的键名；而忽略后面的所有键名。

【例 3.10】移除替换数组元素示例。源文件为 03/page03_10.php，源代码如下。

```
<?php
echo "<h3>移除替换数组元素</h3>";
echo "<hr>";
echo "<ul>";
$input = ["red", "green", "blue", "yellow"];
echo "<li>原始数组的内容为:: ";
print_r($input);
echo "<li>从索引 2 移除到末尾: ";
array_splice($input, 2);
print_r($input);
$input = ["red", "green", "blue", "yellow"];
array_splice($input, 1, -1);
echo "<li>移除索引 1 与倒数索引 1 之间的: ";
print_r($input);
$input = array("red", "green", "blue", "yellow");
array_splice($input, 1, count($input), "orange");
echo "<li>从索引 1 到末尾移除并替换单个值: ";
print_r($input);
$input = array("red", "green", "blue", "yellow");
array_splice($input, -2, 1, array("black", "maroon"));
echo "<li>移除倒数第 2 个并替换成数组: ";
print_r($input);
$input = array("red", "green", "blue", "yellow");
array_splice($input, 3, 0, "purple");
echo "<li>在索引 3 位置上插入单个值: ";
print_r($input);
$input = ["a" => "green", "red", "b" => "green", "blue", "red"];
$result = array_unique($input);
echo "<li>从数组中移除重复的值: ";
print_r($result);
?>
```

代码运行结果如图 3.10 所示。

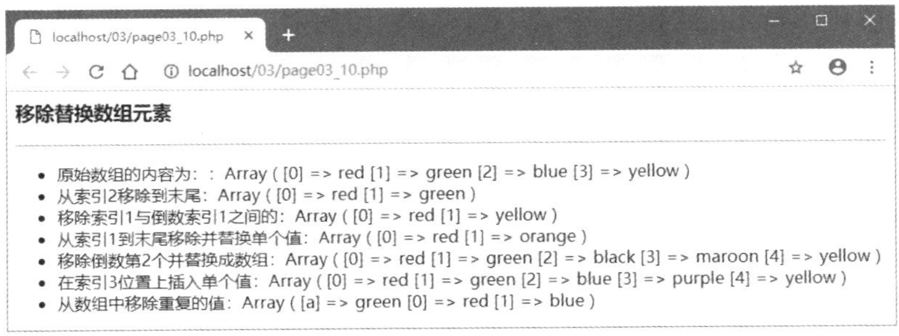

图 3.10　移除替换数组元素

3.1.7　数组排序

在 PHP 编程中，经常需要对数组中的值进行排序，即按照升序或降序排列数组中的值。PHP 提供了许多数组排序函数，通过调用这些函数可以实现数组排序。

1．升序排序

在 PHP 中，可以通过调用以下 3 个函数对数组按值或键名进行升序排序。

（1）使用 sort()函数可以对数组进行升序排序并重新分配索引，语法格式如下。

```
sort(array &$array[, int $sort_flags]) : bool
```

其中，array 表示要进行排序的数组，该参数采用引用传递方式进行值的传递；sort_flags 为可选参数，可以用来改变排序的行为，该参数的取值为以下 PHP 常量。

- SORT_REGULAR：正常比较元素（不改变类型），这是默认值。
- SORT_NUMERIC：将元素作为数字进行比较。
- SORT_STRING：将元素作为字符串进行比较。
- SORT_LOCALE_STRING：根据当前的区域设置将元素作为字符串进行比较。
- SORT_NATURAL：将每个元素以“自然的顺序”对字符串进行排序。
- SORT_FLAG_CASE：可以与 SORT_STRING 或 SORT_NATURAL 合并（OR 位运算），不区分大小写排序字符串。

如果排序成功，则 sort()函数返回 true，否则返回 false。

（2）使用 asort()函数可以对数组按值进行升序排序并保持索引关系，语法格式如下。

```
asort(array &$array[, int $sort_flags]) : bool
```

其中，array 表示输入的数组；sort_flags 为可选参数，可用于改变排序行为，详情参见 sort()函数。使用 asort()函数可以对数组进行排序，并且保持数组的索引与值之间的关联。如果排序成功，则 asort()函数返回 true，否则返回 false。

（3）使用 ksort()函数可以对数组按照键名进行升序排序并保持索引关系，语法格式如下。

```
ksort(array &$array[, int $sort_flags]) : bool
```

其中，array 表示输入的数组；sort_flags 为可选参数，可用于改变排序行为，详情参见 sort()函数。如果排序成功，则 ksort()函数返回 true，否则返回 false。

【例 3.11】数组升序排序示例。源文件为 03/page03_11.php，源代码如下。

```
<?php
echo "<h3>数组升序排序</h3>";
echo "<hr>";
echo "<ul>";
$fruits = ["lemon", "orange", "banana", "apple"];
echo "<li>原数组内容：";
print_r($fruits);
sort($fruits);
echo "<li>按值升序排序（自动重新索引）：";
print_r($fruits);

$fruits = ["d" => "lemon", "a" => "orange", "b" => "banana", "c" => "apple"];
echo "<li>原数组内容：";
print_r($fruits);
asort($fruits);
echo "<li>按值升序排序（保持索引关系）：";
print_r($fruits);

$fruits = ["d" => "lemon", "a" => "orange", "b" => "banana", "c" => "apple"];
echo "<li>原数组内容：";
print_r($fruits);
ksort($fruits);
echo "<li>按键升序排序（保持索引关系）：";
print_r($fruits);
?>
```

代码运行结果如图 3.11 所示。

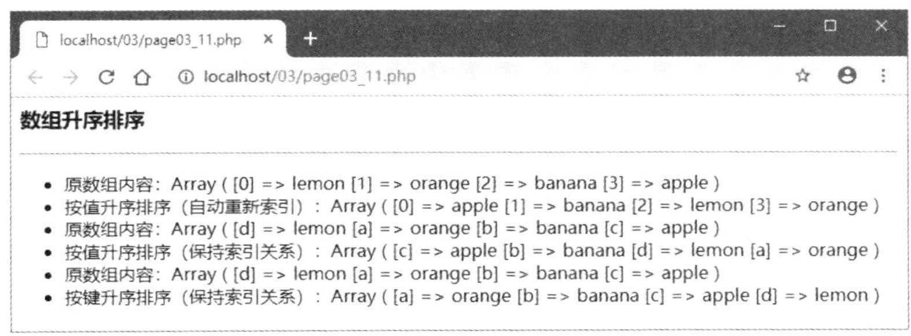

图 3.11　数组升序排序

2. 降序排序

与前述数组升序排序函数相对应，PHP 还提供了以下 3 个数组降序排序函数，它们可以用来对数组按值或键名进行降序排序，语法格式如下。

```
rsort(array &$array [, int $sort_flags]) : bool
arsort(array &$array[, int $sort_flags]) : bool
krsort(array &$array[, int $sort_flags]) : bool
```

其中，array 表示输入的数组；sort_flags 用于改变排序行为。

rsort()函数对应于 sort()函数，使用 rsort()函数可以对数组中的值进行降序排序（从高到低）；arsort()函数对应于 asort()函数，使用 arsort()函数可以对数组中的值进行降序排序并保持索引关系；krsort()函数对应于 ksort()函数，使用 krsort()函数可以对数组按照键名降序排序并保持键名到值的关联。

【例 3.12】数组升序排序示例。源文件为 03/page03_12.php，源代码如下。

```
<?php
echo "<h3>数组升序排序</h3>";
echo "<hr>";
echo "<ul>";

$fruits = ["lemon", "orange", "banana", "apple"];
echo "<li>原数组内容：";
print_r($fruits);
rsort($fruits);
echo "<li>按值降序排序（自动重新索引）：";
print_r($fruits);

$fruits = ["d" => "lemon", "a" => "orange", "b" => "banana", "c" => "apple"];
echo "<li>原数组内容：";
print_r($fruits);
arsort($fruits);
echo "<li>按值降序排序（保持索引关系）：";
print_r($fruits);

$fruits = ["d"=>"lemon", "a"=>"orange", "b"=>"banana", "c"=>"apple"];
echo "<li>原数组内容：";
print_r($fruits);
krsort($fruits);
echo "<li>按键降序排序（保持索引关系）：";
print_r($fruits);
?>
```

代码运行结果如图 3.12 所示。

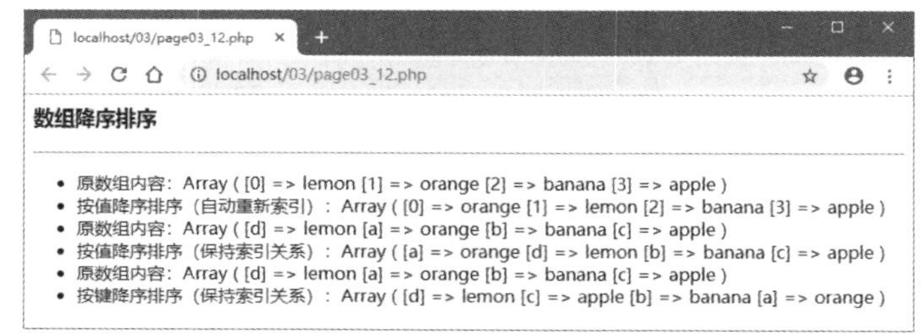

图 3.12　数组降序排序

3. 多维数组排序

使用 array_multisort()函数可以一次对多个数组进行排序，或者根据某一维或多维对多维数组进行排序，在排序过程中字符串键名保持不变，但数字键名会被重新索引，语法格式如下。

```
array_multisort(array &$arr1[, mixed $arr1_sort_order [, mixed $arr_sort_flags[, mixed $...]]]) : bool
```

其中，arr1 表示要排序的数组；arr1_sort_order 表示其前面的数组参数的排列顺序，SORT_ASC 为按升序排序（默认值），SORT_DESC 为按降序排序；arr_sort_flags 为数组设定排序类型标志，取值参见 sort()函数；...表示可以提供更多数组，所提供的数组与之前的数组必须有相同数量的元素。

在对多个数组进行排序时，首先对第一个数组进行排序，然后按第一个数组的值顺序对第二个数组的值进行排序，如果存在相同的值，则按第二个数组进行排序，以此类推。

在对多维数组进行排序时，是将多维数组中的各个数组视为多个一维数组来进行排序的，其规则与多个数组排序相同。

【例 3.13】 多维数组排序示例。源文件为 03/page03_13.php，源代码如下。

```
<?php
echo "<h3>多维数组排序</h3>";
echo "<hr>";
echo "<ul>";

$arr1 = [10, 60, 60, 0];
$arr2 = [1, 3, 2, 4];
echo "<li>原数组内容：<br>数组 1：";
print_r($arr1);
echo "<br>数组 2：";
print_r($arr2);
array_multisort($arr1, $arr2);
echo "<li>对多个数组排序：<br>数组 1：";
print_r($arr1);
echo "<br>数组 2：";
print_r($arr2);
$arr = [
    ["10", 11, 100, 100, "a"],
    [1, 2, "2", 3, 1]
];
echo "<li>原数组内容：<br>";
print_r($arr);
array_multisort($arr[0], SORT_ASC, SORT_STRING,
    $arr[1], SORT_NUMERIC, SORT_DESC);
echo "<li>对多维数组排序：<br>";
print_r($arr);
?>
```

代码运行结果如图 3.13 所示。

localhost/03/page03_13.php

多维数组排序

- 原数组内容：
  数组1：Array ([0] => 10 [1] => 60 [2] => 60 [3] => 0)
  数组2：Array ([0] => 1 [1] => 3 [2] => 2 [3] => 4)
- 对多个数组排序：
  数组1：Array ([0] => 0 [1] => 10 [2] => 60 [3] => 60)
  数组2：Array ([0] => 4 [1] => 1 [2] => 2 [3] => 3)
- 原数组内容：
  Array ([0] => Array ([0] => 10 [1] => 11 [2] => 100 [3] => 100 [4] => a) [1] => Array ([0] => 1 [1] => 2 [2] => 2 [3] => 3 [4] => 1))
- 对多维数组排序：
  Array ([0] => Array ([0] => 10 [1] => 100 [2] => 100 [3] => 11 [4] => a) [1] => Array ([0] => 1 [1] => 3 [2] => 2 [3] => 2 [4] => 1))

图 3.13　多维数组排序

4．自然排序

使用 natsort()函数可以用自然排序算法对数组进行排序，语法格式如下。

```
natsort(array &$array) : bool
```

其中，array 表示输入的数组。natsort()函数实现了一个与人们通常对字母、数字、字符串进行排序的方法一样的排序算法，并保持原有键名和值的关联，称为自然排序。

【例 3.14】 数组自然排序示例。源文件为 03/page03_14.php，源代码如下。

```
<?php
echo "<h3>数组自然排序</h3>";
echo "<hr>";
echo "<ul>";

$arr1 = $arr2 =["img12.png", "img10.png", "img2.png", "img1.png"];

echo "<li>原数组内容：<br>";
print_r($arr1);

asort($arr1);
echo "<li>标准排序：<br>";
print_r($arr1);

natsort($arr2);
echo "<li>自然排序：<br>";
print_r($arr2);
?>
```

代码运行结果如图 3.14 所示。

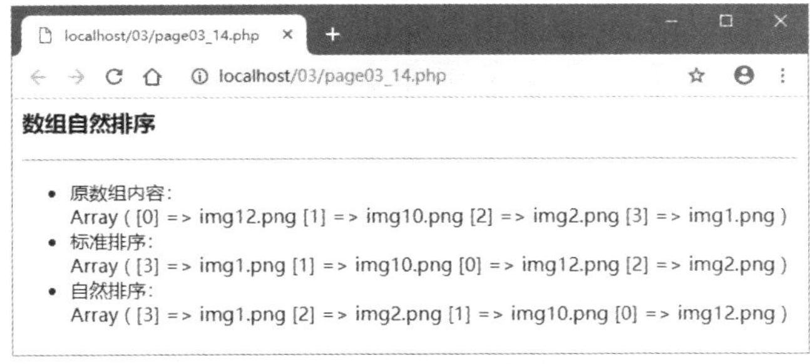

图 3.14　数组自然排序

5．反转数组顺序

使用 array_reverse()函数可以返回一个元素顺序相反的数组，语法格式如下。

```
array_reverse(array $array [, bool $preserve_keys]) : array
```

其中，array 表示输入的数组；preserve_keys 为可选参数，默认值为 false，如果设置其值为 true，则会保留数字键，但非数字键不受影响，总会被保留。array_reverse()函数接受 array 数组作为输入内容，并返回一个反转后的数组。

【例 3.15】反转数组顺序示例。源文件为 03/page03_15.php，源代码如下。

```
<?php
echo "<h3>反转数组顺序</h3>";
echo "<hr>";
echo "<ul>";

$input = ["PHP", 7.30, ["green", "red"]];
echo "<li>原数组内容：<br>";
print_r($input);
$reversed = array_reverse($input);
echo "<li>反转数组顺序（不保留数字键）：<br>";
print_r($reversed);
$preserved = array_reverse($input, true);
echo "<li>反转数组顺序（保留数字键）：<br>";
print_r($preserved);
?>
```

代码运行结果如图 3.15 所示。

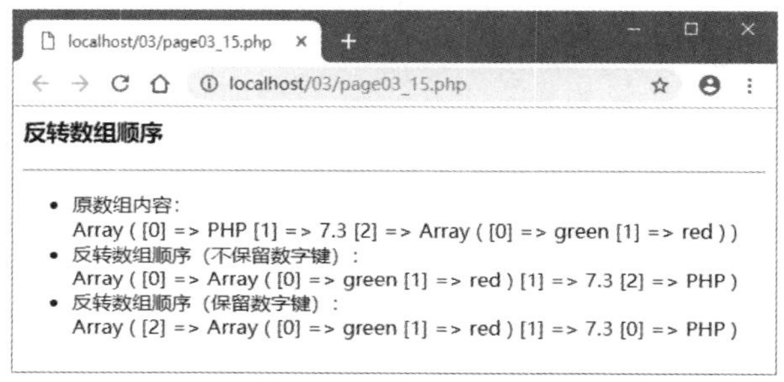

图 3.15　反转数组顺序

3.1.8　数组的其他操作

下面介绍一些其他的 PHP 数组函数的用法，这些函数的功能主要包括数组计算、数组栈操作、数组指针移动和数组的集合操作等。

1. 数组计算

使用 PHP 提供的以下内部函数可以实现对数组的计算。

（1）使用 count()函数可以计算数组中的元素个数，语法格式如下。

```
count(mixed $array[, int $mode]) : int
```

其中，array 表示输入的数组；mode 为可选参数，如果将其值设为 1，则递归计数。

（2）使用 array_count_values()函数可以统计数组中所有值出现的次数，语法格式如下。

```
array_count_values(array $array) : array
```

其中，array 表示要进行统计的数组。array_count_values()函数返回一个数组，其键名是 array 数组中的值，其值是该值在 array 数组中出现的次数。

（3）使用 array_sum()函数可以对数组中的所有值求和，语法格式如下。

```
array_sum(array $array) : number
```

其中，array 表示输入的数组。array_sum()函数将数组中的所有值相加并返回结果。

（4）使用 array_product()函数可以计算数组中所有值的乘积，语法格式如下。

```
array_product(array $array) : number
```

其中，array 表示输入的数组。array_product()函数返回数组中所有值的乘积。

【例 3.16】数组计算示例。源文件为 03/page03_16.php，源代码如下。

```
<?php
echo "<h3>数组计算示例</h3>";
echo "<hr>";
echo "<ul>";
$food = ["fruits" => ["orange", "banana", "apple"], "veggie" => ["carrot", "collard", "pea"]];
echo "<li>数组内容：";
print_r($food);
echo "<br>正常计数：" .count($food);
echo "<br>递归计数：" .count($food, 1);
$arr = [3, "hello", 3, "world", "hello"];
echo "<li>数组内容：";
print_r($arr);
echo "<br>数组值计数：";
print_r(array_count_values($arr));
$arr = [1, 2, 3, 4, 5, 6, 7, 8];
echo "<li>数组内容：";
print_r($arr);
echo "<br>元素之和：" .array_sum($arr);
echo "<br>元素之积：" .array_product($arr);
?>
```

代码运行结果如图 3.16 所示。

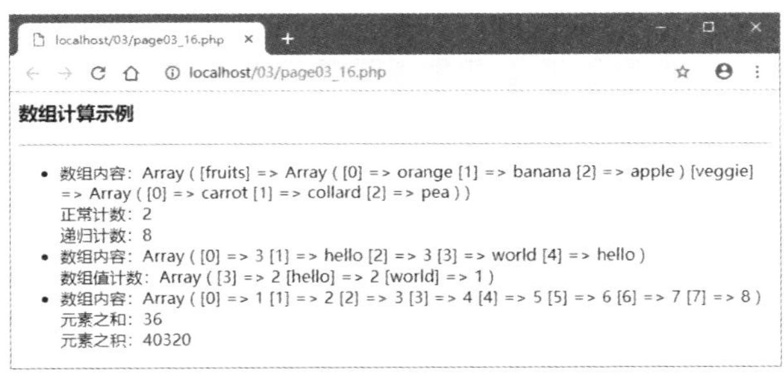

图 3.16　数组计算示例

2. 数组栈操作

数组栈操作包括入栈和出栈，分别通过调用 array_push()和 array_pop()函数来实现。

（1）使用 array_push()函数可以将一个或多个元素压入数组的末尾（入栈），语法格式如下。

```
array_push(array &$array, mixed $value1[, mixed $...]) : int
```

其中，array 表示输入的数组；value1 表示要压入该数组末尾的第一个值。array_push()函数将输入数组当作一个栈，将传入的变量压入该数组的末尾，并对每个传入的值重复进行入栈操作，使数组长度根据入栈变量的数目而增加。array_push()函数返回处理后数组的元素个数。例如：

```
<?php
$stack = ["orange", "banana"];
array_push($stack, "apple", "raspberry");
print_r($stack);     //输出：Array ( [0] => orange [1] => banana [2] => apple [3] => raspberry )
?>
```

注意：如果使用 array_push()函数来给数组增加一个元素，还不如使用“$array[] =”来增加一个元素，因为这样没有调用函数的额外负担。

（2）使用 array_pop()函数可以弹出数组的最后一个元素（出栈），语法格式如下。

```
array_pop(array &$array) : mixed
```

其中，array 表示要出栈的数组。array_pop()函数弹出并返回该数组的最后一个元素，并将该数组的长度减一。例如：

```
<?php
$stack = ["orange", "banana", "apple", "raspberry"];
$fruit = array_pop($stack);
print_r($stack);      //输出：Array ( [0] => orange [1] => banana [2] => apple )
```

3．数组指针移动

每个数组都有一个内部指针指向“当前的”元素，初始指向插入数组中的第一个元素。通过调用以下函数可以实现数组指针的移动。

（1）使用 reset()函数可以将数组的内部指针指向第一个元素，语法格式如下。

```
reset(array &$array) : mixed
```

其中，array 表示输入的数组。reset()函数将 array 数组的内部指针倒回第一个元素并返回其值，如果数组为空则返回 false。

（2）使用 next()函数可以将数组的内部指针向前移动一位，语法格式如下。

```
next(array &$array) : mixed
```

其中，array 表示受影响的数组。next()函数返回下一个数组元素的值并将数组指针向前移动一位，当没有更多元素时返回 false。

（3）使用 prev()函数可以将数组的内部指针倒回一位，语法格式如下。

```
prev(array &$array) : mixed
```

其中，array 表示受影响的数组。prev()函数返回数组内部指针指向的前一个元素的值，当没有更多元素时返回 false。

（4）使用 end()函数可以将数组的内部指针指向最后一个元素，语法格式如下。

```
end(array &$array) : mixed
```

其中，array 表示受影响的数组。end()函数将该数组的内部指针移动到最后一个元素并返回其值，如果是空数组则返回 false。

（5）使用 current()函数可以返回数组中当前元素的值，语法格式如下。

```
current(array &$array) :mixed
```

其中，array 表示输入的数组。current()函数返回当前被内部指针指向的数组元素的值，但不移动指针。如果内部指针指向超出了数组末端，则 current()函数返回 false。

使用 current()等函数的示例如下。

```
<?php
$transport = ['foot', 'bike', 'car', 'plane'];
$mode = current($transport);      //$mode = 'foot';
$mode = next($transport);         //$mode = 'bike';
$mode = current($transport);      //$mode = 'bike';
$mode = prev($transport);         //$mode = 'foot';
$mode = end($transport);          //$mode = 'plane';
$mode = current($transport);      //$mode = 'plane';
?>
```

4．获取多维数组中的列

使用 array_column()函数可以返回多维数组中指定的一列，语法格式如下。

```
array_column(array $input, mixed $column_key[, mixed $index_key]) : array
```

其中，input 表示要取出数组列的多维数组；column_key 表示要返回值的列，它可以是索引数组的列索引，或者是关联数组的列的键，也可以是 NULL；index_key 表示作为返回数组的索引/键的列，它可以是该列的整数索引或字符串键值。array_column()函数从多维数组中返回单列数组，即返回 input 数组中键值为 column_key 的列，如果指定了可选参数$ndex_key，则 input 数组中该列的值将作为返回数组中对应值的键。例如：

```
<?php
```

```
$users = [
    ['user_id' => 1000, 'name' => '张三', 'age' => 19,],
    ['user_id' => 1001, 'name' => '李四', 'age' => 18,],
    ['user_id' => 1002, 'name' => '王麻', 'age' => 20,],
];
$names = array_column($users, 'name', 'user_id');
print_r($names); //输出：Array ( [1000] => 张三 [1001] => 李四 [1002] => 王麻 )
?>
```

5. 数组的集合操作

数组的集合操作包括计算并集、差集和交集，分别通过调用以下内部函数来实现。

（1）使用 array_merge()函数可以计算数组的并集，语法格式如下。

```
array_merge(array $array1[, array $...]) : array
```

其中，array1 表示要合并的第一个数组，“...”表示要合并的数组列表。array_merge()函数将多个数组的元素合并，使一个数组中的值附加在前一个数组的末尾，并返回作为结果的数组。

如果输入的数组中有相同的字符串键名，则该键名后面的值将覆盖前面的值；如果数组包含数字键名，后面的值将不会覆盖原来的值，而是附加到其后。如果只给了一个数组并且该数组是数字索引的，则键名会以连续方式重新索引。

（2）使用 array_diff()函数可以计算数组的差集，语法格式如下。

```
array_diff(array $array1, array $array2[, array $...]) : array
```

其中，array1 表示要被对比的数组；array2 表示与 array1 数组进行比较的数组；...表示更多与 array1 数组相比较的数组。array_diff()函数将 array1 数组与另一个或多个数组进行对比，返回在 array1 数组中但是不在其他数组中的值，键名保持不变。

（3）使用 array_intersect()函数可以计算数组的交集，语法格式如下。

```
array_intersect(array $array1, array $array2[, array $...]) : array
```

其中，array1 表示要检查的数组，作为主值；array2 表示要被对比的数组；...表示要对比的数组列表。array_intersect()函数返回一个数组，该数组包含了所有在 array1 数组中，也在所有其他参数数组中的值，键名保留不变。

【例 3.17】数组的集合操作。源文件为 03/page03_17.php，源代码如下。

```
<?php
echo "<h3>数组的集合操作</h3>";
echo "<hr>";
echo "<ol>";
$arr1 = ["color" => "red", 2, 3];
$arr2 = ["a", "b", "color" => "green", "shape" => "trapezoid", 6];
echo "<li>计算数组的并集<ul>";
echo "<li>数组 1：";
print_r($arr1);
echo "<li>数组 2：";
print_r($arr2);
echo "<li>数组并集：";
$result = array_merge($arr1, $arr2);
print_r($result);
$arr1 = ["a" => "green", "red", "blue", "red"];
$arr2 = ["b" => "green", "yellow", "red"];
echo "</ul><li>计算数组的差集<ul>";
echo "<li>数组 1：";
print_r($arr1);
echo "<li>数组 2：";
print_r($arr2);
echo "<li>数组差集：";
$result = array_diff($arr1, $arr2);
```

```
print_r($result);
$arr1 = array("a" => "green", "red", "blue");
$arr2 = array("b" => "green", "yellow", "red");
echo "</ul><li>计算数组的交集<ul>";
echo "<li>数组 1：";
print_r($arr1);
echo "<li>数组 2：";
print_r($arr2);
echo "<li>数组交集：";
$result = array_intersect($arr1, $arr2);
print_r($result);
?>
```

代码运行结果如图 3.17 所示。

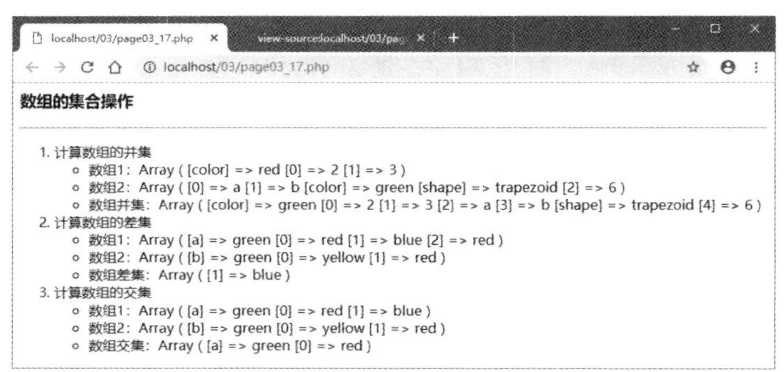

图 3.17　数组的集合操作

3.2　字符串处理

字符串是一种标量数据类型，同时也是数组等复合数据类型的构成要素。PHP 提供了许多用于字符串处理的内部函数，使用这些内部函数可以实现字符串的比较、查找、替换和格式化等操作。

3.2.1　字符串格式化输出

在 PHP 中，可以使用 echo 结构来输出包括字符串在内的各种数据，在前面的章节中已经多次用到这个语句。除了 echo 结构，还可以利用以下 3 个内部函数来输出字符串。

（1）使用 print()函数可以输出一个字符串，语法格式如下。

```
print(string $arg) : int
```

其中，arg 指定要输出的字符串。实际上，print()函数并不是一个真正的函数，它与 echo 结构一样，也是一个语言结构。因此，也可以不对其参数使用括号。print()函数与 echo 结构最主要的区别：print()函数仅支持一个参数，并且总是返回 1。

（2）使用 printf()函数可以输出一个格式化字符串并返回输出字符串的长度，语法格式如下。

```
printf(string $format[, mixed $args[, mixed$...]]) : int
```

其中，args 指定要输出的参数，不同参数之间用逗号分隔；format 指定输出格式，对每个输出参数需要分别指定一个输出格式，所有的格式说明都是以“%”开始的，例如：

```
%[padding_character][-][width][.precision]type
```

其中，padding_character 是可选的，它被用来填充变量直至指定宽度，其作用是在变量值前面进行填充。默认的填充字符是一个空格。如果指定 0 或空格，则无须用单引号作为前缀；如果指定其他字符，则必须用单引号作为前缀。

“-”指定采用左对齐；默认为右对齐。参数 width 指定变量值所占用的宽度。precision 指定小数点后显示的位数。type 为类型码，常用的类型码如表 3.3 所示。

表 3.3　常用的类型码

类 型 码	说　明
%	一个标量字符，即百分号“%”，不需要参数。若要想打印一个“%”符号，则必须用“%%”
b	把参数处理为一个整数，并表示为二进制数
c	把参数处理为一个整数，并表示为具有对应 ASCII 值的字符
d	把参数处理为一个整数，并表示为一个十进制数
e	把参数用科学计数法表示出来，如 1.6e+2
u	把参数处理为一个整数，并表示为一个无符号的十进制数
f 和 F	把参数处理为一个浮点数表示出来
o	把参数处理为一个整数，并表示为一个八进制数
s	把参数处理为一个字符串并表示出来
x	把参数处理为一个整数，并表示为一个十六进制数，字母用小写
X	把参数处理为一个整数，并表示为一个十六进制数，字母用大写

（3）使用 sprintf()函数可以返回一个格式化的字符串，语法格式如下。

```
sprintf(string $format[, mixed $args[,mixed $...]]) : string
```

其中，format 和 args 的作用与 printf()函数中相同。所不同的是，sprintf()函数在执行结束时会返回一个按照参数 format 指定的格式进行处理后所生成的字符串。表 3.3 中所列出的类型码同样适用于 sprintf()函数。

【例 3.18】字符串格式化输出示例。源文件为 03/03_18.php，源代码如下。

```
<!doctype html>
<html>
<head>
<meta charset="utf-8">
<title>字符串格式化输出示例</title>
<style>
div {
   column-count: 2;
   column-gap: 56px;
   column-rule: thin dashed green;
}

ul {
   margin-top: 0;
}
</style>
</head>

<body>
<h3 style="text-align: center;">字符串格式化输出示例</h3>
<hr>
<div>
<?php
$user_info = ["name" => "张三", "gender" => "男",
   "age" => 19, "wages" => 3988];
$msg = sprintf("用户信息如下：<ul><li>姓名：%s</li>
   <li>性别：%s</li><li>年龄：%d</li>
   <li>工资：%'#-10.2f</li></ul>\n",
   $user_info["name"], $user_info["gender"],
   $user_info["age"], $user_info["wages"]);
print $msg;
```

```
$a = 12345;
printf("整数 a 可以表示如下：<ul><li>十进制：%d</li><li>八进制：%o</li>
    <li>十六进制：%X</li><li>二进制：%b</li></ul>", $a, $a, $a, $a);
?>
</div>
</body>
</html>
```

代码运行结果如图 3.18 所示。

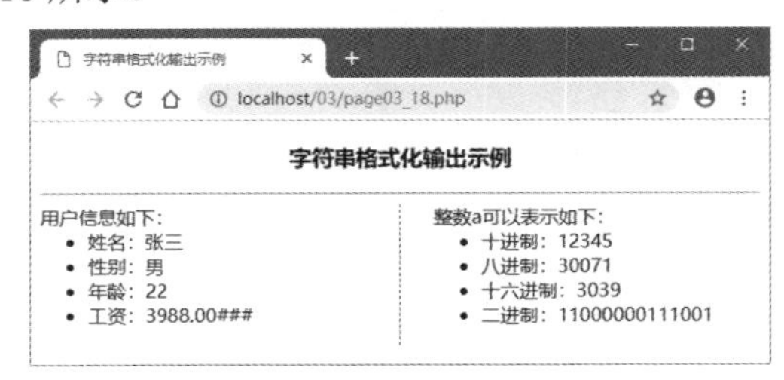

图 3.18　字符串格式化输出示例

3.2.2　HTML 文本格式化

通过调用 PHP 内部函数可以对 HTML 文本进行格式化处理，例如，将字符串中的换行符转换为 HTML 换行标签，在特殊字符与 HTML 实体之间相互转换，以及删除所有 HTML 和 PHP 标签等。下面介绍相关函数的用法。

（1）使用 nl2br()函数可以将字符串中的所有换行符“\r\n”转换为 HTML 换行标签并返回经过处理的字符串，语法格式如下。

```
nl2br(string $str[, bool $is_xhtml]) : string
```

其中，str 指定要处理的字符串。is_xhtml 指定是否使用 XHTML 兼容换行标签，其默认值为 true，即使用“
”形式的换行标签；若其值被设置为 false，则使用“
”形式的换行标签。

（2）使用 htmlspecialchars()函数可以将字符串中的一些特殊字符替换为 HTML 实体并返回经过处理的字符串，语法格式如下。

```
htmlspecialchars(string $str[, int $flags[, string $encoding[, bool
$double_encode]]]) : string
```

其中，str 指定要处理的字符串。flags 指定字符串转换方式，可以取以下预定义常量之一：ENT_COMPAT 表示只转换双引号（默认值）；ENT_QUOTES 表示转换单引号和双引号；ENT_NOQUOTES 表示不转换任何一种引号。

encoding 指定转换过程中使用的字符集。double_encode 为可选参数，其取值为布尔值，用于规定是否编码已存在的 HTML 实体，其默认值为 true，表示对每个实体进行转换；若其值被设置为 false，则不会对已存在的 HTML 实体进行编码。

另外，使用 htmlspecialchars()函数可以将特殊的 HTML 字符转换为 HTML 实体并以普通文本显示出来，用来防止恶意脚本对网站的攻击。

（3）使用 htmlentities()函数可以将字符串中的一些 HTML 标签转换为 HTML 实体并返回经过处理的字符串，语法格式如下。

```
htmlentities(string $string[, int $flags[, string $encoding [, bool
$double_encode]]]) : string
```

其中，str 是待处理的字符串；flags 指定字符转换方式；encoding 指定转换过程中使用的字符集。关于参数 flags 和 charset、double_encode 的取值，请参阅 htmlspecialchars()函数。

（4）使用 strip_tags()函数可以从字符串中删除所有 PHP 和 HTML 标签并返回经过处理的字符串，语法格式如下。

```
strip_tags(string $str[,string $allowable_tags]) : string
```

其中，str 指定待处理的字符串；allowable_tags 指定要保留的某些 PHP 或 HTML 标签。

【例 3.19】HTML 文本格式化示例。源文件为 03/03_19.php，源代码如下。

```
<!doctype html>
<html>
<head>
<meta charset="utf-8">
<title>HTML 文本格式化示例</title>
</head>

<body>
<h3>HTML 文本格式化示例</h3>
<hr>
<?php
$str = "欢迎光临！\r\n 这是一个 PHP 动态网页。\r\n";
echo nl2br($str, false);
$str = '<a href="http://www.phei.com.cn/">电子工业出版社</a>';
echo htmlspecialchars($str, ENT_QUOTES, 'utf-8');
$str = '<p style="color: red;">心想事成</p>';
echo '<br>', htmlentities($str, ENT_IGNORE, 'utf-8');
$str = '<div>这是 HTML div 元素。</div><!--这里是 HTML 注释-->';
echo '<br>', strip_tags($str);
?>
</body>
</html>
```

代码运行结果和所生成的实时源代码如图 3.19 和图 3.20 所示。

图 3.19　HTML 文本格式化示例

图 3.20　运行时生成的实时源代码

3.2.3　连接和分割字符串

字符串的连接和分割可以通过字符串与数组的相互转换来实现：将一个数组包含的元素合并成一个字符串，或者反过来将一个字符串转换为一个数组，该数组中的每个元素都是字符串的一个子字符串（子串）。在 PHP 中，可以通过下列内部函数来完成字符串的连接和分割。

（1）使用 implode()函数可以将数组元素连接成一个字符串并返回该字符串，语法格式如下。

```
implode(string $glue, array $pieces) : string
```

其中，glue 指定用于连接数组元素的符号；pieces 表示要连接成一个字符串的数组。

（2）使用 explode()函数可以用指定字符串分割一个字符串并返回一个数组，语法格式如下。

```
explode(string $separator,string $str[,int $limit]) : array
```

其中，separator 指定作为分隔符的字符串，如果该参数为空字符串（""），则 explode()函数返回 false；如果在 str 字符串中找不到 separato 字符串的值，则 explode()函数将返回包含 str 字符串的单个元素的数组；如果在 str 字符串中找到了 separator 字符串的值，则 explode()函数以 separator 字符串作为分隔符对 str 字符串进行分割并返回一个数组，该数组中的每个元素均为 str 字符串的子串。

如果设置了参数 limit，则返回的数组最多包含 limit 个元素，而最后那个元素将包含 str 字符串的剩余部分。如果参数 limit 是负数，则返回除最后 limit 个元素外的所有元素。

（3）使用 strtok()函数可以将一个字符串分割成若干个子串，语法格式如下。

```
strtok(string $str, string $token) : string
```

其中，str 是被分割的字符串；token 指定所使用的分隔符。在调用 strtok()函数时，str 字符串会被分割为若干个子串，每个子串以 token 指定的分隔符进行分割。strtok()函数的返回值是标记后的字符串。

只有在进行第一次分割时，才需要通过第一个参数来指定被分割的字符串。当完成第一次分割时，会自动记录下第一次分割后的指针位置。如果继续调用该函数，则会从新的指针位置进行分割。因此，从第二次调用开始，可以省略第一个参数。如果想使指针返回初始状态，则应将被分割字符串作为第一个参数传递给 strtok()函数。

【例 3.20】连接和分割字符串示例。源文件为 03/03_20.php，源代码如下。

```
<!doctype html>
<html>
<head>
<meta charset="utf-8">
<title>连接和分割字符串示例</title>
</head>

<body>
<h3>连接和分割字符串示例</h3>
<hr>
<?php
$arr = ["Apache", "PHP", "MySQL", "PhpStorm"];    //定义数组
echo '<ol type="I"><li>原始数组：';
print_r($arr);                                     //显示数组信息
$str = implode("+", $arr);                         //用加号连接数组元素构成一个字符串
echo "<br>将数组元素连接成一个字符串：", $str;

$str = "AAA#BBB#CCC";                              //定义字符串
$arr = explode("#", $str);                         //以“#”为分隔符拆分字符串得到数组
echo "<li>原始字符串：", $str;
echo "<br>将字符串拆分成数组元素：";
print_r($arr);                                     //显示数组信息

$str = "PHP is a popular general-purpose scripting language"; //定义字符串
echo "<li>原始字符串：", $str;
echo "<br>拆分成单词：";
$tok = strtok($str, " ");                          //以空格为分隔符拆分字符串
$n = 1;
while ($tok) {                                     //连续进行拆分
    echo "$n.$tok   ";                   //显示数字编号、单词和空格
    $tok = strtok(" ");                            //省略第一个参数，继续拆分
    $n++;
}
?>
</body>
</html>
</html>
```

代码运行结果如图 3.21 所示。

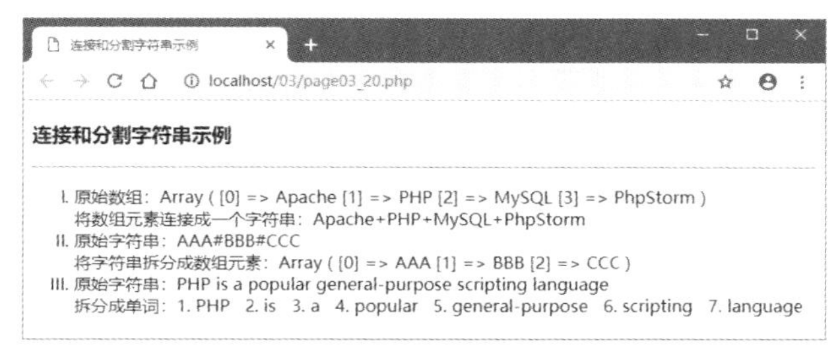

连接和分割字符串示例
localhost/03/page03_20.php
连接和分割字符串示例
I. 原始数组：Array ([0] => Apache [1] => PHP [2] => MySQL [3] => PhpStorm)
将数组元素连接成一个字符串：Apache+PHP+MySQL+PhpStorm
II. 原始字符串：AAA#BBB#CCC
将字符串拆分成数组元素：Array ([0] => AAA [1] => BBB [2] => CCC)
III. 原始字符串：PHP is a popular general-purpose scripting language
拆分成单词：1. PHP 2. is 3. a 4. popular 5. general-purpose 6. scripting 7. language

图 3.21　连接和分割字符串示例

3.2.4　查找和替换字符串

在处理字符串时，经常要从一个字符串中查找另一个字符串，或者在一个字符串中查找指定的内容并进行替换。在 PHP 中，可以通过调用以下内部函数来实现字符串的查找和替换。

（1）使用 strpos()函数可以在字符串中查找另一个字符串首次出现的位置，语法格式如下。

```
strpos(string $haystack, mixed $needle[,int $offset]) : int
```

其中，haystack 表示被查找的字符串；needle 表示要查找的字符串，如果该参数不是字符串，则它将被转换为整型并被视为字符的顺序值；offset 表示要从 haystack 字符串的第 offset 个字符处开始查找，该参数值不能是负值。第一个字符的位置为 0。如果在 haystack 字符串中找到了 needle 字符串，则 strpos()函数会返回一个数字，它表示 needle 字符串在 haystack 字符串中首次出现的位置；如果没有找到 needle 字符串，则返回 false。

注意：在使用 strpos()函数执行查找操作时，是区分大小写的。如果希望在执行查找操作时不区分大小写，则可以使用 stripos()函数。

（2）使用 strrpos()函数可以在字符串中查找另一个字符串最后一次出现的位置，语法格式如下。

```
strrpos(string $haystack, mixed $needle[, int $offset]) : int
```

其中，haystack 表示被查找的字符串；needle 表示要查找的字符串，如果该参数不是字符串，则它将被转换为整型并被视为字符的顺序值；offset 指定查找位置，如果设置为负值，则从字符串尾部第 offset 个字符开始查找。如果在 haystack 字符串中找到了 needle 字符串，则 strrpos()函数会返回一个数字，表示 needle 字符串在 haystack 字符串中最后一次出现的位置；如果没有找到字符串 needle，则返回 false。

（3）使用 str_replace()函数可以在一个字符串中查找另一个字符串的所有出现位置并使用新字符串替换这个字符串，语法格式如下。

```
str_replace(mixed $search, mixed $replace, mixed $subject[, int &$count]) : mixed
```

其中，search 指定被替换的目标字符串；replace 指定用于替换的新字符串；subject 表示原字符串；count 表示被替换的次数。

在使用 str_replace()函数时，传入的前 3 个参数可以是字符串或数组，分为以下 3 种情况。

- 如果 search 是一个数组，而 replace 是一个字符串，则用 replace 字符串替换 search 数组的所有元素。
- 如果 search 和 replace 都是数组，则使用 replace 数组的元素替换 search 数组的对应元素，如果 replace 数组的元素少于 search 数组的元素，则 search 数组中的剩余元素用空字符串进行替换。
- 如果 subject 是一个数组，则使用 replace（字符串或数组）依次替换 subject 数组每个元素中的 search（字符串或数组），此时 str_replace()函数返回一个数组。

注意：在使用 str_replace()函数可以执行查找操作时是区分大小写的。如果希望在执行查找操作时不区分大小写，则可以使用 str_irepalce()函数。

（4）使用 substr_replace()函数可以替换字符串的内容并返回替换后的字符串，语法格式如下。

```
substr_replace(mixed $str, string $replacement, int $start[, int $length]) : mixed
```

其中，str 表示原字符串；replacement 指定用于替换的新字符串；start 指定执行替换操作的起始位置；length 指定替换范围的大小，如果省略该参数，则从起始位置开始执行替换操作。

如果 start 为正数，则从 str 字符串的 start 位置开始替换；如果 start 为负数，则从 str 字符串的倒数第 start 个位置开始替换。

如果 length 为正数，则表示 str 字符串中被替换的字符串的长度；如果该参数为负数，则表示被替换字符串结尾处距离 str 字符串末端的字符个数；如果未提供该参数，则默认为字符串的长度 strlen(string)；如果该参数为 0，则将 replacement 字符串插入 str 字符串的 start 位置处。

【例 3.21】查找和替换字符串示例。源文件为 03/03_21.php，源代码如下。

```
<!doctype html>
<html>
<head>
<meta charset="utf-8">
<title>字符串查找与替换示例</title>
<style>
ol li {
   margin-bottom: 1em;
}
</style>
</head>

<body>
<h3>字符串查找与替换示例</h3>
<hr>
<?php
$str = "a very beatiful way";
$needle = "y";
$pos = strpos($str, $needle);
printf("<ol><li>\"%s\" 在 \"%s\" 中的第一次出现位置为:
   %d", $needle, $str, $pos);
$pos = strrpos($str, $needle);
printf("<br>\"%s\" 在 \"%s\" 中的最后一次出现位置为: %d",
   $needle, $str, $pos);

$str = "<div style=\"%color%\">demo</div>";
$divtag = str_replace("%color%", "color: blue;", $str);
printf("<li>原字符串: %s<br>", htmlentities($str));
printf("执行替换后: %s", htmlentities($divtag));

$str = "Hello World of PHP";
$vowels = array("a", "e", "i", "o", "u", "A", "E", "I", "O", "U");
$onlyconsonants = str_replace($vowels, "", $str);
printf("<li>原字符串: %s<br>", $str);
printf("执行替换后 (删除元音字母): %s", $onlyconsonants);

$str = "我喜欢 ASP 动态网站开发。";
printf("<li>原字符串: %s<br>", $str);
$str = substr_replace($str, "JSP", 9, 3);
printf("第一次替换后: %s<br>", $str);
$str = substr_replace($str, "PHP", 9, -21);
printf("第二次替换后: %s", $str);
?>
</body>
```

```
</html>
```

在上述 PHP 代码中，首先在一个字符串中查找字母 y 的第一次和最后一次出现的位置，然后在一个 div 标签中执行替换操作，接着从一个字符串中删除所有元音字母，最后对一个字符串连续执行两次替换操作（注意：本页面使用的是 UTF-8 编码，此时每个汉字占 3 个字节，每个英文字母占 1 个字节）。代码运行结果如图 3.22 所示。

图 3.22　字符串查找与替换示例

3.2.5　从字符串中取子串

在处理字符串时，经常需要从一个字符串中取出一部分内容，这部分内容称为原字符串的一个子串。通过调用 PHP 提供的下列函数可以从字符串中提取子串。

（1）使用 substr()函数可以从指定字符串中返回一个子串，语法格式如下。

```
substr(string $str, int $start[, int $length]) : string
```

其中，str 指定原字符串；start 指定子串的起始位置，如果省略该参数，则从第一个字符开始；length 指定子串的长度，如果省略该参数或其值大于 str 字符串的长度，则返回从起始位置之后的所有字符。

如果 start 为非负数，则从第 start 个字符开始返回字符串，该参数从 0 开始计算；如果该参数为负数，则从原字符串末尾向前数 start 个字符，由此开始获取子串；如果该参数超出了 str 字符串的范围，则返回 false。如果 length 为负数，则表示从 str 字符串末尾算起忽略的字符串长度。

（2）使用 strstr()函数可以在一个字符串中查找一个子串的首次出现位置并返回字符串的一部分，语法格式如下。

```
strstr(string $haystack, mixed $needle[, bool $before_needle]) : string
```

其中，haystack 表示原字符串，needle 表示要查找的子串。如果 needle 不是一个字符串，则它将被转换为一个整数并作为一个普通字符来使用。

如果在 haystack 字符串中找到了 needle 子串，则 strstr()函数返回从 needle 子串首次出现的位置到 haystack 字符串结束的所有字符串；如果在 haystack 字符串中找不到 needle 子串，则返回 false。如果参数 before_needle 为 true，则返回 needle 子串在 haystack 字符串中的位置之前的部分。

注意：在使用 strstr()函数执行查找操作时，是区分大小写的。如果要在执行查找操作时不区分大小写，则应当使用 stristr()函数。

（3）使用 strrchr()函数可以在一个字符串中查找另一个字符串的最后一次出现位置并返回字符串的一部分，语法格式如下。

```
strrchr(string $haystack, string $needle) : string
```

如果在 haystack 字符串中找到了 needle 子串，则 strrchr()函数返回从 needle 子串最后一次出现的位置到 haystack 字符串结束的所有字符串；如果在 haystack 字符串中找不到 needle 子串，则返回 false。

【例 3.22】从字符串中取子串示例。源文件为 03/03_22.php，源代码如下。

```
<!doctype html>
<html>
<head>
<meta charset="utf-8">
<title>从字符串中取子串示例</title>
</head>

<body>
<h3>从字符串中取子串示例</h3>
<hr>
<?php
print( "<ol><li>从字符串 \"abcdefg\" 中取出不同部分：<br>" );
printf("%s, ", substr("abcdefg", 1));          //输出：bcdefg
printf("%s, ", substr("abcdefg", 1, 3));       //输出：bcd
printf("%s, ", substr("abcdefg", 0, 10));      //输出：abcdefg
printf("%s, ", substr("abcdefg", -3, 2));      //输出：ef
printf("%s, ", substr("abcdefg", -2));         //输出：fg
printf("%s, ", substr("abcdefg", -5, -2));     //输出：cde
printf("%s, ", substr("abcdefg", 0, -3));      //输出：abcd
printf("%s, ", substr("abcdefg", 2, -1));      //输出：cdef
printf("%s, ", substr("abcdefg", 8, -1));      //substr()返回 flase，显示为空
printf("%s", substr("abcdefg", -3, -1));       //输出：ef

$email = "jack@163.com";
$username = strstr($email, "@", true);         //返回字符“@”之前的部分
//内层 strstr()函数调用返回“@”字符及其之后的部分
$domain = substr(strstr($email, "@"), 1);
                                 //外层 substr()函数调用返回除首字符之外的部分
printf("<li>电子邮件地址为：%s<br>", $email);
printf("从中取出用户名：%s<br>", $username);
printf("取出域名：%s", $domain);

$path = __FILE__;                //使用魔术常量__FILE__获取当前文件的物理路径
$filename = substr(strrchr($path, "\\"), 1);
printf("<li>当前文件完整路径：%s<br>", $path);
printf("从路径中取出文件名：%s", $filename);
?>
</body>
</html>
```

在上述 PHP 代码中，首先将不同的参数传入 substr()函数，以便从字符串“abcdefg”中取出不同部分；然后从一个电子邮件地址中分别取出用户名和域名部分，在取出域名时将 strstr()函数调用作为参数传入 substr()函数调用；最后用魔术常量__FILE 获取当前文件的物理路径，再使用 strrchr()和 substr()取出文件名。代码运行结果如图 3.23 所示。

图 3.23　从字符串中取子串示例

3.3 正则表达式

正则表达式（Regular Expression）是 PHP 处理字符串不可缺少的工具。从历史上看，PHP 曾经支持两种类型的正则表达式语法，即 Perl 和 POSIX。然而，从 PHP 5.3 开始，POSIX 正则表达式扩展已经被废弃。下面仅介绍 Perl 兼容正则表达式。

3.3.1 编写正则表达式

正则表达式是由普通字符和元字符所组成的字符串模式（pattern），其作用是按从左向右的顺序匹配目标字符串。普通字符也称为原义字符，这些字符在模式中表示它们自身并匹配目标中相应的字符。而元字符不同于普通字符，这些字符并不代表其自身，所以它们需要使用特殊的方式来解析。如果所使用的正则表达式不包含任何元字符，则只能执行纯文本搜索。正是由于元字符的存在，使得正则表达式具有强大的字符串处理能力，可以用来实现更复杂的模式匹配。

给定一个正则表达式和一个目标字符串，可以检测目标字符串是否符合正则表达式的过滤逻辑（如对电子邮件地址或身份证号进行有效性验证等），也可以通过正则表达式从目标字符串中提取想要的特定部分或对其进行替换。

1. 正则表达式语法

正则表达式是由元字符和普通字符组成的，通过不同的元字符和普通字符的组合可以构成具有不同意义的正则表达式。编写正则表达式需要遵循的语法格式如表 3.4 所示。

表 3.4 正则表达式语法

<table>
<tr><th>字 符</th><th>说 明</th></tr>
<tr><td>.</td><td>匹配的任意一个字符（\n 除外）。模式“p.p”与字符串“php”匹配，但与字符串“photoshop”不匹配</td></tr>
<tr><td>\</td><td>转义字符，用于转义特殊字符（如“.”“-”“\”）。例如，句点“.”匹配单个字符；“\.”匹配句点“.”；“\-”匹配连字符“-”；“\\”匹配反斜线“\”</td></tr>
<tr><td>^</td><td>匹配目标字符串的开头。例如，模式“^th”匹配所有以“th”开头的字符串</td></tr>
<tr><td>$</td><td>匹配目标字符串的结尾。例如，模式“te$”匹配所有以“te”结尾的字符串</td></tr>
<tr><td>*</td><td>匹配前面的子表达式 0 次或多次，等价于{0,}。例如，模式“go*d”匹配字符串“gd”“god”“good”等</td></tr>
<tr><td>+</td><td>匹配前面的子表达式 1 次或多次，等价于{1,}。例如，模式“do+g”匹配字符串“dog”“doog”“dooog”等，但不匹配字符串“dg”</td></tr>
<tr><td>?</td><td>匹配前面的子表达式 0 次或 1 次，等价于{0,1}。例如，模式“do(es)?”匹配字符串“do”或“does”</td></tr>
<tr><td>{m}</td><td>匹配前面的子表达式 m 次（m 为非负整数）。例如，模式“ab{2}”与字符串“abb”匹配</td></tr>
<tr><td>{m,}</td><td>匹配前面的子表达式至少 m 次（m 为非负整数）。例如，模式“ab{2,}”与字符串“abb”“abbb”“abbbb”等匹配</td></tr>
<tr><td>{m,n}</td><td>匹配前面的子表达式至少 m 次，至多 n 次（m 和 n 均为负整数且 m≤n）。例如，模式“ab{3,5}”与字符串“abbb”“abbbb”“abbbbb”匹配</td></tr>
<tr><td>?</td><td>当该字符紧跟在其他限制符（*、+、?、{m}、{m,}、{m,n}）后面时，将采用非贪婪匹配模式，即尽可能少地匹配所搜索的字符串。默认情况下将采用贪婪模式，即尽可能多地匹配所搜索的字符串。例如，对于目标字符串“aaaaa”，模式“a+?”将匹配单个“a”，而模式“a?”将匹配所有“a”</td></tr>
<tr><td>x|y</td><td>匹配 x 或 y。例如，模式“com|net|org”匹配字符串“com”“net”“org”之一</td></tr>
<tr><td>[xyz]</td><td>字符集合，匹配该集合中的任一字符。例如，模式“[abcde]”匹配小写字母“a”“b”“c”“d”“e”之一</td></tr>
<tr><td>[^xyz]</td><td>负值字符集合，匹配该集合未包含的任一字符。例如，模式“[^aeiou]”表示任何一个不是小写元音字母的字符</td></tr>
<tr><td>[a-z]</td><td>字符范围，匹配该范围内的任意字符。例如，模式“[a-z]{1,6}”可以匹配任意 6 个小写字母</td></tr>
<tr><td>[^a-z]</td><td>负值字符范围，匹配不在该范围内的任意字符。例如，模式“[^a-f]”匹配不在“a”～“f”范围内的任意字符</td></tr>
</table>

下面给出一些正则表达式的示例。

- '^[A-Za-z]'：表示以字母开头的字符串。
- 'er$'：表示以“er”结尾的字符串，例如“worker”“owner”等。
- '.at'：表示以任意字符开头并以“at”结尾的字符串，例如“cat”“hat”等。
- 'te{2}'：表示字母“t”后面跟着两个字母“e”，即“tee”。
- '(go)+'：表示至少包含一个“go”字符串的字符串，例如“gogo”“gogogo”等。
- '^[A-Za-z0-9\-]+@[A-Za-z0-9\-\.]+$'：匹配电子邮件地址。
- '^[0-9]{17}([0-9]|X|Y)$'：匹配身份证号码。

在编写复杂的正则表达式时，可以使用括号（()）作为分组符，把括号内的内容定义为一个子表达式，并将其中的字符保存到一个临时区域。例如，“(ab){3}”可以匹配“ababab”。

2. Perl 兼容语法扩展

Perl 兼容的正则表达式模式类似于 Perl 中的语法格式，表达式必须包含在定界符内，除数字、字母和反斜线外，任何字符都可以作为定界符来使用。例如，表达式'/^(?!)php[34]/'中的正斜线“/”就是定界符。如果要在表达式中包含定界符本身，则需要进行转义。

在使用 Perl 兼容的正则表达式时，除了表 3.4 中列出的语法，还可以通过转义字符“\”和一些特殊字符的组合实现某些特殊的语法，这些组合及其作用如表 3.5 所示。

表 3.5 Perl 兼容正则表达式扩展语法

字　符	说　明
\b	匹配一个单词边界，即单词与空格之间的位置。例如，'er\b'可以匹配“ever”中的“er”，但不能匹配“verb”中的“er”
\B	匹配非单词边界。例如，'er\B'可以匹配“verb”中的“er”，但不能匹配“never”中的“er”
\cx	匹配由 x 指定的控制符（x 必须是字母）。例如，'cM'匹配 Control-M 或回车符
\d	匹配一个数字字符，等价于[0-9]
\D	匹配一个非数字字符，等价于[^0-9]
\f	匹配一个换页符，等价于\x9c 和\cL
\n	匹配一个换行符，等价于\x0a 和\cJ
\r	匹配一个回车符，等价于\x0d 和\cM
\h	匹配一个水平制表符
\H	匹配一个非水平制表符
\s	匹配任何空白字符，包括空格、制表符、换页符等，等价于[\f\n\r\t\v]
\S	匹配任何非空白字符，等价于[^\f\n\r\t\v]
\t	匹配一个制表符，等价于\x09 和\cI
\v	匹配一个垂直制表符，等价于\x0b 和\cK
\V	匹配一个非垂直制表符
\w	匹配包括下画线的任何单词字符，等价于[A-Za-z0-9_]
\W	匹配任何非单词字符。等价于[^A-Za-z0-9_]
\xn	匹配 n（n 为十六进制转义值）。十六进制转义值必须为确定的两个数字长。例如，'\x41'匹配“A”，'\x041'则等价于'\x04' & "1"。正则表达式中可以使用 ASCII 编码
\num	匹配 num（num 为正整数），对所获取的匹配的引用。例如，'(.)\1'匹配两个连续的相同字符
\n	标识一个八进制转义值或一个后向引用。如果\n 之前至少有 n 个获取的子表达式，则 n 为后向引用。如果 n 为八进制数字（0～7），则 n 为一个八进制转义值

续表

字　符	说　明
\nm	标识一个八进制转义值或一个后向引用。如果\nm 之前至少有 nm 个获取的子表达式，则 nm 为后向引用。如果\nm 之前至少有 n 个获取，则 n 为一个后跟文字 m 的后向引用。如果前面的条件都不满足，且 n 和 m 均为八进制数字（0～7），则\nm 将匹配八进制转义值 nm
\nml	如果 n 为八进制数字（0～3），且 m 和 l 均为八进制数字（0～7），则匹配八进制转义值 nml
\un	匹配 n（n 为一个用 4 个十六进制数字表示的 Unicode 字符）。例如，'\u00A9'匹配版权符号“©”

3.3.2　正则表达式应用

在 PHP 中，通过调用相关的正则表达式函数可以实现字符串匹配查找、字符串替换和字符串分割等操作。

1．匹配字符串

在 PHP 中，可以通过以下两个内部函数进行正则表达式匹配搜索。

（1）使用 preg_match()函数可以执行正则表达式匹配，语法格式如下。

```
preg_match(string $pattern, string $subject[, array &$matches[, int $flags[, int
$offset]]]) : int
```

其中，pattern 表示要搜索的模式，其值为字符串类型；subject 表示输入的字符串。preg_match()函数搜索 subject 字符串与 pattern 模式的一个匹配。

matches 是可选参数，如果提供了该参数，它会被填充为搜索结果：$matches[0]包含完整模式匹配到的文本，$matches[1]包含第一个捕获子组匹配到的文本，以此类推。

flags 也是可选参数，其值可以被设置为 PREG_OFFSET_CAPTURE，如果传递了该标记，则对每个出现的匹配结果同时返回附加的字符串偏移量。这会改变填充到 matches 参数的数组，使其中的每个元素成为数组，第 0 个元素是匹配到的字符串，第 1 个元素则是该字符串在目标字符串 subject 中的偏移量。offset 也是可选参数，用于指定从目标字符串的某个位置开始搜索（单位是字节）。

preg_match()函数返回 pattern 模式的匹配次数，其值是 0（不匹配）或 1，因为 preg_match()函数在第一次匹配后会停止搜索。在发生错误时，preg_match()函数会返回 false。

【例 3.23】 正则表达式匹配示例。源文件为 03/page03_23.php，源代码如下。

```
<?php
echo "<h3>正则表达式匹配示例</h3>";
echo "<hr>";
echo "<ol>";
$str = "PHP is a popular general-purpose scripting language";
echo "<li>在字符串中查找"PHP"(不区分大小写)<br>结果: ";
if (preg_match("/php/i", $str)) {          //定界符/后面的 i 表示搜索时不区分大小写字母
    print "找到了匹配! ";
} else {
    print "未找到匹配! ";
}
echo "<li>在字符串中查找单词"popular"(全字匹配)<br>结果: ";
if (preg_match("/\bpopular\b/i", $str)) {
    print "找到了匹配! ";
} else {
    print "未找到匹配! ";
}
echo "<li>用搜索结果填充数组<br>数组内容: ";
$url = "http://www.php.net/index.html";
preg_match("/^(http:\/\/)?([^\/]+)/i", $url, $matches);   //从 URL 中取出主机名
```

```
print_r($matches);
$host = $matches[2];
preg_match("/[^\.\/]+\.[^\.\/]+$/", $host, $matches); //从主机名中取出域名
echo "<br>从主机名中取出域名：{$matches[0]}";
?>
```

代码运行结果如图 3.24 所示。

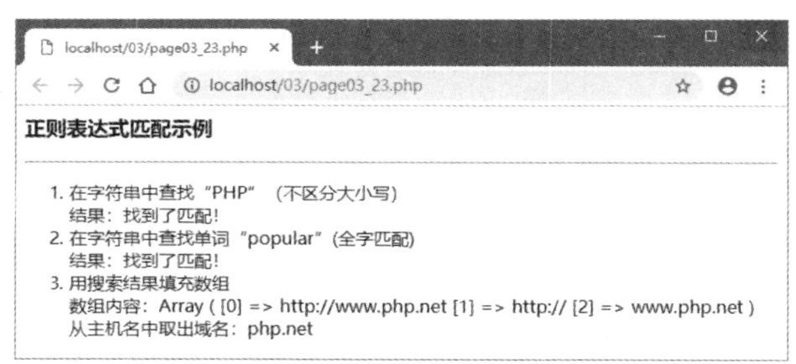

图 3.24　正则表达式匹配示例

（2）使用 preg_match_all()可以执行全局正则表达式匹配，语法格式如下。

```
preg_match_all(string $pattern, string $subject[, array &$matches[, int $flags[,
int $offset]]]) : int
```

其中，pattern 表示要搜索的模式；subject 表示输入的字符串；matches 为多维数组，作为输出参数输出所有匹配结果；flags 指定数组排序，该参数的值为以下 PHP 常量。

- PREG_PATTERN_ORDER：这是默认设置，结果排序为$matches[0]保存完整模式的所有匹配，$matches[1]保存第一个子组的所有匹配，以此类推。
- PREG_SET_ORDER：结果排序为$matches[0]包含第一次匹配到的所有匹配（包含子组）的数组，$matches[1]包含第二次匹配到的所有匹配（包含子组）的数组，以此类推。
- PREG_OFFSET_CAPTURE：如果这个标记被传递，则每个发现的匹配返回时会增加它相对目标字符串的偏移量。这会将 matches 中的每个匹配值变成一个数组，其中下标为 0 的元素为匹配结果字符串，下标为 1 的元素为匹配结果字符串在 subject 中的偏移量。

可选参数 offset 用于从目标字符串的某个位置开始搜索（单位是字节）。

preg_match_all()函数搜索 subject 字符串中所有匹配 pattern 模式的结果，并将它们以 flags 指定顺序输出到 matches 数组中。在找到第一个匹配后，子序列继续从最后一次匹配位置搜索。preg_match_all()函数返回完整匹配次数（可能是 0），并在发生错误时返回 false。

【例 3.24】全局正则表达式匹配示例。源文件为 03/page03_24.php，源代码如下。

```
<?php
echo "<h3>全局正则表达式匹配示例</h3>";
echo "<hr>";
echo "<ul>";

//竖线"|"为定界符；"U"为模式修饰符，只匹配最近的一个字符串，不重复匹配
//"(.*)"为包含一个或多个任意字符的子模式
$pattern = "|<[^>]+>(.*)</[^>]+>|U";
$subject = "<b>全局匹配：</b><a href='http://www.php.net'>PHP 官方网站</a>";
preg_match_all($pattern, $subject,
   $out, PREG_PATTERN_ORDER);
echo "<li>" .$out[0][0] .$out[0][1]; //$out[0]为包含匹配完整模式的字符串的数组
echo "<li>" .$out[1][0] .$out[1][1]; //$out[1]为包含闭合标签内的字符串的数组
?>
```

代码运行结果如图 3.25 所示。

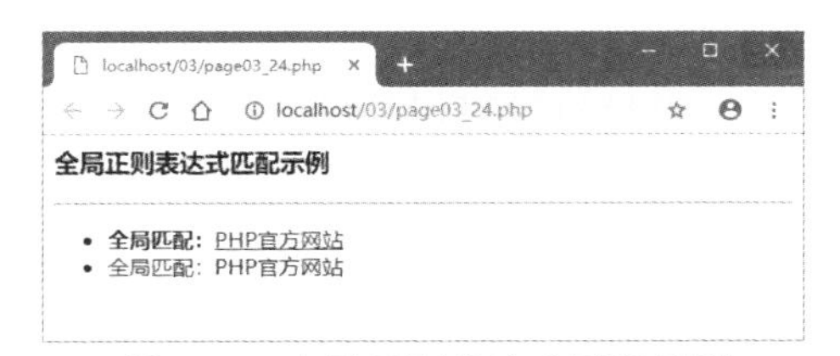

图 3.25　全局正则表达式匹配示例

2. 替换字符串

使用 preg_replace()函数可以执行一个正则表达式的搜索和替换，语法格式如下。

```
preg_replace(mixed $pattern , mixed $replacement, mixed $subject[, int $limit[,
int &$count]]) : mixed
```

其中，pattern 表示要搜索的模式，可以是字符串或字符串数组，并且可以使用 PCRE 修饰符。replacement 表示用于替换的字符串或字符串数组，如果该参数是字符串且 pattern 是字符串数组，则所有的 pattern 都使用该字符串进行替换；如果 pattern 和 replacement 都是字符串数组，则每个 pattern 中的元素都使用 replacement 中对应的元素进行替换；如果 replacement 中的元素比 pattern 中的少，则多出来的 pattern 元素使用空字符串进行替换。

在 replacement 中，可以包含后向引用，语法格式为“\\n”或“$n”，后者为首选。每个后向引用将被匹配到的第 n 个捕获子组所捕获的文本替换。n 的取值为 0～99，“\\0”和“$0”代表完整的模式匹配文本。捕获子组的序号计数方式为：代表捕获子组的左括号从左到右，从 1 开始计数。如果要在 replacement 中使用反斜线，则必须使用 4 个反斜线“\\\\”。如果要在向后引用后面增加一个原文数字，可以使用形如${1}1 的表示形式。

subject 表示要进行搜索和替换的字符串或字符串数组。如果 subject 是字符串数组，则搜索和替换会在 subject 的每个元素上进行，并且返回值也是一个字符串数组。

limit 是可选参数，表示每个 pattern 在每个 subject 上进行替换的最大次数，默认值是-1（无限次）。count 也是可选参数，如果指定该参数，则它会被填充为完成的替换次数。

preg_replace()函数在 subject 中搜索与 pattern 匹配的部分并以 replacement 进行替换。如果 subject 是字符串数组，则 preg_replace()函数返回一个字符串数组，在其他情况下返回一个字符串；如果查找到匹配内容，则返回替换后的 subject，在其他情况下返回没有改变的 subject；如果发生错误，则返回 NULL。

【例 3.25】 正则表达式替换字符串示例。源文件为 03/page03_25.php，源代码如下。

```
<?php
echo "<h3>正则表达式替换示例</h3>";
echo "<hr>";
echo "<ol>";

$date = "2019-1-12";
$pattern = "/(\d{4})-(\d{1,2})-(\d{1,2})/";
$replacement = "\$1 年\$2 月\$3 日";
echo "<li>后向引用替换<ul>";
echo "<li>当前日期：" .$date;
echo "<li>替换之后：" .preg_replace($pattern, $replacement, $date);
echo "</ul>";

$string = 'The quick brown fox jumps over the lazy dog.';
$patterns = ['/quick/', '/brown/', '/fox/'];
$replacements = ['slow', 'black', 'bear'];
echo "<li>使用基于索引的数组<ul>";
echo "<li>原字符串：" .$string;
echo "<li>替换之后：" .preg_replace($patterns, $replacements, $string);
```

```
echo "</ul>";
?>
```

代码运行结果如图 3.26 所示。

图 3.26　正则表达式替换示例

3. 分隔字符串

使用 preg_split()函数可以通过一个正则表达式分隔字符串，语法格式如下。

```
preg_split(string $pattern, string $subject[, int $limit[, int $flags]]) : array
```

其中，pattern 表示用于搜索的模式，为字符串类型；subject 表示输入的字符串；limit 为可选参数，如果指定该参数，将限制分隔得到的子串最多只有 limit 个，返回的最后一个子串将包含所有剩余部分；如果 limit 值为-1、0 或 NULL，则表示不限制分割次数；flags 可以是任何以下标记的组合。

- PREG_SPLIT_NO_EMPTY：如果这个标记被设置，则 preg_split()函数仅返回分隔后的非空部分。
- PREG_SPLIT_DELIM_CAPTURE：如果这个标记被设置，则用于分隔的 pattern 模式中的括号表达式将被捕获并返回。
- PREG_SPLIT_OFFSET_CAPTURE：如果这个标记被设置，则每个出现的匹配在返回时将会附加字符串偏移量。这将会改变返回数组中的每一个元素，使其每个元素成为一个由第 0 个元素为分隔后的子串，第 1 个元素为该子串在 subject 字符串中的偏移量组成的数组。

preg_split()函数通过一个正则表达式分隔给定字符串，并返回用 pattern 模式分隔给定字符串后得到的子串所组成的数组，在失败时返回 false。

【例 3.26】用正则表达式分隔字符串示例。源文件为 03/page03_26.php，源代码如下。

```
<?php
echo "<h3>用正则表达式分隔字符串示例</h3>";
echo "<hr>";
echo "<ol>";

$string = "hypertext language, programming";
echo "<li>使用逗号或空格分隔短语<ul>";
echo "<li>短语内容：" .$string;
$keywords = preg_split("/[\s,]+/", $string);
echo "<li>分隔之后：";
foreach ($keywords as $keyword) {
    echo $keyword ."-";
}
echo "</ul>";

$string = 'Apache';
echo "<li>将字符串分隔为字符<ul>";
```

```
echo "<li>原字符串：" .$string;
$chars = preg_split('//', $string, -1, PREG_SPLIT_NO_EMPTY);
echo "<li>分隔之后：";
foreach ($chars as $char) {
   echo $char ."#";
}
echo "</ul>";

$string = "Hypertext Markup Language";
echo "<li>分隔字符串并获取偏移量<ul>";
echo "<li>原字符串：" .$string;
$chars = preg_split('/ /', $string, -1, PREG_SPLIT_OFFSET_CAPTURE);
echo "<li>分隔之后：<ul>";
foreach ($chars as $index => $items) {
   echo "内容{$index}：" .$items[0] ."，偏移量：" .$items[1];
   echo "<br>";
}
echo "</ul>";
?>
```

代码运行结果如图 3.27 所示。

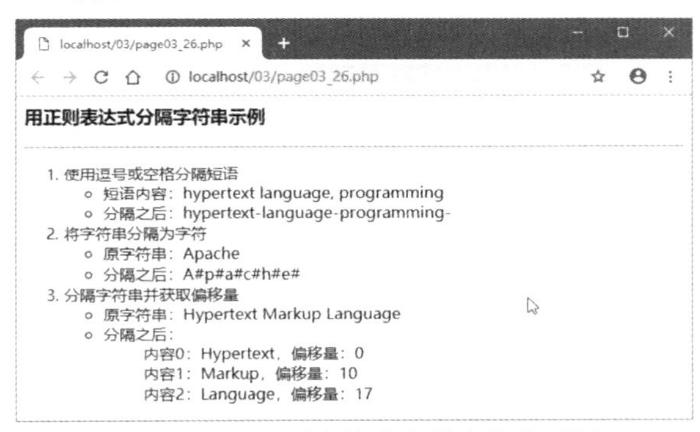

图 3.27　用正则表达式分隔字符串示例

3.4　日期和时间

PHP 没有提供专用的日期和时间数据类型，但可以通过内部函数得到 PHP 所运行的服务器的日期和时间，并对日期和时间进行处理，然后以不同的格式进行输出。相应的函数库是作为 PHP 内核的一部分出现的，不需要安装就可以直接使用。本节介绍在 PHP 中处理日期和时间的相关知识。

3.4.1　设置默认时区

日期和时间函数依赖于服务器的地区设置。为了获得正确的日期和时间信息，需要设置服务器所在的时区，这可以通过以下两种方式实现。

（1）在 php.ini 中设置 date.timezone 选项。例如，设置中国标准时间的代码为：

```
date.timezone=PRC
```

date.timezone 选项设置对所有 PHP 脚本均有效。

（2）使用内部函数 date_default_timezone_set()可以设置用于一个脚本的所有日期和时间函数的默认时区，语法格式如下。

```
date_default_timezone_set(string $timezone_identifier) : bool
```

其中，timezone_identifier 为时区标识符，如 UTC 或 Europe/Lisbon。要设置中国标准时间，可使用以下时区标识符：Asia/Shanghai（亚洲/上海）；Asia/Chongqing（亚洲/重庆）；Asia/Urumqi

（亚洲/乌鲁木齐）。

例如，设置中国标准时间的代码为：

```
date_default_timezone_set("Asia/Shanghai");
```

3.4.2 获取日期和时间

使用 getdate()函数可以获取日期和时间信息，语法格式如下。

```
getdate([int $timestamp]) : array
```

getdate()函数返回一个根据时间戳 timestamp 得出的包含日期信息的关联数组，该数组中的键名及其含义如表 3.6 所示。如果没有给出时间戳，则默认为当前本地时间。使用 time()函数可以返回当前的 UNIX 时间戳。

表 3.6 返回的关联数组中的键名及其含义

键　名	说　明	返　回　值
seconds	秒的数字表示	0～59
minutes	分钟的数字表示	0～59
hours	小时的数字表示	0～23
mday	月份中第几天的数字表示	1～31
wday	星期中第几天的数字表示	0（表示星期天）～6（表示星期六）
mon	月份的数字表示	1～12
year	4 位数字表示的完整年份	例如：1999 或 2012
yday	一年中第几天的数字表示	0～365
weekday	星期几的完整文本表示	Sunday～Saturday
month	月份的完整文本表示	January～December
0	从 UNIX 纪元（格林尼治时间 1970 年 1 月 1 日 00:00:00）到当前时间的秒数，与 time()的返回值和用于 date()的值类似	与系统相关，其典型值为：-2147483648～2147483647

【例 3.27】获取当前日期和时间信息。源文件为 03/03_27.php，源代码如下。

```
<!doctype html>
<html>
<head>
<meta charset="utf-8">
    <title>获取服务器日期和时间</title>
</head>

<body>
<h3>获取服务器日期和时间</h3>
<hr>
<?php
function getCHNWday($wday) {
    $chnwday = "";
    switch ($wday) {
        case 0:
            $chnwday = "星期日";
            break;
        case 1:
            $chnwday = "星期一";
            break;
        case 2:
            $chnwday = "星期二";
            break;
        case 3:
```

```
            $chnwday = "星期三";
            break;
        case 4:
            $chnwday = "星期四";
            break;
        case 5:
            $chnwday = "星期五";
            break;
        case 6:
            $chnwday = "星期六";
            break;
    }

    return $chnwday;
}

date_default_timezone_set("Asia/Shanghai");
$now = getdate();
echo "关于日期/时间的详细信息：<br>";
foreach ($now as $key => $value) {
    if ($key) {
        echo $key ." = " .$value .", ";
    } else {
        echo "时间戳 = " .$value;
    }
}

printf("<p>现在时间是：%s 年%s 月%s 日 %s %s:%s:%s</p>", $now["year"],
    $now["mon"], $now["mday"], getCHNWday($now["wday"]), $now["hours"],
    ( $now["minutes"] < 10 ? "0" .$now["minutes"] : $now["minutes"] ),
    ( $now["seconds"] < 10 ? "0" .$now["seconds"] : $now["seconds"] ));
printf("<p>今天是%s 年的第%s 天</p>", $now["year"], $now["yday"] + 1);
?>
</body>
</html>
```

在上述 PHP 代码中，定义了一个名为 getCHNWday 的函数，其功能是将数字形式的星期转换为中文形式的星期；在显示时间部分时，通过条件运算符对 10 分和 10 秒以内的数字添加一个前缀“0”；此外，在计算一年中的第几天时，考虑到元旦是第 0 天，所以需要在计算结果中加上 1。代码运行结果如图 3.28 所示。

图 3.28　获取服务器日期和时间

3.4.3 格式化日期和时间

使用 date()函数可以获取一个本地日期和时间信息并进行格式设置，语法格式如下。

```
date(string $format[, int $timestamp]) : string
```

其中，format 指定日期和时间的显示格式；timestamp 是一个整数，表示时间戳。

date()函数返回将整数 timestamp 按照给定格式而产生的字符串。如果没有给出时间戳，则使用当前本地时间。可选参数 timestamp 的默认值为从 UNIX 纪元到当前时间的秒数。一些可用于 format 参数的日期和时间格式字符如表 3.7 所示。

表 3.7　日期和时间格式字符

字　符	说　明	返 回 值
表示日的字符		
d	表示月份中的第几天，有前导零的两位数字	01～31
D	表示星期中的第几天，3 个字母缩写表示的文本	Mon～Sun
j	表示月份中的第几天，没有前导零	1～31
l（L 的小写形式）	用完整的文本格式表示星期几	Sunday～Saturday
N	用数字表示的星期中的第几天	1（星期一）～7（星期日）
w	用数字表示的星期中的第几天	0（星期日）～6（星期六）
z	表示年份中的第几天	0～365
表示月的字符		
F	用完整的文本格式表示月份	January～December
m	用数字表示的月份，有前导零	01～12
M	用 3 个字母缩写表示的月份	Jan～Dec
n	用数字表示的月份，没有前导零	1～12
表示年的字符		
Y	用 4 位数字表示的年份	如 1999 或 2018
y	用两位数字表示的年份	如 99 或 08
表示时间的字符		
a	用小写字母表示的上午和下午值	am 或 pm
A	用大写字母表示的上午和下午值	AM 或 PM
g	表示小时，12 小时格式，没有前导零	1～12
G	表示小时，24 小时格式，没有前导零	0～23
h	表示小时，12 小时格式，有前导零	01～12
H	表示小时，24 小时格式，有前导零	00～23
i	表示分钟数，有前导零	00～59
s	表示秒数，有前导零	00～59

【例 3.28】从服务器获取当前日期和时间信息并进行格式设置。源文件为 03/03_28.php，源代码如下。

```
<!doctype html>
<html>
<head>
<meta charset="utf-8">
<title>日期和时间格式化示例</title>
</head>

<body>
<h3>日期和时间格式化示例</h3>
<hr>
<?php
```

```
date_default_timezone_set("Asia/Shanghai");   //设置默认时区
$w = ["周日", "周一", "周二", "周三", "周四", "周五", "周六"];
$d = $w[date("w")];                            //从数组中取一个元素，表示中文周几

printf("<p>现在时间是：%s</p>", date("Y年n月j日 {$d} G:i:s"));
printf("<p>今天是今年的第%s天</p>", ( date("z") + 1 ));
?>
</body>
</html>
```

在上述 PHP 代码中，首先通过调用 date_default_timezone_set()函数设置默认时区，如果已在 PHP 配置文件中 php.ini 中设置了 date.timezone = PRC，则无须再调用这个函数；然后通过使用短数组语法创建了一个数组，该数组包含 7 个元素，内容分别是“周日”到“周六”，索引下标分别是 0～6；最后通过调用函数 date("w")返回了一个数字，其取值也是 0～6，用于表示星期中的第几天，因此以该数字作为索引刚好从数组中取出一个元素，表示中文周几。代码运行结果如图 3.29 所示。

图 3.29　日期和时间格式化示例

习　题　3

一、选择题

1．在使用 printf 函数时，使用类型码（　　）可将参数处理为一个整数并表示为二进制数。

A．c　　B．x　　C．s　　D．b

2．使用预定义数组（　　）可获取经由 GET、POST 和 COOKIE 机制提交至脚本的变量。

A．$_REQUEST　　B．$_GET
C．$_POST　　D．$_COOKIE

3．要获取正在浏览当前页面用户的 IP 地址，应将$_SERVER 数组的元素键名指定为（　　）。

A．HTTP_HOST　　B．REMOTE_ADDR
C．REMOTE_HOST D．　REMOTE_PORT

4．调用（　　）函数可以从字符串中删除所有 PHP 和 HTML 标签并返回经过处理的字符串。

A．nl2br()　　B．htmlspecialchars()
C．htmlentities　　D．strip_tags()

5．要将数组元素连接成一个字符串并返回该字符串，可调用（　　）函数。

A．addslashes()　　B．implode()
C．explode()　　D．strtok()

6．调用（　　）函数可以获取数组中的全部或部分键名。

A．array_key_exists　　B．array_search
C．array_keys　　D．array_values

7．调用（　　）函数可将数组的内部指针指向第一个元素。

A．reset　　B．next　　C．prev　　D．end

8．在正则表达式中，（　　）用于匹配前面的子表达式 0 次或多次。

A．.　　　　B．^　　　　C．$　　　　D．*

二、判断题

1．（　　）要使用 printf()函数输出一个百分号，应将参数设置为“\%”。

2．（　　）使用 str_replace()函数可执行子字符串替换并返回替换后的数组或字符串。

3．（　　）使用 str_split()函数可将字符串转换为数组。

4．（　　）在 getdate()函数返回的关联数组中，键名 mday 的对应值表示星期中的第几天。

5．（　　）要从 getdate()函数返回获取用 4 位数表示完整年份，可使用键名 yday。

6．（　　）在使用 date()函数时，要以 24 小时格式表示小时且有前导零，应使用格式字符“G”。

7．（　　）在 PHP 中，引用数组元素可采用“数组名(键名)”形式。

8．（　　）在 PHP 中，数组的键值可以是整型数或字符串。

9．（　　）PHP 预定义数组可以在 PHP 代码中直接使用，不需要进行初始化。

10．（　　）使用 array_pop()函数可弹出并返回 arr 数组的最后一个元素（出栈）。

三、简答题

1．在 PHP 中，如何设置默认时区？

2．PHP 数组有什么特点？

3．在 PHP 中，创建数组有哪些方法？

4．PHP 预定义数组有什么特点？

四、编程题

1．创建一个 PHP 文件，分别以十进制、十六进制、八进制和二进制形式显示同一个整数。

2．创建一个 PHP 文件，要求将英文句子“A foreign language is a weapon in the struggle of life.”的每个单词的首字母转换为大写形式并显示这个句子。

3．创建一个 PHP 文件，要求将字符串中的换行符转换为 HTML 换行标记并显示该字符串。

4．创建一个 PHP 文件，要求通过调用相关字符串函数在 SQL 查询语句“SELECT * FROM Employee WHERE name='Andy'”中的每个单引号前面分别添加一个反斜线。

5．创建一个 PHP 文件，要求原样显示以下 HTML 代码：

<div style="border: thin solid grey;">phpStudy=Apache+PHP+MySQL+ phpMyAdmin+ZendOptimizer </div>

6．创建一个 PHP 文件，获取服务器上的日期和时间信息，并以“yyyy 年 n 月 d 日　星期 x h:m:s”格式加以显示。

7．创建一个 PHP 文件，分别定义键为整型数或字符串的数组，以及二维数组并输出这些数组的所有元素。

8．创建一个 PHP 文件，定义一个键为字符串的数组并通过 foreach 循环语句输出该数组中所有的键和值。

9．创建一个 PHP 文件，用于获取并显示所有服务器变量的列表。

10．创建一个 PHP 文件，定义一个数组并通过调用数组函数对该数组执行以下操作：（1）在数组末尾添加一些元素；（2）对数组进行排序；（3）对数组进行逆向排序；（4）打乱数组元素顺序；（5）从数组中移出第一个元素；（6）从数组中弹出最后一个元素。要求执行每个操作后显示该数组的所有元素。

11．创建一个 PHP 文件，要求将数组元素连接成字符串或将字符串分割成数组元素。

12．创建一个 PHP 文件，要求从当前文件的路径中取出文件名。

第 4 章　PHP 面向对象程序设计

面向对象程序设计是一种计算机编程架构，其基本原则是通过类来创建对象，并使用一些对象来构建计算机程序，而这些对象能够起到子程序的作用。从 PHP 4 开始就引入了面向对象的程序设计方法，随着版本的不断更新，PHP 现在已经成为真正具有面向对象特性的程序设计语言。本章介绍如何使用 PHP 进行面向对象的程序设计。

4.1　面向对象程序设计概述

面向对象程序设计是目前流行的程序设计方法。在面向对象程序设计中，数据和处理数据的函数可以封装在一个独立的数据结构中，这个数据结构就是类，通过对类进行实例化可以得到对象。在一个对象内部，只有属于该对象的函数才能存取该对象的数据，外部函数不能破坏其内容，从而达到隐藏和保护数据的目的。由于面向对象本身所固有的特性，使得面向对象程序设计已经达到软件工程的 3 个主要目标，即重用性、灵活性和可扩展性。

4.1.1　面向对象的基本概念

在使用 PHP 进行面向对象程序设计之前，需要对以下基本概念有所了解。

1．对象

对象是人们要进行研究的任何事物，从最简单的整数到复杂的宇宙飞船等都可以被看作对象。对象不仅能表示具体的事物，也能表示抽象的规则、计划或事件。对象的状态和特征通过数据表现出来就是属性；对象的状态可以通过对象的操作来改变，这些操作通过程序代码来实现就是方法。对象实现了数据和操作的结合，数据和操作封装于对象这个统一体中。

2．类

类是对象的模板，是对一组具有相同属性和相同操作的对象的抽象。类实际上就是一种数据类型，一个类所包含的数据和方法用于描述一组对象的共同属性和行为。类的属性是对象状态的抽象，可以用数据结构来描述；类的操作是对象行为的抽象，可以用操作名和实现该操作的方法（函数）来描述。类是对象的抽象化，是在对象之上的抽象；对象则是类的具体化，是类的实例。所以，从一个类可以创建多个对象，而各个对象又有各不相同的状态。

3．封装

封装是指将对象的数据（属性）和操作数据的过程（方法）结合起来所构成的单元，其内部信息对外界是隐藏的。外界不能直接访问对象的属性，而只能通过类对外部提供的接口对该对象进行各种操作，从而保证了程序中数据的安全性。类是实施数据封装的工具，对象则是封装的具体实现，是封装的基本单位。在定义类时，将其成员划分为公有成员、私有成员和保护成员，从而形成了类的访问机制，使得外界不能随意存取对象的内部数据（即成员属性和成员方法）。

4．继承

继承是指在一个类的基础上定义一个新的类，原有的类称为基类、超类或父类，新生成的类称为派生类或子类。

子类通过继承可以从父类中得到所有的属性和方法，也可以对所得到的这些方法进行重写和覆盖，还可以添加一些新的属性和方法，从而扩展父类的功能。

从一个父类可以派生出多个子类，每个子类都可以通过继承和重写拥有自己的属性和方法，父类体现出对象的共性和普遍性，子类则体现出对象的个性和特殊性，父类的抽象程度高于子类。

继承具有传递性，从子类也可以派生出新一代孙类，对于孙类而言，子类又成了父类。继承反映了抽象程度不同的类之间的关系，即共性和个性的关系，普遍性和特殊性的关系。程序员可以在原有类的基础上定义和实现新类，从而实现程序代码的重用性。

5. 多态

多态是指一个名称相同的方法产生了不同的动作行为，即不同对象在收到相同的消息时产生了不同的行为方式。多态性是允许将父对象赋值为与其一个或多个子对象相等的技术，在赋值之后，父对象可以根据当前赋值给它的子对象的特性，以不同的方式运作。简而言之，多态性允许将子类类型的指针赋值给父类类型的指标。

多态可以通过两种方式来实现，即覆盖和重载。覆盖是指在子类中重新定义父类的成员方法；重载则是指允许存在多个同名函数，而这些函数的参数列表有所不同。

4.1.2 面向过程与面向对象的比较

面向过程和面向对象是两种不同的程序设计方式。

面向过程程序设计就是通过算法分析列出解决问题的步骤，将程序划分为若干个功能模块，然后通过函数来实现这些功能模块，在解决问题的过程中根据需要调用相关的函数。

面向对象程序设计则是将构成问题的事务分解成各个对象，并根据各个对象的属性和操作抽象出类的定义，然后基于类创建对象实例，其目的是为了描述某个事物在整个问题解决的过程中的行为，而不是为了实现一个过程。

面向对象程序设计是一种以对象为基础，以事件或消息来驱动对象执行处理操作的程序设计方法，其主要特征是抽象性、封装性、继承性和多态性。

面向过程程序设计和面向对象程序设计的区别主要表现在以下 3 个方面。

（1）面向过程程序设计通过函数来描述对数据的操作，但又将函数与其操作的数据分离开来；面向对象程序设计将数据和对数据的操作封装在一起，作为一个对象来处理。

（2）面向过程程序设计以功能为中心来设计功能模块，程序难以维护；面向对象程序设计以数据为中心来描述系统，数据相对于功能而言具有较强的稳定性，因此程序较易维护。

（3）面向过程程序设计的控制流程由程序中预定的顺序来决定；面向对象程序设计的控制流程由运行时各种事件的实际发生来触发，而不再由预定顺序来决定，因此更符合实际需要。

在实际应用中，应根据具体情况来选择使用哪种程序设计方式。例如，要开发一个小型应用程序，其代码量较小、开发周期较短，在这种情况下应当采用面向过程程序设计，这是因为采用面向对象程序设计会增加代码量、降低工作效率。但是，如果要开发一个大型应用程序，则采用面向对象程序设计会更好。

4.2 类与对象

类与对象都是面向对象编程中的基本概念。类是一些内容的抽象表示形式。在类中主要封装了两类内容：一类是对象包含的信息，称为类的属性；另一类是对象可执行的操作，称为类的方法。属性和方法统称为类的成员。类是对象的蓝图或模板，对象则是类所表示内容的可用实例；基于一个类可创建多个具有不同属性值的对象。面向对象程序设计的基本内容是定义类并为其添加各种成员，然后基于类创建对象并实现对象的各种操作。

4.2.1 创建类

类是 PHP 中的一种复合数据类型，也是功能强大的数据类型。面向对象编程的基本步骤为：

首先定义包含一些属性和方法的类，然后基于此类创建对象，并通过设置对象的属性或调用对象的方法来完成所需操作。

在 PHP 中，可以使用关键字 class 来声明一个类，语法格式如下。

```
class class_name {
    //在此处定义类的成员
}
```

其中，class_name 表示类名，可以是任何非 PHP 保留字的名字，该名字以字母或下画线开头，后面连接若干个字母、数字或下画线。在花括号之间包含类的成员定义，类的成员主要包括属性、方法和常量。不能将一个类定义分隔到多个文件或 PHP 代码块中。

类是对象的模板，通过类的实例化可以创建对象，对象占用一定的存储空间。被创建的对象称为类的一个实例。在 PHP 中，可以使用 new 运算符来创建对象，语法格式如下。

```
$instance = new class_name();
```

其中，new 表示申请空间操作符；class_name 表示类名。上述赋值语句创建类的一个对象实例，并将该对象的一个引用赋给变量 instance。使用类型运算符 instanceof 可以确定一个变量是否属于某个类的实例。

在创建一个对象后，可以使用以下语法格式来访问该对象的属性和方法。

```
$instance->property
$instance->method()
```

其中，instance 为对象变量，指向用 new 运算符创建的对象；“->”为对象成员访问符号，用于对象与其成员之间；property 表示对象的属性；method 表示对象的方法（可能包含参数）。

【例 4.1】定义类并创建对象示例。源文件为 04/page04_01.php，源代码如下。

```
<?php
echo "<h3>检测对象类型</h3>";
echo "<hr>";
echo "<ul>";
/* 定义 OneClass 类 */
class OneClass {
}
/* 定义 TwoClass 类 */
class TwoClass {
}

/* 创建 OneClass 类的一个实例 */
$obj = new OneClass();
printf("<li>变量 obj<b>%s 属于</b>对象类型。", is_object($obj) ? "" : "不");
printf("<li>变量 obj 的类型为<b>%s</b>。", gettype($obj));
/* 检测变量$obj 是否属于 OneClass 类的实例 */
printf("<li>变量 obj<b>%s 是</b>OneClass 类的实例。", $obj instanceof OneClass ? "" :
"不");
/* 检测变量$obj 是否属于 OneClass 类的实例 */
printf("<li>变量 obj<b>%s 是</b>TwoClass 类的实例。", $obj instanceof TwoClass ? "" :
"不");
?>
```

本例定义了两个类并进行实例化，还检测了对象的类型。代码运行结果如图 4.1 所示。

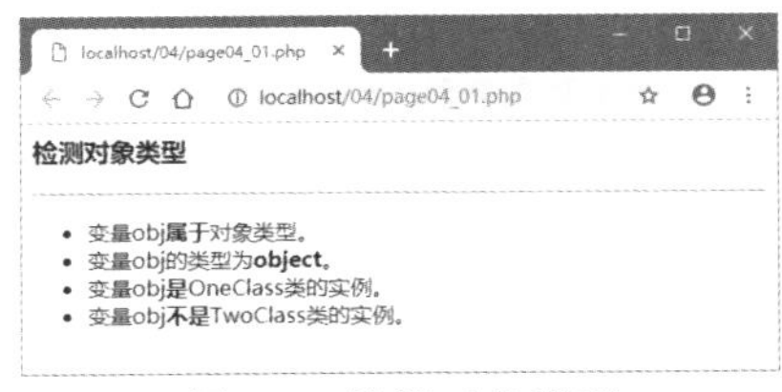

图 4.1　检测对象类型

4.2.2 定义类成员

在类定义中，通常要包含变量成员和函数成员，前者称为类的属性，后者称为类的方法。除了属性和方法，还可以在类中定义常量，称为类常量。

1. 添加类属性

在类定义中，属性声明是由关键字 public、protected 或 private 开头，后面连接一个变量和位于赋值号右边的初始化表达式组成的，语法格式如下。

```
public|protected|private $property_name[=initializer];
```

其中，public、protected 和 private 都是成员访问修饰符，指定什么代码可以访问这个属性；property_name 表示属性名称；initializer 为初始化表达式，其值必须是常量。

对类成员（属性或方法）的访问控制是通过在前面添加 public、protected 或 private 来实现的。由 public 所定义的类成员可以在任何地方被访问；由 protected 所定义的类成员可以被其所在类的派生类和父类访问，该成员所在的类当然也可以访问；由 private 所定义的类成员只能被其所在类访问。

2. 添加类方法

与普通函数一样，类的方法也可以用 function 关键字来定义，但在声明类的方法时应当在 function 关键字前面使用访问修饰符 public、protected 或 private，语法格式如下。

```
[public|protected|private] function method_name([mixed $args[,$...]]) {
    //在此处编写方法体代码
}
```

其中，public、protected 和 private 为可选的访问修饰符，指定什么代码可以访问这个方法，如果未指定访问修饰符，则该方法会被设置成默认的 public；method_name 表示方法名称；args 表示方法的参数。如果参数类型为对象，可以在参数前加上对象所属的类，称为类型提示。

在类的成员方法中，可以通过“$this->member_name”语法来访问类的属性和方法，其中 this 是一个伪变量，它表示调用该方法的实例化对象引用。然而，要访问类的静态属性或在静态方法中却不能使用这种语法，详情请参阅 4.2.4 节。

3. 添加类常量

类常量不同于属性变量，在命名时，不要在其名称前冠以美元符号（$）。类常量可以按照以下语法格式来声明。

```
const constant_name = value;
```

其中，constant_name 表示类常量的名称；value 表示类常量的值。常量的值必须是一个固定值，不能是变量、类属性或其他操作（如函数调用）的结果。

在类的方法成员内部，不能使用伪变量 this 和箭头运算符“->”来引用类常量，而必须使用“self::constant_name”语法来引用；在类的外部，则可以通过“class_name::constant_name”形式来引用类常量。

【例 4.2】计算三角形的周长和面积。源文件为 04/page04_02.php，源代码如下。

```
<!doctype html>
<html>
<head>
<meta charset="utf-8">
<title>计算圆的周长和面积</title>
</head>

<body>
<h3>计算圆的周长和面积</h3>
<hr>
```

```
<ol>
<?php
//声明Triangle类
class Triangle {
    //声明类属性，分别表示三角形的三条边
    public $a;
    public $b;
    public $c;

    //定义类的方法，用于判定是否构成三角形
    public function is_triangle() {
        return $this->a + $this->b > $this->c && $this->a + $this->c > $this->b
            && $this->b + $this->c > $this->a;
    }
    //定义类的方法，用于计算三角形的周长
    public function getPerimeter() {
        if ($this->is_triangle()) {
            //设置方法的返回值
            return ( $this->a + $this->b + $this->c );
        } else {
            return false;
        }
    }
    //定义类的方法，用于计算三角形的面积
    public function getArea() {
        if ($this->is_triangle()) {
            $p = ( $this->a + $this->b + $this->c ) / 2;
            //根据海伦公式计算三角形的面积，其中pow(x, y)为数学函数，用于计算x的y次幂
            return pow($p * ( $p - $this->a ) * ( $p - $this->b ) * ( $p - $this->c ),
0.5);
        } else {
            return false;
        }
    }
}

//创建一个Triangle对象
$t1 = new Triangle ();
//设置对象的属性
$t1->a = 30;
$t1->b = 40;
$t1->c = 50;
printf("<li>当三角形的边a=%.2f, b=%.2f, c=%.2f时: ", $t1->a, $t1->b, $t1->c);
if ($t1->is_triangle()) {
    printf("<br>周长=%.2f", round($t1->getPerimeter(), 2));
    //函数round()对浮点数进行四舍五入
    printf(", 面积=%.2f", round($t1->getArea(), 2));
} else {
    echo "<br>a, b和c不能构成三角形! ";
}

//创建另一个Triangle对象
$t2 = new Triangle ();
//设置对象的属性
$t2->a = 30;
$t2->b = 30;
$t2->c = 90;
```

```
    printf("<li>当三角形的边 a=%.2f, b=%.2f, c=%.2f 时: ", $t2->a, $t2->b, $t2->c);
    if ($t2->is_triangle()) {
        printf("<br>周长=%.2f", round($t2->getPerimeter(), 2));
        printf(", 面积=%.2f", round($t2->getArea(), 2));
    } else {
        echo "<br>a, b, c 不能构成三角形! ";
    }
    ?>
    </body>
    </html>
```

本例定义了一个 Triangle 类，用来表示三角形；为 Triangle 类添加了 3 个属性成员，即 a、b、c，分别用来表示三角形的三条边；为 Triangle 类添加了 3 个方法成员，即 is_triangle()、getPerimeter()和 getArea()，分别用于判定是否构成三角形、计算三角形的周长和面积；基于 Triangle 类创建了 2 个对象，并分别进行了相关计算。代码运行结果如图 4.2 所示。

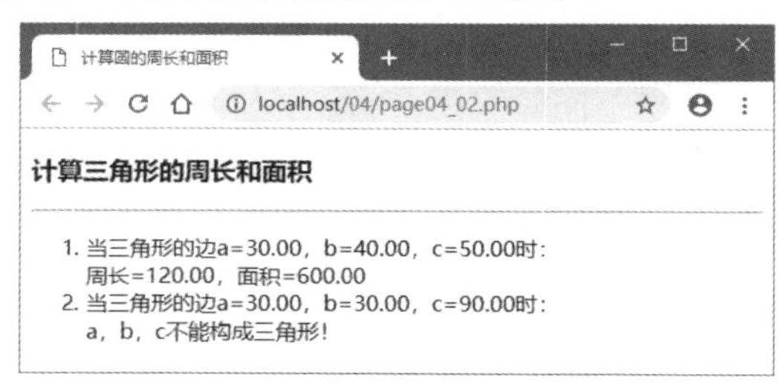

图 4.2　计算三角形的周长和面积

4.2.3　定义构造方法和析构方法

在定义一个类时，可以为其定义两个特殊的方法成员，即构造方法和析构方法。前者在每次创建对象时自动调用，后者在某个对象的所有引用均被删除或对象被显式销毁时执行。

1．定义构造方法

在类定义内部，可以定义一个函数作为构造方法。具有构造方法的类会在每次创建对象时先调用此方法，所以非常适合在使用对象之前做一些初始化工作。

定义构造方法的语法格式如下。

```
public function __construct ([mixed $args[, $...]]) {
    //在此处编写方法体的代码
}
```

其中，__construct 为构造方法的名称，该名称以两个下画线开头；args 表示要传递给构造方法的参数，“...” 表示更多的参数。在执行构造方法时，会返回类的一个实例对象。

为了实现向后兼容性，如果在类中找不到__construct()构造方法，即 PHP 会尝试寻找旧式的构造函数，也就是与类同名的函数。

2．定义析构方法

与其他面向对象的语言（如 C++）类似，PHP 引入了析构方法的概念。析构方法会在某个对象的所有引用均被删除或对象被显式销毁时执行。

定义析构方法的语法格式如下。

```
public function __destruct (void) {
    //在此处编写方法体的代码
}
```

其中，__destruct 为析构方法的名称，该名称以两个下画线开头；析构方法没有参数，也没有返回值。

在 PHP 中，可以使用 unset()函数来销毁类的实例，语法格式如下。

```
void unset (mixed $var [, mixed $var [, $...]])
```

在使用 new 关键字创建类的一个实例后，可以使用 unset()函数将该实例销毁。

析构方法可以用于记录调试信息或关闭数据库连接，也可以执行其他扫尾工作。析构方法在脚本关闭时调用，此时所有的头信息已经发出。

【例 4.3】计算圆的周长和面积。源文件为 04/page04_03.php，源代码如下。

```
<!doctype html>
<html>
<head>
<meta charset="utf-8">
<title>计算圆的周长和面积</title>
</head>

<body>
<h3>计算圆的周长和面积</h3>
<hr>
<ol>
<?php
class Circle {                                       //声明 Circle 类
   public $radius;                                   //类的属性，表示圆半径
   public function __construct($radius) {//类的构造方法，参数表示圆的半径
      $this->radius=$radius;
   }
   public function getPerimeter() {             //类的方法，用于计算圆周长
      return ( 2 * $this->radius * pi() );//设置方法的返回值，其中函数 pi()返回圆周率
   }
   public function getArea() {                  //类的方法，用于计算圆面积
      //设置方法的返回值，函数 round()对浮点数进行四舍五入
      return ( $this->radius * $this->radius * pi() );
   }
}
$c1 = new Circle(15.6);                             //创建一个 Circle 对象并设置其半径为 15.6
printf("<li>当圆半径=%.2f 时：", $c1->radius);
printf("<br>圆周长=%.4f", round($c1->getPerimeter(), 4));
printf("，圆面积=%.4f", round($c1->getArea(), 4));

$c2 = new Circle(36.2);                             //创建另一个 Circle 对象并设置其半径为 36.2
printf("<li>当圆半径=%.2f 时：", $c2->radius);
printf("<br>圆周长=%.4f", round($c2->getPerimeter(), 4));
printf("，圆面积=%.4f", round($c2->getArea(), 4));
?>
</body>
</html>
```

本例定义了一个 Circle 类，该类中包含 4 个成员，包括 1 个属性和 3 个方法：属性 radius 用于设置和获取半径，构造方法在创建类实例时设置半径的值，另外两个方法分别用于计算圆的周长和面积。代码运行结果如图 4.3 所示。

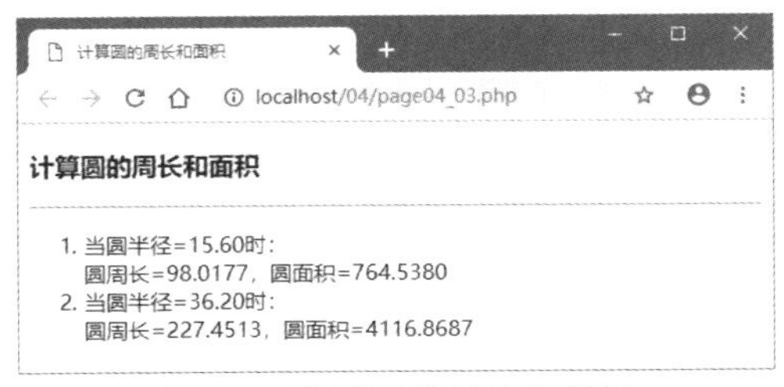

图 4.3　计算圆的周长和面积

4.2.4 定义静态成员

使用 static 关键字可以将类的属性或方法声明为静态的，这样，无须对类进行实例化即可访问这些属性或方法。一个声明为静态的属性不能由类的实例化对象来访问，但一个声明为静态的方法可以由对象通过“->”操作符来访问。

在声明静态成员时，static 关键字必须放在访问修饰符之后。如果未指定访问修饰符，则类的属性和方法默认为 public。

因为静态方法不需要通过对象即可调用，所以伪变量 this 在静态方法中不可用。同时，静态属性不可以由对象通过“->”操作符来访问。如果要在静态方法内部访问静态属性，则可以使用以下语法格式来实现。

```
self::$property
```

其中，一对半角冒号“::”是范围解析操作符，可以在未声明任何实例对象的情况下访问类中的函数，或者基类中的属性或方法；关键字 self 指向当前类，用于在类的内部对成员属性或方法进行访问。

在类定义的外部，可以通过以下语法格式来访问类的静态属性或静态方法。

```
class_name::$property
class_name::method()
```

【例 4.4】 创建静态成员示例。源文件为 04/page04_04.php，源代码如下。

```
<!doctype html>
<html>
<head>
<meta charset="utf-8">
<title>静态成员应用示例</title>
<style>
table {
    border-collapse: collapse;
    width: 416px;
    margin: 0 auto;
}
caption {
    font-weight: bold;
    line-height: 2.5;
}
th, td {
    padding: 6px;
    text-align: center;
    width: 50%;
}
div {
    text-align: center;
}
</style>
</head>

<body>
<?php

class Car {                          //定义Car类
    private static $count = 0;       //静态属性，表示品牌数量
    private $id;                     //私有属性，表示汽车编号
    private $brand;                  //私有属性，表示品牌
    //类的构造方法，创建类实例时调用
    public function __construct($brand) {
```

```
        self::$count++;              //设置静态属性（加 1）
        $this->id = self::$count;  //设置私有属性（汽车编号）
        $this->brand = $brand;       //设置私有属性（品牌）
    }
    //类的静态方法，返回品牌数量
    public static function getCount() {
        return self::$count;         //以静态属性的值作为返回值
    }
    //类的实例方法，返回用汽车编号
    public function getId() {
        return $this->id;            //以私有属性的值作为返回值
    }
    //类的实例方法，返回汽车品牌
    public function getBrand() {
        return $this->brand;         //以私有属性的值作为返回值
    }
    //类的析构方法，销毁类实例时调用
    public function __destruct() {
        self::$count--;              //设置静态属性（减 1）
    }
}
//通过类的实例化创建对象
$car1 = new Car("奥迪");               //创建类实例，会调用构造方法
$car2 = new Car("宝马");               //创建类实例，会调用构造方法
$car3 = new Car("保时捷");             //创建类实例，会调用构造方法
$car4 = new Car("凯迪拉克");           //创建类实例，会调用构造方法
printf("<table border=1>");
//调用静态方法
printf("<caption>汽车品牌信息表（共%d 个）</caption>", Car::getCount());
printf("<tr><th>编号</th><th>品牌</th></tr>");
//调用实例方法
printf("<tr><td>%s</td><td>%s</td></tr>", $car1->getId(), $car1->getBrand());
printf("<tr><td>%s</td><td>%s</td></tr>", $car2->getId(), $car2->getBrand());
printf("<tr><td>%s</td><td>%s</td></tr>", $car3->getId(), $car3->getBrand());
printf("<tr><td>%s</td><td>%s</td></tr>", $car4->getId(), $car4->getBrand());
printf("</table>");
unset($car3);                          //销毁类实例，会调用析构方法
printf("<div>现在减去 1 个，还剩下%d 个品牌</div> ", Car::getCount());
?>
</body>
</html>
```

本例定义了一个 Car 类，并为其添加了一个静态属性和两个实例属性。它们在类内部的引用方法有所不同，静态属性通过“self::$property”形式引用，实例属性则通过“$this->property”形式引用。还为 User 类定义了一个静态方法和两个实例方法，它们在类外部的引用方法也有所不同，静态方法通过“class_name::method()”形式引用，实例方法则通过“$obj->method()”形式引用。此外，还为 Car 类定义了构造方法和析构方法，它们会在创建对象和销毁对象时自动调用，不需要显式调用。代码运行结果如图 4.4 所示。

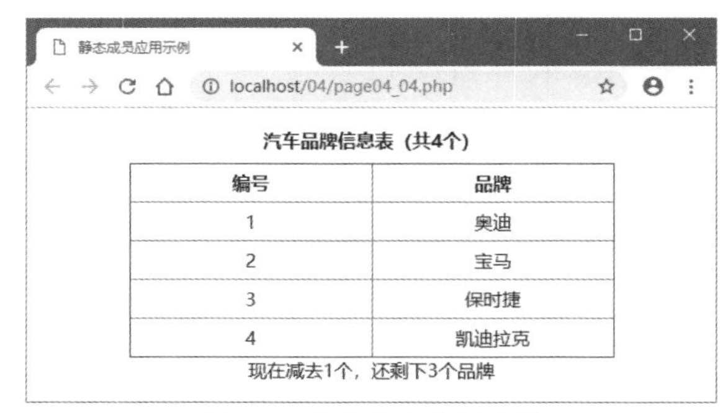

图 4.4　静态成员应用示例

4.3　类的继承

在创建一个类之后，可以在该类的基础上定义一个新的类。原有的类称为基类、父类或超类，新生成的类称为子类或派生类。子类通过继承从基类中得到属性和方法，可以在子类中对所继承的方法进行重写和覆盖，也可以为子类添加一些新的属性和方法，以改进和扩展基类的功能。

4.3.1　创建子类

在 PHP 中，可以使用关键字 extends 来扩展原有的类并创建一个子类，语法格式如下。

```
class subclass extends base_class {
    //在此处定义类的成员
}
```

其中，subclass 表示新建的类，称为子类或派生类；base_class 表示新类所继承的类，称为基类或父类。在 PHP 中不支持多继承，一个子类只能继承一个基类。

如果子类 B 继承于基类 A，则基类 A 中的所有公有成员都可以在子类 B 及其实例中访问；基类 A 中的所有受保护成员都可以在子类 B 内部访问，但不能通过子类 B 的实例访问；基类 A 中的所有私有成员都不会被继承，因此不能在子类 B 中访问，也不能通过子类 B 实例来访问。从基类 A 中继承的方法可以在子类 B 中进行重载（要求方法的名称和参数相同），也可以在子类 B 中声明自己的属性和方法。继承是单向的，子类可以从基类中继承特性，但是基类却不能从子类中继承特性。

在 PHP 中，虽然一次只能继承一个基类，但继承可以是多重的。例如，子类 B 继承了基类 A，子类 C 又继承了子类 B，则子类 C 就继承了子类 B 及其基类 A 的所有特性。

属性成员是不区分基类和子类的，在子类中可以使用“$this->”来访问基类的属性。在子类内部，可以使用“$this->”格式来访问子类本身的方法，也可以通过以下语法格式来调用其基类的方法。

```
parent::__method();
```

其中，关键字 parent 表示在 extends 声明中指定的基类，使用这个关键字可以避免在多个地方使用基类的名称；“::”表示范围解析操作符。

如果在子类中没有定义构造方法，则子类在实例化时会自动调用其基类的构造方法。如果子类中定义了构造方法，则子类在实例化时不会自动调用其基类的构造方法，此时要执行基类的构造方法，可以通过以下语法格式在子类的构造方法中显式调用。

```
parent::__construct();
```

如果在子类中没有定义析构方法，则在销毁子类实例时会自动调用其基类的析构方法。如果子类中定义了析构方法，则在销毁子类实例时不会自动调用基类的析构函数，此时要执行基类的析构函数，则必须在子类的析构方法中显式调用，语法格式如下。

```
parent::__destruct();
```

【例 4.5】类的继承应用示例。源文件为 04/page04_05.php，源代码如下。

```
<!doctype html>
<html>
<head>
<meta charset="utf-8">
<title>类的继承应用示例</title>
<style>
div {
    float: left;
    margin-right: 3em;
}
ul {
    margin-top: 0;
}
</style>
</head>

<body>
<h3>类的继承应用示例</h3>
<hr>
<?php
class Person {                                                          //定义 Person 类
    public $name;                                                       //定义公有属性（姓名）
    public $gender;                                                     //定义公有属性（性别）
    public $age;                                                        //定义公有属性（年龄）
    public function __construct($name, $gender, $age) {                //定义类的构造方法
        $this->name = $name;                                            //设置属性值（姓名）
        $this->gender = $gender;                                        //设置属性值（性别）
        $this->age = $age;                                              //设置属性值（年龄）
    }
    public function showInfo() { //定义类的公有方法
        printf("<div>个人信息<ul><li>姓名：%s</li><li>性别：%s</li>
            <li>年龄：%d</li></ul></div>",
            $this->name, $this->gender, $this->age);
    }
}

class Student extends Person                                    //创建 Person 的子类 Student
    public $studentId;                                          //定义公有属性（学号）
    public $scores;                                             //定义公有属性（年龄）
    //重写类的构造方法
    public function __construct($studentId, $name, $gender, $age) {
        parent::__construct($name, $gender, $age); //调用基类的构造方法
        $this->studentId = $studentId;                          //设置属性值（学号）
        $this->age = $age;                                      //设置属性值（年龄）
    }
    public function showInfo() {                                //重写基类的方法
        printf("<div>学生信息<ul><li>学号：%s</li><li>姓名：%s</li>
            <li>性别：%s</li><li>年龄：%d</li></ul></div>",
            $this->studentId, $this->name, $this->gender, $this->age);
    }
    public function setScores($scores) {                        //定义子类的方法
        $this->scores["语文"] = $scores["语文"];
        $this->scores["数学"] = $scores["数学"];
        $this->scores["物理"] = $scores["物理"];
        $this->scores["英语"] = $scores["英语"];
    }
    public function showScores() {                              //定义子类的方法
```

```
        print( "<div>学生成绩<ul>" );
        foreach ($this->scores as $course => $score) {
            printf("<li>{$course}: {$score}</li>");
        }
        print( "</ul></div>" );
    }
}

$p = new Person("张三丰", "男", 26);                          //创建基类实例
$p->showInfo();                                              //调用子类实例的方法

$stu = new Student("18171202026", "李小明", "男", 19);        //创建子类实例
$stu->showInfo();
$scores = ["语文" => 85, "数学" => 91, "物理" => 89, "英语" => 93];
$stu->setScores($scores);                                    //调用子类实例的方法
$stu->showScores();                                          //调用子类实例的方法
?>
</body>
</html>
```

本例首先定义了一个 Person 类，然后以 Person 作为基类定义了一个名为 Student 的子类，并对基类的构造方法和 showInfo()方法进行了重写。此外，还在子类 Student 中添加了一些新的类成员，包括属性 studentId 和 scores，以及方法 setScores()和 showScores()。代码运行结果如图 4.5 所示。

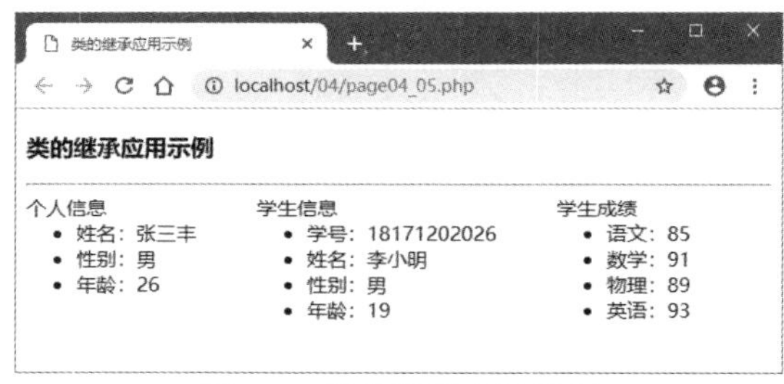

图 4.5　类的继承应用示例

4.3.2　使用 final 关键字

在类的内部，如果一个方法被声明为 final，则子类无法覆盖该方法；如果一个类被声明为 final，则它不能被继承。属性不能被定义为 final，只有类和方法才能被定义为 final。

注意：如果在类定义中使用 private 关键字修饰一个属性或方法，则该属性或方法不能被继承。如果使用 protected 关键字修饰一个属性或方法，则该属性或方法虽然可以被继承，但只能在子类的内部访问，在子类的外部仍然是不可见的，无法通过子类的实例来访问。

在以下示例中，在基类 A 中声明了一个名为 moreTesting 的 final 方法。当试图在派生类 B 中实现 moreTesting 方法时，会产生一个严重错误。

```
class A {
    public function test() {
        echo "调用 A::test()<br>";
    }
    public final function moreTesting() {
        echo "A::moreTesting()<br>";
    }
}

class B extends A {
```

```
    public function moreTesting(){
        echo "调用B::moreTesting()<br>";
    }
}
```

上述代码在运行时会显示“Fatal error:Cannot override final method A::moreTesting()”。

在以下示例中，声明了一个名为 A 的 final 类。当试图通过类 B 扩展类 A 时，会产生一个严重错误。

```
final class A {
    public function test(){
        echo "调用A::test()<br>";
    }
    public final function moreTesting(){
        echo "调用A::moreTesting()<br>";
    }
}

class B extends A {
}
```

上述代码在运行时会显示“Fatal error: Class B may not inherit from final class (A)”。

4.3.3 trait 机制

PHP 是一种单继承语言，不能同时从多个基类中继承属性和方法。在实际应用中，常常需要在一个类中使用两个或更多其他类的方法，在这种情况下就无法通过继承得到需要的方法。为了减少单继承语言的限制，PHP 从版本 5.4.0 开始引入了一种称为 trait 的代码复用机制，从而可以在一个类中引用多个其他类的方法。

与类相似，在 trait 中可以定义方法和属性。但 trait 为传统继承增加了水平特性的组合，可以用细粒度和一致的方式来组合功能，应用的几个类之间不需要继承。trait 无法通过其自身来实例化，通常将 trait 与类一起使用，通过二者组合的语义定义一种减少复杂性的方式，并避免传统的多继承所带来的问题。

简单地讲，trait 就是一种不同于继承的语法格式，在使用时首先定义一个 trait，然后在其他类或 trait 中通过 use 关键字来引用它。在一个类中通过 use 关键字引入 trait 之后，相当于在当前类中包含了一段代码，而且所引入的 trait 与当前类可以视为同一个类，可以使用“$this->”语法来调用 trait 中的方法。

1. 成员优先级

从基类继承的成员会被 trait 插入的成员所覆盖。优先顺序是来自当前类的成员覆盖了 trait 的方法，而 trait 则覆盖了继承下来的方法。例如：

```
<?php
class Base {                        //定义Base类
    public function sayHello() {    //定义sayHello方法
        echo 'Hello ';
    }
}

trait SayWorld {                    //定义trait SayWorld
    public function sayHello() {    //定义sayHello方法
        parent::sayHello();         //调用基类的同名方法
        echo 'World!';
    }
}
```

```
class MyHelloWorld extends Base {//基于 Base 类定义 MyHelloWorld 类
    use SayWorld;//引用 trait SayWorld，此时该 trait 的方法会覆盖继承的方法
}

$o = new MyHelloWorld();          //子类实例化
$o->sayHello();                   //输出：Hello, World!
?>
```

再看另一个关于优先级的例子。

```
<?php
trait HelloWorld {                //定义 trait HelloWorld
    public function sayHello() {  //定义 sayHello 方法
        echo 'Hello World!';
    }
}

class TheWorldIsNotEnough {       //定义 TheWorldIsNotEnough 类
    use HelloWorld;               //引用定义 trait 的 HelloWorld
    public function sayHello() {  //在当前类中定义 sayHello 方法，它会覆盖 trait 的方法
        echo 'Hello Universe!';
    }
}

$o = new TheWorldIsNotEnough();   //类实例化
$o->sayHello();                   //输出：Hello Universe!
?>
```

2. 引用多个 trait

通过逗号分隔可以在 use 声明中列出多个 trait，从而将它们都插入同一个类。例如：

```
<?php
trait Hello {                     //定义 trait Hello
    public function sayHello() {  //定义 sayHello 方法
        echo 'Hello ';
    }
}

trait World {                     //定义 trait World
    public function sayWorld() {  //定义 sayWorld 方法
        echo 'World';
    }
}

class MyHelloWorld {              //定义 MyHelloWorld 类
    use Hello, World;             //引入 trait Hello 和 World
    public function sayExclamationMark() {//在当前类中定义 sayExclamationMark 方法
        echo '!';
    }
}

$o = new MyHelloWorld();          //MyHelloWorld 类实例化
$o->sayHello();                   //调用来自 trait Hello 的方法，输出：Hello
$o->sayWorld();                   //调用来自 trait World 的方法，输出：World
$o->sayExclamationMark();         //调用来自 MyHelloWorld 类的方法，输出：!
//这段代码最终输出：Hello World!
?>
```

3. 使用 insteadof 操作符

当两个 trait 都插入一个同名的方法时，如果没有明确解决冲突，则会产生一个致命错误。为了解决多个 trait 在同一个类中的命名冲突问题，可以使用 insteadof 操作符来明确指定使用哪一个冲突方法，也可以使用 as 操作符为某个方法指定别名。

【例 4.6】 insteadof 和 as 操作符应用示例。源文件为 04/page04_06.php，源代码如下。

```
<?php
trait A {                                   //定义 trait A
    public function smallTalk() {           //定义 smallTalk 方法
        echo 'a';
    }
    public function bigTalk() {             //定义 bigTalk 方法
        echo 'A';
    }
}

trait B {                                   //定义 trait B
    public function smallTalk() {           //定义 smallTalk 方法
        echo 'b';
    }
    public function bigTalk() {             //定义 bigTalk 方法
        echo 'B';
    }
}

class Talker {                              //定义 Talker 类
    use A, B {                              //使用 trait A 和 B
        B::smallTalk insteadof A;           //调用 trait B 的 smallTalk 方法
        A::bigTalk insteadof B;             //调用 trait A 的 bigTalk 方法
    }
}

class Aliased_Talker {                      //定义 Aliased_Talker 类
    use A, B {                              //使用 trait A 和 B
        B::smallTalk insteadof A;           //调用 trait B 的 smallTalk 方法
        A::bigTalk insteadof B;             //调用 trait A 的 bigTalk 方法
        B::bigTalk as talk;                 //调用 trait B 的 bigTalk 方法，其别名为 talk
    }
}

echo "<h3>解决名称冲突</h3>";
echo "<hr>";
echo "<ul>";
$t1=new Talker();
echo "<li>Talker 对象输出：";
$t1->smallTalk();
$t1->bigTalk();

$t2=new Aliased_Talker();
echo "<li>Aliased_Talker 对象输出：";
$t2->smallTalk();
$t2->bigTalk();
$t2->talk();
?>
```

在本例中，Talker 类使用了 trait A 和 B。由于 A 和 B 包含着冲突的方法，在类的定义中使用

trait B 中的 smallTalk 和 trait A 中的 bigTalk。另一个类 Aliased_Talker 则使用 as 操作符定义了 talk 作为 B 的 bigTalk 的别名。代码运行结果如图 4.6 所示。

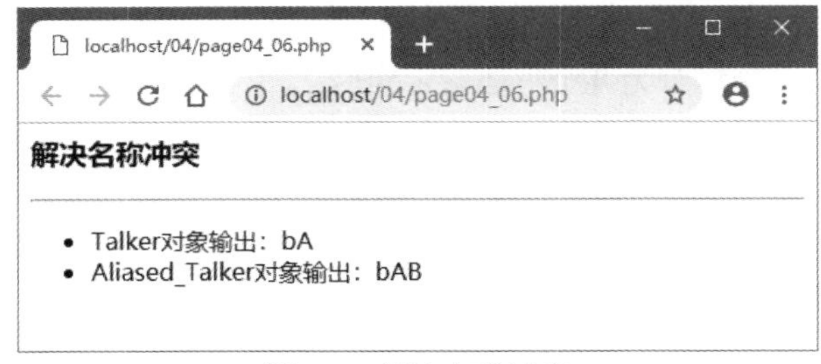

图 4.6　解决名称冲突

4.3.4　创建匿名类

在定义一个类时，通常需要为类指定名称，一旦完成类的创建就可以使用 new 关键字和类名称来进行类的实例化，从而生成类的多个对象。从 PHP 7 开始支持匿名类。当需要创建一次性的简单对象时，匿名类是很有用的。

在创建匿名类时，可以为其定义属性、方法和构造方法，并传递参数到构造方法中。此外，匿名类也可以从其他类中继承成员，还可以像普通类一样使用 trait。当匿名类被嵌套进普通类时，不能访问外部类的私有成员和受保护成员。如果要访问外部类的受保护成员，则匿名类可以从这个外部类中继承。如果要使用外部类的私有属性，则必须通过构造器传进来。

【例 4.7】 匿名类应用示例。源文件为 04/page04_07.php，源代码如下。

```
<?php
class Outer {                               //定义外部类 Outer
    private $prop = 1;                      //定义私有属性
    protected $prop2 = 2;                   //定义保护属性

    protected function mthod1() {           //定义保护方法
        return 3;
    }
    public function mthod2() {              //定义公有方法
        //返回匿名类实例，匿名类继承外部部类
        return new class( $this->prop ) extends Outer {
            private $prop3;                 //定义私有属性

            public function __construct($prop) {//定义构造方法，传入外部类的私有属性
                $this->prop3 = $prop;
            }
            public function mthod3() { //定义匿名类的公有方法
                return $this->prop2 + $this->prop3 + $this->mthod1();
            }
        };
    }
}

echo "<h3>类匿名应用示例</h3>";
echo "<hr>";
echo "输出结果：";
echo (new Outer())->mthod2()->mthod3();
?>
```

本例在外部类的方法中使用了匿名类，后者继承了外部类。代码运行结果如图 4.7 所示。

图 4.7　匿名类应用示例

4.4　抽象类与接口

PHP 提供了对抽象类和接口的支持。抽象类是一种特殊的类，它至少包含一个抽象方法，而且不能被实例化，但可以被其他类继承。接口指定某个类必须实现哪些方法，而且这些方法需要通过类来实现。本节介绍抽象类和接口的用法。

4.4.1　抽象类

在 PHP 中，抽象类可以通过在 class 前面添加 abstract 关键字进行定义，语法格式如下。

```
abstract class class_name {
    //类的属性和方法声明
}
```

与普通类一样，在抽象类中可以定义属性、方法和常量成员，其中方法既可以是普通方法，也可以是抽象方法，但至少需要定义一个抽象方法。

抽象方法可以通过在 function 前面添加 abstract 关键字来定义，语法格式如下。

```
abstract function method_name($arg, $...);
```

抽象方法只是声明了其调用方式，即方法名称和参数，而不能定义其具体的功能实现（函数体）。一个类中只要有一个方法是抽象方法，就必须将其声明为抽象类。

当继承一个抽象类时，子类必须定义父类中所有抽象方法的功能实现，此时这些方法的访问控制必须与父类中相同，或者更为宽松。例如，父类中某个抽象方法被声明为受保护的，则子类中其实现的方法应声明为受保护的或公有的，而不能定义为私有的。此外，方法的调用方式必须匹配，即类型和所需要的参数数量必须保持一致。

【例 4.8】抽象类应用示例。源文件为 04/page04_08.php，源代码如下。

```
<!doctype html>
<html>
<head>
<meta charset="utf-8">
<title>抽象类应用示例</title>
</head>

<body>
<h3>抽象类应用示例</h3>
<hr>
<ul>
<?php
abstract class Shape {                          //定义抽象类 Shape
   protected $base;                             //定义保护属性（底）
   protected $height;                           //定义保护属性（高）

   public function setValue($b, $h) {           //定义非抽象方法，用于设置底和高
       $this->base = $b;
       $this->height = $h;
   }
```

```
    public abstract function getArea();              //定义抽象方法，用于计算面积
}
class Triangle extends Shape {                       //基于抽象类Shape创建子类Triangle
    public function getArea() {                      //在子类中实现抽象方法getArea
        return round(( ( $this->base ) * ( $this->height ) / 2 ), 2);
    }
}
class Rectangle extends Shape {                      //基于抽象类Shape创建子类Rectangle
    public function getArea() {                      //在子类中实现抽象方法getArea
        return round(( ( $this->base ) * ( $this->height ) ), 2);
    }
}

$t = new Triangle();
$t->setValue(126.52, 59.81);
printf("<li>三角形面积为：%f", $t->getArea());
$r = new Rectangle();
$r->setValue(182.99, 69.56);
printf("<li>长方形面积为：%f", $r->getArea());
?>
</body>
</html>
```

在本例中，首先定义了一个名为Shape的抽象类，其中包含一个抽象方法getArea；然后基于抽象类Shape分别创建了子类Triangle和Rectangle，并在这两个子类中实现了抽象方法getArea。代码运行结果如图4.8所示。

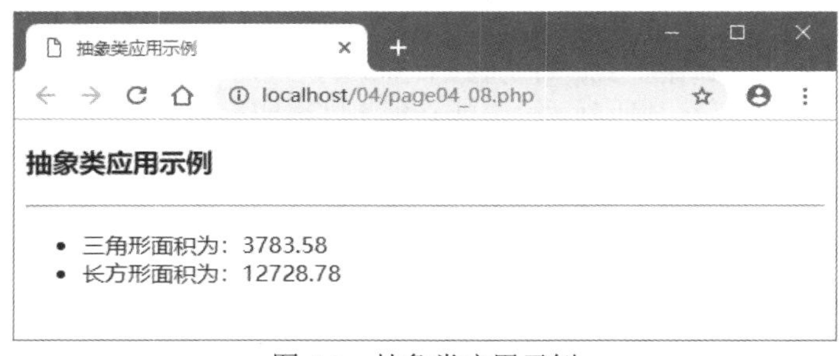

图4.8　抽象类应用示例

4.4.2　接口

使用接口（interface）可以指定某个类必须实现哪些方法，但不需要定义这些方法的具体内容。接口是通过interface关键字来定义的，语法格式如下。

```
interface interface_name {
    //在此定义接口的成员
}
```

其中，interface_name表示接口名。在接口中定义的所有方法都必须是公有方法，而且都是空的，即不需要定义这些方法的具体内容，这是接口的特性。

如果要实现一个接口，则需要使用implements操作符。通过类可以实现多个接口，同时需要使用逗号来分隔多个接口的名称，语法格式如下。

```
class class_name implements interface_name1, interface_name2, ...{
  //在此处定义类成员
}
```

其中，class_name表示类名；interface_name1、interface_name2等表示通过该类实现的接口名称，这些接口中的所有方法都必须在类中实现，否则会产生一个致命错误。在接口中，可以定义

常量，而且接口常量与类常量的使用完全相同，但是不能被子类或子接口所覆盖。

当通过类实现接口时，必须使用与接口所定义的方法完全一致的方式，否则会导致严重错误。当通过类实现多个接口时，这些接口中的方法不能有重名现象。另外，接口可以通过使用 extends 操作符实现继承。

【例 4.9】接口应用示例。源文件为 04/page04_09.php，源代码如下。

```
<!doctype html>
<html>
<head>
<meta charset="utf-8">
<title>接口应用示例</title>
</head>

<body>
<h3>接口应用示例</h3>
<hr>
<?php

interface User {                                //定义接口 User
   public function getDiscount();               //定义接口方法（获取折扣系数，未实现!）
   public function getUserType();               //定义接口方法（获取用户类型，未实现!）
}

class VipUser implements User {                 //通过 VipUser 类实现接口 User
   private $discount = 0.88;                    //定义私有属性（折扣系数）

   public function getDiscount() {              //实现接口方法 getDiscount，获取折扣系数
      return $this->discount;
   }

   function getUserType() {                     //实现接口方法 getUserType，获取用户类型
      return "VIP 用户";
   }
}

class Goods {                                   //定义 Goods 类
   public $quantity;                            //定义公有属性 quantity;
   public $price;                               //定义公有属性 price
   private $customer;                           //定义私有属性 customer

   public function show(User $user) {           //定义公有方法 show，传入 User 类实例
      $this->customer = $user;
      $money1 = $this->quantity * $this->price;
      $money2 = $this->quantity * $this->price * $this->customer->getDiscount();
      printf("<p>商品数量：%d，商品价格：%.2f 元，应付金额：<del>%.2f</del>元。</p>",
         $this->quantity, $this->price, $money1);
      printf("<p>您是%s，只需支付%.2f 元即可，为您节省了%.2f 元。",
         $this->customer->getUserType(),
         $money2, $money1 - $money2);
   }
}

$VipUser = new VipUser();
$goods = new Goods();
$goods->quantity = 3;
$goods->price = 800;
```

```
$goods->show($VipUser);
?>
</body>
</html>
```

在本例中，首先定义了一个名为 User 的接口并为其定义了两个方法，即 getDiscount 和 getUserType；然后通过创建 VipUser 类实现了 User 接口，并在该类中实现了接口的两个方法；最后定义了一个名为 Goods 的类，通过调用 VipUser 类的相关方法计算出 VIP 用户应支付的货款。代码运行结果如图 4.9 所示。

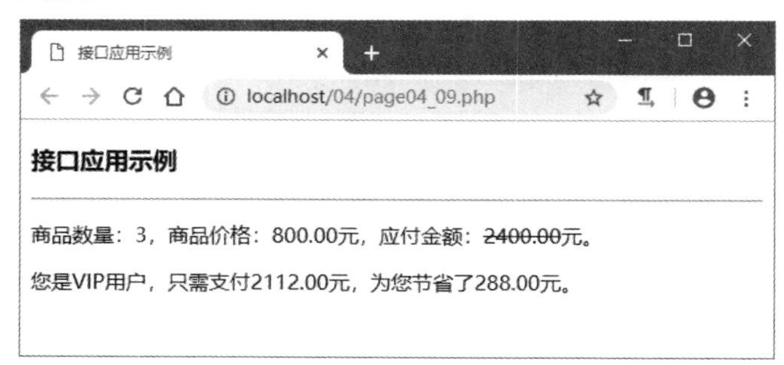

图 4.9　接口应用示例

4.5　魔术方法

在 PHP 中，将所有以双下画线“__”开头的类方法都保留为魔术方法。因此，在定义类方法时，建议尽量不要以双下画线作为前缀，除非想重载已有的魔术方法。前面介绍的构造方法__construct()和析构方法__destruct()都属于魔术方法，它们分别在创建类实例和销毁类实例时自动调用。本节介绍其他魔术方法的使用。

4.5.1　方法重载

PHP 中的方法重载与其他绝大多数面向对象语言中的方法重载有所不同。传统的方法重载是指提供多个同名的类方法，但各方法的参数类型和数量不同；PHP 所提供的方法重载是指动态地创建类方法，可以通过魔术方法来实现。当调用当前环境下未定义或不可见的类方法时，就会自动调用重载方法。这些未定义或不可见的类方法称为不可访问方法。

在 PHP 中，所有的重载方法都必须声明为 public，而且这些魔术方法的参数都不能通过引用方式来传递。

在对象中调用一个不可访问方法时，会自动调用魔术方法__call()，语法格式如下。

```
public __call (string $name , array $arguments ) : mixed
```

其中，name 表示要调用的方法名称；arguments 是一个枚举数组，包含着要传递给方法 name 的参数；mixed 表示返回类型可以是多种不同类型。

如果在静态上下文中调用一个不可访问方法，则会自动调用魔术方法__callStatic()，语法格式如下。

```
public static __callStatic(string $name , array $arguments ) : mixed
```

其中，各个参数的含义与魔术方法__call()相同。

【例 4.10】方法重载示例。源文件为 04/page04_10.php，源代码如下。

```
<?php
class MethodTest {                                          //定义 MethodTest 类
    public function __call($name, $arguments) {             //重载魔术方法__call()
        echo "调用对象方法 '$name' "
            .implode(', ', $arguments);
    }
    //重载魔术方法__callStatic()
```

```
    public static function __callStatic($name, $arguments) {
        echo "调用静态方法 '$name' "
            .implode(', ', $arguments);
    }
}

echo "<h3>方法重载示例</h3>";
echo "<hr>";
echo "<ul>";
$obj = new MethodTest();
echo "<li>";
$obj->runTest('（在对象上下文中）');           //通过对象调用不可访问方法 runTest()
echo "<li>";
MethodTest::runTest('（在静态上下文中）');  //通过类名调用不可访问方法 runTest()
?>
```

上述代码的运行结果如图 4.10 所示。

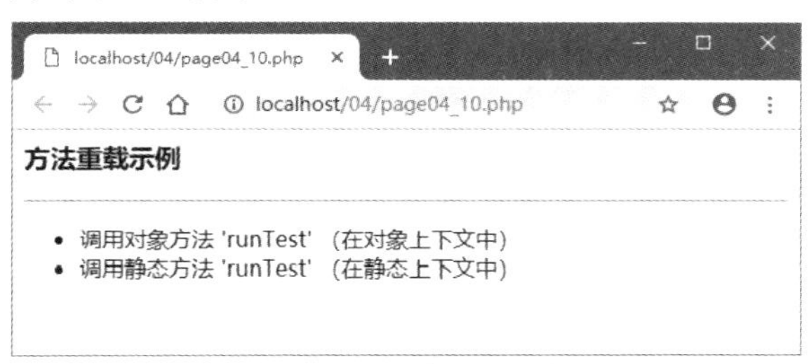

图 4.10　方法重载示例

4.5.2　属性重载

PHP 中的属性重载是指动态地创建类属性，可以通过魔术方法来实现。当调用当前环境下未定义或不可见的类属性时，就会自动调用重载方法。这些未定义或不可见的类属性称为不可访问属性。

在对不可访问属性赋值时，会自动调用魔术方法__set()，语法格式如下。

```
public __set(string $name , mixed $value) : void
```

在读取不可访问属性的值时，会自动调用魔术方法__get()，语法格式如下。

```
public __get(string $name) : mixed
```

在对不可访问属性调用函数 isset()或 empty()时，会自动调用魔术方法__isset()，语法格式如下。

```
public __isset ( string $name ) : bool
```

在对不可访问属性调用函数 unset()时，会自动调用魔术方法__unset()，语法格式如下。

```
public __unset (string $name) : void
```

在上述魔术方法中，参数 name 表示要操作的属性名称。魔术方法__set()的 value 参数用于指定属性 name 的值。

属性重载只能在对象中进行。在静态方法中，上述魔术方法不会被调用，所以这些方法都不能被声明为 static。

由于 PHP 处理赋值运算的方式，魔术方法__set()的返回值会被忽略。类似地，在下面这样的链式赋值语句中，魔术方法__get()不会被调用。

```
$a = $obj->b = 8;
```

注意： 在除 isset()函数外的其他语言结构中无法使用重载的属性，这意味着在对一个重载的属性使用 empty()函数时，重载魔术方法不会被调用。为了避开这个限制，必须将重载属性赋值到本地变量，然后再使用 empty()函数。

【例 4.11】 属性重载示例。源文件为 04/page04_11.php，源代码如下。

```php
<?php
class PropertyTest {                             //定义 PropertyTest 类
   private $data = array();                      //定义私有属性（数组），用于保存被重载的数据
   public $declared = 1;                         //定义公有属性，重载不能被用在该属性上
   private $hidden = 2;                          //定义私有属性，从类外部访问该属性时将发生重载

   public function __set($name, $value) {//重载魔术方法__set()
      echo "设置属性{$name}的值为{$value}\n";
      $this->data[$name] = $value;                  //value 存入数组中
   }
   public function __get($name) {                   //重载魔术方法__get()
      echo "获取属性{$name}的值为";
      if (array_key_exists($name, $this->data)) {
         return $this->data[$name];                 //返回保存的数据
      }
      return null;                                  //否则返回 null
   }
   public function __isset($name) {                 //重载魔术方法__isset()
      echo "属性{$name}是否被设置？";
      return isset($this->data[$name]);
   }
   public function __unset($name) {                 //重载魔术方法__unset
      echo "现在销毁属性{$name}...\n";
      unset($this->data[$name]);
   }
   public function getHidden() {                    //定义非魔术方法 getHidden()
      return $this->hidden;
   }
}

echo "<h3>属性重载示例</h3>";
echo "<hr>";
echo "<pre>\n";
$obj = new PropertyTest;                            //对 PropertyTest 类实例化
$obj->aaa = 111; //设置不可访问属性 aaa
echo $obj->aaa ."\n\n";                             //输出属性 aaa 的值

var_dump(isset($obj->aaa));                         //对不可访问属性 aaa 调用 isset()函数
unset($obj->aaa);                                   //对不可访问属性 aaa 调用 unset()函数
var_dump(isset($obj->aaa));
echo "\n";
echo "直接获取公有属性：".$obj->declared ."\n\n";//访问公有属性 declared

echo "让我们体验一下名为 hidden 的私有属性：\n";
echo "私有属性在类中可见，因此不使用__get()...\n\n";
echo "通过对象方法获取私有属性：".$obj->getHidden() ."\n";
echo "私有属性在类的外部不可见，因此使用 __get()...\n";
echo $obj->hidden ."\n";
?>
```
上述代码的运行结果如图 4.11 所示。

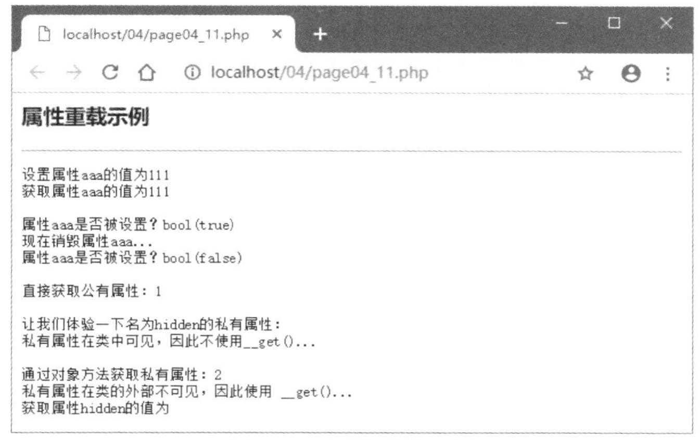

图 4.11　属性重载示例

4.5.3　对象序列化

对象序列化是指将一个对象转换为字节流的形式，序列化的对象可以在文件或网络上传输，也可以通过反序列化还原为原来的数据。在 PHP 中，对象的序列化可以使用 serialize()函数来实现，反序列化可以使用 unserialize()函数来实现。序列化一个对象会保存对象的所有变量，但是不会保存对象的方法，只会保存类的名称。

在执行 serialize()函数时，会检查类中是否存在一个魔术方法__sleep()。如果类中存在该方法，则会先调用该方法，然后才执行序列化操作。魔术方法__sleep()可以用于清理对象，并返回一个包含对象中所有应被序列化的变量名称的数组，语法格式如下。

```
public __sleep(void) : array
```

在执行 unserialize()函数时，会检查类中是否存在一个魔术方法__wakeup()。如果类中存在该方法，则会先调用该方法，并预先准备对象所需要的资源，语法格式如下。

```
public __wakeup(void) : void
```

魔术方法__wakeup()经常用于反序列化操作，例如，重新建立数据库连接，或者执行其他初始化操作。

【例 4.12】对象序列化示例。源文件为 04/page04_12.php，源代码如下。

```
<?php
class User {
    private $username = "张三";
    private $password = "123456";

    public function show() {
        echo $this->username;
        echo $this->password;
    }

    public function __sleep() {
        return ["username", "password"];
    }

    public function __wakeup() {
        $this->username = "李四";
        $this->password = "abcdef";
    }
}

echo "<h3>对象序列化示例</h3>";
```

```
    echo "<hr>";
    echo "<ul>";

    $user = new User();
    $serial = serialize($user);
    echo "<li>序列化：";
    echo $serial;

    $unserial = unserialize($serial);
    echo "<li>反序列化：";
    $unserial->show();
    ?>
```

上述代码的运行结果如图 4.12 所示。

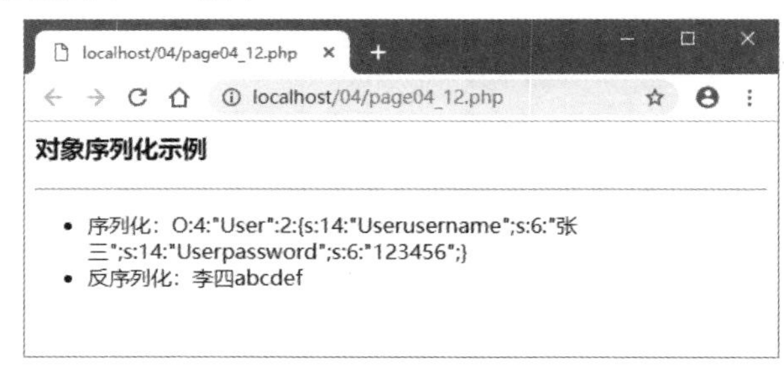

图 4.12　对象序列化示例

4.5.4　对象转换为字符串

魔术方法__toString()用于场景：当一个类实例被当作字符串时应当如何回应。例如，echo $object 应当显示什么内容，语法格式如下。

```
    public __toString(void) : string
```

在定义这个方法时，必须返回一个字符串，否则会产生一个 E_RECOVERABLE_ERROR 级别的致命错误。

【例 4.13】对象转换为字符串示例。源文件为 04/page04_13.php，源代码如下。

```
    <?php
    class TestClass                              //定义 TestClass 类
       private $foo;                             //定义私有属性

       public function __construct($foo) {       //定义构造方法
          $this->foo = $foo;
       }
       public function __toString() {            //重载魔术方法__toString()
          return "类名：" .__CLASS__ ."，参数：" .$this->foo;
       }
    }

    echo "<h3>对象转换为字符串示例</h3>";
    echo "<hr>";
    echo "<ul>";

    $obj1 = new TestClass("Hello");
    echo "<li>{$obj1}";

    $obj2 = new TestClass("World");
    echo "<li>{$obj2}";
    ?>
```

上述代码的运行结果如图 4.13 所示。

图 4.13　对象转换为字符串示例

4.5.5　对象调用

在尝试以调用函数的方式来调用一个实例对象时，会自动调用魔术方法__invoke()，语法格式如下。

```
public __invoke ([ $...] ) : mixed
```

【例 4.14】对象调用示例。源文件为 04/page04_14.php，源代码如下。

```
<?php
class CallableClass {                              //定义 CallableClass
    public function __invoke($x) {                 //重载魔术方法__invoke()
        var_dump($x);
    }
}
echo "<h3>对象调用示例</h3>";
echo "<hr>";
echo "<ul>";
$obj = new CallableClass();                        //类实例化
echo "<li>输出结果：";
$obj(56);    //以函数方式调用对象
echo "<li>是可调用结构吗？";
var_dump(is_callable($obj));                       //用 is_callable()测试对象是否为可调用结构
?>
```

上述代码的运行结果如图 4.14 所示。

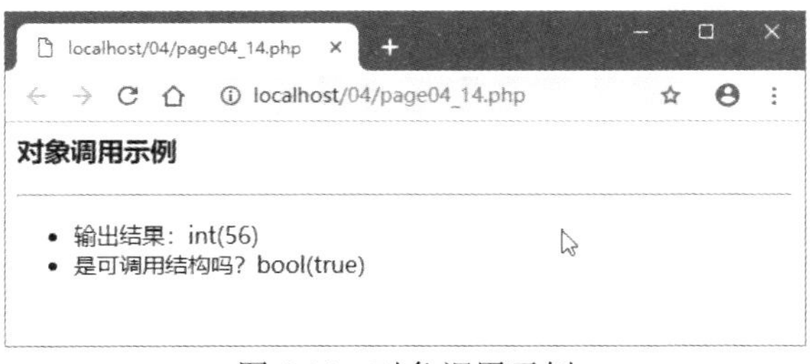

图 4.14　对象调用示例

4.5.6　对象复制

对象复制可以通过 clone 关键字来完成，这将创建一个与原对象拥有相同属性和方法的对象副本。例如：

```
$copy_of_object = clone $object;
```

其中，copy_of_object 表示新对象；object 表示原有对象。

如果在类中定义了魔术方法__clone()，则在复制完成时会自动调用所生成的对象副本中的魔术方法__clone()，该方法可以用于修改属性的值，语法格式如下。

```
public __clone(void) : void
```

【例 4.15】对象复制示例。源文件为 04/page04_15.php，源代码如下。

```
<?php
class SubObject {                                //定义 SubObject 类
    static $instances = 0;                       //定义静态属性
    public $instance;                            //定义公有属性

    public function __construct() {              //定义构造方法
        $this->instance = ++self::$instances;    //静态属性加 1 并赋给公有属性
    }
    public function __clone() {                  //定义魔术方法__clone()
        $this->instance = ++self::$instances;
    }
}

class MyCloneable {                              //定义 MyCloneable 类
    public $object1;                             //定义公有属性
    public $object2;                             //定义公有属性

    public function __clone() {                  //重载魔术方法__clone()
        //强制复制一份 this->object，否则仍然指向同一个对象
        $this->object1 = clone $this->object1;
    }
}

echo "<h3>对象复制示例</h3>";
echo "<hr>";
echo "<ul>";
$obj = new MyCloneable();            //MyCloneable 类实例化
$obj->object1 = new SubObject();     //设置 object1 属性（其值为 SubObject 对象）
$obj->object2 = new SubObject();     //设置 object2 属性（其值为 SubObject 对象）
$obj2 = clone $obj;                  //创建对象 obj 的副本，此时自动调用魔术方法__clone()

print("<li>原有对象：<br>");
print_r($obj);
print("<li>克隆对象：<br>");
print_r($obj2);
?>
```

上述代码的运行结果如图 4.15 所示。

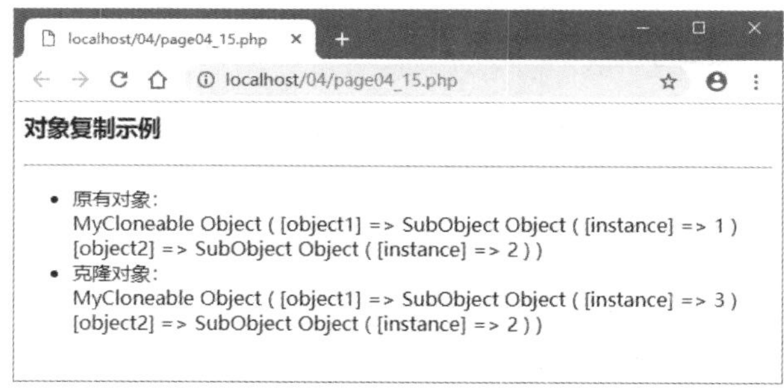

图 4.15　对象复制示例

4.5.7　自动加载类

在 PHP 中，使用__autoload()或 spl_autoload_register()函数都可以注册任意数量的自动加载器，在使用尚未被定义的类和接口时，可以自动加载。通过注册自动加载器，脚本引擎在 PHP 出错失

败前有了最后一个机会加载所需要的类。

spl_autoload_register()函数注册给定的函数作为__autoload()函数的实现，语法格式如下。

```
spl_autoload_register([callable $autoload_function[, bool $throw[, bool
$prepend]]]) : bool
```

其中，autoload_function 表示欲注册的自动装载函数，如果没有提供任何参数，则自动注册 autoload 的默认实现函数 spl_autoload()；throw 设置 autoload_function 无法成功注册时是否抛出异常；prepend 为可选参数，如果将其设为 true，则 spl_autoload_register()函数会将函数添加到队列之首，而不是队列尾部。如果注册成功，则 spl_autoload_register()函数返回 true，否则返回 false。

注意：虽然__autoload()函数也能自动加载类和接口，但建议使用 spl_autoload_register()函数。这是因为 spl_autoload_register()函数提供了一种更加灵活的方式来实现类的自动加载，在同一个应用中可以支持任意数量的加载器，所以不再建议使用__autoload()函数，在以后的 PHP 版本中__autoload()函数可能会被弃用。

【例 4.16】自动加载示例。本例包含以下 3 个源文件。

源文件 04/MyClass1.php，用于声明 MyClass1 类，源代码如下。

```
<?php
class MyClass1 {
    public function __toString() {
        return __CLASS__;
    }
}
?>
```

源文件 04/MyClass2.php，用于声明 MyClass2 类，源代码如下。

```
<?php
//源文件 04/MyClass2.php
class MyClass2 {
    public function __toString() {
        return __CLASS__;
    }
}
?>
```

源文件 04/page04_16.php 为主文件，源代码如下。

```
<?php
spl_autoload_register(function ($class_name) {
    require_once $class_name .'.php';
});

echo "<h3>自动加载示例</h3>";
echo "<hr>";
echo "<ul>";

$obj1 = new MyClass1();
$obj2 = new MyClass2();

echo "<li>对象 obj1 输出：" .$obj1;
echo "<li>对象 obj2 输出：" .$obj2;
?>
```

上述代码的运行结果如图 4.16 所示。

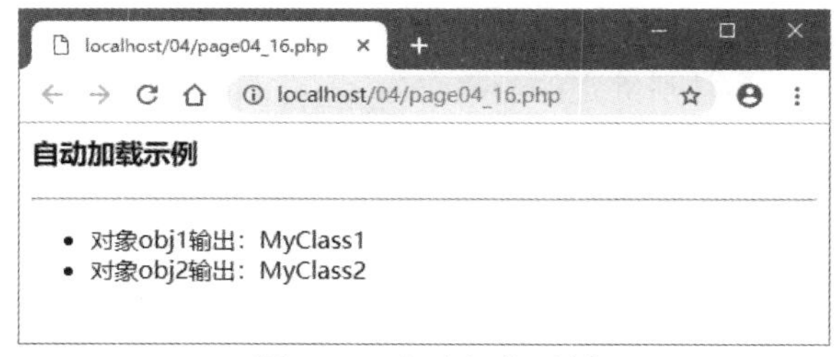

图 4.16　自动加载示例

习　题　4

一、选择题

1．使用成员访问修饰符（　　）可使类成员只能被其所在类中访问。

A．var　　B．public　　C．protected　　D．private

2．设 A 类包含一个名为$name 的非静态属性，$a 表示 A 类的一个实例化对象，则可以使用（　　）来引用$name 属性。

A．$a->name　　B．$a=>name　　C．$a->$name　　D．A::$name

3．在 PHP 中，类的构造方法的名称统一为（　　）。

A．construct　　B．__construct　　C．destruct　　D．__destruct

4．要在派生类中调用基类的构造方法，可使用（　　）语法来实现。

A．$this->__construct();　　B．$this::__construct();

C．parent::__construct();　　D．self::__construct();

5．使用（　　）关键字可声明一个不能直接被实例化的类。

A．final　　B．protected　　C．abstract　　D．private

6．当读取不可访问属性的值时，将会自动调用魔术方法（　　）。

A．__call　　B．static __callStatic

C．__set　　D．__get

7．一个类实例被当成字符串时，将会自动调用魔术方法（　　）。

A．__sleep　　B．__wakeup　　C．__toString　　D．__invoke

二、判断题

1．（　　）在 PHP 中，可以使用 new 运算符来创建对象。

2．（　　）使用类型运算符 instanceof 可以确定一个变量是否属于某个类的实例。

3．（　　）具有构造方法的类会在每次销毁对象时调用此方法。

4．（　　）使用 unset()函数可以销毁类的实例。

5．（　　）在类的方法成员内部可以使用伪变量$this 和箭头运算符“->”来引用类常量。

6．（　　）在静态方法中可以使用伪变量$this 表示调用该方法的实例化对象引用。

7．（　　）函数 spl_autoload_register()会在试图使用尚未被定义的类时自动调用。

8．（　　）克隆对象时将调用对象正本的 clone()方法。

9．（　　）抽象类中也可以不包含任何抽象方法。

10．（　　）一个类可以同时实现多个接口，也可以从多个抽象类继承。

11．（　　）若在类中定义了魔术方法__clone()，则复制对象时会自动调用对象副本中的魔术方法__clone()。

12．（　　）从基类继承的成员会被 trait 插入的成员所覆盖。

13.（　　）在 PHP 中，一个子类可以继承多个基类。

14.（　　）在 PHP 中，通过一个类可以实现多个接口。

三、简答题

1．类与对象有什么关系？

2．类有哪几种成员？

3．构造方法和析构方法有什么特点？

4．接口与抽象类有什么区别？

5．将匿名类被嵌套进普通类时，如何访问这个外部类的私有成员和受保护成员？

四、编程题

1．创建一个 PHP 文件，利用类和对象计算矩形的周长和面积。

2．创建一个 PHP 文件，声明一个具有静态属性和静态方法的类，并在该类外部访问这些静态成员。

3．创建一个 PHP 文件，声明一个具有构造方法和析构方法的类。

4．按要求创建以下 3 个 PHP 文件：（1）文件 one.php，用于声明类 one；（2）文件 two.php，用于声明类 two;（3)文件 three.php,用于创建类 one 和 two 的实例化对象,并要求自动加载 one.php 和 two.php。

5．创建一个 PHP 文件，声明一个具有公有属性、保护属性和私有属性的类，并在该类的内部和外部用 foreach 语句来遍历所有属性。

6．创建一个 PHP 文件，首先声明一个 Person 类，然后以 Person 作为基类来创建派生类 Student，要求在派生类中增加一些新的属性。

7．创建一个 PHP 文件，首先声明一个名为 Shape 的抽象类，然后以 Shape 作为基类来创建派生类 Triangle 和 Rectangle，用于计算长方形和三角形的面积。

8．创建一个 PHP 文件，首先声明一个名为 iOperation 的接口，其中包含 addition 和 subtration 两个方法，然后通过类 Op 来实现 iOperation 接口，并通过 addition 和 subtration 实现加法和减法运算。

第 5 章　构建 PHP 交互网页

PHP 作为一种流行的通用脚本语言，可以方便地处理 Web 服务器与客户端之间的交互行为，特别适用于 Web 应用开发。通过 PHP 可以获取表单变量、URL 参数、会话变量及其他动态内容，并根据检索到的新内容来满足某种请求，或者修改页面以满足用户需要。本章介绍如何通过 PHP 动态网页与客户端进行交互，主要包括获取表单变量和 URL 参数，以及管理 Cookie 信息和处理会话等。

5.1　表单数据处理

表单用于从网站访问者处收集信息。访问者可以使用诸如文本框、列表框、复选框和单选按钮的表单控件输入信息，然后通过单击“提交”按钮将这些信息提交到服务器。在 PHP 服务器端脚本中，可以通过预定义数组获取表单变量并进行相应的处理。

5.1.1　创建 HTML 表单

在网页中创建一个基本表单至少需要 3 个元素，即 form、input 和 button 元素。其中，form 元素用于为用户输入创建表单，input 元素用于收集用户输入的数据，button 元素用于向服务器提交数据。此外，表单还可以包含 textarea（文本区域）、select（列表框）和 fieldset 元素等。

1．使用 form 元素

使用 form 元素可以在网页中定义一个表单。表单可以包含各种流式内容（如列表、表格等），通常主要包含一些说明性标签（label）和各种各样的表单控件元素，如 input、textarea、select 和 button 元素等，但不能包含另外一个 form 元素，即表单不能嵌套使用。form 元素的常用属性及说明如表 5.1 所示。

表 5.1　form 元素的常用属性及说明

属　　性	说　　明
accept-charset	指定服务器可处理的表单数据字符集
action	指定当提交表单时向何处发送表单数据，其值通常是位于服务器上的某个动态网页的 URL。若未设置该属性，则表单数据提交到当前页面
autocomplete	指定是否启用表单的自动完成功能，其取值为 on 或 off，默认值为 on
enctype	指定在发送表单数据之前如何对其进行编码，其取值如下。 application/x-www-form-urlencoded（默认值）：表单数据被编码为名称/值对，这是标准编码方式 multipart/form-data：表单数据被编码为一条消息，页面上的每个表单控件对应消息中的一个部分。使用这种编码方式可将文件上传到服务器 text/plain：表单数据以纯文本形式进行编码，其中不包含任何控件或格式字符
method	指定用于发送表单数据的 HTTP 方法，允许的取值如下。 get（默认值）：浏览器通过 x-www-form-urlencoded 编码方式将表单数据转换成一个字符串（形如 name1=value1&name2=value2...），并将该字符串附加到 URL 后面，用问号“?”分隔，然后加载这个新的 URL。HTTP GET 请求用于安全交互，即同一请求可以发起任意多次而不会产生额外作用 post：浏览器将表单数据封装到请求正文中并通过 HTTP POST 请求发送到服务器，用于不安全交互，提交数据的行为会改变应用程序的状态

续表

属　性	说　明
name	指定表单的名称
novalidate	如果使用此属性，则指定提交表单时不进行验证
target	指定在何处打开 action 的 URL，其取值可以是_blank、_self、_parent、_top 或 iframe 元素的 name

2. 使用 button 元素

使用 button 元素可以定义按钮。在 button 元素内部可以放置不同内容，如文本或图像。按照 type 属性的不同，button 元素有 3 种用法：当 type 属性为 submit 时，表示按钮的用途是提交表单，即把表单数据发送到服务器，这是默认情况；当 type 属性为 reset 时，表示按钮的用途是重置表单，即把各个表单控件恢复到初始状态；当 type 属性为 button 时，表示按钮没有具体语义，此时可以通过 onclick 事件处理程序来设置按钮的功能。

3. 使用 input 元素

使用 input 元素可以收集用户输入的数据。input 元素采用虚元素形式，在添加该元素时使用一个<input>标签即可。在使用 input 元素时，通常应使用 label 元素对其添加说明性标签。

input 元素支持 HTML 5 全局属性，还具有一些专用属性，主要包括 name、disabled、form、value、type，以及取决于 type 属性值的其他属性。type 属性规定 input 元素的类型，如果未设置该属性，则使用默认类型 text，此时 input 元素呈现为一个文本框。在提交表单时，input 元素的 name 和 value 属性值将被编码为名称/值对，并被发送到服务器。

input 元素的 type 属性值及说明如表 5.2 所示。

表 5.2　input 元素的 type 属性值及说明

type 属性值	说　明
text	创建单行文本输入框，可用于输入单行文本，通过 value 属性设置或获取文本内容。如果没有使用 placeholder 属性为 input 元素设置提示信息，则应使用 label 元素为它添加说明性标签
password	创建密码输入框，其外观与单行文本框外观一样，但是在输入密码时所输入的内容会被屏蔽，无论输入字母还是数字，所看到的都将是星号（*）或项目符号（●）
submit	创建提交按钮，可用于向服务器提交表单。按钮的标题文字通过 value 属性来设置
reset	创建重置按钮，可用于重置表单数据
button	创建按钮，没有具体语义，可将其 onclick 事件属性设置为某个 JavaScript 函数调用
radio	创建单选按钮。要生成一组相互排斥的单选按钮，应将相关 input 元素的 name 属性设置为相同的值。在提交表单时，只有当前处在选中状态的单选按钮的名称（name）和值（value）才会被发送到服务器
checkbox	创建复选框，用来给用户提供选择是或否的选项。在提交表单时，只有当前处在选中状态的复选框的名称（name）和值（value）才会被发送到服务器
number	创建数字输入框，只能接受数值，而不接受任何非数值内容。某些浏览器还会在输入框的右侧显示一对上下箭头，可以用来调整数值的大小。对于数字输入框来说，可以用 min 和 max 属性来设置可接受的最小值和最大值，即下调按钮的下限和上限，还可以用 step 属性来指定调节数值的步长
range	创建数字选择控件，从指定范围内选择一个数值。range 类型的 input 元素与 number 类型的 input 元素支持的属性相同，但它们在浏览器中的呈现形式和使用方法有所不同
tel	创建电话号码输入框
email	创建电子邮件地址输入框
url	创建网址输入框
date	创建日期输入控件，用于选取本地日期（不包含时间和时区信息）

续表

type 属性值	说　明
month	创建日期输入控件，用于选择年月信息（不包含日、时间和时区信息）
week	创建日期输入控件，用于选取当前周数
time	创建时间输入框，用于选取时间
datetime	创建日期时间输入框，用于输入世界日期和时间（包含时区信息）
datetime-local	创建日期时间输入控件，用于选取本地日期和时间
color	创建颜色选择器，用于选择颜色。颜色值是以#RRGGBB 格式来表示的，其中 RR、GG 和 BB 分别表示红色、绿色和蓝色 3 种分量的十六进制数值
search	创建关键词输入框，可用于输入搜索关键词
hidden	生成隐藏数据项，该数据项虽然在网页上不可见，但在提交表单时该元素的名称和值会一起发送到服务器
image	创建图像按钮，单击该按钮时可以提交表单
file	创建文件上传控件，可用于选择要上传的文件。要通过表单上传文件，应将 form 元素的 enctype 属性设置为 multipart/form-data

4．使用 textarea 元素

使用 textarea 元素可以定义多行文本输入框控件，这个元素在浏览器中呈现为一个文本区域，可以接受回车键，可以容纳大量文本。在 textarea 元素的开始标签与结束标签之间可以包含文本，这就是文本区域的初始内容。在添加 textarea 元素时，应通过 name 属性对其命名；在提交表单时，文本区域的名称和值（即在文本区域中输入的内容）会被发送到服务器。

5．使用 select 元素

使用 select 元素可以创建单选或多选列表框。在<select>与</select>标签之间可以包含若干个 option 和 optgroup 元素：每个 option 元素定义列表中的一个选项；optgroup 元素定义选项组，用于组合多个相关选项。在添加 select 元素时，应通过 name 属性对其命名；在提交表单时，列表框的名称和已选中项目的值将被发送到服务器。

6．使用 fieldset 元素

使用 fieldset 元素可以对相关表单控件分组。当把一组表单控件放到 fieldset 元素内时，浏览器会以特殊方式来显示它们，可能有特殊的边界。在 fieldset 元素的<fieldset>与</fieldset>标签之间可以包含各种表单控件，在其开头位置可以添加一个 legend 元素，用来设置表单控件组的标题。

注意：为了说明 input、textarea、select 元素的用途，通常需要在这些表单控件附近添加 label 元素来生成说明性标签，并通过 for 属性将标签与表单控件绑定起来，或者将表单控件嵌套于<lable>与</label>之间。这样，在单击标签时，焦点即可进入相关联的表单控件。

5.1.2　获取表单变量

表单变量用于存储 Web 页的 HTTP 请求所发送的信息。表单可以包含各种各样的表单控件，如文本框、文本区域、单选按钮、复选框、列表框和按钮等。表单变量的值是由用户通过操作表单控件而设置的，例如，在文本框或文本区域中输入文字内容，从一组单选按钮或复选框中进行选择，以及通过列表框进行单项或多项选择等。任何类型的表单控件都有 name 属性，在提交表单时，其 name 属性和相关联的 value 属性值会被发送到服务器端，可以根据 name 属性来确定是哪个表单控件的值。

如果创建了使用 post 方法的表单，则在单击提交按钮时会将表单变量传递到由表单的 action 属性所指定的目标页面。在该页面中，可以通过 PHP 脚本获取这些表单变量并加以处理。如果表单的 action 属性未设置，则表单数据将被提交到当前页面。

在 PHP 脚本中，可以通过下列预定义数组获取表单变量。

（1）当使用 get 方法提交表单时，可通过预定义数组$_GET 获取表单变量，语法格式如下。

```
$_GET["表单控件名称"]
```

（2）当使用 post 方法提交表单时，可通过预定义数组$_POST 获取表单变量，语法格式如下。

```
$_POST["表单控件名称"]
```

（3）无论使用何种方法提交表单，都可以通过预定义数组$_REQUEST 来获取表单变量，语法格式如下。

```
$_REQUEST["表单控件名称"]
```

对于不同类型的表单控件，设置表单变量值的方法有所不同。对于文本框和文本区域而言，表单变量的值就是用户输入的文字内容。单选按钮通常是以控件组的形式出现的，组内各个单选按钮的 name 属性值相同，但 value 属性值各不相同，只有用户选中的那个选项的 value 属性值才会被发送到服务器端，根据这个值可以判断用户选择的是哪个选项。一组复选框可以用来实现多项选择，可以将组内各个复选框的 name 属性值设置为数组形式，如“hobbies[]”，由于每个选项都有一个 value 属性值，在接收表单数据时会得到一个数组，其中保存了用户选中的那些选项的 value 属性值，遍历数组即可判断用户选择了哪些选项。

注意：对于通过文件上传控件<input type=file>传输的文件而言，不能使用预定义数组$_GET、$_POST 或$_REQUEST 来接收，而需要使用数组$_FILES 来接收。

【例 5.1】接收表单数据示例。本例由一个 HTML 文件和一个 PHP 文件组成。

源文件 05/page05_01.html，源代码如下。

```
<!doctype html>
<html>
<head>
<meta charset="utf-8">
<title>填写个人信息</title>
<style>
h3 {
   text-align: center;
}

label[for] {
   float: left;
   width: 80px;
   text-align: right;
   margin-bottom: 6px;
   margin-right: 10px;
}

form {
   margin: 0 auto;
   width: 360px;
}

input[type=text], input[type=email],
input[type=date], input[type=range] {
   width: 180px;
}

textarea {
   width: 180px;
   height: 100px;
}
button {
```

```
        margin-left: 90px;
        margin-top: 5px;
        width: 80px;
    }

    br {
        clear: left;
    }
     </style>
    </head>

    <body>
    <h3>填写个人信息</h3>
    <form method="post" action="page05_01.php">
    <label for="username">用户名：</label>
    <input type="text" id="username" name="username" placeholder="请输入用户名">
    <br>
    <label for="male">性别：</label>
    <label><input type="radio" id="male" name="gender" value="男">男</label>
    <label><input type="radio" id="female" name="gender" value="女">女</label>
    <br>
    <label for="birthdate">出生日期：</label>
    <input type="datetime" id="birthdate" name="birthdate">
    <br>
    <label for="reading">爱好：</label>
    <label><input type="checkbox" id="reading" name="hobby[]" value="阅读">阅读
</label>
    <label><input type="checkbox" id="music" name="hobby[]" value="音乐">音乐</label>
    <label><input type="checkbox" id="movie" name="hobby[]" value="电影">电影</label>
    <br>
    <label for="height">身高：</label>
    <input type="range" id="height" name="height" min="150" max="190">
    <br>
    <label for="education">学历：</label>
    <select id="education" name="education">
        <option>专科</option>
        <option selected>大学</option>
        <option>研究生</option>
    </select>
    <br>
    <label for="email">电子信箱：</label>
    <input type="email" id="email" name="email" placeholder="输入电子信箱">
    <br>
    <label for="resume">个人简历：</label>
    <textarea id="resume"></textarea>
    <button>提交</button>
    </form>
    </body>
    </html>
```

源文件 05/page05_01.php，源代码如下。

```
    <?php
    $user["用户名"] = $_POST["username"];
    $user["性别"] = $_POST["gender"];
    $user["出生日期"] = $_POST["birthdate"];
    $user["爱好"] = implode(",", $_POST["hobbies"]);
    $user["身高"] = $_POST["height"];
    $user["学历"] = $_POST["education"];
```

```
$user["电子信箱"] = $_POST["email"];
$user["简历"] = $_POST["resume"];
?>
<!doctype html>
<html>
<head>
<meta charset="utf-8">
<h3 style="text-align: center">查看个人信息</h3>
</head>

<body>
<h3>查看个人信息</h3>
<hr>
<ul>
<?php
foreach ($user as $key => $value){
    echo "<li>{$key}: {$value}</li>";
}
?>
</ul>
</body>
</html>
```

打开“填写个人信息”页面，然后在表单中填写个人信息，如图 5.1 所示；单击“提交”按钮进入“查看个人信息”页面，此时显示已提交的个人信息，如图 5.2 所示。

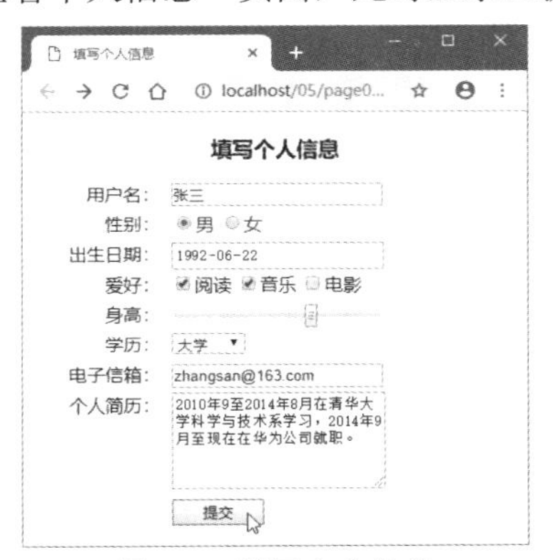

图 5.1　填写个人信息

图 5.2　查看个人信息

5.1.3　验证表单数据

当用户通过表单输入数据时，必须对所提交的表单数据的有效性进行检查，例如，必填字段中是否输入了内容，日期、电子邮件地址和 Internet 网址格式是否正确等。为了保证表单数据的有效性，可以在客户端或服务器端对表单数据进行验证。

1．基于 JavaScript 实现表单验证

在客户端使用 JavaScript 脚本对表单数据进行验证时，首先需要定义一个表单验证函数，并通过该函数返回一个布尔值。如果表单数据符合要求，则该函数返回 true（即允许表单提交），否则返回 false（即取消表单提交）。

为了使表单验证函数生效，应将 form 元素的 onsubmit 事件属性设置为对这个表单验证函数的调用，这可以通过下列两种方式来实现。

（1）在 HTML 代码中设置 form 元素的 onsubmit 事件属性。例如：

```
<form id="form1" method="post" action="" onsubmit="return check();">
```

其中，check()表示表单验证函数，应将该函数调用作为 return 语句的参数使用。如果该函数的返回值为 true，则允许正常提交表单，否则会阻止提交表单。

（2）在 JavaScript 脚本中设置 form 元素的 onsubmit 事件属性。例如：

```
<script type="text/javascript>
window.onload = function() {                                //绑定 load 事件
    var form1 = document.getElementById("form1");          //获取表单对象
    form1.onsubmit = function() {                           //绑定表单的 submit 事件
        //在此处编写验证表单数据的代码
    };
};
</script>
```

【例 5.2】 JavaScript 表单验证示例。源文件为 05/page05_02.php，源代码如下。

```
<!doctype html>
<html>
<head>
<meta charset="gb2312">
<title>网站登录</title>
<style>
.error {
    color: #c73715;
    visibility: hidden;
}
ul {
    list-style-type: none;
}

li {
    margin-top: 10px;
    margin-bottom: 10px;
}
label {
    display: inline-block;
    width: 4em;
    text-align: right;
}
input[type=submit], input[type=reset] {
    width: 5em;
}
h1 {
    font-size: 18px;
    margin-left: 6em;
}
input[type=submit] {
    margin-left: 5em;
}
</style>
<script>
window.onload = function () {                               //绑定window对象的load事件
    var form1 = document.getElementById("form1");          //获取表单对象
    var username = document.getElementById("username");      //获取文本框对象
    var password = document.getElementById("password");      //获取密码框对象
    var msg1 = document.getElementById("msg1");              //获取 small 对象
    var msg2 = document.getElementById("msg2");              //获取另一个 small 对象

    form1.onsubmit = function () {                           //绑定表单的 submit 事件
        var ret = true;                                      //设置函数返回值
```

```
        if (password.value == "") {                       //若未输入密码
            msg2.style.visibility = "visible";            //则显示提示信息
            password.focus();                             //将光标移至密码框
            ret = false;                                  //修改函数返回值
        }
        if (username.value == "") {                       //若未输入用户名
            msg1.style.visibility = "visible";            //则显示提示信息
            username.focus();                             //将光标移至用户名输入框
            ret = false;                                  //修改函数返回值
        }
       return ret;                                        //从函数中返回一个值
    };
    form1.onreset = function () {                         //绑定表单的 reset 事件
        msg1.style.visibility = "hidden";                 //隐藏提示信息
        msg2.style.visibility = "hidden";
    };
    username.onblur = function () {                       //绑定文本框的 blur 事件
        //显示或隐藏提示信息
        msg1.style.visibility = (username.value == "" ? "visible" : "hidden");
    };
    password.onblur = function () {                       //绑定密码框的 blur 事件
        //显示或隐藏提示信息
        msg2.style.visibility = (password.value == "" ? "visible" : "hidden");
    };
};
</script>
</head>

<body>
<?php if ($_SERVER["REQUEST_METHOD"] == "GET") { //首次打开页面是使用GET方法请求页
面 ?>
<form id="form1" method="post" action="">
    <h1>网站登录</h1>
    <ul>
        <li>
            <label for="username">用户名: </label>
            <input id="username" name="username" type="text">
            <small id="msg1" class="error">请输入用户名</small>
        </li>
        <li>
            <label for="password">密码: </label>
            <input id="password" name="password" type="password">
            <small id="msg2" class="error">请输入密码</small>
        </li>
        <li>
            <input type="submit" value="登录">
              
            <input type="reset" value="重置">
        </li>
    </ul>
</form>
<?php
} else { //提交表单成功时将使用 POST 方法请求页面，此时显示登录成功的信息
    echo "<h1>登录成功</h1><hr>";
    printf("<p>%s 用户，欢迎您登录本网站！</p>", $_POST["username"]);
}
?>
```

```
    </body>
    </html>
```

本例创建了一个登录表单，并通过 JavaScript 脚本对表单数据进行验证。如果未输入用户名或密码，则单击“登录”按钮时会显示红色的提示信息并阻止登录，如图 5.3 所示。如果输入了用户名和密码（并不做进一步验证），则单击“登录”按钮时会显示登录成功的信息，如图 5.4 所示。

图 5.3 未通过验证的情形

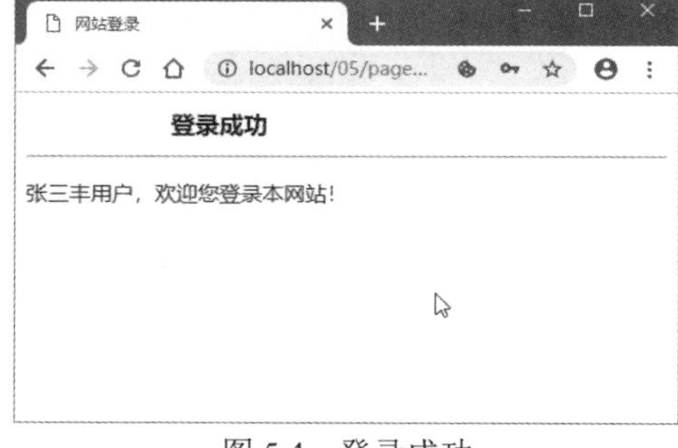

图 5.4 登录成功

2. 基于 HTML 5 实现表单验证

HTML 5 提供了表单输入验证功能，在提交表单之前，客户端浏览器可以对要提交的数据的有效性进行检查。如果表单数据未通过验证，则会阻止提交表单并提示用户进行修改。只有保证所有数据都是有效的，才能提交表单。如果要使用 HTML 5 的表单验证功能，则需要对相应元素设置一些属性，主要有以下 4 种情况。

（1）确保输入特定类型内容。如果要确保用户输入日期、数字或电子邮件地址，则可以使用 input 元素并将其 type 属性设置为 date、number 或 email，这时会生成日期、数字或电子信箱输入框。如果用户在这些输入框中输入了无效数据，则客户端浏览器会阻止提交表单并显示提示信息。

（2）确保用户输入内容。如果要确保用户必须在某个字段中提供一个值，则可以在相应表单控件中设置 required 属性。该属性提示输入字段的值是必须输入的。如果用户没有输入值，则客户端浏览器会阻止提交表单并显示提示信息。

required 属性适用的表单控件如下。

- 由 textarea 元素生成的文本框区域控件。
- 由 select 和 option 元素生成的列表框控件。
- 由 input 元素生成的各种输入框控件。该元素的 type 属性值可以是 text、password、radio、checkbox、file、datetime、datetime-local、date、month、time、week、number、email、url、search 和 tel。

在对相关表单控件设置 required 属性时，如果不希望显示默认的提示信息，则可以通过调用 setCustomValidity 方法来自定义提示信息，以便为用户提供更准确的提示信息。

如果要禁用输入验证，则可以对表单设置 novalidate 属性，或者对表单中的提交按钮设置 formnovalidate 属性。

（3）确保输入值在某个范围内。如果希望用户在某个字段中输入的值在某个范围内，可以在相应的表单控件中设置 min 和 max 属性，以规定该输入字段的最小值和最大值。如果输入的值小于最小值或大于最大值，则阻止提交表单并显示提示信息。

min 和 max 属性适用于指定类型的 input 元素，其 type 属性值可以是 datetime、datetime-local、date、month、time、week、number 和 range。

（4）确保输入值符合指定格式。如果要确保用户在某个字段中输入的值符合指定的模式，可以在相应的表单控件中设置 pattern 属性，以规定输入字段的值的模式或格式。如果输入的值不符合指定的模式或格式，则阻止提交表单并显示提示信息。该属性适用于指定类型的 input 元素，其 type 属性值可以是 text、password、email、url、search 和 tel。

【例 5.3】HTML 5 表单验证示例。源文件为 05/page05_03.php，源代码如下。

```
<!doctype html>
<html>
<head>
<meta charset="utf-8">
<title>填写个人信息</title>
<style>
table {
   margin: 0 auto;
}
form th {
   text-align: right;
   color: #5e5e5e;
}
.info {
   border-collapse: collapse;
}
.info th, td {
   padding: 4px;
}
.info td:first-child {
   width: 6em;
}
caption {
   font-size: large;
   font-weight: bold;
   margin-bottom: 1em;
}
.required {
   color: #c73715;
}
input[type=date] {
   width: 168px;
}
input[type=submit], input[type=reset], input[type=button] {
   width: 5em;
}
</style>
</head>

<body>
<?php if ($_SERVER["REQUEST_METHOD"] == "GET") { ?>
<form name="form1" method="post" action="">
<table>
   <caption>填写个人信息</caption>
   <tr>
      <th><label for="name">姓名(汉字)<span class="required">*</span>:
</label></th>
      <td><input type="text" id="name" name="name"
         placeholder="请输入汉字姓名" pattern="^[\u4e00-\u9fa5]{1,7}$"
         autofocus required></td>
   </tr>
   <tr>
      <th><label for="male">性别<span class="required">*</span>: </label></th>
```

```
            <td><label><input id="male" name="gender" type="radio" value="男" required>
男</label>
                 
                <label><input id="female" name="gender" type="radio" value="女"
required>女</label>
            </td>
        </tr>
        <tr>
            <th><label for="id_number">身份证号码<span class="required">*</span>:
</label></th>
            <td><input type="text" id="id_number" name="id_number"
                 placeholder="请输入身份证号码" pattern="^([0-9]){7,18}(x|X)?$"
required></td>
        </tr>
        <tr>
            <th><label for="entry_date">入职时间<span class="required">*</span>:
</label></th>
            <td><input id="entry_date" name="entry_date" type="date"
value="2018-09-01"
                 placeholder="请输入或选择日期"></td>
        </tr>
        <tr>
            <th><label for="education">学历<span class="required">*</span>:
</label></th>
            <td><select name="education" id="education" required placeholder="请进行
选择">
                <option value="">请选择一项</option>
                <option value="专科">专科</option>
                <option value="本科">本科</option>
                <option value="研究生">研究生</option>
            </select></td>
        </tr>
        <tr>
            <th><label for="mobile">手机号码<span class="required">*</span>:
</label></th>
            <td><input type="text" id="mobile" name="mobile"
                 placeholder="请输入手机号码"

pattern="^(13[0-9]|14[5|7]|15[0|1|2|3|5|6|7|8|9]|18[0|1|2|3|5|6|7|8|9])\d{8}$"
required></td>
        </tr>
        <tr>
            <th><label for="email">电子信箱<span class="required">*</span>:
</label></th>
            <td><input id="email" name="email" type="email"
                      required placeholder="请输入电子邮件地址"></td>
        </tr>
        <tr>
            <th><label for="height">身高(cm): </label></th>
            <td><input id="height" name="height" type="number" value="170"
                      required placeholder="请输入身高"></td>
        </tr>
        <tr>
            <th><label for="weight">体重(kg): </label></th>
            <td><input id="weight" name="weight" type="number" value="65"
                      required placeholder="请输入体重"></td>
        </tr>
```

```
        <tr>
            <th style="vertical-align: top;"><label for="resume">个人简历:
</label></th>
            <td><textarea id="resume" name="resume" cols="26" rows="3"
                        required placeholder="请填写个人简历"></textarea></td>
        </tr>
        <tr>
            <td> </td>
            <td><input type="submit" value="提交">  <input type="reset"
value="重置"></td>
        </tr>
    </table>
    </form>
    <?php
    } else {
        printf("<table border=\"1\" class=\"info\">");
        printf("<caption>您提交的注册信息</caption>");
        printf("<tbody><tr><td>姓名</td><td>%s</td></tr>", $_POST["name"]);
        printf("<tr><td>性别</td><td>%s</td></tr>", $_POST["gender"]);
        printf("<tr><td>身份证号码</td><td>%s</td></tr>", $_POST["id_number"]);
        printf("<tr><td>入职日期</td><td>%s</td></tr>", $_POST["entry_date"]);
        printf("<tr><td>学历</td><td>%s</td></tr>", $_POST["education"]);
        printf("<tr><td>手机号码</td><td>%s</td></tr>", $_POST["mobile"]);
        printf("<tr><td>电子信箱</td><td>%s</td></tr>", $_POST["email"]);
        printf("<tr><td>身高</td><td>%scm</td></tr>", $_POST["height"]);
        printf("<tr><td>体重</td><td>%skg</td></tr>", $_POST["weight"]);
        printf("<tr><td>个人简历</td><td>%s</td></tr></tbody>", $_POST["resume"]);
        printf("</table>");
        printf("<p style='text-align: center'><input type=button value='返回' onclick
='history.back();'></p>");
    }
    ?>
    </body>
    </html>
```

本例创建了一个用于填写个人信息的表单，并使用 HTML 5 的新功能对表单数据进行验证，在这里主要用到了新增加的 input 元素类型，以及新增加的 required 和 pattern 等属性。例如，当输入无效的手机号码时，如果单击“提交”按钮，则会阻止表单提交并弹出提示信息，如图 5.5 所示。如果所有字段都通过了验证，则会以表格形式列出所有字段的值，如图 5.6 所示。

图 5.5　输入无效手机号码的提示信息

您提交的注册信息

姓名	李逍遥
性别	男
身份证号码	350300199312041950
入职日期	2018-09-01
学历	研究生
手机号码	15888173238
电子信箱	lixiaoyao@msn.com
身高	170cm
体重	65kg
个人简历	毕业于北京大学物理系，现在从事北斗卫星导航系统研发

图 5.6　显示提交的表单数据

3．基于 PHP 实现表单验证

通过 JavaScript 或 HTML 5 进行表单验证都属于客户端验证，这些验证都是在表单提交之前进行的，如果不满足验证条件，则不会将表单数据提交到服务器端。然而，有时需要在服务器端进行表单验证，此时相关处理必须通过 PHP 脚本来实现。

基于 PHP 进行表单验证时，可以通过 isset()函数来检测超全局变量$_POST 是否已被设置，并由此来判断表单数据是否已提交。例如：

```
<?php
if (isset($_POST["submit"])) {
    //对表单数据进行检测
}
?>
```

如果表单数据已提交，则可以通过 empty()函数来检测每个必选字段对应的表单变量是否为空。此外，还可以使用正则表达式来检查一些字段是否满足指定的格式。如果所有表单数据都符合要求，则可以做进一步处理，否则重新呈现表单并显示相应的提示信息。

【例 5.4】PHP 表单验证示例。源文件为 05/page05_04.php，源代码如下。

```
<!doctype html>
<html>
<head>
<meta charset="utf-8">
<title>填写个人信息</title>
<style>
h3 {
   margin-left: 6em;
}
label[for] {
   float: left;
   width: 80px;
   text-align: right;
   margin-left: 10px;
   margin-right: 10px;
   margin-bottom: 6px;
}
input[type=text] {
   width: 16em;
}
input[type=submit], button {
   width: 5em;
   margin-left: 19em;
}
br {
   clear: left;
}
.error {
   color: #c72f21;
   font-size: small;
}
#geerr {
   margin-left: 10.5em;
}
</style>
</head>
<body>
```

```
//定义变量并进行初始化
$usernameErr = $genderErr = $emailErr = $urlErr = "";
$username = $email = $gender = $resume = $homepage = $hobbies = "";

if (isset($_POST["submit"])) {
    if (empty($_POST["username"])) {
        $usernameErr = "请输入用户名";
    } else {
        $username = test_input($_POST["username"]);
        if (!preg_match("/^[\x{4e00}-\x{9fa5}]+$/u", $username)) {
            $usernameErr = "用户名只允许使用中文";
        }
    }

    if (empty($_POST["gender"])) {
        $genderErr = "性别是必选项";
    } else {
        $gender = test_input($_POST["gender"]);
    }
    if (!empty($_POST['hobbies'])) {
        $hobbies = implode(", ", $_POST["hobbies"]);
    }
    if (empty($_POST["email"])) {
        $emailErr = "请输入电子邮件地址";
    } else {
        $email = test_input($_POST["email"]);
        if (!preg_match("/([\w\-]+\@[\w\-]+\.[\w\-]+)/", $email)) {
            $emailErr = "电子邮件地址格式无效";
        }
    }
    if (empty($_POST["homepage"])) {
        $homepage = "";
    } else {
        $homepage = test_input($_POST["homepage"]);
        if (!preg_match("/\b(?:(?:https?|ftp):\/\/|www\.)[-a-z0-9+&@#\/%?=~_
|!:,.;]*[-a-z0-9+&@#\/%=~_|]/i",
$homepage)) {
            $urlErr = "网址格式无效";
        }
    }
    if (empty($_POST["resume"])) {
        $resume = "";
    } else {
        $resume = test_input($_POST["resume"]);
    }
    $flag = $usernameErr .$genderErr .$emailErr .$urlErr;
}

function test_input($data) {
    $data = trim($data);
    $data = stripslashes($data);
    $data = htmlspecialchars($data);
    return $data;
}
if (!isset($_POST["submit"]) || $flag != "") {
?>
<h3>填写个人信息</h3>
```

```
<form method="post" action="">
<label for="username">用户名：</label>
<input type="text" id="username" name="username" value="<?php echo $username; ?>">
<span class="error"><?php echo $usernameErr; ?></span>
<br>
<label for="male">性别：</label>
<label><input type="radio" id="male" name="gender"
      value="男"<?php echo $gender == '男' ? " checked" : ""; ?>>男</label>
<label><input type="radio" id="female" name="gender"
      value="女"<?php echo $gender == '女' ? " checked" : ""; ?>>女</label>
<span id="geerr" class="error"><?php echo $genderErr; ?></span>
<br>
<label for="reading">爱好：</label>
<label><input type="checkbox" id="reading" name="hobbies[]"
      value="阅读"<?php echo is_int(strpos($hobbies, '阅读')) ? "checked" : ""; ?>>
阅读</label>
<label><input type="checkbox" id="music" name="hobbies[]"
      value="音乐"<?php echo is_int(strpos($hobbies, '音乐')) ? "checked" : ""; ?>>
音乐</label>
<label><input type="checkbox" id="movie" name="hobbies[]"
      value="电影"<?php echo is_int(strpos($hobbies, '电影')) ? "checked" : ""; ?>>
电影</label>
<br>
<label for="email">电子信箱：</label>
<input type="text" id="email" name="email" value="<?php echo $email; ?>">
<span class="error"><?php echo $emailErr; ?></span>
<br>
<label for="homepage">个人主页：</label>
<input type="text" id="homepage" name="homepage" value="<?php echo $homepage; ?>">
<span class="error"><?php echo $urlErr; ?></span>
<br>
<label for="resume">个人简历：</label>
<textarea id="resume" name="resume" rows="3" cols="28"><?php echo
$resume; ?></textarea>
<br>
<input type="submit" name="submit" value="提交">
</form>
<?php
} else {
   echo "<h3>您的提交的个人信息</h3>";
   echo "<hr>";
   echo "<ul>";
   echo "<li>姓名：" .$username;
   echo "<li>性别：" .$gender;
   echo "<li>爱好：" .$hobbies;
   echo "<li>电子邮件地址：" .$email;
   echo "<li>网址：" .$homepage;
   echo "<li>个人简历：" .$resume;
   echo "</ul>";
   echo "<hr>";
   echo "<button type=button onclick='history.back();'>返回</button>";
}
?>
</body>
</html>
```

在本例中，源文件同时包含了表单和用于处理表单的 PHP 脚本。当表单未提交或表单数据未通过验证时，则会再次显示表单，同时显示提示信息，如图 5.7 所示；当表单已提交并且表单数据通过验证时，则会显示所提交的表单数据，如图 5.8 所示。

图 5.7　表单数据未通过验证

图 5.8　显示提交的表单数据

5.2　URL 参数处理

URL 参数是指附加到 URL 上的名称/值对，用于存储用户输入的检索信息。URL 参数以问号（?）开始并采用“name=value”形式。如果存在多个 URL 参数，则不同参数之间用一个“&”符号隔开。通过 URL 参数可以将用户提供的信息附加到所请求页面的 URL 后面，并从客户端浏览器传递到服务器。本节介绍如何通过 PHP 对 URL 参数进行处理。

5.2.1　生成 URL 参数

URL 参数可以通过多种方式生成，而且在应用开发中可以根据情况进行选择。

（1）创建使用 GET 方法提交数据的表单。例如，在网页中插入一个表单，将其 method 属性设置为 get，action 属性设置为 process.php，并在该表单中添加两个文本框，分别命名为 name 和 email，再添加一个提交按钮并命名为 submit。在提交这个表单时，就会在浏览器地址栏出现以下 URL。

```
http://server/path/process.php?name=value1&email= value2&submit=value3
```

其中，value1 和 value2 表示用户在文本框中输入的内容，value3 则是提交按钮的标题文字，这些值可能已经进行了编码处理。

（2）创建超文本链接。例如，以下使用 a 标签创建了一个超链接，其目标网址中附加了两个名称/值对的 URL 参数。

```
<a href="http://server/path/process.php?name1=value1&name2=value2">页面跳转</a>
```

（3）客户端脚本编程。例如，在执行以下 JavaScript 脚本时，会跳转到页面 test.php 并向该页面传递参数 name 和 age。

```
<script">
    location.href="test.php?name=Jack&age=20";
</script>
```

（4）服务器端脚本编程。例如，在以下 PHP 代码中调用了 PHP HTTP 函数 header()，在执行这行代码时，会跳转到页面 test.php 并向该页面传递参数 username 和 email。

```
<?php
header("Location:test.php?username=Andy&email=andy@msn.com");
exit();
?>
```

其中，header()为 PHP 内置函数，用于向客户端发送原始的 HTTP 报头，在此具有重定向的作用。header()函数的语法格式如下。

```
void header(string $string [, bool $replace[, int $http_response_code]])
```

其中，string 表示 HTTP 标头字符串，包括两种特别的标头：第一种是以“HTTP/”开头的，被用来计算将要发送的 HTTP 状态码；第二种是“Location:”的标头信息，它不仅把报文发送给浏览器，还返回给浏览器一个 REDIRECT（302）的状态码。

replace 是可选参数，它指定是否用后面的头替换前面相同类型的头。在默认情况下，会执行上述替换操作；如果将该参数设置为 false，则可以强制使相同的头信息并存。

http_response_code 强制指定 HTTP 响应的值。这个参数只有在报文字符串（string）不为空的情况下才有效。

exit 是一个语言结构，用于输出一条消息并退出当前脚本，有以下两种语法格式。

```
exit([string $status]) : void
exit(int $status) : void
```

如果 status 是一个字符串，则在退出当前脚本之前会打印 status。如果 status 是一个整数，则该值会作为退出状态码，并且不会被打印输出。退出状态码为 0～254，不应使用被 PHP 保留的退出状态码 255。状态码 0 用于成功中止程序。如果没有 status 参数要传入，则可以省略括号。

5.2.2 获取 URL 参数

通过 URL 参数可以将用户提供的信息从客户端浏览器传递到服务器。当服务器收到请求时，这些参数会被追加到请求的 URL 参数上，并可以通过 PHP 代码读取和处理这些 URL 参数，然后由服务器将请求的页面提供给浏览器。

在 PHP 脚本中，可以使用预定义数组$_GET 来检索 URL 参数，此时会得到一个关联数组。如果要获取某个 URL 参数的值，则应以该参数的名称作为键名。例如，通过$_GET["keyword"]可以得到名称为 keyword 的 URL 参数的值。

【例 5.5】创建和获取 URL 参数示例。源文件为 05/page05_05.php，源代码如下。

```
<!doctype html>
<html>
<head>
<meta charset="utf-8">
<title>URL 参数应用示例</title>
<style>
table {
   border-collapse: collapse;
   margin: 0 auto;
}
th, td {
   width: 132px;
   padding: 6px;
   text-align: center;
}
caption {
   font-size: large;
   font-weight: bold;
   margin-bottom: 0.5em;
}
</style>
</head>

<body>
<?php
//创建一个二维数组，用于存储学生信息
$student = [
   ["学号" => "18171203011", "姓名" => "张金山", "性别" => "男", "出生日期" =>
"2000-10-06"],
   ["学号" => "18171203012", "姓名" => "李玉兰", "性别" => "女", "出生日期" =>
"2001-09-16"],
```

```
        ["学号" => "18171203020", "姓名" => "王贵民", "性别" => "男", "出生日期" =>
"2000-08-22"],
        ["学号" => "18171203026", "姓名" => "黄小薇", "性别" => "女", "出生日期" =>
"1999-06-26"]
    ];
    if (empty($_GET)) {                                          //若不存在 URL 参数
        printf('<table border="1">');                            //则显示学生简明信息表
        printf('<caption>学生个人信息表</caption>');
        printf('<tr><th>学号</th><th>姓名</th><th>操作</th></tr>');
        for ($sid = 0; $sid < count($student); $sid++) {
            printf('<tr><td>%s</td><td>%s</td><td>
           <a href="%s?sid=%s">查看详情</a></td></tr>',
                $student[$sid]['学号'], $student[$sid]['姓名'],
                $_SERVER["PHP_SELF"], $student[$sid]['学号']);
        }
        printf('</table>');
    } else {                                                     //若存在URL参数(单击链接时)
        for ($i = 0; $i < count($student); $i++) {               //遍历数组
            if ($student[$i]['学号'] == $_GET['sid']) break;//获取传递的学生序号
        }
        printf('<table border="1">');
        printf('<caption>学生 %s 的详细信息</caption>', $student[$i]['姓名']);
        foreach ($student[$i] as $key => $value) {
            printf('<tr><td>%s</td><td>%s</td></tr>', $key, $value);
        }
        printf('</table>');
        printf('<p style="text-align: center;">
        <input type="button" onclick="history.back();" value="返回"></p>');
    }
    ?>
    </body>
    </html>
```

本例定义了一个二维数组，用于存储学生信息。如果不存在 URL 参数，则通过表格形式列出所有学生信息，该表格每一行的第 3 列中都包含一个超链接，在目标网址后面附加了“?sid=xxx”形式的 URL 参数，参数值为该行中的学号，如图 5.9 所示。在单击某个超链接时，会显示另一个表格，其中列出指定学生的详细信息，如图 5.10 所示。

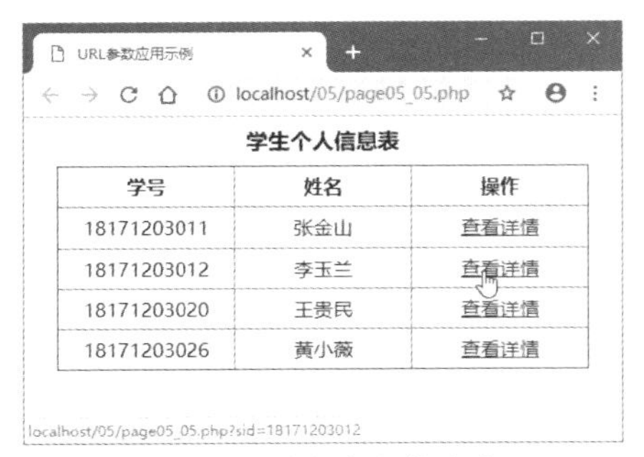

图 5.9　学生个人信息表

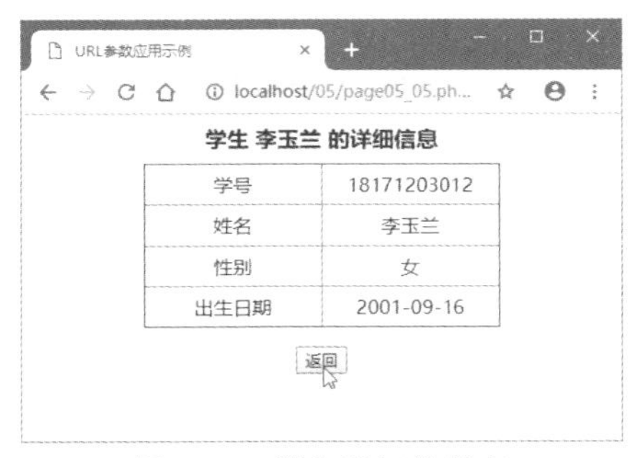

图 5.10　学生详细信息表

5.2.3　实现页面跳转

在单击某个超链接或提交表单时，通常都会从当前页面跳转到另一个页面。除了通过用户操作引起页面跳转，也可以将 PHP 代码、HTML 标签或 JavaScript 客户端脚本结合起来，再根据需要在适当时机执行页面跳转，并将 URL 参数传递到目标页面。

1. 使用 header()函数实现页面跳转

header()函数具有多种功能，页面跳转是其中常用的一种功能。例如，以下代码会使浏览器重定向到 PHP 官方网站。

```
<?php
header("Location:http://www.php.net");
?>
```

如果要延迟一段时间后再执行重定向，则可以使用以下代码来实现。

```
<?php
header("refresh:6;url=http://www.php.net");        //延迟 6s 后执行重定向
?>
```

在使用 header()函数执行页面跳转时，需要注意以下几点。

- 在单词“Location”与冒号“:”之间不能有空格，否则会出错。
- 在调用 header()函数之前不能有任何输出。
- 在执行 header()函数之后，后续的 PHP 代码还会继续执行。如果要在调用 header()函数之后退出当前脚本，则可以使用语言结构 exit()。
- 在一个页面上可多次调用 header()函数，但它通常仅执行最后一个。

利用 header()函数定义一个 URL 重定向函数，代码如下。

```
<?php
//URL 重定向函数
function redirect($url, $time=0, $msg="") {//参数分别指定目标地址、时间间隔和文本信息
    if (empty($msg)) {
        $msg="{$time}秒之后将自动跳转到{$url}! ";
    }
    if (!headers_sent()) {                        //若尚未发送 HTTP 标头
        if (0===$time) {                          //若时间间隔为 0
            header("Location:" .$url);            //则立即跳转到目标地址
        } else {                                  //若时间间隔不为 0
            header("refresh:{$time};url={$url}");//则延迟跳转到目标地址
            echo($msg);                           //显示文本信息
        }
        exit();                                   //退出当前脚本
    } else {                                      //若 HTTP 标头已发送
        $str="<meta http-equiv=\"refresh\" content=\"{$time};URL={$url}\">";
        if ($time!= 0) $str .=$msg;               //在 meta 标签后附加文本信息
        exit($str);                               //显示 meta 标签和指定信息并退出当前脚本
    }
}
?>
```

使用 header()函数还可以强制用户每次访问页面时获取最新资料，而不是使用客户端的缓存资料，代码如下。

```
<?php
header("Expires:Mon,26 Jul 1970 05:00:00 GMT");
header("Last-Modified:".gmdate("D, d M Y H:i:s ")."GMT");
header("Cache-Control:no-cache,must-revalidate");
header("Pragma:no-cache");
?>
```

2. 使用客户端脚本实现页面跳转

在 JavaScript 客户端脚本代码中，将 location.href 属性设置为目标页面的 URL，可以实现在不同页面之间的跳转。

如果将 PHP 服务器端脚本与 JavaScript 客户端脚本结合起来，则可以使用 PHP 变量动态地设

置目标页面的 URL，以便根据设定的条件跳转到指定页面。

如果要向目标页面传递参数，可以将名称/值对附加在 URL 后面。例如，在以下 JavaScript 客户端脚本中，将目标页面设置为 test.php，并向该页面传递一个名为 name 的 URL 参数，其值来自 PHP 变量 username。

```
<script>
location.href="test.php?name=<?php echo $username; ?>";
</script>
```

如果需要定时跳转功能，则可以通过调用 window.setTimeout()方法来实现。例如：

```
<script>
window.setTimeout('location.href="test.php"',6000);   //6000ms (6s) 后跳转
</script>
```

3. 使用 HTML 标签实现页面跳转

在 HTML 语言中，通过在文档首部添加一个 meta 标签可以实现当前页面的自动刷新，或者跳转到另一个页面，语法格式如下。

```
<meta http-equiv="refresh" content="n; [url]">
```

其中，n 指定当前页面停留的秒数；url 指定要跳转的页面，如果省略 url 参数，则每当经过指定的时间间隔时都会自动刷新当前页面。

另外，可以利用 PHP 变量来设置 URL 参数的值，以便根据不同的条件跳转到不同的页面。

5.3 AJAX 请求处理

AJAX 是 asynchronous JavaScript and XML 的缩写，意思是异步 JavaScript 和 XML 技术，这是一种非常流行的 JavaScript 开发技术，可以用于快速创建交互式网页应用。传统的网页不使用 AJAX 技术，如果需要更新内容，则必须重新加载整个网页。使用 AJAX 技术可以通过后台与服务器进行少量的数据交换，从而实现网页的异步更新，这说明在不重新加载整个网页的情况下可以对网页的部分内容进行更新。本节介绍 AJAX 技术在 PHP 中的一些应用。

5.3.1 AJAX 工作原理

传统的 Web 应用程序采用浏览器/服务器模型，并以同步交互方式进行工作，如图 5.11 所示。当用户通过 Web 浏览器进行操作时，往往会将一个 HTTP 请求发送到 Web 服务器；Web 服务器在获取客户端数据后，按照应用逻辑对数据进行处理，并以 HTML 形式将响应返回客户端浏览器进行显示；在呈现页面时，通常用 CSS 样式来丰富显示效果。

图 5.11　传统 Web 应用程序模型（同步交互）

从技术角度来讲，传统的 Web 应用程序模型是行之有效的，这样的模型适用于以超文本为基础的 Web 应用程序。然而，这种模型并不适用于创建完美的用户体验。当服务器进行数据处理时，用户只能耐心等待。一个任务所需要的操作步骤越多，用户需要等待的次数就越多，需要等待的时间就越长。

不言而喻，Web 应用程序应重视用户体验，不应让用户经常处于等待状态。Web 页面一旦加载完成，为什么还要因为客户端需要从服务器传输一些数据而中断用户交互呢？实际上，用户完全没有必要看到客户端与服务器的联系。

AJAX 应用程序在用户与服务器之间引入了一个 AJAX 引擎，摒弃了传统的“请求－等待－响应”的交互形式。用户会话一旦建立，客户端浏览器就会加载一个 AJAX 引擎。AJAX 引擎采

用 JavaScript 脚本语言编写，其任务包括构造用户界面并与服务器进行沟通，如图 5.12 所示。AJAX 引擎允许用户与应用程序的交互以异步方式进行，无须直接访问服务器。因此，用户永远不会在服务器处理数据期间面对一个空白页和不停旋转的加载图标。

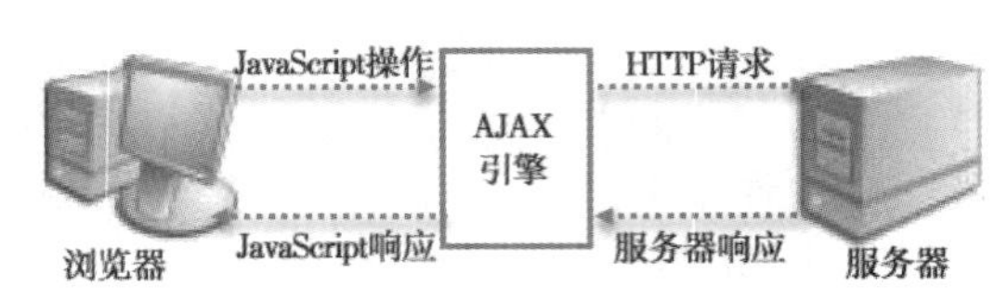

图 5.12 AJAX 应用程序模型（异步交互）

AJAX 交互过程从一个名为 XMLHttpRequest（XHR）的 JavaScript 对象开始，通过 JavaScript 客户端脚本以异步交互的方式来执行 HTTP 请求，并对服务器响应的数据进行解析，然后转换为 HTML 格式并辅以 CSS 呈现在客户端浏览器中。

在 AJAX 交互过程中，主要包括以下 7 个处理步骤。

（1）用户通过客户端浏览器在网页上执行某个操作，如单击按钮、移动鼠标或在键盘上按某个按键等，因为用户在操作网页时会发生相应的 JavaScript 事件，所以在响应该事件时会执行相应的客户端 JavaScript 函数。

（2）在 JavaScript 函数执行过程中创建 XMLHttpRequest 对象实例，并调用该对象的 open 方法，以设置所用的请求方法、请求资源的 URL，并指定采用异步方式发送 HTTP 请求。

（3）设置 XMLHttpRequest 对象的 onreadystatechange 属性，以指定当请求状态改变时调用的事件处理程序，在此注册一个回调函数。

（4）调用 XMLHttpRequest 对象的 send 方法，以异步方式向服务器端发送 HTTP 请求，并接收响应，此时用户仍然可以通过页面继续进行操作，避免了用户因浏览器挂起而等待服务器响应的现象发生。

（5）当服务器端收到 XMLHttpRequest 对象的 HTTP 请求时，可以通过某种服务器端技术（例如 PHP）对来自客户端的参数进行解析，然后执行适当的应用逻辑并生成响应数据。

（6）服务器以适当格式将响应的数据传递给 AJAX。XMLHttpRequest 对象可以用于获取任何类型的数据，如文本、XML、JSON 等。

（7）当服务器响应到达客户端时，JavaScript 回调函数被调用，对响应的数据进行解析和处理，并通过 CSS 和 DOM 实现页面局部刷新。

最终用户可以通过客户端浏览器看到页面更新。

在传统 Web 应用程序模式中，通过表单提交来触发一个 HTTP 请求；在 AJAX 模式中，通过 JavaScript 事件来触发对 AJAX 引擎的调用，对用户操作的响应无须等到服务器处理后返回。例如，一些简单的数据验证，在内存中编辑数据，甚至一些导航功能都可以直接由 AJAX 引擎处理，响应速度相当快。因为 AJAX 引擎通常以 XML 格式触发一个异步请求，所以即使 AJAX 引擎需要提交数据给服务器进行处理，并从服务器获取新数据，以及加载额外的界面代码，用户端也完全没有被中断的感觉。

5.3.2 通过 JavaScript 实现 AJAX

AJAX 技术的核心是 XMLHttpRequest 对象。在 JavaScript 脚本中，可以使用 XMLHttpRequest 对象在后台对服务器发送异步请求并接收来自服务器的响应数据，从而通过动态获取响应数据实现页面的局部更新。通过 JavaScript 实现 AJAX 的过程主要包括以下步骤：创建 XMLHttpRequest 对象；初始化 HTTP 请求；设置 HTTP 请求头的值；发送 HTTP 请求；设置响应处理函数；处理服务器返回的信息。下面介绍如何使用原生的 JavaScript 来实现这个过程。

1. 创建 XMLHttpRequest 对象

XMLHttpRequest 对象用于在后台与服务器交换数据，它能够在页面加载后从服务器发送、请求和接收数据，从而实现在不重新加载页面的情况下更新页面。如果要实现 AJAX 交互，则需要创建 XMLHttpRequest 对象。

所有现代浏览器（IE 7+、Firefox、Chrome、Safari 和 Opera）都内建了 XMLHttpRequest 对象。通过一行简单的 JavaScript 代码，就可以创建 XMLHttpRequest 对象，语法格式如下。

```
xhr = new XMLHttpRequest();
```

对于 IE 5 和 IE 6 而言，则需要通过 ActiveX 来创建 XMLHttpRequest 对象，语法格式如下。

```
xhr = new ActiveXObject("Microsoft.XMLHTTP");
```

所有现代浏览器均支持 XMLHttpRequest 对象，但支持的方式有所不同。在创建一个跨浏览器的 XMLHttpRequest 对象时，需要将各种情况都考虑进去，因此可以编写以下函数。

```
function createXHR() {
    if (window.XMLHttpRequest) {
        return new XMLHttpRequest();
    } else if (window.ActiveXObject) {
        var versions = ["MSXML2.XMLHttp.6.0",
          "MSXML2.XMLHttp.5.0", "MSXML2.XMLHttp.4.0",
           "MSXML2.XMLHttp.3.0", "MSXML2.XMLHttp", "Microsoft.XMLHttp"];
        for (var i = 0; i < versions.length; i++) {
            try {
                var xhr = new ActiveXObject(versions[i]);
                return xhr;
            } catch (e) {
                //什么事情也不做，忽略引发的错误
            }
        }
    }
    throw new Error("不能创建 XMLHttpRequest 对象。");
}
```

通过调用 createXHR()函数即可创建 XMLHttpRequest 对象，代码如下。

```
xhr = createXHR();
```

2. 初始化 HTTP 请求

通过调用 XMLHttpRequest 对象的 open()方法可以初始化一个 HTTP 请求，语法格式如下。

```
xhr.open(method, url[, async[, user, password]]);
```

其中，method 表示要使用的 HTTP 方法，对应于表单的 method 属性。url 是一个字符串，表示要向其发送请求的 URL，通常是一个服务器页面。async 是一个可选的布尔参数，其默认值为 true，表示异步请求，此时已完成事务的通知可供事件监听器使用；如果设置该参数为 false，表示同步请求，即 send()方法直到收到答复前不会返回。user 和 password 均为可选参数，表示用户名和密码，用于认证，默认值均为 NULL。例如：

```
xhr.open("POST", "process.php", true)
```

3. 设置 HTTP 请求标头的值

在调用 open()方法之后和调用 send()方法之前，可以调用 setRequestHeader()方法来设置 HTTP 请求标头的值，语法格式如下。

```
xhr.setRequestHeader(header, value)
```

其中，header 表示请求标头的名称；value 表示请求标头的值。例如，在使用 POST 方法发送请求时，应将请求标头 Content-Type 的值设置为 application/x-www-form-urlencoded。语法格式如下。

```
xhr.setRequestHeader("Content-Type", "application/x-www-form-urlencoded");
```

4．发送 HTTP 请求

XMLHttpRequest 对象的 send()方法用于发送 HTTP 请求，语法格式如下。

```
xhr.send([data])
```

其中，data 为可选参数，用于指定请求主体。如果请求方法是 GET，则可以省略该参数，并将要传递的数据以“?name1=value1&name2=value2”形式附加在 open()方法指定的目标 URL 后面；如果请求方法是 POST，则以“name1=value1&name2=value2”形式给出该参数的值。

如果是异步请求（默认为异步请求），则 send()方法会在请求发送后立即返回；如果是同步请求，则此方法直到响应到达后才会返回。

5．设置响应处理函数

在向服务器发送 HTTP 请求后，需要设置当服务器返回响应信息时客户端的处理方式。因此，应将 XMLHttpRequest 对象的 onreadystatechange 属性设置为相应的回调函数名称，语法格式如下。

```
xhr.onreadystatechange = callback;
```

其中，callback 为回调函数的名称。只要 XMLHttpRequest 对象的 readyState 属性发生变化，就会调用这个回调函数。

在设置 onreadystatechange 属性时，也可以使用匿名函数，例如：

```
xhr.onreadystatechange = function() {
    //处理代码
}
```

6．处理服务器返回的信息

在编写回调函数时，需要对服务器返回的信息进行处理，在这个处理过程中用到了 XMLHttpRequest 对象的下列属性。

（1）readyState：返回一个 XMLHttpRequest 对象当前所处的状态。readyState 返回值是一个整数，表示请求的状态码，其取值为：0 表示 UNSENT 状态，即对象被创建，但尚未调用 open()方法；1 表示 OPENED 状态，即 open()方法已经被调用；2 表示 HEADERS_RECEIVED 状态，即 send()方法已经被调用，并且头部和状态已经可以获得；3 表示 LOADING 状态，即正处于下载状态，此时 XMLHttpRequest.responseText 属性已经包含部分数据；4 表示 DONE 状态，即下载操作已完成，可以开始处理服务器响应并更新页面内容了。

（2）status：返回 XMLHttpRequest 对象响应中的数字状态码，其值是一个整数。在请求完成前，status 的值为 0。如果 XMLHttpRequest 对象出错，浏览器返回的 status 的值也是 0。status 200 代表一个成功的请求；status 500 表示服务器内部错误。如果服务器响应中没有明确指定 status，则 XMLHttpRequest.status 会默认为 200。

（3）statusText：返回 XMLHttpRequest 对象请求中由服务器返回的文本信息。这则信息中也包含响应的数字状态码，如“OK”或“Not Found”。如果请求的状态 readyState 的值为 0 或 1，则该属性的值是一个空字符串。如果服务器未明确指定一个状态文本信息，则该属性的值会被自动赋值为“OK”。

（4）responseText：返回一个字符串，其中包含对请求的响应。如果请求未成功或尚未发送，则返回 NULL。

（5）responseXML：返回一个 XML 文档对象，其中包含对请求的响应。如果请求未成功、尚未发送，或者不能解析为 XML 或 HTML，则返回 NULL。

回调函数的一个简单示例如下。

```
function callback() {
    if (xhr.readyState == 4) {
        if (xhr.status == 200) {
            var response = xhr.responseText;
```

```
            document.getElementById("div1").innerHTML = response;
        } else {
            alert("xhrReq.status + "错误: " + xhrReq.statusText;
        }
    }
}
```

【例 5.6】通过 JavaScript 实现 AJAX 示例。本例包含以下两个源文件。

源文件 05/page05_06.php 为主文件，用于发起 AJAX 请求，源代码如下。

```
<!doctype html>
<html>
<head>
<meta charset="utf-8">
<title>注册新用户</title>
<style>
h3 {
   margin-left: 7em;
}
label {
   float: left;
   width: 80px;
   text-align: right;
   margin-bottom: 6px;
   margin-right: 10px;
   margin-left: 20px;
}
form {
   margin: 0 auto;
   width: 500px;
}
#msg {
   color: #c72f24;
   font-size: small;
}
button {
   margin-left: 8.5em;
   margin-top: 5px;
   width: 80px;
}
br {
   clear: left;
}
</style>
<script>
var xhr;

function check_pwd() {
   var passwordEle1 = document.getElementById("password");
   var passwordEle2 = document.getElementById("confirm");
   if (passwordEle1.value != passwordEle2.value) {
      alert("两次输入的密码不一致！");
   }
}

function createXHR() {
   if (window.XMLHttpRequest) {
      return new XMLHttpRequest();
```

```
        } else if (window.ActiveXObject) {
            var versions = ["MSXML2.XMLHttp.6.0",
                "MSXML2.XMLHttp.5.0", "MSXML2.XMLHttp.4.0",
                "MSXML2.XMLHttp.3.0", "MSXML2.XMLHttp", "Microsoft.XMLHttp"];
            for (var i = 0; i < versions.length; i++) {
                try {
                    var xhrReq = new ActiveXObject(versions[i]);
                    return xhrReq;
                } catch (e) {
                    //什么事情也不做，忽略引发的错误
                }
            }
        }
        throw new Error("不能创建 XMLHttpRequest 对象。");
    }

    function check_username() {
        var username = document.getElementById("username").value;
        xhr = createXHR();
        if (xhr) {
            xhr.open("POST", "check_username.php", true);
            xhr.setRequestHeader("Content-Type",
"application/x-www-form-urlencoded");
            xhr.onreadystatechange = function () {
                if (xhr.readyState == 4) {
                    if (xhr.status == 200) {
                        var response = xhr.responseText;
                        document.getElementById("msg").innerHTML = response;
                    } else {
                        alert("错误代码：" + xhr.status + "\n 错误信息：" + xhr.statusText);
                    }
                }
            };
            xhr.send("username=" + username);
        }
    }
    </script>
    </head>

    <body>
    <?php
    if (!isset($_POST["submit"])) {
    ?>
    <form method = "post" action = "page05_06.php" >
    <h3> 注册新用户</h3>
    <label for="username"> 用户名：</label>
    <input type="username" id="username" name="username"
         placeholder="输入用户名" required onblur="check_username()">
    <span id="msg"></span>
    <br>
    <label for="password"> 密码：</label>
    <input type="password" id="password" name="password" placeholder="输入密码"
required>
    <br>
    <label for="confirm"> 确认密码：</label>
    <input type="password" id="confirm" name="password"
         placeholder="再次输入密码" required onblur="check_pwd();">
```

```
    <br>
    <label for="email"> 电子信箱：</label>
    <input type="email" id="email" name="email" placeholder="输入电子邮件地址"
required>
    <br>
    <button name="submit"> 提交</button>
    </form >
        <?php
    } else {
        echo <<<MSG
        <h3>您提交的信息如下：</h3>
        <hr>
        <ul>
        <li>用户名：{$_POST["username"]}</li>
        <li>电子信箱：{$_POST["email"]}</li>
    </ul>
    <p><button type="button" onclick="history.back();">返回</button></p>
    MSG;
    }
    ?>
    </body>
    </html>
```

源文件 05/check_name.php 用于接收 AJAX 请求，源代码如下。

```
    <?php
    $users = ["张三", "李四", "王麻"];                     //用数组模拟数据库，用于存储用户信息
    if (!empty($_POST["username"])) {                   //判断传递的用户名是否存在
        $username = $_POST["username"];                 //接收传递的用户名

        if (is_int(array_search($username, $users))) {//如果用户名已存在
            echo "用户名"{$username}"已被注册过了";          //向客户端返回一条文本信息
        } else {                                        //如果用户名不存在
            echo "用户名"{$username}"可以使用";             //向客户端返回另一条文本信息
        }
    }
    ?>
```

在本例中，可以通过 page05_06.php 页面中的表单填写用户信息，当完成用户名的输入并离开这个文本框时，会触发一个名为 onblur 的 JavaScript 事件，从而调用 check_username()函数。在该函数中可以完成 AJAX 引擎的初始化，用 GET 方法向服务器发起异步请求并发送所输入的用户名。服务器页面 check_name.php 在接收到通过 AJAX 请求发送的数据后，会检查该用户名是否存在于数组中，并根据不同情况返回不同的响应文本。在回调函数收到服务器返回的文本信息后，会通过 span 元素将其显示出来，如图 5.13 和图 5.14 所示。

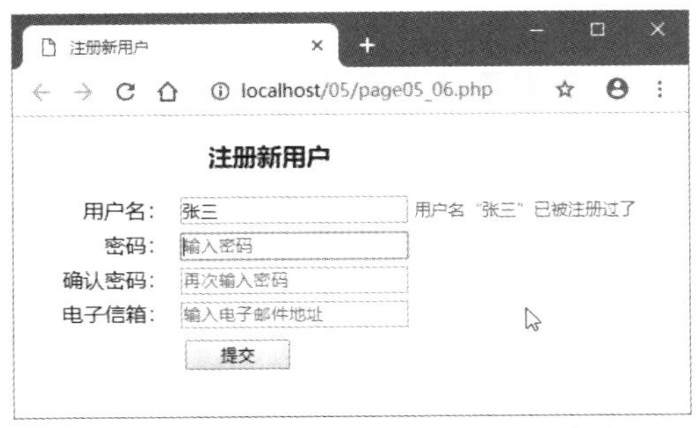

图 5.13　输入的用户名已被注册过了

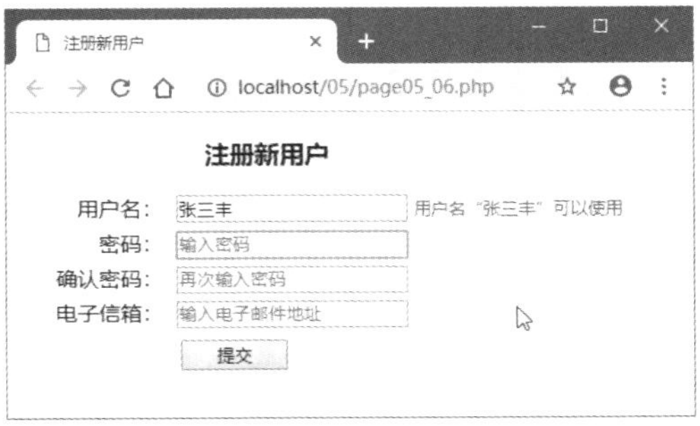

图 5.14　输入的用户可以使用

5.3.3 通过 jQuery 实现 AJAX

jQuery 是一个小巧、快速、功能丰富的 JavaScript 库，它通过易于使用的 API 在当今众多的主流浏览器中运行，使得 HTML 文档遍历和操作、事件处理、动画，以及 AJAX 开发都变得更加简单。jQuery 对 XMLHttpRequest 对象进行了很好的封装，极大地简化了 AJAX 开发。下面介绍如何基于 jQuery 发送 AJAX 请求并从服务器加载数据。

1. 下载和安装 jQuery

jQuery 可以通过其官方网站（https://jquery.com/）下载，并得到一个 JavaScript 脚本文件，文件名为 jquery-[version].min.js。如果要在网页中使用 jQuery，则可以使用 script 标签加载这个脚本文件。例如：

```
<script src="../js/jquery-1.11.3.min.js"></script>
```

在联网的情况下，也可以直接引用因特网上 jQuery 文件。例如：

```
<script src="https://code.jquery.com/jquery-1.11.3.min.js"></script>
```

2. 执行 AJAX 请求

jQuery 命名空间包含一个全局函数 ajax()，该函数可以用来执行一个异步的 HTTP 请求并返回 XMLHttpRequest 对象，语法格式如下。

```
$.ajax(settings)
```

其中，settings 是一组键/值对，用于配置 AJAX 请求的各种选项，且这些选项都是可选的。$.ajax()函数是通过 jQuery 对象发送所有 AJAX 请求的基础。实际上，通常不需要直接调用这个底层函数，这是因为 jQuery 还提供了一些更高级别的函数。例如，$.post()、$.get()和.load()函数等，它们使用起来更为简便。然而，如果需要使用不太常用的选项，则可以通过更灵活的方式来调用$.ajax()函数。

3. 使用 GET 请求从服务器加载数据

通过调用全局函数$.get()可以使用 HTTP GET 请求从服务器加载数据，语法格式如下。

```
$.get(url[, data][, success][, dataType])
```

其中，url 为字符串，表示要请求资源的 URL；data 表示与 GET 请求一起发送到服务器的普通对象或字符串；success 表示请求成功时执行的回调函数；dataType 表示从服务器得到的数据类型，可以是 xml、json、script、text 或 html。

$.get()函数是一个简写的 AJAX 函数，它相当于：

```
$.ajax({type: "GET",url: url, data: data, success: success, dataType: dataType});
```

4. 使用 POST 请求从服务器加载数据

通过调用全局函数$.post()可以使用 HTTP POST 请求从服务器加载数据，语法格式如下。

```
$.post(url[, data][, success(data, textStatus, XMLHttpRequest)][, dataType])
```

其中，url 为字符串，表示要请求资源的 URL；data 表示与 POST 请求一起发送到服务器的普通对象或字符串；success 表示请求成功时执行的回调函数；dataType 表示从服务器得到的数据类型，可以是 xml、json、script、text 或 html。

$.post()函数是一个简写的 AJAX 函数，它相当于：

```
$.ajax({type: "POST", url: url, data: data, success: success, dataType: dataType});
```

以下代码用于提取请求的 HTML 代码片段并将其插入页面中。

```
$.post("process/test.php", function(data) {
  $("div#result").html(data);
});
```

5. 从服务器加载 HTML 内容

使用.load()方法可以从服务器加载数据并将返回的 HTML 内容放入匹配的元素中，语法格式如下。

```
$(selector).load(url[, data][, complete])
```

其中，selector 为 jQuery 选择器，用于从文档中选择要加载 HTML 内容的元素；url 是一个字符串，表示要请求资源的 URL；data 表示与请求一起发送到服务器的普通对象或字符串，如果 data 以对象形式提供，则使用 POST 方法，否则使用 GET 方法；complete 表示请求成功时执行的回调函数，它接收 3 个参数，分别表示服务器响应的文本、响应状态文本和 XMLHttpRequest 对象。在该回调函数中，可以用 this 关键字来引用匹配的元素。

.load()方法是从服务器获取数据的简便方法，它相当于：

```
$.get(url, data, success);
```

.load()是一个方法，而不是全局函数，它包含一个隐式回调函数。当系统检测到该隐式回调函数成功响应时，.load()方法将修改匹配元素的 innerHTML 属性，从而将该元素的 HTML 内容设置为返回的数据。例如：

```
$("#result").load("ajax/test.html", function() {
    alert("数据加载成功");
});
```

与$.get()函数不同的是，.load()方法可以用于加载页面碎片，即插入远程文档的一部分。这是通过 url 参数的特殊语法实现的。如果字符串中包含一个或多个空格字符，则假定第一个空格后面的字符串部分是确定要加载的内容的 jQuery 选择器。例如：

```
$("#result" ).load("ajax/test.html #container");
```

当这个方法执行时，它会检索文件 ajax/test.html 的内容，然后通过 jQuery 解析返回的文档，找到 id 为 container 的元素，再将该元素及其内容插入 id 为 result 的元素中，并丢弃检索到的文档的其余部分。

【例 5.7】改写例 5.6，通过 jQuery 实现 AJAX。复制源文件 page05_06.php 并将副本重命名为 page05_07.php，在导入 jQuery 后，只需要重新编写 JavaScript 脚本，源代码如下。

```
<script src="../js/jquery-1.11.3.min.js"></script>
<script>
    $(function () {                                  //文档加载就绪时执行的函数
        $("#username").blur(function () {            //绑定用户名文本框的 blur 事件
            //从服务器上请求 check_username.php，以对象形式发送用户名
            //用 POST 方法发送数据，将返回的内容放入 id 为 msg 的元素内
            $("#msg").load("check_username.php", {username: this.value});
        });
        $("#confirm").blur(function () {             //绑定确认密码输入框的 blur 事件
            if ($("#password").val() != $("#confirm").val()) {
                alert("两次输入的密码不一致！");
            }
        });
    });
</script>
```

5.4　Cookie 应用

Cookie 是一种在客户端浏览器储存数据并以此来跟踪和识别用户的机制，它提供了一种在 Web 应用程序中存储用户特定信息的方法。当用户访问网站时，Cookie 可以用来存储用户首选项或其他信息。当该用户再次访问网站时，应用程序可以检索以前存储的信息。本节介绍 Cookie 的基本知识，以及如何在 PHP 中设置和读取 Cookie。

5.4.1　Cookie 概述

Cookie，有时也用其复数形式 Cookies，在英文中通常是指与牛奶一起吃的小点心。然而，在

Web 开发领域中，Cookie 一词却具有完全不同的含义。Cookie 是指由服务器发送给客户端浏览器并存储在客户端计算机上的文本文件，其中包含少量文本信息，它随着用户请求与页面一起在 Web 服务器与浏览器之间传递。当浏览器运行时，Cookie 存储在计算机内存中，一旦用户从网站结束访问，Cookie 也可以存储在客户端计算机的硬盘上。

Cookie 包含着用户每次访问网站时 Web 应用程序读取的信息。当用户请求网站中的页面时，应用程序发送的不仅是一个页面，还有一些包含日期和时间的 Cookie，客户端浏览器在获得该页面的同时还获得了 Cookie，并将 Cookie 以文本文件形式存储在用户硬盘上的某个文件夹中。如果该用户再次请求网站中的页面，则在其输入 URL 时，客户端浏览器会在本地硬盘上查找与该 URL 相关联的 Cookie。如果找到了这样的 Cookie，则浏览器会将这些 Cookie 与页面请求一起发送到网站服务器。在服务器上，可以设置要发送到客户端浏览器的 Cookie，也可以接收由客户端发来的 Cookie 信息，并根据这些信息对 Web 应用程序进行定制，例如，不必输入用户名和密码就可以实现用户的自动登录等。

使用 Cookie 有以下几个优点。

- 不占用任何服务器资源，Cookie 存储在客户端并在发送后由服务器读取。
- Cookie 是一种基于文本的轻量结构，包含简单的键/值对。
- 可以配置到期规则，Cookie 既可以在浏览器会话结束时到期，也可以在客户端计算机上无限期存在，这取决于客户端的到期规则。
- 客户端计算机上 Cookie 的持续时间取决于客户端上的 Cookie 过期处理和用户干预，Cookie 通常是客户端上持续时间最长的数据保留形式。

使用 Cookie 有以下几个缺点。

- 大部分浏览器对 Cookie 的数目和每个 Cookie 的大小都有所限制。
- 有些用户禁用了浏览器接收 Cookie 的功能，因此限制了这一功能的应用。
- 用户可能会操纵其计算机上的 Cookie，这会对安全性造成潜在风险，或者导致依赖于 Cookie 的应用程序失败。

5.4.2 设置 Cookie

在 PHP 中，可以使用 setcookie()函数向客户端发送 Cookie，语法格式如下。

```
    setcookie(string $name[, string $value[, int $expire[, string $path[, string
$domain [, bool $secure[, bool $httponly]]]]]] ) : bool
```

其中，name 表示 Cookie 的名称；value 表示 Cookie 的值，该值储存于用户电脑。需要注意的是，Cookie 不能用来储存敏感信息。例如，Cookie 的名称为“cookiename”，可以通过 $_COOKIE["cookiename"]来获取其值。

expire 指定 Cookie 的过期时间，其值为时间戳，即 UNIX 纪元以来的秒数，在使用该参数时，可以用 time()函数的结果加上希望过期的秒数。例如，“time()+60*60*24*30”表示 Cookie 在 30 天后过期。如果该参数被设置为 0 或被忽略，则 Cookie 会在关掉浏览器（会话结束）时过期。

path 指定 Cookie 有效的服务器路径。当该参数被设置为“/”时，Cookie 对整个域名 domain 有效。如果将该参数设置为“/foo/”，则 Cookie 仅对 domain 中“/foo/”目录及其子目录（如“/foo/bar/”）有效。其默认值是设置 Cookie 时的当前目录。

domain 指定 Cookie 的有效域名或子域名。当 domain 被设置为子域名（如“www.example.com”）时，Cookie 对这个子域名及其三级域名有效（如“w2.www.example.com”）。如果要让 Cookie 对整个域名及其全部子域名有效，则将 domain 设置为域名（如“example.com”）即可。

secure 表示这个 Cookie 是否仅通过安全的 HTTPS 连接传给客户端。当 secure 被设置成 true 时，只有安全连接存在时才会设置 Cookie。如果是在服务器端处理这个需求，则程序员只能通过安全连接来发送此类 Cookie（通过$_SERVER["HTTPS"]判断）。

httponly 为布尔型，如果它被设置为 true，则 Cookie 仅可以通过 HTTP 协议访问。换言之，Cookie 无法通过类似 JavaScript 这样的脚本语言访问。如果要有效减少跨站脚本攻击时的身份窃取行为，则建议使用此设置（不是所有浏览器都支持）。

如果在调用 setcookie()函数之前就产生了输出，则该函数调用失败并返回 false。如果该函数调用成功，则该函数返回 true，但这并不说明用户接受了 Cookie。

由 setcookie()函数设置的 Cookie 会与其他 HTTP 标头一起发送给客户端，与其他 HTTP 标头一样，必须在脚本产生任意输出之前发送 Cookie（由于协议的限制），因此应在产生任何输出之前（包括<html>、<head>或空格）调用 setcookie()函数。

根据需要，可以将 Cookie 的名称设置成一个数组，但是 Cookie 数组中每个元素的值会被单独保存在客户端计算机中。可以考虑通过 explode()函数用多个名称和值设定一个 Cookie。但是，不建议将 setcookie ()函数用于此目的，因为它可能会导致一个安全漏洞。

将 Cookie 的值设置为 false，会使客户端尝试删除此 Cookie，因此，如果要在 Cookie 上保存 true 或 false，则不应直接使用布尔值，而应用 0 表示 false，用 1 表示 true。

在对同一个参数再次设置 Cookie 之前，必须先把它删除。Cookie 必须用与设定时相同的参数才能删除。如果 value 参数值是一个空字符串或 false，expire 参数值为 time()函数值加上或减去某个正整数，且其他参数值均与前一次调用 setcookie()函数时相同，则指定名称的 Cookie 会在客户端计算机上被删除。

向客户端发送 Cookie 的示例如下。

```
<?php
$value = 'something from somewhere';
setcookie("TestCookie", $value);
setcookie("TestCookie", $value, time()+3600);      //1 小时过期
setcookie("TestCookie", $value, time()+3600, "/~rasmus/", "example.com", 1);
?>
```

注意：当发送 Cookie 时，其值会被 urlencode()函数进行自动编码；当收到 Cookie 时，则会自动解码并赋值到 Cookie 名称。如果不想被编码，可以使用 setrawcookie()函数来代替 setcookie()函数。

如果要删除一个 Cookie，则应设置过期时间为过去，以触发浏览器的删除机制。以下示例展示了如何删除 Cookie。

```
<?php
//设置 Cookie 的过期时间为一个小时前
setcookie("TestCookie", "", time() - 3600);
setcookie("TestCookie", "", time() - 3600, "/~rasmus/", "example.com", 1);
?>
```

通过带数组标记的 Cookie 名称，可以将 Cookie 设置成数组。如果有数组元素，可以将其放进 Cookie。例如：

```
<?php
setcookie("cookie[three]", "cookiethree");
setcookie("cookie[two]", "cookietwo");
setcookie("cookie[one]", "cookieone");
?>
```

在使用 Cookie 时，应注意以下事项。

- 如果创建 Cookie 时不设置过期时间，则其生命周期为浏览器会话的期间，只要关闭浏览器，Cookie 就会消失。这种 Cookie 也称为会话 Cookie，它一般不保存在硬盘上，而是保存在计算机的内存中。

- 一个浏览器能创建的 Cookie 数量最多为 30 个，并且每个 Cookie 的容量不能超过 4KB，每个 Web 站点能设置的 Cookie 总数不能超过 20 个。
- Cookie 是存储在客户端的，如果用户禁止使用 Cookie，Cookie 就会失去作用。由于浏览器会拦截 Cookie，并且询问用户是否允许使用 Cookie，因此在应用开发中不能过分依赖 Cookie，否则有可能无法实现预期的功能。

需要注意的是，在使用 Cookie 前，应当对客户端浏览器是否支持 Cookie 进行测试。HTML DOM Navigator 对象有一个 cookieEnabled 属性，其值为布尔型，如果浏览器启用了 Cookie，则该属性值为 true；如果浏览器禁用了 Cookie，则该属性值为 false。

【例 5.8】 测试浏览器是否启用了 Cookie。源文件为 05/page05_08.php，源代码如下。

```
<?php
function cookieEnabled(): bool {
    if (isset($_GET["test"])) {
        return isset($_COOKIE["test_cookie"]);
    } else {
        setcookie("test_cookie", "yes");
        header("Location:" .$_SERVER["PHP_SELF"] ."?test=1");
    }
}
?>
<!doctype html>
<html>
<head>
<meta charset="utf-8">
<title>测试浏览器是否启用了 Cookie</title>
</head>

<body>
<h3>浏览器是否启用 Cookie 测试</h3>
<hr>
<?php
echo "<b>PHP 测试结果</b><br>";
echo "当前浏览器" .( cookieEnabled() ? "已" : "未" ) ."启用 Cookie。<br>"
?>
<script>
    document.writeln("<b>JavaScript 测试结果</b><br>")
    document.writeln("当前浏览器" + (navigator.cookieEnabled ? "已" : "未") + "启
用 Cookie。")
</script>
</body>
</html>
```

本例在页面开头编写了一个名称为 cookieEnabled 的 PHP 函数，用于测试浏览器是否支持 Cookie，这个函数的返回值为布尔型，如果浏览器支持 Cookie，则返回 true，否则返回 false。本例分别用 PHP 和 JavaScript 测试浏览器是否启用了 Cookie，在 Chrome 浏览器(临时关闭了 Cookie)和 IE 浏览器中的运行结果如图 5.15 和图 5.16 所示。

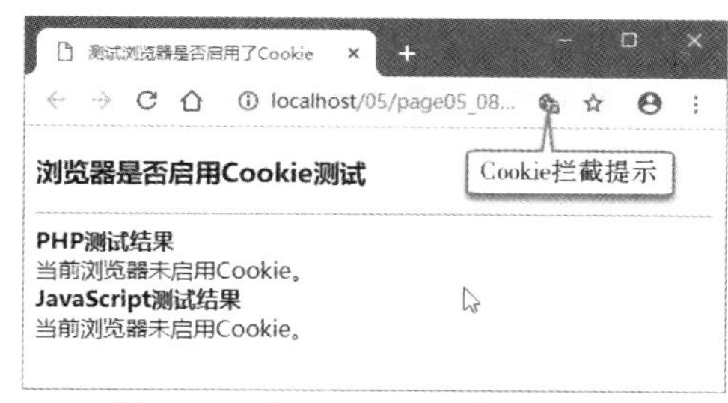

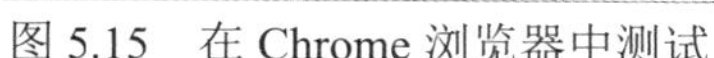

图 5.15　在 Chrome 浏览器中测试

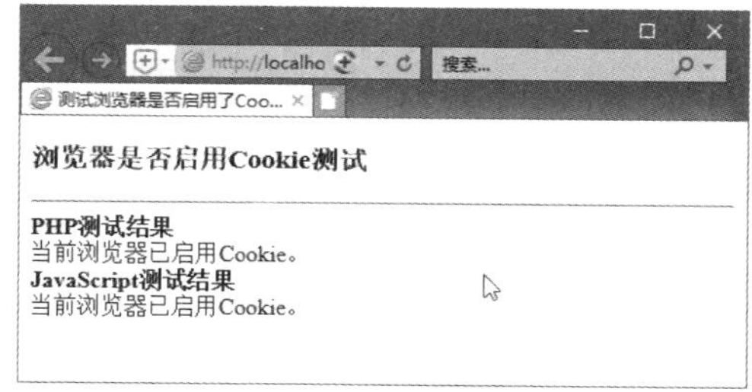

图 5.16　在 IE 浏览器中测试

5.4.3　获取 Cookie

如果在某个页面上设置了 Cookie，则可以使用预定义数组$_COOKIE 来获取 Cookie 的值，语法格式如下。

```
$_COOKIE["名称"]
```

其中，名称表示调用 setcookie()函数时使用的 name 属性值。

另外，Cookie 值同样也存在于预定义数组$_REQUEST 中。

Cookies 不会在设置它的页面上立即生效。如果要测试一个 Cookie 是否设置成功，则可以刷新当前页面，或者在 Cookie 到期之前打开其他页面来访问其值。在使用 Cookie 前，可以先用 isset()或 empty()函数对其进行测试。

以下代码首先对$_COOKIE 数组进行测试，然后将该数组中的所有元素分为单项和数组两种情况进行打印输出。

```
if (isset($_COOKIE)) {
    echo "<ul>";

    foreach ($_COOKIE as $name => $value) {
        if (is_array($_COOKIE[$name])) {
            echo "<li>Cookie 数组{$name}: <ul>";
            foreach ($_COOKIE[$name] as $key => $content) {
                echo "<li>键名={$key}; 值={$content}";
            }
        } else {
            echo "<li>单个 Cookie: 名称={$name}; 值={$value}";
        }
    }
}
```

【例 5.9】Cookie 应用示例。本例包含以下两个源文件。

源文件 05/page05_09_login.html 为登录页，源代码如下。

```
<!doctype html>
<html>
<head>
<meta charset="utf-8">
<title>网站登录</title>
<style>
h3{
    text-align: center;
}
table {
    margin: 0 auto;
}
td {
    padding: 6px;
}
```

```
    td:first-child {
        text-align: right;
    }
    input[type=submit],input[type=reset]{
        width: 4em;
    }
    </style>
    <script>
    window.onload = function () {                          //文档加载就绪时执行此匿名函数
        //获取<input type=checkbox>对象
        var autoEle = document.getElementById("auto");
        var expireEle = document.getElementById("expire");//获取<select>对象
        remEle.onclick = function () {                     //选中复选框时执行此函数
            expireEle.disabled = !autoEle.checked;         //设置是否启用列表框
        };
    };
    </script>
    </head>

    <body>
    <h3>网站登录</h3>
    <form method="post" action="page05_09_index.php">
    <table>
        <tr>
            <td><label for="username">用户名: </label></td>
            <td><input id="username" name="username" type="text"
                     required placeholder="请输入用户名"></td>
        </tr>
        <tr>
            <td><label for="password">密码: </label></td>
            <td><input id="password" name="password" type="password"
                     required placeholder="请输入密码"></td>
        </tr>
        <tr>
            <td> </td>
            <td><label><input id="auto" name="auto" type="checkbox" value="1">自动登
录</label>
                <select disabled="disabled" id="expire" name="expire">
                    <option value="-86400" selected>禁用</option>
                    <option value="86400">1 天内</option>
                    <option value="604800">1 周内</option>
                    <option value="1296000">半个月内</option>
                    <option value="2592000">1 个月内</option>
                    <option value="7776000">3 个月内</option>
                </select></td>
        </tr>
        <tr>
            <td> </td>
            <td><input type="submit" name="submit" value="登录">
                  <input type="reset" value="重置"></td>
        </tr>
    </table>
    </form>
    </body>
    </html>
```

源文件 05/page05_09_index.php 为网站首页，源代码如下。

```
    <?php
```

```
    setcookie("username", "");
    $users = [
        ["username" => "张三", "password" => "123456"],
        ["username" => "李四", "password" => "abcdef"],
        ["username" => "王强", "password" => "ghijkl"]
    ];
    if (isset($_COOKIE["username"])) {           //如果先前登录成功并保存了用户名
        $username = $_COOKIE["username"];
    } elseif (isset($_POST["username"])) {      //如果从登录页提交了用户名
        $username = $_POST["username"];
        $password = $_POST["password"];
        for ($i = 0; $i < count($users); $i++) {
            if ($users[$i]["username"] == $username) break;
        }
        if ($i < count($users) &&$username == $users[$i]["username"]
                    && $password == $users[$i]["password"]) { //验证登录信息
            if (isset($_POST["auto"])) {                   //若选中了“自动登录”复选框
                $expire = $_POST["expire"];
                $expire = time() + (int)$expire;           //设置 Cookie 过期时间
                setcookie("username", $username, $expire); //发送 Cookie（用户名）
            }
        } else {                                           //提交的数据与预存的数据不匹配
            echo <<<MSG
    <script>
    alert("用户名或密码错误，登录失败！");
    location.href="page05_09_login.html";
    </script>
    MSG;
        }
    }
    ?>
    <!doctype html>
    <html>
    <head>
    <meta charset="utf-8">
    <title>网站首页</title>
    <style>
    header > * {
        font-size: 14px;
        float: left;
        margin: 0;
    }
    ul {
        margin: 0
    }

    nav li {
        list-style-type: none;
        float: left;
        margin-right: 20px;
    }
    nav li a {
        text-decoration: none;
        color: navy;
    }
    </style>
    </head>
```

```
<body>
<header>
<h1>网站首页</h1>
<nav>
<?php
echo "<ul>";
echo "<li>" .( isset($username) ? $username : "游客" ) .", 欢迎您！</li>";
if (!isset($username)) {                                             //如果未登录成功
    echo "<li><a href=\"page05_09_login.html\">登录</a></li>"; //则显示“登录”链接
}
echo "</ul>";
?>
</nav>
</header>
<hr style="clear: both;">
<p><?php echo $username; ?>, 欢迎您光临本网站！</p>
</body>
</html>
```

在本例中，在未经登录进入首页时，会显示“登录”链接；在登录失败时会弹出对话框，提示错误并跳转到登录页，在登录页上输入用户名和密码后，可选中“自动登录”复选框并选择 Cookie 的保存时长，如图 5.17 所示；在登录成功时，用户名会被保存到 Cookie 中，此时关闭浏览器，然后直接访问首页，将不再弹出对话框，而是会从 Cookie 中获取用户名并显示在首页，如图 5.18 所示。

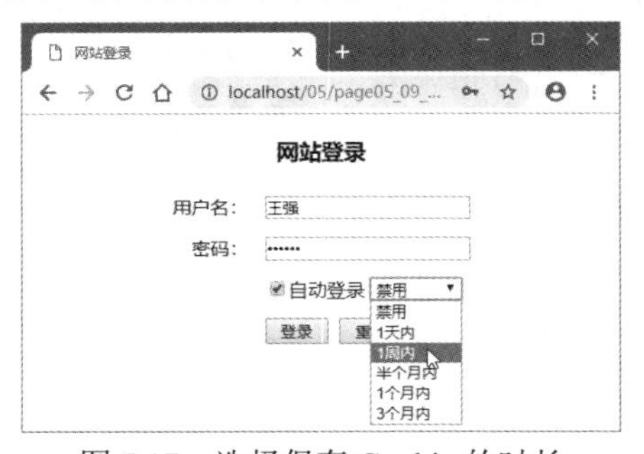

图 5.17　选择保存 Cookie 的时长

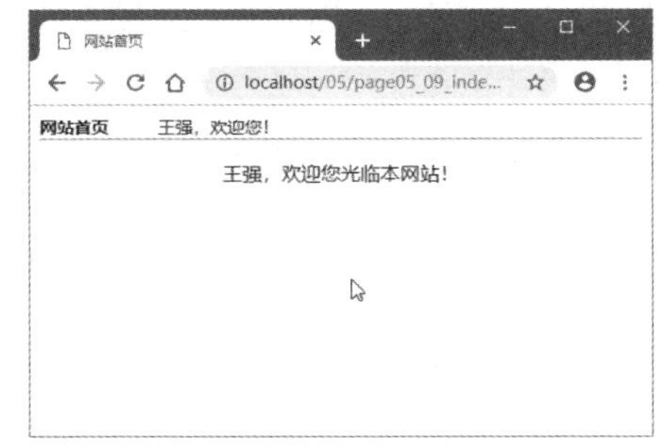

图 5.18　登录成功进入首页

5.5　会话管理

Web 中的会话（Session）是指用户通过浏览器进入某个网站到关闭浏览器的整个过程。在 PHP 中，可以使用会话变量保存客户端状态信息，并使这些信息在整个会话周期内对网站的所有页面可用。通过这种会话机制可以保存用户连续访问 Web 应用时的相关数据，供 Web 应用程序所使用。本节介绍如何在 PHP 中创建和管理会话。

5.5.1　会话概述

当在计算机上运行一个应用程序时，用户会打开该应用程序，然后做一些更改，最后再关闭该应用程序，这很像一次会话过程。在这种情况下，计算机知道用户是谁，知道用户何时启动应用程序，并在何时结束应用程序的运行。但是，在 Internet 上却存在一个问题：服务器不知道用户是谁，也不知道用户要做什么，这是因为 HTTP 地址不能维持状态。

实际上，HTTP 协议是一种无状态的协议，即 Web 服务器不跟踪连接它们的浏览器，也不跟踪用户的各个页面请求。Web 服务器在每次接收对页面的请求并向用户的浏览器发送相关页面后，都会“忘记”进行请求的浏览器和它发送的页面。当同一用户再次请求另一个相关页面时，Web 服务器会发送这个页面，但它并不知道发给该用户的上一个页面是什么。

HTTP 的无状态本性使得它成为一种简单而易于实现的协议，因此也使得越高级的 Web 应用程序（如个性化所生成的内容）越难实现。例如，为了给单个用户自定义站点内容，必须先标识出该用户。许多 Web 站点都使用某种用户名/密码登录形式来实现这个目的。如果需要显示多个自定义的页面，则需要一种跟踪登录用户的机制，因为多数用户不能接受为站点的每一个页面提供其用户名和密码。

为了创建复杂的 Web 应用程序并在所有站点页间存储用户提供的数据，多数应用程序服务器技术都提供了对会话管理的支持。会话管理使 Web 应用程序能够在多个 HTTP 请求之间维持状态，使用户对网页的请求在给定时间段内可以视为同一交互会话的一部分。

在会话管理中，使用会话变量来保存会话中的数据。在默认情况下，会话变量存储在服务器的文件系统中，这不同于 Cookie，后者是存储在客户端计算机上。但会话变量与 Cookie 之间又存在关联，当用户请求服务器上的页面时，服务器会读取客户端发送的 Cookie，并据此来识别该用户，以及检索存储在服务器内存中该用户的会话变量。

会话变量用于存储 Web 应用程序中每一个页面都能访问的信息。信息可以是多种多样的，例如，用户名、首选字体大小、指示用户是否成功登录的标记或访问权限等。会话变量的另一个常见用途是保存连续分数。例如，到目前为止用户在网上测验中答对的题数，或者到目前为止用户在电子商务网站目录中选择的商品（购物车）。

会话变量存储着用户的会话生命周期内的信息。当用户第一次打开 Web 应用程序中的某一个页面时，即标志着用户会话的开始。当用户一段时间内不再打开该应用程序中的其他页面，或者用户明确终止该会话时（通常是通过单击“注销”链接终止的），即标志着会话的结束。在会话存续期间，会话特定于单个用户，每个用户都有单独的会话。

会话变量还可以提供一种超时形式的安全机制，这种机制在用户账户长时间不活动的情况下，会终止该用户的会话。如果用户忘记从 Web 站点注销，则这种机制会释放服务器的内存和处理器资源。

5.5.2 会话管理函数

PHP 提供的会话管理函数及其功能如表 5.3 所示，其中未列出已从 PHP 中移除的函数。通过 PHP 会话管理函数可以在连续的多次请求中保存用户数据并对会话过程进行管理，从而构建更加个性化的 Web 应用程序并增加网站的吸引力。

表 5.3 PHP 会话管理函数及其功能

函　数	功　能
session_abort	丢弃会话数组更改并完成会话
session_cache_expire	返回当前缓存的到期时间
session_cache_limiter	读取/设置缓存限制器
session_create_id	创建新的会话 ID
session_decode	解码会话数据
session_destroy	销毁一个会话中的全部数据
session_encode	将当前会话数据编码为一个字符串
session_gc	执行会话数据垃圾回收
session_get_cookie_params	获取会话 Cookie 参数
session_id	获取/设置当前会话 ID
session_module_name	获取/设置会话模块名称
session_name	读取/设置会话名称

续表

函　数	功　能
session_regenerate_id	使用新生成的会话 ID 更新现有会话 ID
session_register_shutdown	关闭会话
session_register	使用当前会话注册一个或多个全局变量
session_reset	使用原始值重新初始化会话数组
session_save_path	读取/设置当前会话的保存路径
session_set_cookie_params	设置会话 Cookie 参数
session_set_save_handler	设置用户自定义会话存储函数
session_start	启动新会话或者重用现有会话
session_status	返回当前会话状态
session_write_close	写入会话数据并结束会话

5.5.3 启动会话

在使用会话变量存储信息时，需要先启动一个会话。在 PHP 中，启动会话的方式包括手动启动和自动启动。

1. 手动启动会话

在 PHP 中，可以使用 session_start()函数来启动新会话或重用现有会话，语法格式如下。

```
session_start([array $options]) : bool
```

其中，options 是一个关联数组，如果提供该参数，则会用其中的项目覆盖 PHP 配置文件 php.ini 中的会话配置项。该数组中的键不需要包含“session.”前缀。除了常规会话配置项，还可以在此数组中包含 read_and_close 选项。如果将该选项的值设置为 true，则会话文件会在读取完毕之后马上关闭，从而在会话数据没有变动的情况下避免不必要的文件锁。例如：

```
<?php
session_start([
    'cookie_lifetime' => 86400,        //设置 Cookie 的有效时间为 1 天（86400s）
    'read_and_close' => true,          //读取会话后立即关闭会话存储文件
]);
```

如果成功启动会话，则 session_start()函数返回 true；如果无法启动会话，则 session_start()函数返回 false，并且不会初始化预定义数组$_SESSION。

session_start()函数会创建一个新的会话或重用现有的会话。如果通过调用 session_start()函数开始一个会话，则 PHP 会尝试从请求中查找会话 ID；如果通过使用 Cookie 或 URL 提交了会话 ID，则会重新启用现有的会话。如果请求中不包含会话 ID，则 PHP 会创建一个新会话并生成新的会话 ID。

2. 自动启动会话

在某个页面中启动会话并设置会话数据后，如果要在其他页面中使用会话数据，则仍然需要调用 session_start()函数来启动已有的会话，否则将无法获取会话中的数据。为了在用户访问网站时自动启动会话，可以在配置文件 php.ini 中将会话配置项 session.auto_start 设置为 1，并重启 Apache 使该设置生效。

会话配置项 session.auto_start 指定会话模块是否在请求开始时自动启动一个会话，其默认值为 0，表示不启动会话。

在 PHP 中，会话保存方式由配置文件 php.ini 中的配置项 session.save_handler 指定，默认值为 files，即通过服务器端文件来保存会话数据。会话文件的路径由配置项 session.save_path 指定，文件名以 sess_为前缀，后面连接会话 ID，文件中的数据是序列化之后的会话数据。网站的访问量越

大，产生的会话文件越多。为了提高效率，可以设置分级目录来保存会话文件，并将配置项session.save_path 设置为“N;/save_path”，其中，N 为分级的级数，save_path 为开始目录。

5.5.4　检查会话状态

如果在已经启动会话的情况下调用 session_start()函数，则会出现错误，提示信息为“A session had already been started”。为了避免出现这种情况，可以使用 session_status()函数来检查当前的会话状态，语法格式如下。

```
session_status(void) : int
```

session_status()函数的返回值为常量或整数，有以下 3 种可能的取值。

- PHP_SESSION_DISABLED（0）：表示会话被禁用。
- PHP_SESSION_NONE（1）：会话是启用的，但不存在当前会话。
- PHP_SESSION_ACTIVE（2）：会话是启用的，而且存在当前会话。

在调用 session_start()函数之前，可以使用 session_status()函数对当前会话状态进行检查，并根据检查结果来决定是否调用 session_start()函数，语法格式如下。

```
if (session_status() !== PHP_SESSION_ACTIVE) session_start();
```

或者，使用如下语法格式。

```
if(session_status() === PHP_SESSION_NONE) session_start();
```

5.5.5　存取会话变量

所有会话数据均存储在预定义数组$_SESSION 中。如果要将信息存储到数组$_SESSION 中，则应向该数组添加一个元素，语法格式如下。

```
$_SESSION["键名"] = 值;
```

$_SESSION 数组中的每一个元素，也称为一个会话变量。在$_SESSION 数组中，可以存储各种类型的数据，这些数据可以是整数、浮点数和字符串，也可以是对象和数组等。例如：

```
<?php
$_SESSION["username"] = $_POST["username"];
$_SESSION["userinfo"] = [
    "gender" = > $POST["gender"],
    "email" => $POST["email"],
    "birthdate" => $POST["birthdate"]
];
?>
```

在一个 PHP 页面中启动会话后，可以将数据存储在会话变量中。从当前页面进入其他页面后，如果要使用会话数据，则应先使用 session_start()函数启动会话，然后通过预定义数组$_SESSION 来访问会话变量。在使用一个会话变量的值之前，可以通过使用 isset()或 empty()函数来检查该会话变量是否存在。例如：

```
<?php
if (!isset($_SESSION["username"]) {
    $username = $_SESSION["username"];
} else {
    echo "会话变量当前不存在！";
}
?>
```

会话变量是存储在服务器端的文件中的。为了减少对服务器资源的占用，在会话变量使用完毕后，应使用 unset()函数释放给定的会话变量，语法格式如下。

```
unset(mixed $var[, mixed $...] ) : void
```

使用 unset()函数可以一次销毁多个变量。

如果要销毁一个会话中的全部数据，则可以通过调用 session_destroy()函数来实现，语法格式如下。

```
session_destroy(void) : bool
```

session_destroy()用于销毁当前会话中的全部数据，但是不会重置当前会话所关联的全局变量，也不会重置会话 Cookie。如果要再次使用会话变量，则必须重新调用 session_start()函数。

通常情况下，不是通过调用 session_destroy()函数，而是通过直接清除$_SESSION 数组中的数据来清理会话数据，即：

```
$_SESSION = array();
```

为了彻底销毁会话数据，必须同时重置会话 ID。如果要通过 Cookie 方式传送会话 ID，则需要同时调用 setcookie()函数来删除客户端的会话 Cookie。例如：

```
<?php
if (session_status() !== PHP_SESSION_ACTIVE) session_start(); //开始会话
$_SESSION = array();                                      //重置会话中的所有变量
if (ini_get("session.use_cookies")) {     //用 ini_get()函数获取一个配置选项的值
    $params = session_get_cookie_params();                //获取会话 Cookie 参数
    setcookie(session_name(), '', time() - 42000,         //传入相同参数以删除会话
Cookie
        $params["path"], $params["domain"],
        $params["secure"], $params["httponly"]
    );
}
session_destroy();                                        //最后销毁会话
?>
```

【例 5.10】会话管理示例。本例包含以下 3 个源文件。

源文件 05/page05_10_login.php 为登录页，源代码如下。

```
<?php
$users = [
    ["username" => "张三", "password" => "123456"],
    ["username" => "李四", "password" => "abcdef"],
    ["username" => "王强", "password" => "ghijkl"]
];
if (isset($_POST["submit"])) {
    $username = $_POST["username"];
    $password = $_POST["password"];
    for ($i = 0; $i < count($users); $i++) {
        if ($users[$i]["username"] == $username) break;
    }
    if ($i < count($users) && $username == $users[$i]["username"]
        && $password == $users[$i]["password"]) {
        session_start();
        $_SESSION["username"] = $_POST["username"];
        $_SESSION["password"] = $_POST["password"];
        header("Location:page05_10_index.php");
    } else {
        echo <<<MSG
<script>
alert("用户名或密码错误，登录失败！");
document.getElementById("username").focus();
</script>
MSG;
    }
}
?>
<!doctype html>
<html>
```

```
<head>
<meta charset="utf-8">
<title>网站登录</title>
<style>
h3 {
   text-align: center;
}
table {
   margin: 0 auto;
}
td {
   padding: 6px;
}
td:first-child {
   text-align: right;
}
input[type=submit], input[type=reset] {
   width: 4em;
}
</style>
</head>

<body>
<h3>网站登录</h3>
<form method="post" action="">
<table>
   <tr>
      <td><label for="username">用户名：</label></td>
      <td><input id="username" name="username" type="text"
               required placeholder="请输入用户名"></td>
   </tr>
   <tr>
      <td><label for="password">密码：</label></td>
      <td><input id="password" name="password" type="password"
               required placeholder="请输入密码"></td>
   </tr>
   <tr>
      <td> </td>
      <td><input type="submit" name="submit" value="登录">
             <input type="reset" value="重置"></td>
   </tr>
</table>
</form>
</body>
</html>
```

源文件 05/page05_10_index.php 为网站首页，源代码如下。

```
<!doctype html>
<html>
<head>
<meta charset="utf-8">
<title>网站首页</title>
<style>
header > * {
   font-size: 14px;
   float: left;
   margin: 0;
}
```

```
ul {
    margin: 0
}
nav li {
    list-style-type: none;
    float: left;
    margin-right: 20px;
}
nav li a {
    text-decoration: none;
    color: navy;
}
p {
    text-align: center;
}
</style>
</head>

<body>
<header>
<h1>网站首页</h1>
<nav>
<?php
session_start();
echo "<ul>";
if (isset($_SESSION["username"])) {                                      //若登录成功
    $username = $_SESSION["username"];
    echo "<li>{$username}，欢迎您！</li>";
    //则显示“退出登录”链接
    echo "<li><a href=\"page05_10_logout.php\">退出登录</a></li>";
} else {                                                                  //若未登录成功
    echo "<li>游客，欢迎您！</li>";
    echo "<li><a href=\"page05_10_login.php\">登录</a></li>";   //则显示“登录”链接
}
echo "</ul>";
?>
</nav>
</header>
<hr style="clear: both;">
<p><?php echo isset($_SESSION["username"])?$_SESSION["username"]:"游客"; ?>，欢
迎您光临本网站！</p>
</body>
</html>
```

源文件 05/page05_10_logout.php 为注销页，源代码如下。

```
<?php
session_start();                                       //开始会话
$_SESSION = [];                                        //重置会话中的所有变量
if (ini_get("session.use_cookies")) {                  //如果通过 Cookie 传递会话 ID
    $params = session_get_cookie_params();             //获取会话 Cookie 参数
    setcookie(session_name(), '', time() - 42000,  //传入相同参数以删除会话 Cookie
        $params["path"], $params["domain"],
        $params["secure"], $params["httponly"]
    );
}
session_destroy();                                     //最后销毁会话
header("Location:page05_10_login.php");                //重定向到登录页
?>
```

在浏览器中打开登录页，输入用户名和密码，然后单击“登录”按钮，如图 5.19 所示。如果输入的用户名或密码错误，则登录失败，如图 5.20 所示。如果输入的用户名密码正确，则登录成功并进入网站首页，此时导航栏显示“退出登录”超链接，如图 5.21 所示。当单击“退出登录”超链接时，会销毁当前会话，此时导航栏显示“登录”超链接，如图 5.22 所示。

图 5.19　网站登录页

图 5.20　登录失败

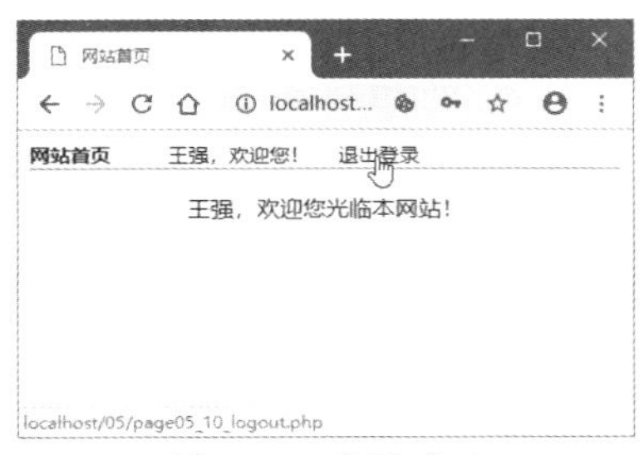

图 5.21　登录成功

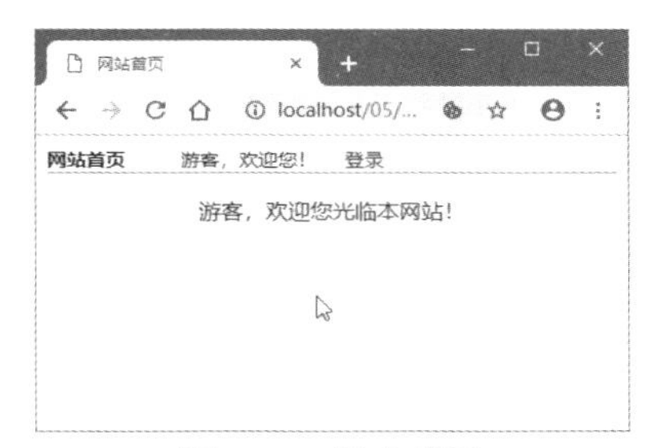

图 5.22　退出登录

习　题　5

一、选择题

1．form 表单的（　　）属性指定发送表单数据的 HTTP 方法。

A．accept-charset　　B．action

C．enctype　　D．method

2．要使用 input 元素生成数字输入框，应将其 type 属性设置为（　　）。

A．radio　　B．checkbox　　C．number　　D．range

3．要生成一组相互排斥的单选按钮，应将相关 input 元素的（　　）属性设置成相同的值。

A．id　　B．name　　C．value　　D．checked

4．在下列各项中，（　　）不属于 input 元素的 type 属性值。

A．email　　B．date　　C．search　　D．phone

5．要确保用户必须在一个文本框中输入内容，可对 input 元素设置（　　）属性。

A．readonly　　B．disabled　　C．required　　D．placeholder

6．当使用 POST 方法提交表单时，可通过超全局变量（　　）获取表单变量。

A．$_POST　　B．$_GET　　C．$_SESSION　　D．$_COOKIE

7．调用（　　）函数可销毁所有会话变量。

A．session_start()　　B．unset()

C．session_unset()　　D．session_destroy()

8．XMLHttpRequest 对象的（　　）属性返回一个 XMLHttpRequest 代理当前所处的状态。

A．readyState　　　　B．status

C．statusText　　　　D．responseText

二、判断题

1.（　　）在提交表单时，input 元素的名称和值会被发送到服务器。

2.（　　）若要确保用户在某个字段中输入的值符合指定模式，则可在相应表单控件中设置 pattern 属性。

3.（　　）URL 变量以星号（*）开始并采用“名称=值”形式。

4.（　　）如果某个网址后面连接了多个 URL 参数，则不同参数之间用一个“$”符号隔开。

5.（　　）若将一个 input 元素的 type 属性设置为 button，则所生成的按钮什么作用也没有。

6.（　　）Spry 构件不需要任何支持文件。

7.（　　）要对密码进行确认，可将 Spry 验证密码和 Spry 验证确认构件一起使用。

8.（　　）在表单控件中设置 pattern 属性，可以规定输入字段的值的模式或格式。

9.（　　）在通过会话变量存储信息时，不需要启动会话，即可将各种信息直接存储在会话变量中。

10.（　　）jQuery 提供的.load()方法可从服务器加载数据并将返回的 HTML 内容放入匹配元素中。

11.（　　）PHP 会话 ID 可以通过 Cookie 或 URL 传递。

三、简答题

1．如何使用 JavaScript 实现表单验证功能？

2．如何使用 HTML 5 实现表单验证功能？

3．生成 URL 参数有哪些方法？在 PHP 中，如何读取 URL 参数？

4．在不同页面之间跳转有哪些方法？

5．在 PHP 中，如何启动一个会话？如何用会话变量存储信息？

6．在 PHP 中，如何注销当前会话中的所有会话变量？如何结束一个会话？

7．什么是 Cookie？它有什么优点和缺点？

8．在 PHP 中，如何向客户端发送一个 Cookie？如何从 Cookie 变量中检索信息？

9．在 PHP 中，如何删除一个 Cookie？

10．一个 AJAX 交互过程主要有哪些处理步骤？

四、编程题

1．创建一个用于填写用户资料的表单，要求表单包含文本框、单选按钮、复选框、下拉式列表框和文本区域，并在提交表单后通过表格显示所提交的信息。

2．创建一个网站登录表单，要求通过编写 JavaScript 脚本对表单数据进行验证，若未输入用户名或密码，则阻止提交表单并显示提示信息。

3．创建一个用于填写用户资料的表单，要求使用 Spry 表单验证构件对用户输入的用户名、登录密码、确认密码、出生日期和电子邮件地址等进行验证。

4．创建一个用于填写个人信息的表单，要求使用 HTML 5 提供的新类型 input 元素和新增属性对用户输入的用户名、密码、出生日期、身份证号码、手机号码、电子邮件地址、身高、体重等进行验证。

5．创建一个学生简明信息表，要求将学生信息存储在数组中，在表格中单击“查看详细信息”超链接时，可显示所选学生的详细信息。

6．创建两个 PHP 动态网页，分别用于模拟网站的登录页和首页。在登录页中填写用户名和密码，并将这些信息保存在会话变量中；首页对已登录用户显示“登录”超链接、“注销”超链接和用户名，对未登录用户仅显示“登录”超链接，用户名为“游客”。

7．创建两个 PHP 动态网页，分别用于模拟网站的登录页和首页。在登录页中填写用户名和密码，并将这些信息存储在会话变量中；根据需要还可以选择自动登录并指定 Cookie 的有效时间。

8．创建两个 PHP 动态网页，其中一个页面用于实现用户注册功能，要求在输入用户名并离开输入文本时通过 jQuery 的 AJAX 功能来加载另一个页面的内容，并根据用户名是否存在显示不同信息。

第 6 章 PHP 文件处理

PHP 提供了丰富的文件处理函数，可以用来对文件和目录进行各种操作，包括将数据保存到文件中，从文件中读取数据，向文件中添加新数据或修改已有数据，以及获取从客户端上传的文件并进行相关处理等。本章介绍如何通过 PHP 实现文件操作、目录操作和文件上传操作等。

6.1 文件操作

在 PHP 中处理文件时经常会用到一些基本操作，例如，检查文件是否存在，打开和关闭文件，读写文件，对文件进行重命名，复制文件和删除文件等。本节介绍这些操作。

6.1.1 打开和关闭文件

在打开某个文件之前，可使用 file_exists()函数来检查该文件是否存在，语法格式如下。

```
file_exists(string $filename) : bool
```

其中，filename 表示要检查的文件或目录的路径。如果由 filename 指定的文件或目录存在，则 file_exists()函数返回 true，否则返回 false。例如：

```
<?php
$filename = "/path/to/test.txt";
if (file_exists($filename)) {
    echo "文件{$filename}存在。";
} else {
    echo "文件{$filename}不存在。";
}
?>
```

在操作一个文件之前，需要使用 fopen()函数打开该文件，语法格式如下。

```
fopen(string $filename , string $mode[, bool $use_include_path[, resource
$context]]) : resource
```

其中，filename 表示要打开的文件名或 URL，在 Windows 平台上需要转义文件路径中的每个反斜线（\）或正斜线（/）；mode 表示打开文件的方式，该参数可能的取值及说明如表 6.1 所示；最后两个参数均为可选参数。

表 6.1 mode 参数的取值及说明

参 数 值	说 明
"r"	以只读方式打开文件，并将文件指针指向文件头
"r+"	以读写方式打开文件，并将文件指针指向文件头
"w"	以写入方式打开文件，并将文件指针指向文件头，将文件大小截为零。若文件不存在，则尝试创建该文件
"w+"	以读写方式打开文件，并将文件指针指向文件头，将文件大小截为零。若文件不存在，则尝试创建该文件
"a"	以写入方式打开文件，并将文件指针指向文件尾。若文件不存在，则尝试创建该文件
"a+"	以读写方式打开文件，并将文件指针指向文件尾。若文件不存在，则尝试创建该文件
"x"	创建并以写入方式打开文件，并将文件指针指向文件头。若文件已存在，则 fopen()函数调用失败并返回 false，生成一条 E_WARNING 级别的错误信息。若文件不存在，则尝试创建该文件
"x+"	创建并以读写方式打开文件，并将文件指针指向文件头。若文件已存在，则 fopen()函数调用失败并返回 false，同时生成一条 E_WARNING 级别的错误信息。若文件不存在，则尝试创建该文件

续表

参数值	说明
"c"	打开文件仅供写入。如果该文件不存在，则创建该文件。如果该文件存在，则既不会截断（与"w"相对），也不会调用失败（像"x"那样）。将文件指针指向文件头。如果在尝试修改文件之前需要获取咨询锁，则该模式可能很有用，因为使用"w"可能会在获取咨询锁之前截断文件。如果需要截断文件，则可以在请求咨询锁之后使用 ftruncate()函数
"c+"	打开文件进行读写；否则它与"c"具有相同的行为

如果要打开本地的二进制文件，则需要在 mode 参数值后面添加上“b”标记，如“rb”“wb”等，在操作二进制文件时，如果不使用此标记，则有可能会损坏文件。

fopen()函数将 filename 指定的名称资源绑定到一个流上。如果 filename 为“scheme://...”格式，则视为一个 URL，PHP 使用搜索协议处理器（也称封装协议）来处理此模式。如果该协议尚未注册封装协议，则 PHP 会发出一条消息来帮助检查脚本中潜在的问题并将 filename 当成一个普通的文件名继续执行下去。如果要在 include_path 的值选项设置的路径中查找文件，则可以将参数 use_include_path 设置为 1 或 true，该参数默认值为 false。

如果打开文件成功，则 fopen()函数返回文件指针资源，否则返回 false。例如：

```
<?php
$handle = fopen("/home/rasmus/file.txt", "r");
$handle = fopen("/home/rasmus/file.gif", "wb");
$handle = fopen("http://www.example.com/", "r");
$handle = fopen("ftp://user:password@example.com/somefile.txt", "w");
?>
```

对已经打开的文件可以进行所需要的操作。在完成这些操作之后，应使用 fclose()函数将其关闭，语法格式如下。

```
fclose(resource $handle) : bool
```

其中，handle 是通过 fopen()函数成功打开的文件指针，该指针必须是有效的。fclose()函数将 handle 指向的文件关闭掉。如果关闭文件成功，则 fclose()函数返回 true，否则返回 false。例如：

```
<?php
$handle = fopen('somefile.txt', 'r');
fclose($handle);
?>
```

6.1.2 向文件中写入内容

在使用写入或读写模式打开一个文件后，就可以将数据内容写入该文件。下面介绍与文件写入操作相关的一些 PHP 函数。

（1）使用 is_writable()函数可以判断给定文件是否可写，语法格式如下。

```
is_writable (string $filename) : bool
```

其中，filename 指定要检查的文件名。如果文件存在并且可写，则 is_writable()函数返回 true，否则抛出 E_WARNING 警告。例如：

```
<?php
$filename = 'test.txt';
if (is_writable($filename)) {
    echo '文件可写。';
} else {
    echo '文件不可写。';
}
?>
```

（2）使用 fwrite()函数可以将一个字符串写入文件，语法格式如下。

```
fwrite(resource $handle, string $str[, int $length]) : int
```

其中，handle 指定要写入的文件，是通过 fopen()函数成功打开的文件指针；str 指定要写入的字符串；length 指定要写入的字节数。

fwrite()函数将 str 的内容写入 handle。如果指定了 length，则当写入 length 个字节或写完 str 后，就会停止写入。fwrite()函数返回写入的字符数，如果出现错误，则返回 false。例如：

```
<?php
$filename = 'test.txt';
$somecontent = "添加这些文字到文件\n";
if (is_writable($filename)) {
    if (!$handle = fopen($filename, 'a')) {
         echo "不能打开文件 $filename";
         exit;
    }
    if (fwrite($handle, $somecontent) === FALSE) {
        echo "不能写入文件 $filename";
        exit;
    }
    echo "成功地将 $somecontent 写入文件$filename";
    fclose($handle);
} else {
    echo "文件 $filename 不可写";
}
?>
```

（3）使用 vfprintf()函数可以将格式化字符串写入文件，语法格式如下。

```
vfprintf (resource $handle, string $format, array $args ) : int
```

其中，handle 指定要写入的文件，是通过 fopen()函数成功打开的文件指针；format 指定格式化字符串，参见 sprintf()函数；args 是一个数组，给出向文件中写入的根据 format 格式化后的字符串。vfprintf()函数返回输出字符串的长度。例如：

```
<?php
if (!($fp = fopen('date.txt', 'w'))) return;
$now = getdate();
vfprintf($fp, "%04d-%02d-%02d", [$now["year"], $now["mon"], $now["mday"]]);
?>
```

（4）使用 file_put_contents()函数可以将一个字符串写入文件，语法格式如下。

```
    file_put_contents(string $filename, string $data[, int $flags[, resource
$context]]) : int
```

其中，filename 指定要写入数据的文件名；data 指定要写入的数据，其类型可以是 string、array 或 stream 资源；flags 的取值可以是 FILE_USE_INCLUDE_PATH、FILE_APPEND 或 LOCK_EX（获得一个独占锁定）；context 表示一个 context 资源。

file_put_contents()函数返回写入指定文件内数据的字节数，并在失败时返回 false。调用 file_put_contents()函数，与依次调用 fopen()、fwrite()和 fclose()函数的功能相同。例如：

```
<?php
$file = "people.txt";
$current = file_get_contents($file);      //打开文件以获得现有内容
$current .= "李明\n";                     //在文件中添加新的人员
file_put_contents($file, $current);       //将内容写入文件
?>
```

【例 6.1】 写入文件示例。源文件为 06/page06_01.php，源代码如下。

```
<?php
if (isset($_POST["submit"])) {
    $filename = $_POST["filename"] .".html";
    $title = $_POST["title"];
    $content = $_POST["content"];
```

```
    $order = ["\r\n", "\n", "\r"];
    $replace = "<br>";
    $content = str_replace($order, $replace, $content);
$str = <<<HTML
<!doctype html>
<html>
<head>
<meta charset="utf-8">
<title>$title</title>
</head>

<body>
$content
</body>
</html>
HTML;
    if (!$handle = fopen($filename, 'a+')) {
        echo "不能打开文件 $filename";
        exit;
    }
    if (fwrite($handle, $str) === FALSE) {
        echo "不能写入文件 $filename";
        exit;
    }
    fclose($handle);
    header("Location:" .$filename);
}
?>
<!doctype html>
<html>
<head>
<meta charset="utf-8">
<title>写入文件示例</title>
<style>
h3 {
    text-align: center;
}
form {
    width: 356px;
    margin: 0 auto;
}

label {
    float: left;
    width: 6em;
    text-align: right;
    margin-top: 0px;
    margin-bottom: 0.5em;
}
br {
    clear: both;
}
input, textarea {
    width: 220px;
}
button {
    margin-left: 100px;
```

```
}
</style>
</head>

<body>
<h3>写入文件示例</h3>
<form method="post" action="">
<label for="filename">文件名：</label>
<input type="text" id="filename" name="filename" placeholder="输入文件名"
required>
<br>
<label for="title">网页标题：</label>
<input type="text" id="title" name="title" placeholder="输入网页标题" required>
<br>
<label for="content">文件内容：</label>
<textarea id="content" name="content" rows="6" placeholder="输入文件内容"
required></textarea>
<br>
<button name="submit">保存文件</button>
</form>
</body>
</html>
```

本例创建了一个 HTML 表单，用于输入文件名、网页标题和网页内容。当单击“保存文件”按钮时，可通过预定义数组$_POST 得到所提交的表单数据，并将网页内容中的换行符替换为 HTML
标签，然后以指定文件名生成 HTML 网页，并在关闭文件后通过重定向打开该网页，如图 6.1 和图 6.2 所示。

图 6.1　输入文件内容

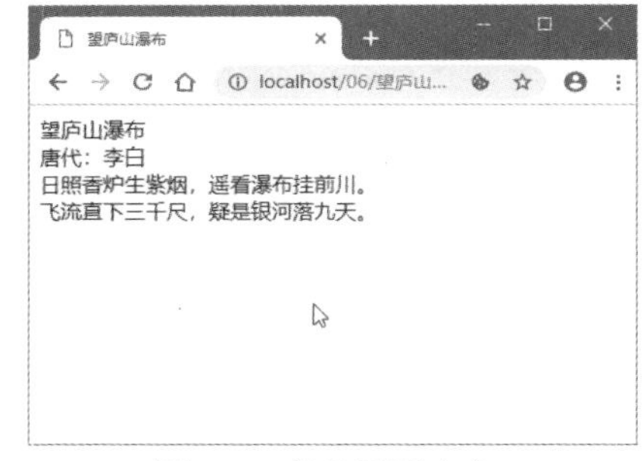

图 6.2　查看网页内容

6.1.3　从文件中读取内容

PHP 提供了许多可以用于读取文件内容的函数，在使用这些函数时，可以根据不同情况进行选择。下面介绍一些与文件读取操作相关的函数。

（1）使用 is_readable()函数可以判断给定文件名是否可读，语法格式如下。

```
is_readable(string $filename ) : bool
```

其中，filename 表示文件的路径。如果 filename 所指定的文件或目录存在并且可读，则 is_readable()函数返回 true，否则该函数返回 false。例如：

```
<?php
$filename = 'test.txt';
if (is_readable($filename)) {
    echo '文件可读。';
} else {
    echo '文件可读。';
}
?>
```

（2）使用 fgetc()函数可以从文件中读取字符串，语法格式如下。

```
fgetc(resource $handle ) : string
```

其中，handle 为文件指针，用于指定要读取的文件，必须指向由 fopen()函数成功打开的文件。fgetc()函数返回一个字符串，其中包含一个从 handle 指向的文件中得到的字符。当遇到文件结束时，该函数返回 false。例如：

```
<?php
$fp = fopen('somefile.txt', 'r');
if (!$fp) {
    echo '无法打开文件 somefile.txt';
}
while (false !== ($char = fgetc($fp))) {
    echo "$char\n";
}
?>
```

（3）使用 fgetcsv()函数可以从文件中读入一行并解析 CSV 字段，语法格式如下。

```
fgetcsv(resource $handle[, int $length[, string $delimiter[, string
$enclosure]]]) : array
```

其中，handle 为由 fopen()函数产生的一个有效文件指针，指定要读取的文件；length 指定要读取的长度，必须大于 CVS 文件内最长的一行，如果忽略该参数，则长度没有限制；delimiter 设置字段分界符（只允许一个字符），默认值为逗号；enclosure 设置字段环绕符（只允许一个字符），默认值为双引号。fgetcsv()函数解析读入的行并找出 CSV 格式的字段，然后返回包含这些字段的一个数组，如果 fgetcsv()函数出错或遇到文件结束，则返回 false。例如：

```
<?php
$row = 1;
if (($handle = fopen("test.csv", "r")) !== FALSE) {
    while (($data = fgetcsv($handle, 1000, ",")) !== FALSE) {
        $num = count($data);
        echo "<p>第{$row}行包含{$num}个字段：<br></p>\n";
        $row++;
        for ($c=0; $c < $num; $c++) {
            echo $data[$c] ."<br>\n";
        }
    }
    fclose($handle);
}
?>
```

（4）使用 fgets()函数可以从文件中读取一行，语法格式如下。

```
fgets(resource $handle[, int $length]) : string
```

其中，handle 指定要读取的文件；length 指定要读取的长度。fgets()函数从 handle 指向的文件中读取一行并返回长度最多为 length-1 字节的字符串，并在遇到换行符（包括在返回值中）、EOF 或已经读取了 length-1 字节后停止。如果没有指定 length，则其值默认为 1024 字节。如果 fgets()函数出错，则返回 false。例如：

```
<?php
$handle = @fopen("/tmp/inputfile.txt", "r");
if ($handle) {
    while (($buffer = fgets($handle, 4096)) !== false) {
        echo $buffer;
    }
    if (!feof($handle)) { //测试文件指针是否到了文件结束的位置
        echo "错误：意外的 fgets()函数调用失败。\n";
    }
    fclose($handle);
```

```
}
?>
```

（5）使用 file()函数可以将整个文件读入一个数组，语法格式如下。

```
file(string $filename[, int $use_include_path[, resource $context]]) : array
```

其中，filename 指定要读取的文件名；其他两个参数均为可选参数。如果要在 include_path 中查找文件，可将参数 use_include_path 的值设置为 1。file()函数将指定文件的内容作为一个数组返回，数组中的每个元素都是文件中相应的一行，包括换行符。如果 file()函数出错，则返回 false。例如：

```
<?php
$lines = file('http://www.baidu.com/');
foreach ($lines as $line_num => $line) {
    echo "<b>第{$line_num}行</b>: " .htmlspecialchars($line) ."<br>\n";
}
?>
```

（6）使用 file_get_contents()函数可以将整个文件读入一个字符串，语法格式如下。

```
file_get_contents(string $filename[, bool $use_include_path
    [, resource $context[, int $offset[, int $maxlen]]]]) : string
```

其中，filename 指定要读取的文件名；offset 指定从何处开始读取；maxlen 指定读取的最大长度。file_get_contents()函数在参数 offset 所指定的位置开始读取长度为 maxlen 的内容并返回所读取的数据，并在失败时返回 false。file_get_contents()函数是将文件的内容读入一个字符串的首选方法。例如：

```
<?php
$homepage = file_get_contents('http://www.baidu.com/');
echo $homepage;
?>
```

（7）使用 fread()函数可以读取文件（可安全用于二进制文件），语法格式如下。

```
fread(int $handle, int $length) : string
```

其中，handle 是指向待读取文件的指针；length 指定要读取的字节数。fread()函数从文件指针 handle 中读取最多 length 个字节。该函数在读取完 length 个字节数，或者在文件结束时，或者当一个包可用（对于网络流）时，或者在打开用户空间流之后已经读取了 8192 个字节时，就会停止读取文件。fread()函数返回所读取的字符串，并在出错时返回 false。例如：

```
<?php
$filename = "/usr/local/something.txt";
$handle = fopen($filename, "r");
$contents = fread($handle, filesize($filename));
fclose($handle);
?>
```

（8）使用 fscanf()函数可以从文件中格式化输入，语法格式如下。

```
fscanf(resource $handle, string $format[,mixed &$...]) : mixed
```

其中，handle 是指向待读取文件的指针；format 是格式化字符串；可选参数“...”必须使用引用传递方式。fscanf()函数从与 handle 关联的文件中接受输入并根据指定的 format 来解释输入。如果只给此函数传递了两个参数，则解析后的值会被作为数组返回。如果还提供了可选参数，则此函数会返回被赋值的数目。例如：

```
<?php
$handle = fopen("users.txt", "r");
while ($userinfo = fscanf($handle, "%s\t%s\t%s\n")) {
    list ($name, $gender, $email) = $userinfo;
    //...do something with the values
}
fclose($handle);
?>
```

【例 6.2】读取文件示例。源文件为 06/page06_02.php，源代码如下。

```
<?php
$filename = "counter.txt";
if (!file_exists($filename)) {
   $count = 1;
   file_put_contents($filename, $count);
} else {
   $count = file_get_contents($filename);
   file_put_contents($filename, ++$count);
}
?>
<!doctype html>
<html>
<head>
<meta charset="utf-8">
<title>文件读取操作示例</title>
<style>
.counter {
   display: inline-block;
   width: 2em;
   text-align: right;
   padding-right: 12px;
   background-color: #0078D7;
   color: white;
   font-weight: bold;
}
</style>
</head>

<body>
<h3>读取文件操作</h3>
<hr>
<form method="post" action="">
<p>当前页面已被浏览<span class="counter"><?php echo $count; ?></span>次。</p>
<p style="margin-left: 3em;"><input type="submit" name="view" id="view" value="
查看源代码"></p>
</form>
<?php
if (isset($_POST["view"])) {
   $i = 1;
   $filename = $_SERVER["SCRIPT_FILENAME"];
   $content = file($filename);
   foreach ($content as $line) {
      $search = [" ", "<", ">", "\t"];
      $replace = [" ", "&lt;", "&gt;", "    "];
      $line = str_replace($search, $replace, $line);
      printf("<span
class=\"counter\">{$i}</span>    %s<br>", $line);
      $i++;
   }
}
?>
</body>
</html>
```

本例在源文件开头编写了一个 PHP 代码段，通过读写文本文件为当前页面创建了一个计数器；在该页面中创建了一个表单，其中包含一个提交按钮，当单击该按钮时，页面计数器加 1；在表单后面编写了另一个 PHP 代码段，先将整个文件内容读入一个数组，然后通过遍历该数组显示每一行源代码并加上行号。代码运行结果如图 6.3 所示。

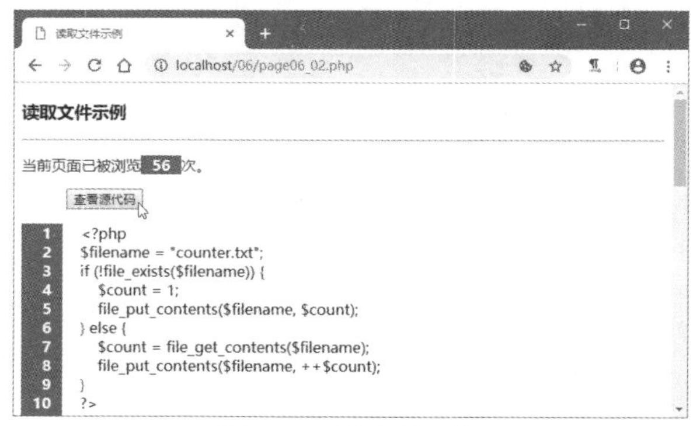

图 6.3　读取文件示例

6.1.4　在文件中定位

在读取或写入文件时，经常需要检测或设置文件指针的位置。在 PHP 中，可以使用以下函数来移动或检测文件指针的位置。

（1）使用 fseek()函数可以在文件中定位文件指针，语法格式如下。

```
fseek(resource $handle, int $offset[, int $whence]) : int
```

其中，handle 表示文件指针，是由 fopen()函数创建的资源。offset 表示偏移量。whence 设置定位方式，有以下取值：SEEK_SET（默认值）设定位置为等于 offset；SEEK_CUR 设定位置为当前位置加上 offset；SEEK_END 设定位置为文件尾（EOF）加上 offset。如果文件指针要移动到 EOF 之前的位置，则应给 offset 传递一个负值。fseek()函数在与 handle 关联的文件中设定文件指针位置。新位置从文件头开始以字节数进行计算，是以 whence 指定的位置加上 offset。如果定位文件指针成功则返回 0，否则返回-1。文件指针移动到 EOF 之后不算错误。例如：

```
<?php
$fp = fopen('somefile.txt', 'r');
$data = fgets($fp, 4096);          //读取一些数据
fseek($fp, 0);                     //文件指针移到文件头
?>
```

（2）使用 rewind()函数可以将文件指针设置到文件头，语法格式如下。

```
rewind(resource $handle) : bool
```

其中，handle 是一个有效的文件指针，它指向由 fopen()函数成功打开的文件。rewind()函数将文件指针设置到文件头，如果以附加（"a"或"a+"）模式打开文件，则写入文件的任何数据都会被附加在后面，而不管文件指针的位置在何处。如果该函数将文件指针设置到文件头成功则返回 true，失败则返回 false。例如：

```
<?php
$handle = fopen('output.txt', 'r+');
fwrite($handle, 'Really long sentence.');
rewind($handle);
fwrite($handle, 'Foo');
rewind($handle);
//用 filesize()取得文件大小
echo fread($handle, filesize('output.txt')); //输出：Foolly long sentence.
fclose($handle);
?>
```

（3）使用 ftell()函数可以返回文件指针读/写的位置，语法格式如下。

```
ftell(resource $handle) : int
```

其中，handle 是一个有效的文件指针，它指向通过 fopen()函数成功打开的文件。ftell()函数返回由 handle 指定的文件指针的位置，也就是文件流中的偏移量。如果该函数出错，则返回 false。如果使用附加模式（加参数"a"）打开文件，则 ftell()函数会返回未定义错误。例如：

```
<?php
$fp = fopen("/etc/passwd", "r");              //打开文件
$data = fgets($fp, 12);                       //读取数据
echo ftell($fp);                              //显示当前位置：11
fclose($fp);
?>
```

（4）使用 feof()函数可以测试文件指针是否到了文件尾，语法格式如下。

```
feof(resource $handle) : bool
```

其中，handle 是一个有效的文件指针，它指向由 fopen()函数成功打开的文件。如果文件指针到了 EOF，则 feof()函数返回 true，否则返回一个错误，并在其他情况下返回 false。例如：

```
<?php
$fp = fopen('data.txt', 'r');
while (!feof($fp)) {
   $c = fgetc($fp);
   echo ftell($fp), ":", $c, ",";
}
?>
```

【例 6.3】文件指针定位示例。源文件为 06/page06_03.php，源代码如下。

```
<!doctype html>
<html>
<head>
<meta charset="utf-8">
<title>移动文件指针与读取字符内容</title>
<style>
table {
   border-collapse: collapse;
   width: 460px;
   margin: 0 auto;
}

caption {
   margin-bottom: 1em;
   font-size: large;
   font-weight: bold;
}

tr:first-child {
   background-color: navy;
   color: white;
}

th, td {
   padding: 3px;
   text-align: center;
}
</style>
</head>

<body>
<?php
function put_char($pos, $str, $eof) {
   printf("<tr><td>%d</td><td>%s</td><td>%s</td></tr>", $pos, $str, $eof);
```

```
    }
    function bfeof($fp) {
        return feof($fp) ? "true" : "false";
    }

    $filename = "test.txt";
    file_put_contents($filename, "PHP+MySQL Web应用开发");
    if ($fp = fopen($filename, "r")) {
        echo "<table border=\"1\">";
        echo "<caption>移动文件指针与读取字符内容</caption>";
        echo "<tr><th>文件指针</th><th>字符内容</th><th>是否遇到EOF</th></tr>";
        put_char(ftell($fp), fgetc($fp), bfeof($fp));

        fseek($fp, 3, SEEK_CUR);
        put_char(ftell($fp), fgetc($fp), bfeof($fp));

        fseek($fp, 5, SEEK_CUR);
        put_char(ftell($fp), fgetc($fp), bfeof($fp));

        fseek($fp, 2, SEEK_CUR);
        put_char(ftell($fp), fgetc($fp) .fgetc($fp) .fgetc($fp), bfeof($fp));

        rewind($fp);
        put_char(ftell($fp), fgetc($fp), bfeof($fp));
        put_char(ftell($fp), fgetc($fp), bfeof($fp));

        fseek($fp, -6, SEEK_END);
        put_char(ftell($fp), fgetc($fp) .fgetc($fp) .fgetc($fp), bfeof($fp));
        echo "</table>";
        fclose($fp);
    }
    printf("<p style=\"text-align: center\">文件内容：<u>%s</u></p>",
file_get_contents($filename));
    ?>
    </body>
    </html>
```

本例将一行文字写入文本文件，然后通过移动文件指针来读取不同字符。由于英文字母和汉字在文件中分别占用 1 个字节和 3 个字节，因此，需要通过调用 1 次 fgetc()函数来读取 1 个英文字母，通过连续调用 3 次 fgets()函数来读取 1 个汉字（使用 UTF-8 编码）。代码运行结果如图 6.4 所示。

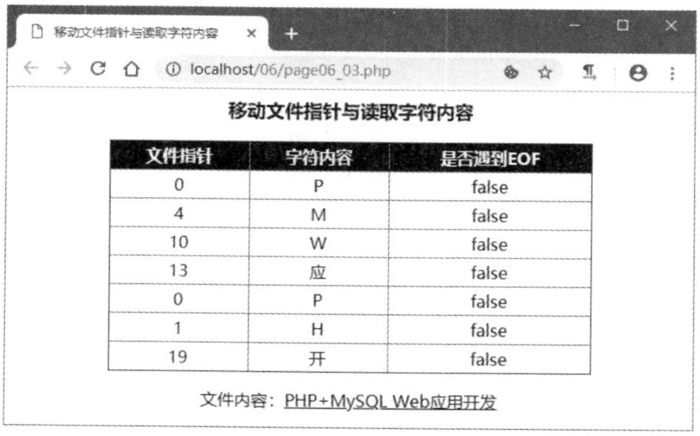

移动文件指针与读取字符内容

文件指针	字符内容	是否遇到EOF
0	P	false
4	M	false
10	W	false
13	应	false
0	P	false
1	H	false
19	开	false

文件内容：PHP+MySQL Web应用开发

图 6.4　文件指针定位示例

6.1.5 检查文件属性

在 PHP 中，可以通过以下函数来获取文件的各种属性。

（1）使用 fileatime()函数可以取得文件的上次访问时间，语法格式如下。

```
fileatime(string $filename) : int
```

其中，filename 表示文件的路径。fileatime()函数返回文件上次被访问的时间，如果该函数出错，则返回 false。时间以 UNIX 时间戳的方式返回，可以用于 date()函数。例如：

```
<?php
$filename = 'teste.txt';
if (file_exists($filename)) {
    echo "文件{$filename}的最后访问时间是：" .date("Y 年 n 月 j 日 G:i:s ",
fileatime($filename));
}
?>
```

（2）使用 filectime()函数可以取得文件的创建时间，语法格式如下。

```
filectime(string $filename) : int
```

其中，filename 表示文件的路径。filectime()函数返回文件的创建时间，如果该函数出错，则返回 false。时间以 UNIX 时间戳的方式返回，可以用于 date()函数。例如：

```
<?php
$filename = 'test.txt';
if (file_exists($filename)) {
    echo "文件{$filename}的创建时间是：" .date("Y 年 n 月 j 日 G:i:s ",
filectime($filename));
}
?>
```

（3）使用 filemtime()函数可以取得文件的修改时间，语法格式如下。

```
filemtime(string $filename) : int
```

其中，filename 表示文件的路径。filemtime()函数返回文件上次被修改的时间，如果该函数出错，则返回 false。时间以 UNIX 时间戳的方式返回，可以用于 date()函数。例如：

```
<?php
$filename = 'test.txt';
if (file_exists($filename)) {
    echo "文件{$filename}的最后修改时间是：" .date("Y 年 n 月 j 日 G:i:s ",
filemtime($filename));
}
?>
```

（4）使用 filesize()函数可以取得文件的大小，语法格式如下。

```
filesize(string $filename) : int
```

其中，filename 表示文件的路径。filesize()函数返回文件大小的字节数，如果该函数出错，则返回 false。例如：

```
<?php
$filename = 'test.txt';
echo $filename .': ' .filesize($filename) .'字节';
?>
```

在 PHP 中，整数类型是有符号的，并且大多数平台使用 32 位整数，filesize()函数在遇到大于 2GB 的文件时可能会返回非预期的结果。对于 2GB～4GB 的文件而言，通常可以使用 sprintf("%u", filesize($filename))来解决这个问题。

（5）使用 filetype()函数可以取得文件的类型，语法格式如下。

```
filetype(string $filename) : string
```

其中，filename 指定文件的路径。filetype()函数返回文件的类型，可能的值有 fifo、char、dir、block、link、file 和 unknown。如果该函数出错，则返回 false。例如：

```
<?php
echo filetype('/etc/users.db');        //file
echo filetype('/etc/');                //dir
?>
```

【例 6.4】检查文件属性示例。源文件为 06/page06_04.php，源代码如下。

```
<!doctype html>
<html>
<head>
<meta charset="utf-8">
<title>检查文件属性示例</title>
<style>
table {
   border-collapse: collapse;
   width: 460px;
   margin: 0 auto;
}
caption {
   margin-bottom: 1em;
   font-size: large;
   font-weight: bold;
}
tr:first-child {
   background-color: #3bb3d8;
   color: white;
}
th, td {
   padding: 6px;
   text-align: center;
}
</style>
</head>

<body>
<?php
$filename = $_SERVER["SCRIPT_FILENAME"];
printf("<table border=\"1\">\n");
printf("<caption>当前页面文件的属性</caption>\n");
printf("<tr><th>属性名</th><th>属性值</th></tr>\n");
printf("<tr><td>文件创建时间</td><td>%s</td></tr>\n",
   date("Y-m-d H:i:s", filectime($filename)));
printf("<tr><td>文件修改时间</td><td>%s</td></tr>\n",
   date("Y-m-d H:i:s", filemtime($filename)));
printf("<tr><td>上次访问时间</td><td>%s</td></tr>\n",
   date("Y-m-d H:i:s", fileatime($filename)));
printf("<tr><td>文件类型</td><td>%s</td></tr>\n", filetype($filename));
printf("<tr><td>文件字节数</td><td>%d</td></tr>\n", filesize($filename));
printf("</table>\n");
?>
</body>
</html>
```

本例检查了当前页面的创建时间、修改时间、最后访问时间、文件类型和字节数。代码运行结果如图 6.5 所示。

属性名	属性值
文件创建时间	2019-01-30 17:09:43
文件修改时间	2019-01-30 17:15:09
上次访问时间	2019-01-30 17:15:09
文件类型	file
文件字节数	1397

图 6.5　检查文件属性示例

6.1.6　其他文件操作

使用 PHP 提供的以下函数可以实现对文件的重命名、复制和删除操作。

（1）使用 rename()函数可以对一个文件或目录进行重命名，语法格式如下。

```
rename(string $oldname, string $newname[, resource $context]) : bool
```

其中，oldname 指定文件或目录原来的路径；newname 指定新的路径。rename()函数尝试将 oldname 重命名为 newname，如果重命名成功则返回 true，失败则返回 false。

rename()函数不仅可以用来对文件或目录进行重命名，也可以用来改变文件甚至整个目录的路径，即具有移动文件和目录的功能。例如：

```
<?php
rename("/tmp/tmp_file.txt", "/home/user/login/docs/my_file.txt");
?>
```

（2）使用 copy()函数可以实现文件复制功能，语法格式如下。

```
copy( string $source, string $dest ) : bool
```

其中，source 指定源文件；dest 指定目标文件。copy()函数将文件从 source 复制到 dest。如果参数 dest 指定的目标文件已存在，则该文件会被覆盖。如果复制成功则返回 true，失败则返回 false。例如：

```
<?php
$file = 'example.txt';
$newfile = 'example.txt.bak';
if (!copy($file, $newfile)) {
    echo "复制文件{$file}失败...\n";
}
?>
```

在 Windows 平台上，如果要复制一个零字节的文件，则 copy()函数会返回 false，但文件也会被正确复制。

（3）使用 unlink()函数可以删除指定的文件，语法格式如下。

```
unlink(string $filename ) : bool
```

其中，filename 指定待删除的文件。如果删除成功则返回 true，失败则返回 false。例如：

```
<?php
$fh = fopen('test.html', 'a');
fwrite($fh, '<h1>Hello world!</h1>');
fclose($fh);
unlink('test.html');
?>
```

如果要删除目录，则应调用 rmdir()函数。

【例 6.5】文件操作示例。源文件为 06/page06_05.php，源代码如下。

```
<!doctype html>
<html>
<head>
<meta charset="utf-8">
```

```
<title>文件的重命名、复制和删除</title>
</head>

<body>
<h3>文件的重命名、复制和删除</h3>
<hr>
<form method="post" action="">
<p>
    <input type="submit" name="rename" value="重命名文件">  
    <input type="submit" name="copy" value="复制文件">  
    <input type="submit" name="delete" value="删除文件">
</p>
</form>
<?php
$filename="demo.txt";
if (!file_exists($filename)) {
    file_put_contents($filename, "这是一个示例文件。");
}
//如果单击了“重命名文件”按钮
if( isset($_POST["rename"])) {
    if (file_exists($filename) && rename($filename, "new.txt")) {
        echo "<p>文件重命名成功。</p>";
    } else {
        echo "<p>文件重命名未能执行。</p>";
    }
}
//如果单击了“复制文件”按钮
if (isset($_POST["copy"])) {
    if(file_exists($filename)){
        $source=$filename;
    } elseif (file_exists("new.txt")){
        $source="new.txt";
    } else {
        echo "<p>源文件不存在，文件复制未能执行。</p>";
        exit();
    }
    if (file_exists($source) && copy($source,"dest.txt")) {
        echo "<p>文件复制成功。</p>";
    } else {
        echo "<p>文件复制未能执行。</p>";
    }
}
//如果单击了“删除文件”按钮
if (isset($_POST["delete"])) {
    $files=array();

    if (file_exists($filename))$files[]=$filename;
    if (file_exists("new.txt"))$files[]="new.txt";
    if (file_exists("dest.txt"))$files[]="dest.txt";
    if (!count($files)) {
        echo "<p>不存在要删除的文件。</p>";
        exit();
    } else {
        for ($i=0; $i<count($files); $i++) {
            unlink($files[$i]);
        }
        echo "<p>{$i}个文件被成功删除。</p>";
```

```
    }
}
?>
</body>
</html>
```

本例创建了一个表单，其中包含 3 个提交按钮。在该表单下面编写了一个 PHP 代码段，用于检测用户单击的是哪个按钮，然后执行文件的重命名、复制或删除操作。代码运行结果如图 6.6～图 6.8 所示。

图 6.6　重命名文件

图 6.7　复制文件

图 6.8　删除文件

6.2　目录操作

目录也称为文件夹。对于不同的文件而言，通常按照其用途分别存放在不同的目录中，以便对其进行管理。目录操作也是 PHP 文件编程的内容之一。

6.2.1　创建目录

在 PHP 中，通过调用 mkdir()函数可以创建一个新目录，语法格式如下。

mkdir(string $pathname [, int $mode[, bool $recursive [, resource $context]]]) : bool

其中，pathname 指定目录的路径。mode 为可选参数，默认值为 0777，表示最大可能的访问权，在 Windows 平台上，此参数被忽略。recursive 指定允许递归创建由 pathname 所指定的多级嵌套目录。context 表示上下文。如果创建新目录成功则返回 true，失败则返回 false。例如：

```
<?php
mkdir("/path/to/my/dir");
$structure = './depth1/depth2/depth3/';
if (!mkdir($structure, 0, true)) {
    die('创建文件夹失败...');
}
?>
```

在创建目录之后，可以使用 opendir()函数打开该目录，语法格式如下。

```
opendir(string $path[, resource $context]) : resource
```

其中，path 指定要打开的目录路径。opendir()函数打开由参数 path 指定的目录句柄，可以用于之后的 closedir()、readdir()和 rewinddir()函数调用。如果打开目录成功则返回目录句柄的 resource，失败则返回 false。

如果 path 不是一个合法的目录，或者因为权限限制或文件系统错误而不能打开目录，则 opendir()函数会返回 false 并产生一个 E_WARNING 级别的 PHP 错误信息。通过在 opendir()函数之前加上“@”符号可以抑制错误信息的输出。

对于已打开的目录而言，可以使用 closedir()函数关闭该目录，语法格式如下。

```
closedir(resource $dir_handle) : void
```

其中，dir_handle 指定目录句柄的 resource，该目录句柄之前由 opendir()函数打开。closedir()函数可以关闭由 dir_handle 指定的目录。

在 PHP 中，可以使用 getcwd()函数取得当前工作目录，语法格式如下。

```
getcwd(void) : string
```

getcwd()函数可以取得当前工作目录，如果成功则返回当前工作目录，失败则返回 false。

如果要改变当前工作目录，可以调用 chdir()函数，语法格式如下。

```
chdir(string $directory) : bool
```

其中，directory 指定新的当前目录。chdir()函数将 PHP 的当前目录改为参数 directory 指定的目录。如果修改成功则返回 true，失败则返回 false。

如果要判断给定文件名是否为一个目录，可以调用 is_dir()函数，语法格式如下。

```
is_dir(string $filename) : bool
```

如果文件名存在并且为目录，则返回 true。如果 filename 是一个相对路径，则按照当前工作目录检查其相对路径。

【例 6.6】创建目录示例。源文件为 06/page06_06.php，源代码如下。

```
<!doctype html>
<html>
<head>
<meta charset="utf-8">
<title>创建和更改目录示例</title>
</head>

<body>
<h3>创建和更改目录示例</h3>
<hr>
<?php
if (chdir("..")) {                          //更改当前工作目录
   printf("<p>当前工作目录更改为：%s。</p>", getcwd());
}
$dirname="images";
if (is_dir($dirname)) {                     //检查指定目录是否存在
   printf("<p>%s 目录已存在。</p>", $dirname);
} elseif (mkdir($dirname)) {                //在当前目录中创建指定的目录
   printf("<p>%s 目录创建成功。</p>", $dirname);
}
if (chdir($dirname)) {                      //更改当前工作目录
   printf("<p>当前工作目录更改为：%s。</p>", getcwd());
}
?>
</body>
</html>
```

在本例中，首先将当前工作目录切换到上一级目录，然后在该目录中创建一个名为 images 的目录，最后将当前目录切换到新建目录。代码运行结果如图 6.9 所示。

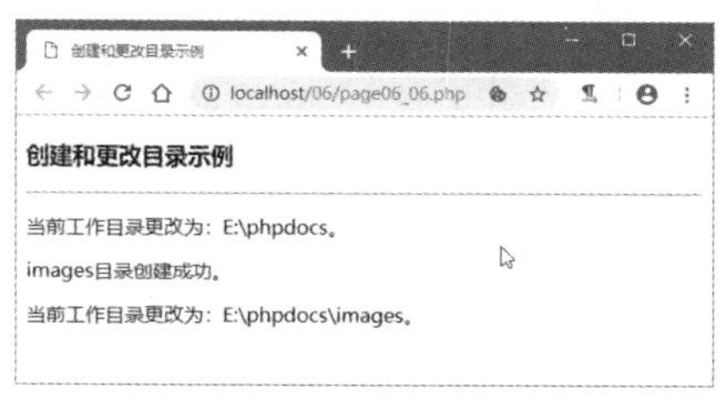

图 6.9　创建目录示例

6.2.2　读取目录

如果要通过 PHP 脚本从一个目录中读取条目，则可以通过调用 readdir()函数来实现，语法格式如下。

```
readdir(resource $dir_handle) : string
```

其中，dir_handle 指定目录句柄的 resource，该目录句柄之前由 opendir()函数打开。readdir()

函数返回目录中下一个文件的文件名。文件名按照在文件系统中的排列顺序返回。如果读取成功则返回文件名，失败则返回 false。例如：

```
<?php
if ($handle = opendir('/path/to/files')) {
    echo "目标句柄：{$handle}\n";
    echo "文件：\n";
    while (false !== ($file = readdir($handle))) {
        echo "$file\n";
    }
    closedir($handle);
}
?>
```

除了使用 readdir()函数遍历目录，还可以使用 scandir()函数列出指定路径中的文件和目录，语法格式如下。

```
scandir(string $directory[, int $sorting_order[, resource $context]]) : array
```

其中，directory 指定要被浏览的目录；sorting_order 指定排序方式，默认的排序按字母升序排列，若将该参数设置为 1，则排序顺序按字母降序排列。

如果执行成功则函数返回一个数组，该数组包含 directory 中的文件和目录，失败则返回 false。如果 directory 不是一个目录，则返回 false 并生成一条 E_WARNING 级别的错误。例如：

```
<?php
$dir = '/tmp';
$files1 = scandir($dir);
$files2 = scandir($dir, 1);

print_r($files1);
print_r($files2);
?>
```

【例 6.7】读取目录示例。源文件为 06/page06_07.php，源代码如下。

```
<!doctype html>
<html>
<head>
<meta charset="utf-8">
<title>读取目录示例</title>
<style>
table {
    border-collapse: collapse;
    margin: 0 auto;
}
caption {
    font-weight: bold;
    font-size: large;
    margin-bottom: 0.5em;
}
tr:first-child {
    background-color: #A2A2A2;
    color: #ffffff;
}
td, th {
    padding: 3px 1em;
    text-align: center;
}
td:first-child {
    text-align: left;
}
```

```
</style>
</head>

<body>
<?php
//更改当前工作目录
chdir("..//02");
//列出当前工作目录中包含的文件和目录
$items = scandir(getcwd());

printf("<table border=\"1\">");
printf("<caption>文件夹%s 包含的内容</caption>", getcwd());
printf("<tr><th>名称</th><th>类型</th><th>大小</th><th>创建时间</th></tr>");

foreach ($items as $item) {
    if ($item == "." || $item == "..") continue;

    if (is_file($item)) {
        $type = "文件";
        $size = filesize($item) ."字节";
    } elseif (is_dir($item)) {
        $type = "文件夹";
        $size = "-";
    }

    printf("<tr><td>%s</td><td>%s</td><td>%s</td><td>%s</td></tr>",
        $item, $type, $size, date("Y-m-d H:i:s", filectime($item)));
}

printf("</table>");
?>
</body>
</html>
```

在本例中，首先通过调用 chdir()函数更改当前工作目录；然后通过调用 scandir()函数读取当前工作目录中包含的所有文件和目录，并根据读取结果生成一个数组；最后使用 foreach 循环语句遍历这个数组并列出读取的文件和目录。代码运行结果如图 6.10 所示。

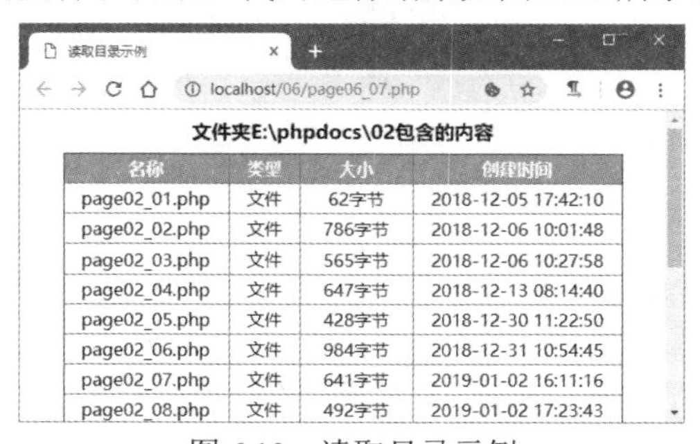

文件夹E:\phpdocs\02包含的内容

名称	类型	大小	创建时间
page02_01.php	文件	62字节	2018-12-05 17:42:10
page02_02.php	文件	786字节	2018-12-06 10:01:48
page02_03.php	文件	565字节	2018-12-06 10:27:58
page02_04.php	文件	647字节	2018-12-13 08:14:40
page02_05.php	文件	428字节	2018-12-30 11:22:50
page02_06.php	文件	984字节	2018-12-31 10:54:45
page02_07.php	文件	641字节	2019-01-02 16:11:16
page02_08.php	文件	492字节	2019-01-02 17:23:43

图 6.10　读取目录示例

6.2.3　删除目录

如果要通过 PHP 脚本删除指定的目录，则可以通过调用 rmdir()函数来实现，语法格式如下。

```
rmdir(string $dirname) : bool
```

rmdir()函数尝试删除参数 dirname 所指定的目录。该目录必须是空的，而且要有相应的权限。如果删除目录成功则返回 true，失败则返回 false。例如：

```
<?php
```

```
if (!is_dir('examples')) {
   mkdir('examples');
}

rmdir('examples');
?>
```

6.2.4 解析路径信息

在 PHP 中，可以使用以下函数对路径信息进行解析。

（1）使用 basename()函数可以返回路径中的基本文件名部分，语法格式如下。

```
basename(string $path[, string $suffix]) : string
```

其中，path 指定文件的全路径。在 Windows 中，正斜线（/）和反斜线（\）都可以用作目录分隔符，在其他环境中使用正斜线（/）。basename()函数返回路径中的基本文件名部分，如果文件名以 suffix 结束，则这一部分也会被去掉。

（2）使用 dirname()函数可以返回从全路径中删除文件名后的目录名，语法格式如下。

```
dirname(string $path) : string
```

其中，path 是一个字符串，指定文件的全路径。dirname()函数返回从全路径 path 中删除文件名后的目录名。

（3）使用 pathinfo()函数可以返回文件路径的信息，语法格式如下。

```
pathinfo(string $path[, int $options]) : array
```

其中，path 指定一个路径。pathinfo()函数返回一个包含该路径信息的关联数组。该数组包含 dirname（目录名）、basename（基本文件名）和 extension（文件扩展名）。

参数 options 指定要返回的元素，包括 PATHINFO_DIRNAME、PATHINFO_BASENAME 和 PATHINFO_EXTENSION。默认值为返回全部的元素。

【例 6.8】文件路径信息解析示例。源文件为 06/page06_08.php，源代码如下。

```
<!doctype html>
<html>
<head>
<meta charset="utf-8">
<title>文件路径信息解析示例</title>
</head>

<body>
<h3>当前页面路径信息解析结果</h3>
<hr>
<?php
$path = pathinfo($_SERVER["SCRIPT_FILENAME"]);

printf("<ul>");
printf("<li>完整路径：%s</li>", $_SERVER["SCRIPT_FILENAME"]);
printf("<li>目录名称：%s</li>", $path["dirname"]);
printf("<li>基本文件名：%s</li>", $path["basename"]);
printf("<li>文件扩展名：%s</li>", $path["extension"]);
printf("</ul>");
?>
</body>
</html>
```

上述代码的运行结果如图 6.11 所示。

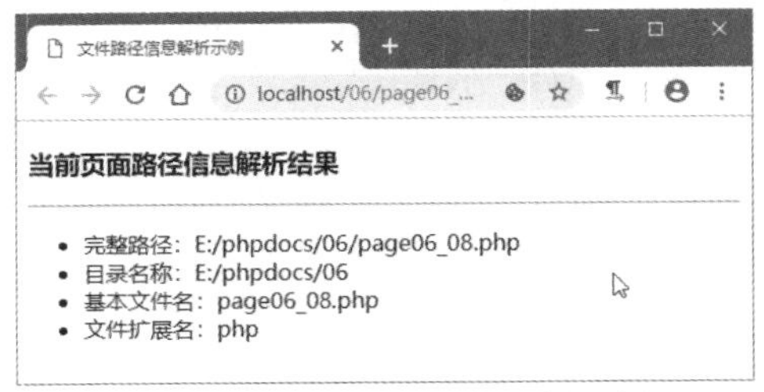

图 6.11 文件路径信息解析示例

6.2.5 检查磁盘空间

PHP 提供了两个函数，分别用于检查磁盘的总空间和可用空间。

（1）使用 disk_total_space()函数可以计算一个目录占用的磁盘总大小，语法格式如下。

```
disk_total_space(string $directory) : float
```

其中，directory 为字符串，用于指定一个目录。disk_total_space()函数根据相应的文件系统或磁盘分区返回所有的字节数，失败则返回 false。

disk_total_space()函数返回的是该目录所在的磁盘分区的总大小，因此在采用同一个磁盘分区的不同目录作为参数时，所得到的结果是完全相同的。

（2）使用 disk_free_space()函数可以计算目录中的可用空间，语法格式如下。

```
disk_free_space(string $directory) : float
```

其中，directory 指定一个包含一个目录的字符串。disk_free_space()函数根据相应的文件系统或磁盘分区返回可用的字节数，失败则返回 false。

【例 6.9】检查磁盘空间示例。源文件为 06/page06_09.php，源代码如下。

```
<!doctype html>
<html>
<head>
<meta charset="utf-8">
<title>检查磁盘空间示例</title>
<style>
table {
    border-collapse: collapse;
    width: 460px;
    margin: 0 auto;
}
caption {
    margin-bottom: 1em;
    font-size: large;
    font-weight: bold;
}
tr:first-child {
    background-color: #5babcc;
    color: white;
}
th, td {
    padding: 6px;
    text-align: center;
}
</style>
</head>

<body>
<?php
define("GB", 1024 * 1024 * 1024);
```

```
printf("<table border=\"1\">");
printf("<caption>硬盘分区空间统计</caption>");
printf("<tr><th>硬盘分区</th><th>总空间（GB）</th><th>可用空间（GB）</th></tr>");
$drvs = str_split("CDEFGHIJKLMNOPQRSTUVWXYZ");
foreach ($drvs as $key) {
    $drv = $key .":";
    if (@disk_total_space($drv) !== false) {
        printf("<tr><td>{$key}盘：</td><td>%.1f</td><td>%.1f</td></td></tr>",
            @disk_total_space($drv) / GB, @disk_free_space($drv) / GB);
    } else {
        break;
    }
}
printf("</table>");
?>
</body>
</html>
```

上述代码的运行结果如图 6.12 所示。

图 6.12　检查磁盘空间示例

6.3　上传文件

在 PHP 中，可以接收任何来自符合 RFC-1867 标准的浏览器上传的文件。使用 PHP 的文件上传功能可以让用户上传文本文件和二进制文件，通过 PHP 文件操作函数还可以对上传的文件进行处理。本节介绍如何通过 PHP 实现文件上传操作。

6.3.1　创建文件上传表单

为了实现文件上传功能，需要在页面上创建一个文件上传表单，而且该表单至少应包含一个文件域、一个隐藏域和一个提交按钮。创建文件上传表单的步骤如下。

（1）在页面中添加一个 form 元素并将其 method 属性设置为 post，enctype 属性设置为 multipart/form-data。

（2）在表单内添加一个 input 元素并将其 type 属性设置为 file（文件域），语法格式如下。

```
<input id="fileField" name="fileField" type="file" required>
```

其中，name 属性指定 input 元素的名称。当提交表单时，该名称会被发送到服务器。设置 required 属性可以确保，只有在选择文件后才能提交表单。在 PHP 脚本中可以使用预定义数组$_FILES 来获取上传文件的相关信息。

文件域的功能使用户可以从其计算机上选择文件，并将文件上传到服务器。在不同浏览器中，文件域的外观可能有所不同，但通常都包含一个按钮和一个只读文本框，用户可以使用按钮来查找和选择文件，而所选择文件的路径将出现在文本框中。

（3）在表单内添加一个 input 元素，并将其命名为 MAX_FILE_SIZE，将其 type 属性设置为 hidden（隐藏域），将其 value 属性设置为 PHP 处理的上传文件的上限（以字节为单位）。

MAX_FILE_SIZE 隐藏字段的值为接收文件的最大尺寸。建议在表单中加上该字段。

（4）在表单内添加一个 input 元素，并将其 type 属性设置为 submit。当单击提交按钮时，选定的文件会被发送到服务器。

6.3.2　上传单个文件

在使用 PHP 的文件上传功能之前，应该对 php.ini 文件中的相关配置选项进行设置，主要包括以下两个选项。

（1）设置存储上传文件的临时目录。例如：

```
upload_tmp_dir = D:\WAMP\PHP7.3\tmp
```

（2）设置 PHP 处理的上传文件的上限，默认值为 2M。例如：

```
upload_max_filesize=5M
```

在修改配置文件后，应重启 Apache。

如果要在 PHP 代码中处理上传的文件，则可以使用预定义数组$_FILES。该数组中包含所有上传的文件信息。如果 HTML 表单中的文件域名称为 userfile，则$_FILES 数组的内容如下。

- $_FILES["userfile"]["name"]：客户端机器文件的原名称。
- $_FILES["userfile"]["type"]：上传文件的 MIME 类型，这个信息应由浏览器提供，如“image/gif”。在 PHP 中并不检查此 MIME 类型，因此不要想当然地认为有这个值。
- $_FILES["userfile"]["size"]：已上传文件的大小，单位为字节。
- $_FILES["userfile"]["tmp_name"]：文件被上传后在服务端储存的临时文件名。
- $_FILES["userfile"]["error"]：与该文件上传相关的错误代码，如表 6.2 所示。

表 6.2　与该文件上传相关的错误代码（PHP 常量）

PHP 常量	值	说　明
UPLOAD_ERR_OK	0	没有错误发生，文件上传成功
UPLOAD_ERR_INI_SIZE	1	上传文件的大小超过了 php.ini 中 upload_max_filesize 选项限制的值
UPLOAD_ERR_FORM_SIZE	2	上传文件的大小超过了 HTML 表单中 MAX_FILE_SIZE 选项指定的值
UPLOAD_ERR_PARTIAL	3	文件只有部分被上传
UPLOAD_ERR_NO_FILE	4	没有文件被上传
UPLOAD_ERR_NO_TMP_DIR	6	找不到临时文件夹
UPLOAD_ERR_CANT_WRITE	7	文件写入失败

当文件被上传后，会被储存到服务端的默认临时目录中，除非在 PHP 配置文件 php.ini 中将 upload_tmp_dir 配置项设置为其他路径。

通过$_FILES 数组获取上传的文件后，可以用以下两个函数对该文件进行处理。

（1）使用 is_uploaded_file()函数可以判断文件是否通过 HTTP POST 上传，语法格式如下。

```
is_uploaded_file(string $filename) : bool
```

其中，filename 指定要检查的文件名。如果 filename 所指定的文件是通过 HTTP POST 上传的，则 is_uploaded_file()函数返回 true，否则返回 false。使用 is_uploaded_file()函数可以确保恶意用户无法欺骗脚本去访问原本不能访问的文件。

为了使 is_uploaded_file()函数正常工作，应指定类似于$_FILES["userfile"]["tmp_name"]的变量，而从客户端上传的文件名$_FILES["userfile"]["name"]是不能正常运作的。

（2）使用 move_uploaded_file()函数可以将上传的文件移动到新位置，语法格式如下。

```
move_uploaded_file(string $filename, string $destination) : bool
```

其中，filename 指定要上传文件的文件名；destination 指定文件移动的目标位置。move_uploaded_file()函数检查并确保由 filename 参数指定的文件为合法的上传文件，即是通过 PHP 的 HTTP POST 上传机制上传的。如果文件合法，则将其移动为由 destination 指定的文件。如果参数 destination 指定的目标文件已经存在，则该文件会被覆盖。

如果移动文件成功，则返回 true。如果 filename 不是合法的上传文件，则不会执行任何操作，此时会返回 false。如果 filename 是合法的上传文件，但由于某些因素无法移动，则不会出现任何操作，此时也会返回 false，还会发出一条警告。

【例 6.10】上传单个文件示例。源文件为 06/page06_10.php，源代码如下。

```
<!doctype html>
<html>
<head>
<meta charset="gb2312">
<title>上传单个文件示例</title>
<style>
h3, p {
    text-align: center;
}

ul {
    margin: 0;
}
</style>
</head>

<body>
<?php if (!$_POST) {                    //如果未提交表单 ?>
    <h3>上传单个文件</h3>
    <form method="post" enctype="multipart/form-data" action="">
        <p><input name="MAX_FILE_SIZE" type="hidden" value="10995116277760">
            <input name="upfile" type="file" required></p>
        <p><input type="submit" value="上传">
             
            <input type="reset" value="重置"></p>
    </form>
    <?php
} else {                                //如果已提交表单
    $uploaddir = "../uploads/";
    if (!is_dir($uploaddir)) mkdir($uploaddir);
    $uploadfile = $uploaddir .basename($_FILES["upfile"]["name"]);
    if (move_uploaded_file($_FILES["upfile"]["tmp_name"], $uploadfile)) {
        printf("<h3>文件上传成功</h3>");
        printf("<hr>");
        printf("上传文件信息如下：");
        printf("<ul>");
        printf("<li>文件名：%s</li>", $_FILES["upfile"]["name"]);
        printf("<li>文件类型：%s</li>", $_FILES["upfile"]["type"]);
        printf("<li>文件大小：%d bytes</li>", $_FILES["upfile"]["size"]);
        printf("</ul>");
        printf("<p><a href='javascript:history.back();'>返回</a></p>");
    } else {
        printf("<p>文件未能上传。</p>");
    }
}
?>
</body>
</html>
```

本例创建了一个文件上传表单，可以从本地计算机中选择并上传文件。首先单击“选择文件”按钮，即可从弹出的对话框中选择需要上传的文件，并在选择成功后将选定的文件名显示在“选择文件”按钮旁边，如图 6.13 所示；然后单击“上传”按钮，如果不出现任何问题，则会看到文件上传成功的信息，如图 6.14 所示。

图 6.13　选择要上传的文件

图 6.14　文件上传成功

6.3.3　上传多个文件

通过一次提交表单可以实现多个文件的上传，其方法与上传单个文件的方法类似。虽然可以对文件域使用不同的 name 来上传多个文件，但不提倡这种做法。PHP 支持同时上传多个文件并将文件信息自动以数组形式组织。要完成这项功能，需要在 HTML 表单中对文件上传域使用与多选框、复选框相同的数组方式提交语法，也就是说，在命名文件域时应当采用诸如“userfile[]”的形式。

当用户单击“提交”按钮提交表单之后，数组$_FILES["userfile"]、$_FILES["userfile"]["name"]和$_FILES["userfile"]["size"]都会被初始化。如果 register_globals 的值被设置为 on，则与文件上传相关的全局变量也会被初始化。所有这些提交的信息都会被储存到以数字为索引的数组中。

例如，假设有两个文件 review.png 和 xwp.gif 被提交，则$_FILES["userfile"]["name"][0]的值是文件名“review.png”，而$_FILES["userfile"]["name"][1]的值是文件名“xwp.gif”。类似地，$_FILES["userfile"]["size"][0]的值是文件 review.png 的大小，以此类推。

【例 6.11】上传多个文件示例。源文件为 06/page06_11.php，源代码如下。

```
<!doctype html>
<html>
<head>
<meta charset="gb2312">
<title>上传多个文件示例</title>
<style>
h3, p {
   text-align: center;
}
table {
   border-collapse: collapse;
   margin: 0 auto;
}
th, td {
   padding: 4px;
}
</style>
<script>
window.onload = function () {                      //绑定 window 对象的 load 事件
   var selEle = document.getElementById("file_count");//获取 select 对象
   var divEle = document.getElementById("more"); //获取 div 对象

   selEle.onchange = function () {                 //绑定 select 对象的 change 事件
      var n = selEle.value;                        //获取要上传的文件数目
      for (var str = "", i = 1; i < n; i++) {
```

```
            //动态生成更多列表框
            str += '<p><input type="file" name="upfile[]" required></p>';
        }
        divEle.innerHTML = str;                                  //在 div 内显示这些列表框
    };
};
</script>
</head>

<body>
<?php if (!$_POST) { ?>
<form method="post" enctype="multipart/form-data" action="">
<h3>上传多个文件示例</h3>
<hr>
<p><label for="file_count">设置上传文件数目：</label>
    <select id="file_count" name="file_count">
        <option value="1">1</option>
        <option value="2">2</option>
        <option value="3">3</option>
        <option value="4">4</option>
        <option value="5">5</option>
    </select>
</p>
<p>
    <input name="MAX_FILE_SIZE" type="hidden" value="10995116277760">
    <input name="upfile[]" type="file" required>
</p>
<div id="more"></div>
<p><input type="submit" value="上传文件"></p>
</form>
<?php
} else {
    $uploaddir = "../uploads/";
    if (!is_dir($uploaddir)) mkdir($uploaddir);
    $count = 0;
    foreach ($_FILES["upfile"]["error"] as $key => $error) {
        if ($error == UPLOAD_ERR_OK) {
            $tmp_name = $_FILES["upfile"]["tmp_name"][$key];
            $name = $_FILES["upfile"]["name"][$key];
            $uploadfile = $uploaddir .basename($name);
            if (move_uploaded_file($tmp_name, $uploadfile)) $count++;
        }
    }
    printf("<p>%d 个文件上传成功。上传文件信息如下：</p>", $count);
    printf("<table border=\"1\" style=\"width: 400px;\">");
    printf("<tr><th>文件名</th><th>文件类型</th><th>文件大小</th></tr>");
    for ($i = 0; $i < $count; $i++) {
        printf("<tr style=\"text-align: center;\"><td>%s</td><td>%s</td><td>%d 字
节</td></tr>",
            $_FILES["upfile"]["name"][$i], $_FILES["upfile"]["type"][$i],
            $_FILES["upfile"]["size"][$i]);
    }
    printf("</table>");
    printf("<p><a href='javascript:history.back();'>返回</a></p>");
}
?>
</body>
```

```
</html>
```

本例创建了一个文件上传表单，可以用于上传多个文件。操作方法为：首先在“设置上传文件数目”列表框中选择要上传的文件数目（1～5），此时会出现多个文件域控件；然后分别使用每个文件域选择一个文件；最后单击“上传文件”按钮上传这些文件，如图 6.15 所示。如果上传过程没有出现问题，则会看到文件上传成功的信息，并以表格形式列出这些文件的文件名、类型和大小信息，如图 6.16 所示。

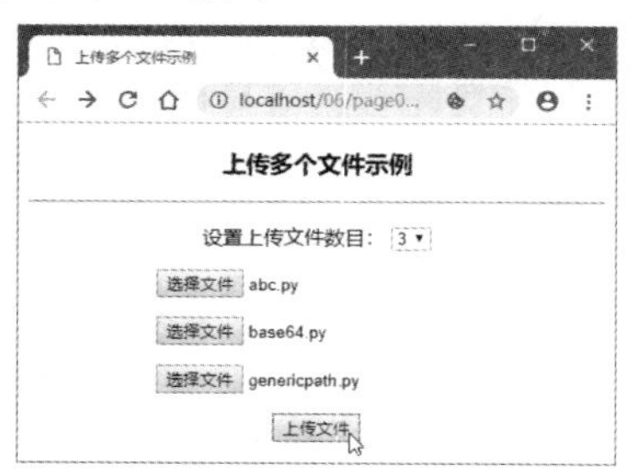

图 6.15　选择要上传的多个文件

图 6.16　显示已上传文件信息

习　题　6

一、选择题

1．调用 fopen()函数时，若将 mode 参数设置为 "w"，则表示（　　）。

A．以只读方式打开文件并将文件指针指向文件头

B．以读写方式打开文件并将文件指针指向文件头

C．以写入方式打开文件并将文件指针指向文件头，将文件大小截为零

D．以写入方式打开文件，并将文件指针指向文件末尾

2．如果要以读写方式打开文件并将文件指针指向文件末尾，则在调用 fopen()函数时应将第二个参数设置为（　　）。

A．"r+"　　B．"w+"　　C．"a"　　D．"a+"

3．如果要将整个文件读入一个数组，可调用（　　）函数。

A．fgetc()　　B．fgets()　　C．fgetss()　　D．file()

4．要获取文件指针读/写的位置，可调用（　　）函数。

A．fseek()　　B．rewind()　　C．ftell()　　D．feof()

5．要获取 PHP 的当前工作目录，可调用（　　）函数。

A．mkdir()　　B．getcwd()　　C．chdir()　　D．opendir()

6．假设 HTML 表单中的文件域名称为 userfile，则可以通过（　　）访问文件被上传后在服务端储存的临时文件名。

A．$_FILES["userfile"]["tmp_name"]　　B．$_FILES["userfile"]["name"]

C．$_FILES["userfile"]["file_name"]　　D．$_FILES["userfile"]["server_name"]

二、判断题

1.（　　）通过调用 file_exists()函数可检查该文件是否存在。

2.（　　）使用 fopen()函数只能打开一个文件。

3.（　　）使用 fwrite()函数可以将一个格式化字符串写入文件。

4.（　　）使用 fgetss()函数可以将整个文件读入一个数组。

5.（　　）使用 feof()函数可以测试文件指针是否到了文件开头的位置。

6.（　　）使用 rename()函数只能对文件进行重命名。

7.（　　）使用 delete()函数可以删除指定的文件。

8.（　　）使用 getcwd()函数可以更改当前工作目录。

9.（　　）使用 scandir()函数可以列出指定路径中的文件和目录

10.（　　）使用 pathinfo()函数可以返回一个包含路径信息的变量。

11.（　　）创建文件上传表单时应将 enctype 属性设置为 multipart/form-data。

12.（　　）使用文件域时也可以在其文本框内输入要上传文件的路径。

三、简答题

1．在使用 fopen()函数时，打开文件有哪几种模式？

2．将数据写入文件有哪两种模式？

3．rename()函数除了重命名文件或目录，还有什么功能？

4．如何删除一个文件？如何创建一个目录？

5．如何获取或更改当前目录？

6．若要列出一个目录中的所有文件和目录，有哪两种方式？

7．文件上传表单至少应包含哪些内容？

8．在 PHP 中，如何获取上传的文件？如何将上传的文件移动到指定位置？

四、操作题

1．创建一个 PHP 文件，通过该文件可以创建新的 HTML 静态网页或 PHP 文件。

2．创建一个 PHP 文件，要求使用文本文件制作页面计数器。

3．创建一个 PHP 文件，用于读取当前页面的内容并加以显示。

4．创建一个 PHP 文件，用于对当前页面文件的各种属性进行检查。

5．创建一个 PHP 文件，其功能是对指定文件进行重命名或移动。

6．创建一个 PHP 文件，检查指定目录是否存在，若不存在，则创建该目录。

7．创建一个 PHP 文件，其功能是列出指定目录下的所有文件和目录，并允许通过单击链接删除指定的文件或目录。

8．创建一个 PHP 文件，其功能是对当前页面的路径进行解析。

9．创建一个 PHP 文件，其功能是对磁盘分区的总空间和可用空间进行检查。

10．创建一个 PHP 文件，用于实现多文件上传，要求通过下拉式列表框设置可以上传的文件数目。

第 7 章　PHP 图像处理

PHP 不仅可以用于创建和输出 HTML 文档，还可以用于创建和操作各种不同图像格式的图像文件。使用 PHP 可以更方便地创建图像文件，也可以将图像流直接输出到浏览器。为此需要使用图像扩展库 GD 对 PHP 进行编译。本章介绍如何使用 PHP 进行图像处理，主要包括配置 GD 库、图像基本操作、绘制图形和绘制文本。

7.1　配置 GD 库

在 PHP 中，处理图像主要是通过调用 GD 库中的函数来完成的，只有在加载 GD 库后，才能创建和操作图像。本节介绍如何在 PHP 中配置和检测 GD 库。

7.1.1　加载 GD 库

如果要通过 PHP 调用 GD2 库中的图像处理函数，则必须确保 PHP 以模块方式运行，并对配置文件 php.ini 进行修改，操作方法如下。

（1）在记事本程序中打开 PHP 配置文件 php.ini。

（2）在文件中查找“extension=php_gd2.dll”，并删除其前面的分号。

（3）保存配置文件 php.ini，重启 Apache。

7.1.2　检测 GD 库信息

在加载 GD 库之后，即可调用该库中的 gd_info()函数来获取当前安装的 GD 库的相关信息，语法格式如下。

```
gd_info(void) : array
```

gd_info()函数返回一个关联数组，用于描述已安装的 GD 库的版本和性能。gd_info()函数返回的数组元素及描述如表 7.1 所示。

表 7.1　gd_info()函数返回的数组元素及描述

数组元素	描　述
GD Version	string 值，描述已安装的 GD 库的版本号
FreeType Support	boolean 值，若安装了 FreeType 支持，则为 true
FreeType Linkage	string 值，描述了 FreeType 连接的方法。其取值为：with freetype、with TTF library 或 with unknown library。该元素仅在 FreeType Support 的值为 true 时有定义
T1Lib Support	boolean 值，若包含 T1Lib 支持，则为 true
GIF Read Support	boolean 值，若包含读取 GIF 图像的支持，则为 true
GIF Create Support	boolean 值，若包含创建 GIF 图像的支持，则为 true
JPEG Support	boolean 值，若包含 JPEG 支持，则为 true
PNG Support	boolean 值，若包含 PNG 支持，则为 true
WBMP Support	boolean 值，若包含 WBMP 支持，则为 true
XBM Support	boolean 值，若包含 XBM 支持，则为 true

也可以通过调用 phpinfo()函数来获取 GD 库的相关信息，如图 7.1 所示。

GD Support	enabled
GD Version	bundled (2.1.0 compatible)
FreeType Support	enabled
FreeType Linkage	with freetype
FreeType Version	2.9.1
GIF Read Support	enabled
GIF Create Support	enabled
JPEG Support	enabled
libJPEG Version	9 compatible
PNG Support	enabled
libPNG Version	1.6.34
WBMP Support	enabled
XPM Support	enabled
libXpm Version	30512
XBM Support	enabled
WebP Support	enabled

图 7.1　通过 phpinfo()函数获取 GD 库相关信息

【例 7.1】检测 GD 库包含的函数。源文件为 07/page07_01.php，源代码如下。

```
<!doctype html>
<html>
<head>
<meta charset="utf-8">
<title>PHP GD库函数</title>
<style>
h3{
   text-align: center;
}
ol {
   column-count: 2;
   column-rule: thin dashed red;
}
ol li {
   margin-left: 3em;;
}
</style>
</head>

<body>
<?php
if (!function_exists("gd_info")) {
   die("GD库加载失败。");
}

$funcs = get_extension_funcs("gd");
$n = count($funcs);
echo "<h3>PHP GD库函数（共{$n}个）</h3>";
echo "<hr>";
echo "<ol>";
foreach ($funcs as $func) {
   echo "<li> {$func}</li>";
}
echo "</ol>";
?>
</body>
</html>
```

上述代码的运行结果如图 7.2 所示。

图 7.2　PHP GD 库函数

7.2　图像基本操作

在 PHP 中，可以利用 GD 库进行图像处理，主要步骤为：创建一个图像作为画布；设置画图的前景颜色和背景颜色；在画布上绘制图形和文本；向浏览器输出图像或将图像保存到文件中；释放图像相关联的系统资源等。下面介绍 PHP 图像处理的基本操作，包括创建图像、输出图像和分配颜色等。

7.2.1　创建图像

在 PHP 中，创建图像主要有两种方式：一种方式是创建新的空白图像，另一种方式是基于现有文件创建图像。

1. 创建空白图像

创建空白图像可以通过调用以下两个函数来实现。

（1）使用 imagecreate()函数可以新建一个基于调色板的图像，语法格式如下。

```
imagecreate(int $x_size, int $y_size) : resource
```

其中，x_size 和 y_size 分别指定图像的宽度和高度。imagecreate()函数返回一个图像标识符，代表一个大小为 x_size 和 y_size 的空白图像。

（2）使用 imagecreatetruecolor()函数可以新建一个真彩色图像，语法格式如下。

```
imagecreatetruecolor(int $x_size, int $y_size) : resource
```

其中，x_size 和 y_size 分别指定图像的宽度和高度。imagecreatetruecolor()函数返回一个图像标识符，代表一个黑色图像。

如果使用 imagecreate()或 imagecreatetruecolor()函数创建了一个图像，则可以将这个图像作为画布并在其上绘制各种各样的图形。为了节省系统的内存资源，在完成绘图操作之后应当及时调用 imagedestroy()函数来销毁图像，语法格式如下。

```
imagedestroy(resource $image) : bool
```

其中，image 是由图像创建函数 imagecreate()或 imagecreatetruecolor()返回的图像标识符。imagedestroy()函数用于释放与 image 关联的内存。

2. 基于文件创建图像

如果要基于现有的文件来创建图像，则可以通过调用以下函数来实现。

（1）使用 imagecreatefromgif()函数可以基于 GIF 文件或 URL 新建一个图像，语法格式如下。

```
imagecreatefromgif(string $filename) : resource
```

其中，filename 表示 GIF 图像文件的路径。如果新建图像成功，则返回图像资源，否则返回 false。

（2）使用 imagecreatefromjpeg()函数可以基于 JPEG 文件或 URL 新建一个图像，语法格式如下。

```
imagecreatefromjpeg(string $filename)0 : resource
```

其中，filename 表示 JPEG 图像文件的路径。如果新建图像成功，则返回图像资源，否则返回 false。

（3）使用 imagecreatefrompng 函数可以基于 PNG 文件或 URL 新建一个图像，语法格式如下。

resource imagecreatefrompng (string $filename)

其中，filename 表示 PNG 图像文件的路径。如果新建图像成功，则返回图像资源，否则返回 false。

【例 7.3】创建图像示例。源文件为 07/page07_03.php，源代码如下。

```
<?php
$w = 150;                                                  //设置图像宽度
$h = 120;                                                  //设置图像高度
$img = @imagecreate($w, $h) or die("不能初始化新的 GD 图形流"); //创建基于调色板的图像
$bgc = imagecolorallocate($img, 83, 72, 204);              //设置图像背景填充颜色
$fc = imagecolorallocate($img, 255, 0, 0);                 //设置画图颜色
imagefilledellipse($img, 75, 60, 100, 75, $fc);            //画一个填充椭圆（大）
$fc = imagecolorallocate($img, 83, 72, 204);               //设置画图颜色
imagefilledellipse($img, 75, 60, 93, 68, $fc);             //画另一个填充椭圆（小）
imagejpeg($img, "../images/image7_02.jpg");                //输出图像到 JPEG 文件
imagedestroy($img);                                        //销毁图像
//创建一个真彩色图像
$img = @imagecreatetruecolor($w, $h) or die("不能初始化新的 GD 图像流");
$fc = imagecolorallocate($img, 0, 255, 0);                 //设置画图颜色
imagesetthickness($img, 3);                                //设置线条宽度
imagerectangle($img, 30, 30, 120, 90, $fc);                //画一个矩形
imagegif($img, "../images/image7_02.gif");                 //输出图像到 GIF 文件
imagedestroy($img);                                        //销毁图像

$filename = "../images/landscape.jpg";                     //指定图像文件路径
//创建基于文件的图像
$img = @imagecreatefromjpeg($filename) or die("不能初始化新的 GD 图像流");
$tc = imagecolorallocate($img, 255, 255, 0);               //设置文本颜色
imagestring($img, 5, 40, 100, "Landscape", $tc);           //绘制一个字符串
imagepng($img, "../images/image7_02.png");                 //输出图像到 PNG 文件
imagedestroy($img);                                        //释放图像资源
?>
<!doctype html>
<html>
<head>
<meta charset="utf-8">
<title>创建图像示例</title>
<style>
h3, tr {
   text-align: center;
}
table {
   margin: 0 auto;
}
td {
   font-size: small;
}
</style>
</head>

<body>
<h3>创建图像示例</h3>
```

```
    <hr>
    <table>
        <tr>
            <td><img name="img1" src="image7_02.jpg" width="150" height="120"
alt=""></td>
            <td><img name="img2" src="image7_02.gif" width="150" height="120"
alt=""></td>
            <td><img name="img3" src="image7_02.png" width="150" height="120"
alt=""></td>
        </tr>
        <tr>
            <td>基于调色板的图像</td>
            <td>真彩色图像</td>
            <td>基于文件的图像</td>
        </tr>
    </table>
    </body>
    </html>
```

本例分别创建了 3 个不同类型的图像，并保存为 JPEG、GIF 和 PNG 格式文件，然后将这些动态生成的图像放在表格的单元格中，代码运行结果如图 7.3 所示。

图 7.3　创建图像示例

7.2.2　输出图像

在创建一个图像后，需要输出该图像。输出图像通常有两种方式：一种方式是直接将图像输出到客户端浏览器，另一种方式是将图像保存到文件中。

如果要将一个图像以某种格式输出到客户端浏览器，则需要通过调用 header()函数来设置输出文件的 MIME 类型，以指定要输入的图像格式，语法格式如下。

```
header("Content-type:image/gif");
header("Content-type:image/jpeg");
header("Content-type:image/png");
```

按照图像格式的不同，输出图像可以通过调用以下 PHP 函数来实现。

（1）使用 imagegif()函数可以以 GIF 格式将图像输出到浏览器或文件中，语法格式如下。

```
imagegif(resource $image[, string $filename]) : bool
```

其中，image 表示图像标识符，是图像创建函数的返回值；filename 为可选参数，指定图像保存的路径，省略该参数则直接输出原始图像流。如果图像输出成功，则返回 true，否则返回 false。

imagegif()函数基于 image 图像以 filename 为文件名创建一个 GIF 图像，图像格式为 GIF87a。如果通过 imagecolortransparent()函数使图像为透明，则其格式为 GIF89a。通过 header()函数发送“Content-type:image/gif”可以使 PHP 代码直接输出 GIF 图像。

（2）使用 imagejpeg()函数可以以 JPEG 格式将图像输出到浏览器或文件中，语法格式如下。

```
imagejpeg(resource $image[, string $filename[, int $quality]]) : bool
```

其中，image 表示图像标识符，是图像创建函数的返回值；filename 为可选参数，指定图像保存的路径；quality 为可选参数，指定图像的质量，取值范围从 0（最差质量，文件最小）到 100（最佳质量，文件最大），默认为 IJG（默认的质量值，大约 75）。如果图像输出成功，则返回 true，否则返回 false。

imagejpeg()函数基于 image 图像以 filename 为文件名创建一个 JPEG 图像。如果省略 filename 参数，则直接输出原始图像流。如果要跳过 filename 参数而提供 quality 参数，则应使用 NULL。通过 header()函数发送“Content-type:image/jpeg”可以使 PHP 代码直接输出 JPEG 图像。

如果要输出渐进式 JPEG，则需使用 imageinterlace()函数隔行扫描比特置位。

（3）使用 imagepng()函数可以以 PNG 格式将图像输出到浏览器或文件中，语法格式如下。

```
imagepng(resource $image[, string $filename]) : bool
```

其中，image 表示图像标识符，是图像创建函数的返回值；filename 为可选参数，指定图像保存的路径。如果图像输出成功，则返回 true，否则返回 false。

imagepng()函数将 GD 图像流（image）以 PNG 格式输出到标准输出（通常为浏览器），如果用 filename 指定了文件名，则把图像保存到该文件中。

【例 7.3】创建图像并输出到浏览器。源文件为 07/page07_03.php，源代码如下。

```
<?php
$w = 260;                                                   //图像的宽度
$h = 150;                                                   //图像的高度
$img = @imagecreate($w, $h) or die("不能初始化新的 GD 图像流"); //创建基于调色板的图像
$bgc = imagecolorallocate($img, 25, 119, 156);              //设置图像背景填充色
$white = imagecolorallocate($img, 255, 255, 255);           //设置绘图颜色
imagefilledellipse($img, 125, 75, 220, 140, $white);        //绘制一个填充椭圆（大）
imagefilledellipse($img, 125, 75, 217, 137, $bgc);          //绘制一个填充椭圆（小）
imagesetthickness($img, 2);                                 //设置线条宽度
imagerectangle($img, 30, 20, 220, 130, $white);             //绘制一个矩形
imagestring($img, 5, 40, 50, "PHP Web Development", $white);//绘制一个字符串
imagestring($img, 5, 58, 90, "GD Image Stream", $white);    //绘制另一个字符串
header("Content-type:image/jpeg");                          //设置输出文件的MIME 类型
imagejpeg($img, "../images/image07_03.jpg", 100);           //将图像输出到文件中
imagedestroy($img);                                         //释放图像资源
?>
<figure style="text-align: center"><img src="../images/image07_03.jpg">
    <figcaption>输出图像示例</figcaption>
</figure>
```

本例创建了一个基于调色板的图像，然后绘制了两个填充椭圆和一个矩形，以及两个字符串，最后以 JPEG 格式将图像保存到文件并呈现在页面中，代码运行结果如图 7.4 所示。

图 7.4　输出图像示例

7.2.3　分配颜色

在创建一个图像后，需要为其分配一些颜色，以供画图或写入文字使用。在 PHP 中，可以通过调用函数 imagecolorallocate()为一个图像分配颜色，语法格式如下。

```
imagecolorallocate(resource $image, int $red, int $green, int $blue) : int
```

其中，image 表示图像标识符，是图像创建函数的返回值；red、green 和 blue 分别表示所需颜

色的红、绿、蓝成分（简称 RGB 成分），这些参数的取值范围是 0～255，在十六进制中为 0x00～0xFF。imagecolorallocate()函数返回一个标识符，表示由给定的 RGB 成分组成的颜色，并在分配失败时返回-1。需要注意的是，必须使用该函数来分配用在 image 所代表的图像中的每种颜色。

对于由 imagecreate()函数创建的图像，在首次调用 imagecolorallocate()函数时会用当前设置的颜色填充背景，而对于由 imagecreatetruecolor()函数创建的图像则不会填充。

另外，可以使用 imagecolorallocatealpha()函数为一个图像分配颜色和透明度，语法格式如下。

```
imagecolorallocatealpha(resource $image, int $red, int $green, int $blue, int
$alpha) : int
```

该函数的功能与 imagecolorallocate()函数类似，但 imagecolorallocatealpha()函数多一个额外的透明度参数 alpha，其取值范围为 0～127，0 表示完全不透明，127 表示完全透明。imagecolorallocatealpha()函数返回一个标识符，表示由给定的 RGB 成分和透明度组成的颜色。如果分配失败，则返回 false。

【例 7.4】使用带透明度的颜色绘制图形。源文件为 07/page07_04.php，源代码如下。

```
<?php
$w = 300;                                              //图像的宽度
$h = 200;                                              //图像的高度
$img = imagecreatetruecolor($w, $h);                   //创建真彩色图像
$bgc = imagecolorallocate($img, 255, 221, 255);        //设置图像背景填充色
$text_color = imagecolorallocate($img, 255, 0, 0);     //分配颜色
$border = imagecolorallocate($img, 127, 127, 127);     //分配颜色
imagefilledrectangle($img, 0, 0, $w, $h, $bgc);        //绘制一个填充矩形
imagesetthickness($img, 3)                             //设置线条宽度
imagerectangle($img, 0, 0, $w - 1, $h - 1, $border);   //绘制一个轮廓矩形
$x1 = 125;                                             //设置坐标和半径
$y1 = 65;
$x2 = 115;
$y2 = 130;
$x3 = 180;
$y3 = 110;
$r = 120;

$green = imagecolorallocatealpha($img, 0, 128, 0, 75);//分配一些带透明度的颜色
$red = imagecolorallocatealpha($img, 255, 0, 0, 75);
$blue = imagecolorallocatealpha($img, 0, 0, 255, 75);
//画 3 个叠加的填充圆和一行字符串
imagefilledellipse($img, $x1, $y1, $r, $r, $green);
imagefilledellipse($img, $x2, $y2, $r, $r, $red);
imagefilledellipse($img, $x3, $y3, $r, $r, $blue);
imagestring($img, 5, 160, 180, "THREE CIRCLES", $text_color);
imagegif($img,"../images/image07_04.gif");           //以 GIF 格式将图像保存到文件中
imagedestroy($img);                                  //释放图像资源
?>
<figure style="text-align: center"><img src="../images/image07_04.gif">
    <figcaption>使用带透明度的颜色绘图</figcaption>
</figure>
```

本例使用带透明度的颜色绘制了 3 个叠加的填充圆。代码运行结果如图 7.5 所示。

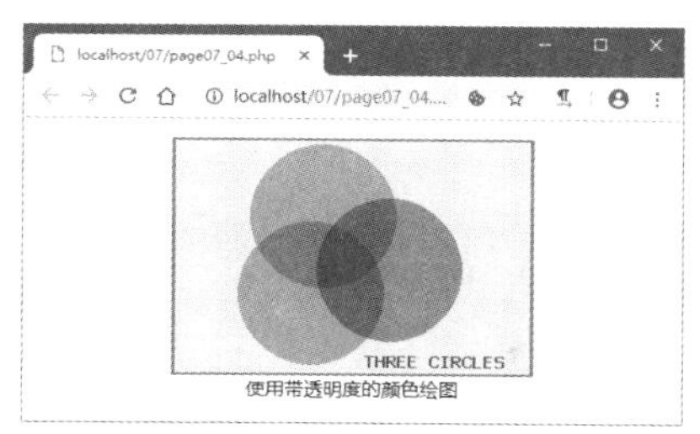

图 7.5　使用带透明度的颜色绘图

7.3　绘制图形

在创建图像并为其分配颜色之后，可以在该图像上绘制各种各样的图形，GD 库中的各种画图函数就是所用的画笔。本节介绍如何利用 GD 库函数绘制基本图形，包括绘制像素、轮廓图形和填充图形等。

7.3.1　绘制像素

像素是最简单的图形，它相当于几何图形中的点，也是构成各种图像的基本要素。在 PHP 中，可以通过调用 imagesetpixel()函数来画一个单一像素，语法格式如下。

```
imagesetpixel(resource $image, int $x, int $y, int $color ) : bool
```

其中，image 表示图像标识符，是创建图像函数的返回值；x、y 指定像素在图像上的位置，图像左上角的坐标为(0,0)；color 指定画该像素所使用的颜色，是分配颜色函数的返回值。通过调用 imagesetpixel()函数可以在 image 图像中用 color 颜色在(x,y)坐标处画一个点。

【例 7.5】通过描点绘制正弦曲线。源文件为 07/page07_05.php，源代码如下。

```
<?php
define("MAX_WIDTH_PIXEL", 600);
define("MAX_HEIGHT_PIXEL", 260);
$img = imagecreate(MAX_WIDTH_PIXEL, MAX_HEIGHT_PIXEL);            //创建图像
$bgcolor = imagecolorallocate($img, 255, 255, 255);               //分配颜色
$red = imagecolorallocate($img, 255, 0, 0);
$blue = imagecolorallocate($img, 0, 0, 255);
$black = imagecolorallocate($img, 0, 0, 0);
$width = MAX_WIDTH_PIXEL / 2;                                     //宽度
$height = MAX_HEIGHT_PIXEL / 2;                                   //高度
imageline($img, $width, 0, $width, MAX_HEIGHT_PIXEL, $black); //绘制 y 轴
imageline($img, 0, $height, MAX_WIDTH_PIXEL, $height, $black);//绘制 x 轴
for ($x = 0; $x <= MAX_WIDTH_PIXEL; $x += 0.01) {           //通过循环绘制正弦曲线
   $y1 = 100 * sin($x / 100 * pi()); //用 pi()函数得到圆周率
   imagesetpixel($img, $x, $height + $y1, $red);            //在指定位置绘制像素
}
imagestring($img, 5, 236, 80, "Sinusoidal Curve", $blue);
imagepng($img,"../images/image07_05.png");                  //保存 PNG 图像文件
imagedestroy($img);                                         //释放图像资源
?>
<figure style="text-align: center"><img src="../images/image07_05.png">
   <figcaption>绘制正弦曲线</figcaption>
</figure>
```

本例通过 PHP 代码动态生成一个包含坐标轴和正弦曲线的图像，如图 7.6 所示。

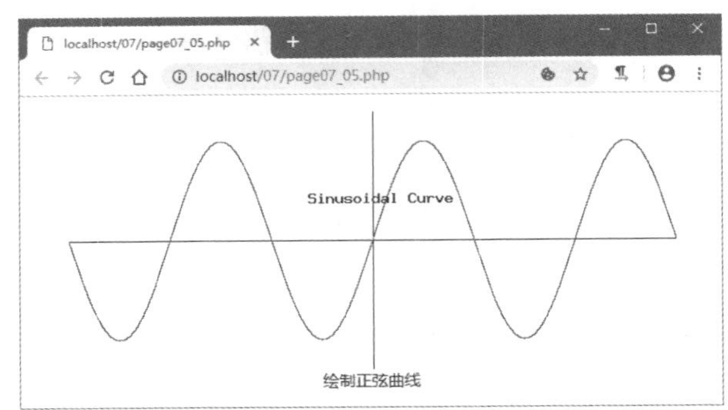

图 7.6　绘制正弦曲线

7.3.2　绘制轮廓图形

GD 库提供了一些绘图函数，可以用来绘制直线、矩形、多边形、椭圆和椭圆弧等轮廓图形。下面介绍如何使用这些函数绘制轮廓图形。

（1）使用 imageline()函数可以在图像中绘制一条线段，语法格式如下。

```
imageline(resource $image, int $x1, int $y1, int $x2, int $y2, int $color) : bool
```

其中，image 表示图像标识符；(x1,y1)指定线段的起点，(x2,y2)指定线段的终点，图像左上角的坐标为(0,0)；color 指定画线所使用的颜色。

（2）使用 imagedashedline()函数可以在图像中绘制一条虚线，语法格式如下。

```
imagedashedline(resource $image, int $x1, int $y1, int $x2, int $y2, int $color) :
bool
```

其中，image 表示图像标识符；(x1,y1)指定虚线的起点，(x2,y2)指定虚线的终点，图像左上角的坐标为(0,0)；color 指定画线所使用的颜色。

（3）使用 imagerectangle()函数可以在图像中绘制一个矩形，语法格式如下。

```
imagerectangle(resource $image, int $x1, int y1, int $x2, int $y2, int $color) :
bool
```

其中，image 表示图像标识符；(x1,y1)指定矩形左上角的坐标，(x2,y2)指定矩形右下角的坐标，图像左上角的坐标为(0,0)；color 指定画线所使用的颜色。

（4）使用 imagepolygon()函数可以在图像中绘制一个多边形，语法格式如下。

```
imagepolygon(resource $image,array $points, int $num_points, int $color) : bool
```

其中，image 表示图像标识符；points 是一个数组，包含多边形的各个顶点坐标，即 points[0] = x0，points[1] = y0，points[2] = x1，points[3] = y1，以此类推；num_points 是顶点的总数；color 指定画线所使用的颜色。

（5）使用 imageellipse()函数可以在图像中绘制一个椭圆，语法格式如下。

```
imageellipse(resource $image, int $cx, int $cy, int $w, int $h, int $color) : bool
```

其中，image 表示图像标识符；cx 和 cy 指定椭圆的中心坐标，图像左上角的坐标为(0,0)；w 和 h 分别指定椭圆的宽度和高度；color 指定画线所使用的颜色。

（6）使用 imagearc()函数可以在图像中绘制一段椭圆弧，语法格式如下。

```
imagearc(resource $image, int $cx, int $cy, int $w, int $h, int $s, int $e, int
$color) : bool
```

其中，image 表示图像标识符；cx 和 cy 指定椭圆弧的中心坐标，图像左上角的坐标为(0,0)；w 和 h 分别指定椭圆弧的宽度和高度；s 和 e 分别指定椭圆弧起点和终点的角度，0°位于 3 点钟的位置，以顺时针方向进行绘制。

在使用上述函数绘制图形之前，应该使用 imagecolorallocate()函数为图像分配颜色。另外，还可以通过调用 imagesetthickness()函数来设置线条的宽度，语法格式如下。

```
imagesetthickness(resource $image, int $thickness) : bool
```

imagesetthickness()函数将画实线、虚线、矩形、多边形、椭圆弧等图形时所用的线条宽度设置为 thickness（以像素为单位）。如果设置成功则返回 true，失败则返回 false。然而，根据相关测试，该函数设置的线条宽度在绘制椭圆时是不起作用的。

【例 7.6】绘制轮廓图形示例。源文件为 07/page07_06.php，源代码如下。

```
<?php
$img = imagecreatetruecolor(300, 200);                      //创建真彩色图像
imagesetthickness($img, 3);                                 //设置线条宽度
$white = imagecolorallocate($img, 255, 255, 255);          //分配白色
$blue = imagecolorallocate($img, 0, 0, 255);               //分配蓝色
$red = imagecolorallocate($img, 255, 0, 0);                //分配红色
$black = imagecolorallocate($img, 0, 0, 0);                //分配黑色
$green = imagecolorallocate($img, 0, 255, 0);              //分配绿色
imagefilledrectangle($img, 0, 0, 300, 200, $white);        //绘制填充矩形
imagerectangle($img, 0, 0, 299, 199, $blue);               //绘制外部矩形
imageline($img, 0, 100, 300, 100, $blue);                  //绘制水平线段
imagedashedline($img, 150, 0, 150, 200, $blue);            //绘制垂直虚线
imageellipse($img, 75, 50, 120, 80, $red);                 //绘制椭圆
imageellipse($img, 75, 50, 122, 82, $red);                 //绘制椭圆
imageellipse($img, 75, 50, 124, 84, $red);                 //绘制椭圆
imagestring($img, 3, 52, 45, "Ellipse", $black);           //写椭圆标注
imageellipse($img, 150, 100, 150, 150, $green);            //绘制正圆
imageellipse($img, 150, 100, 152, 152, $green);            //绘制正圆
imageellipse($img, 150, 100, 154, 154, $green);            //绘制正圆
$points = [225, 10, 285, 85, 165, 85];                     //定义三角形顶点
imagepolygon($img, $points, 3, $red);                      //绘制三角形
imagestring($img, 3, 199, 45, "Triangle", $black);         //写三角形标注
imagerectangle($img, 15, 115, 135, 185, $red);             //绘制内部矩形
imagestring($img, 3, 45, 143, "Rectangle", $black);        //写矩形标注
imagearc($img, 225, 150, 110, 75, 170, 10, $red);          //绘制椭圆弧
imagestring($img, 3, 215, 143, "Arc", $black);             //写弧线标注
magepng($img,"../images/image07_06.png");                  //以 PNG 格式输出图像
imagedestroy($img);                                        //释放图像资源
?>
<figure style="text-align: center"><img src="../images/image07_06.png">
  <figcaption>绘制轮廓图形</figcaption>
</figure>
```

本例通过调用 PHP 绘图函数绘制了水平线段、垂直虚线、矩形、三角形、椭圆和椭圆弧等轮廓图形并以 PNG 格式输出图像，然后将该图像插入页面中，如图 7.7 所示。

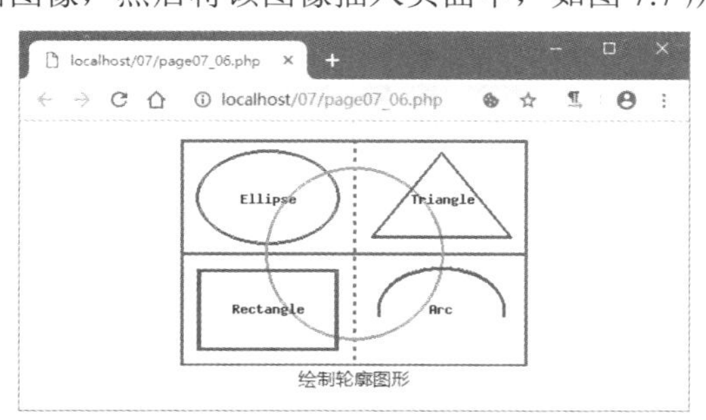

图 7.7　绘制轮廓图形示例

7.3.3　绘制填充图形

前文介绍了绘制矩形、多边形、椭圆和椭圆弧的函数，但是通过这些函数只能画出图形的轮廓。如果要绘制矩形、多边形、椭圆和椭圆弧并加以填充，则可以通过以下函数来实现。

（1）使用 imagefilledrectangle()函数可以在指定图像中绘制一个矩形并加以填充，语法格式如下。

```
    imagefilledrectangle(resource $image, int $x1, int $y1, int x2, int $y2, int $color) :
bool
```

imagefilledrectangle()函数在 image 指定的图像中绘制了一个用 color 颜色填充的矩形，其左上角坐标为(x1,y1)，右下角坐标为(x2,y2)。图像左上角的坐标为(0,0)。

（2）使用 imagefilledpolygon()函数可以在指定图像中绘制一个多边形并加以填充，语法格式如下。

```
    imagefilledpolygon(resource $image, array $points, int $num_points, int $color) :
bool
```

imagefilledpolygon()函数在 image 指定的图像中绘制了一个填充的多边形。points 是一个按顺序包含多边形各顶点坐标的数组。num_points 是顶点的总数，其值必须大于 3。

（3）使用 imagefilledellipse()函数可以在指定图像中绘制一个椭圆并加以填充，语法格式如下。

```
    imagefilledellipse(resource $image, int $cx, int $cy, int $w, int $h, int $color) :
bool
```

imagefilledellipse()函数在 image 指定的图像中以(cx,cy)为中心坐标绘制了一个椭圆。w 和 h 分别指定椭圆的宽度和高度。椭圆用 color 颜色填充。如果椭圆绘制并填充成功则返回 true，失败则返回 false。

（4）使用 imagefilledarc()函数可以在指定图像中绘制一个椭圆弧并加以填充，语法格式如下。

```
    imagefilledarc ( resource $image, int $cx, int $cy, int $w, int $h, int $s, int
$e, int $color, int $style ) : bool
```

imagefilledarc()函数在 image 指定的图像中以(cx,cy)为中心坐标绘制一个椭圆弧。w 和 h 分别指定椭圆弧的宽度和高度，s 和 e 分别指定椭圆弧的起点和终点的角度。style 是下列常量值按二进制位进行“或”运算后的值。

- IMG_ARC_PIE：产生圆形边界。
- IMG_ARC_CHORD：只是用直线连接起点和终点。
- IMG_ARC_NOFILL：弧或弦只有轮廓，不填充。
- IMG_ARC_EDGED：用直线将起点和终点与中心点连接。

其中，IMG_ARC_PIE 和 IMG_ARC_CHORD 互斥，如果二者一起使用，则 IMG_ARC_CHORD 生效；IMG_ARC_EDGED 和 IMG_ARC_NOFILL 一起使用是画饼状图轮廓的好方法。

如果画图成功则返回 true，失败则返回 false。

（5）使用 imagefill()函数可以进行区域填充，语法格式如下。

```
    imagefill(resource $image, int $x, int $y, int $color) : bool
```

imagefill()函数在 image 指定的图像(x,y)坐标处用颜色 color 执行区域填充，即与(x,y)点颜色相同且相邻的点都会被填充。

【例 7.7】绘制轮廓图形示例。源文件为 07/page07_07.php，源代码如下。

```
<?php
//定义一个绘制五角星的函数
//$imgage—图像标识符，$x 和$y—最高顶点坐标，$r—半径，$color—画图颜色
function draw_five_start($img, $x, $y, $r, $color) {
    $sin18 = sin(18 * M_PI / 180);                    //预定义常量 M_PI=3.1415926535898
    $cos18 = cos(18 * M_PI / 180);
    $tan18 = tan(18 * M_PI / 180);
    $sin36 = sin(36 * M_PI / 180);
    $cos36 = cos(36 * M_PI / 180);
    $tan36 = tan(36 * M_PI / 180);

    //计算 10 个顶点的坐标
```

```
        $x1 = $x;
        $y1 = $y;
        $x2 = $x1 + ( $r - $r * $sin18 ) * $tan18;
        $y2 = $y1 + $r - $r * $sin18;
        $x3 = $x1 + $r * $cos18;
        $y3 = $y1 + $r - $r * $sin18;
        $x4 = $x1 + ( $r - $r * $sin18 ) * $tan18 + 2 * ( $r - $r * $sin18 ) * $sin18
* $tan18;
        $y4 = $y1 + $r - $r * $sin18 + 2 * ( $r - $r * $sin18 ) * $sin18;
        $x5 = $x1 + $r * $sin36;
        $y5 = $y1 + $r + $r * $cos36;
        $x6 = $x1;
        $y6 = $y1 + 2 * ( $y2 - $y1 );
        $x7 = $x1 - $r * $sin36;
        $y7 = $y1 + $r + $r * $cos36;
        $x8 = $x1 - ( $r - $r * $sin18 ) * $tan18 - 2 * ( $r - $r * $sin18 ) * $sin18
* $tan18;
        $y8 = $y4;
        $x9 = $x1 - $r * $cos18;
        $y9 = $y1 + $r - $r * $sin18;
        $x10 = $x1 - ( $r - $r * $sin18 ) * $tan18;
        $y10 = $y1 + $r - $r * $sin18;

        $points = array($x1, $y1, $x2, $y2, $x3, $y3, $x4, $y4, $x5, $y5,
           $x6, $y6, $x7, $y7, $x8, $y8, $x9, $y9, $x10, $y10);//用数组来存储所有顶点坐标
        imagefilledpolygon($img, $points, 10, $color);     //画由10条边组成的填充五角星
    }

    $img = imagecreatetruecolor(400, 170);                      //创建真彩色图像
    $bgc = imagecolorallocate($img, 200, 237, 241);             //设置图像背景填充颜色
    $border = imagecolorallocate($img, 0, 0, 0);                //分配颜色
    $blue = imagecolorallocate($img, 0, 0, 255);                //分配颜色
    $magenta = imagecolorallocate($img, 255, 0, 255);           //分配颜色
    $red = imagecolorallocate($img, 255, 0, 0);                 //分配颜色
    imagefill($img, 0, 0, $bgc);                                //执行区域填充
    imagerectangle($img, 0, 0, 399, 169, $border);              //绘制轮廓矩形

    //绘制各种填充图形
    draw_five_start($img, 80, 5, 45, $red);                     //绘制第一颗五角星
    draw_five_start($img, 200, 5, 45, $blue);                   //绘制第二颗五角星
    draw_five_start($img, 320, 5, 45, $magenta);                //绘制第三颗五角星

    imagefilledellipse($img, 80, 130, 90, 60, $red);            //绘制填充椭圆
    imagefilledrectangle($img, 160, 105, 235, 158, $blue);//绘制填充矩形

    //绘制一个填充的椭圆弧
    imagefilledarc($img, 320, 130, 90, 60, 180, 0, $magenta, IMG_ARC_PIE);
    //绘制一个不填充的椭圆弧
    imagefilledarc($img, 320, 130, 90, 60, 0, 180, $magenta, IMG_ARC_NOFILL);

    imagepng($img, "../images/fill.png");                       //以PNG格式输出图像
    imagedestroy($img);                                         //释放图像资源
    ?>
    <figure style="text-align: center"><img src="../images/fill.png">
        <figcaption>绘制填充图形</figcaption>
    </figure>
```

本例通过调用PHP绘图函数绘制了椭圆、矩形、五角星（由10条边组成的多边形）、椭圆弧

等填充图形并以 PNG 格式输出图像，然后将该图像插入页面，如图 7.8 所示。

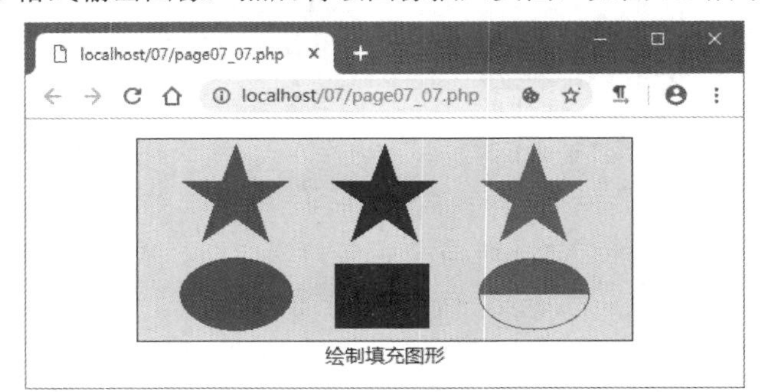

图 7.8　绘制填充图形示例

7.4　绘制文本

在 GD 图像中，可以绘制各种各样的轮廓图形和填充图形，也可以根据需要在图像中绘制文本。例如，为某些图形添加标注文字或随机生成验证码。向图像中写入文本有多种方法，既可以写入单个字符，也可以写入一个字符串，图像中的文本信息还可以通过点阵字体或 TrueType 字体显示出来。本节介绍如何在 GD 图像中绘制文本。

7.4.1　绘制单个字符

通过调用 GD 库中的以下两个函数可以向图像中写入字符。

（1）使用 imagechar()函数可以沿水平方向在指定图像中绘制一个字符，语法格式如下。

```
    imagechar(resource $image, int $font, int $x, int $y, string $char, int $color) :
bool
```

imagechar()函数将字符串 char 的首字符绘制在 image 指定的图像中，其左上角坐标为(x,y)，颜色为 color。如果参数 font 为 1、2、3、4 或 5，则使用内置的字体，而且数字越大，字号就越大。

（2）使用 imagecharup()函数可以沿垂直方向在指定图像中绘制一个字符，语法格式如下。

```
    imagecharup ( resource $image, int $font, int $x, int $y, string $char, int $color) :
bool
```

imagecharup()函数将字符串 char 的首字符垂直地画在 image 指定的图像的(x,y)坐标处，颜色为 color。如果参数 font 为 1、2、3、4 或 5，则使用内置的字体。

【例 7.8】生成图片验证码并用于网站登录。本例包含以下两个源文件。

源文件 07/vcode.php，用于生成随机图片验证码，源代码如下。

```
<?php
if (session_status() !== PHP_SESSION_ACTIVE) session_start(); //启动一个会话
$w = 80;                                                       //图片宽度
$h = 20;                                                       //图片高度
$str = array();
$vcode = "";
$string = "abcdefghijklmnopqrstuvwxyz0123456789";
for ($i = 0; $i < 4; $i++) {                 //随机生成一个验证码
    $str[$i] = $string[rand(0, 35)];         //用 rand()函数产生一个 0～35 的随机整数
    $vcode .= $str[$i];
}
$_SESSION["vcode"] = $vcode;                 //将验证码保存在会话变量中
$img = imagecreatetruecolor($w, $h);                    //创建一个真彩色图像
$white = imagecolorallocate($img, 255, 255, 255);       //分配颜色
$blue = imagecolorallocate($img, 0, 0, 255);

imagefilledrectangle($img, 0, 0, $w, $h, $white);       //用白色绘制矩形并填充
```

```
imagerectangle($img, 0, 0, $w - 1, $h - 1, $blue);    //用黑色绘制图像边框
//以下循环语句用于生成图像的雪花背景
for ($i = 1; $i < 200; $i++) {
    $x = mt_rand(1, $w - 10); //用mt_rand()函数生成随机数
    $y = mt_rand(1, $h - 10);
    $color = imagecolorallocate($img, mt_rand(200, 255),
        mt_rand(200, 255), mt_rand(200, 255));          //随机生成一种颜色
    imagechar($img, 1, $x, $y, "*", $color);            //在图像中写入一个星号
}
//以下循环语句用于将验证码写入图像
for ($i = 0; $i < count($str); $i++) {
    $x = 13 + $i * ( $w - 15 ) / 4;
    $y = mt_rand(3, $h / 5);
    $color = imagecolorallocate($img, mt_rand(0, 225),
        mt_rand(0, 150), mt_rand(0, 225));
    imagechar($img, 5, $x, $y, $str[$i], $color);
}
header("Content-type:image/gif");
imagegif($img);                                         //以GIF格式向浏览器输出图像
imagedestroy($img);
?>
```

源文件 07/page07_08.php，用作网站登录页面，源代码如下。

```
<?php
if (session_status() !== PHP_SESSION_ACTIVE) session_start(); //启动一个会话
$result = "";                                                 //变量初始化
if (count($_POST)) {                                          //若提交表单
   $user = ["username" => "李明", "password" => "123456"];  //用数组保存用户名和密码
   //检查验证码
   if ($_SESSION["vcode"] != $_POST["vcode"]) {              //若提交的验证码不正确
       $result = "err";                                      //设置状态变量为err
       //若验证码正确，则继续检查用户名和密码
   } elseif ($_POST["username"] == $user["username"] && $_POST["password"] ==
$user["password"]) {
       $_SESSION["username"] = $_POST["username"];
       $result = "ok";                                       //设置状态变量为ok
   } else {                                                  //若用户名和密码不正确
       echo '<script';
       echo 'alert("用户名或密码错误，登录失败！");';
       echo '</script>';
   }
}
?>
<!doctype html>
<html>
<head>
<meta charset="gb2312">
<title>网站登录</title>
<style>
h3, p {
   text-align: center;
}
#container {
   width: 400px;
   margin: 0 auto;
}
label {
   width: 5em;
```

```
        float: left;
        margin-left: 3em;
        line-height: 25px;
        text-align: right;
    }
    br {
        clear: both;
    }
    #err {
        margin-left: 10em;
        color: red;
        font-size: small;
    }
    img {
        vertical-align: bottom;
    }
    input[type=submit] {
        margin-left: 9.5em;
    }
    </style>
    <script>
    function hide() {                                    //定义函数，用于隐藏错误信息
        document.getElementById("err").style.display = "none";
    }

    window.setTimeout("hide()", 3000);                   //3 秒钟之后隐藏错误信息
    </script>
    </head>

    <body>
    <?php if ($result != "ok") {                         //若状态变量不为“ok” ?>
    <h3>网站登录</h3>
    <div id="container">
    <form id="from1" method="post" action="">
        <label for="username">用户名：</label>
        <input id="username" name="username" type="text"
              required placeholder="请输入用户名">
        <br>
        <label for="password">密码：</label>
        <input id="password" name="password" type="password"
              required placeholder="请输入密码">
        <br>
        <label for="vcode">验证码：</label>
        <input id="vcode" name="vcode" type="text" required placeholder="请输入验证码
">
        <img src="vcode.php" title="单击刷新验证码"
onclick="this.src='vcode.php?d='+Math.random();">
        <br>
        <input name="login" type="submit" value="登录">
          
        <input type="reset" value="重置">
        <?php if ($result == "err") echo "<br><div id=\"err\">验证码错误！</div>"; ?></td>
    </form>
    </div>
        <?php
    } else {                                             //若状态变量值为 ok
        printf("<h3>网站首页</h3>");
```

```
    printf("<hr>");
    printf("<p>%s, 欢迎您访问本网站! </p>", $_SESSION["username"]);
}
?>
</body>
</html>
```

本例在源文件 page07_08.php 中创建了一个登录表单，用于输入用户名、密码和验证码。当单击“登录”按钮时，会通过 PHP 端脚本对输入的验证码进行检查，如果输入的验证码与图片中显示的验证码不匹配，则显示“验证码错误!”，如图 7.9 所示；如果输入的验证码与图片中显示的验证码一致，则对用户名和密码进行验证，如果与数组中存储的信息匹配，则登录成功，进入网站首页，如图 7.10 所示。

图 7.9　验证码输入错误

图 7.10　登录成功

7.4.2　绘制字符串

虽然通过逐个绘制字符的方式可以向图像中写入一个字符串，但这种做法每次都要计算字符的位置并从字符串中取出要输出的字符，操作起来比较麻烦。如果希望快速地向图像中写入一个字符串，可以通过调用以下两个函数来实现。

（1）使用 imagestring()函数可以沿水平方向在指定图像中画一个字符串，语法格式如下。

```
    imagestring(resource $image, int $font, int $x, int $y, string $str, int $color ) :
bool
```

imagestring()函数用 color 颜色将字符串 str 沿水平方向绘制到 image 指定的图像的(x,y)坐标处，这是字符串左上角的坐标，图像左上角的坐标为(0,0)。如果参数 font 是 1、2、3、4 或 5，则使用内置字体。

（2）使用 imagestringup()函数可以沿垂直方向在指定图像中画一个字符串，语法格式如下。

```
    imagestringup ( resource $image, int $font, int $x, int $y, string $str, int $color ) :
bool
```

imagestringup()函数用 color 颜色将字符串 str 沿垂直方向绘制到 image 指定的图像的(x,y)坐标处，图像左上角的坐标为(0,0)。如果参数 font 为 1、2、3、4 或 5，则使用内置字体。

【例 7.9】绘制字符串示例。源文件为 07/page07_09.php，源代码如下。

```
<?php
$w = 368;                                                   //图像宽度
$h = 200;                                                   //图像高度

$img = imagecreate($w, $h);                                 //创建一个基于调色板的图像
$bgc = imagecolorallocate($img, 225, 255, 232);             //设置图像背景填充颜色
$border = imagecolorallocate($img, 0, 128, 255);            //分配颜色
$red = imagecolorallocate($img, 255, 0, 0);                 //分配颜色
$green = imagecolorallocate($img, 0, 255, 0);               //分配颜色
$blue = imagecolorallocate($img, 0, 0, 255);                //分配颜色
$purple = imagecolorallocate($img, 128, 0, 255);            //分配颜色
imagesetthickness($img, 3);                                 //设置线条宽度
```

```
imagerectangle($img, 0, 0, $w - 1, $h - 1, $border);  //绘制一个轮廓矩形
$str = "imagestring: Draw a string horizontally.";     //设置字符串内容
imagestring($img, 2, 5, 10, $str, $red);               //绘制水平字符串
imagestring($img, 3, 5, 35, $str, $green);             //绘制水平字符串
imagestring($img, 4, 5, 60, $str, $blue);              //绘制水平字符串
imagestring($img, 5, 5, 85, $str, $purple);            //绘制水平字符串
$str = "GD Library";                                   //设置字符串内容
imagestringup($img, 2, 50, 190, $str, $red);           //绘制垂直字符串
imagestringup($img, 3, 130, 190, $str, $green);        //绘制垂直字符串
imagestringup($img, 4, 210, 190, $str, $blue);         //绘制垂直字符串
imagestringup($img, 5, 290, 190, $str, $purple);       //绘制垂直字符串
imagepng($img, "../images/text.png");                  //以 PNG 格式保存图像文件
imagedestroy($img);                                    //释放图像资源
?>

<figure style="text-align: center"><img src="../images/text.png">
   <figcaption>绘制字符串示例</figcaption>
</figure>
```

本例创建了一个图像并在其中绘制了一些字符串，如图 7.11 所示。

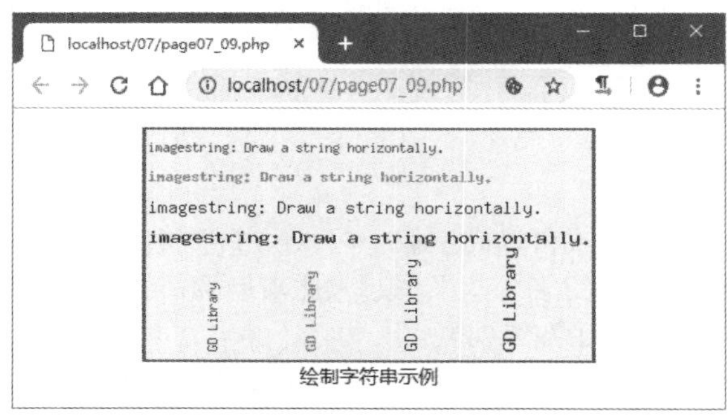

图 7.11　绘制字符串示例

7.4.3　绘制中文文本

通过调用 imagechar()和 imagestring()等函数可以方便地向图像中写入字符和字符串，不过这些函数都有一个局限性，即只能向图像中写入英文，而不能向图像中写入中文。如果要向图像中写入中文文本，则可以通过调用 imagettftext()函数来实现以 TrueType 字体向图像中写入中文文本的目的，语法格式如下。

```
imagettftext(resource $mage, float $size, float $angle,
   int $x, int $y, int $color, string $fontfile, string $text ) : array
```

其中，image 为由图像创建函数返回的图像资源。size 指定字体的尺寸，根据 GD 库的版本不同，可以是像素（GD1）或磅（GD2）。angle 为用角度制表示的角度，0° 为从左向右读的文本，更高数值表示逆时针旋转，如 90° 表示从下向上读的文本。由 x 和 y 所表示的坐标定义了第一个字符的基本点（字符的左下角）。color 为颜色索引，使用负的颜色索引值具有关闭防锯齿的效果。fontfile 是要使用的 TrueType 字体的路径。text 为用 UTF-8 编码的文本字符串。

imagettftext()函数返回一个含有 8 个元素的数组，表示文本外框的 4 个角，其顺序为左下角、右下角、右上角和左上角。这些点是相对于文本而言的，而和角度无关，因此“左上角”指的是以水平方向看文字时其左上角。

【例 7.10】绘制中文文本示例。源文件为 07/page07_10.php，源代码如下。

```
<?php
$img = imagecreatetruecolor(390, 100);                     //创建真彩色图像
```

```
$white = imagecolorallocate($img, 0xff, 0xff, 0xff);        //分配颜色
$grey1 = imagecolorallocate($img, 0x66, 0x66, 0x66);
$grey2 = imagecolorallocate($img, 0x33, 0x33, 0x33);
$bgc = imagecolorallocate($img, 0x28, 0x9a, 0xdc);
$yellow1 = imagecolorallocate($img, 0xff, 0xcc, 0x05);
$yellow2 = imagecolorallocate($img, 0xff, 0xff, 0);

$text = "欲穷千里目 更上一层楼";                              //要绘制的中文文本内容
$fontfile = getcwd() ."\\fonts\\fzbsxjt.ttf";                 //设置字体文件
imagefill($img, 0, 0, $white);                                //填充区域
imagefilledrectangle($img, 2, 30, 380, 78, $bgc)              //画填充矩形
$pts1 = [2, 15, 12, 5, 390, 5, 380, 15];                      //设置多边形顶点
$pts2 = [380, 15, 390, 5, 390, 75, 380, 85];                  //设置另一个多边形顶点
imagefilledpolygon($img, $pts1, 4, $yellow1);                 //画填充多边形
imagefilledpolygon($img, $pts2, 4, $grey1);                   //画另一个填充多边形
imagefilledrectangle($img, 2, 15, 380, 85, $bgc);             //画填充矩形
imagettftext($img, 24, 0, 29, 65, $grey2, $font, $text);      //写入中文文本（灰色）
imagettftext($img, 24, 0, 25, 61, $yellow2, $font, $text);//写入中文文本（黄色）
imagepng($img, "../images/text.png");                         //以 PNG 格式输出图像
imagedestroy($img);                                           //释放图像资源
?>
<figure style="text-align: center"><img src="../images/cntext.png">
    <figcaption>绘制中文文本示例</figcaption>
</figure>
```

本例通过 PHP 脚本创建一个图像并在其中绘制图形和中文文本，然后将该图像添加到当前页面中，代码运行结果如图 7.12 所示。

图 7.12　绘制中文文本示例

习　题　7

一、选择题

1．若要用 PHP 代码绘制一个矩形，可使用（　　）函数来实现。

A.imageline()　　B.imagedashedline()　　C.imagerectangle()　　D.imageellipse()

2．通过调用（　　）函数可在在图像中绘制一个椭圆并加以填充。

A.imagefilledrectangle()　　B.imagefilledpolygon()

C.imagefilledellipse()　　D.imagefilledarc()

3．使用 imagefilledarc()函数时，若要用直线连接起点和终点与中心点，应将 style 参数设置为（　　）。

A.IMG_ARC_PIE　　B.IMG_ARC_CHORD

C.IMG_ARC_NOFILL　　D．IMG_ARC_EDGED

二、判断题

1.（　　）使用 gd_info()函数可以获取当前安装的 GD 库的相关信息。

2.（　　）使用 imagecreate()函数可以创建一个真彩色图像。

3.（　　）使用 imagejpeg()函数时要跳过文件名而提供后面的参数，应将文件名设置为空字符串。

4.（　　）使用函数 imagecolorallocate()可以为一个图像分配颜色和透明度。

5.（　　）使用 imagepolygon()函数可以在图像中绘制一个轮廓多边形。

6.（　　）使用 imagestring()函数可以在图像中绘制一个中英文字符串。

三、简答题

1. 要启用 PHP GD 扩展功能有哪些设置方式？
2. 如何在 PHP 中测试 GD 库是否已加载？
3. 在 PHP 中，用 GD 库绘图主要有哪些步骤？
4. 在 PHP 中，创建图像有哪两种方式？
5. 在 PHP 中，输出图像通常有哪两种方式？
6. 若要向图像中写入中文，需要注意什么？

四、操作题

1. 创建一个 PHP 文件，用于检测 GD 库是否加载成功并列出该库中的所有函数。
2. 创建一个 PHP 文件，分别创建基于调色板的图像、真彩色图像和基于文件的图像。
3. 创建一个 PHP 文件，创建图像并绘制矩形、椭圆和文本，然后将图像输出到浏览器。
4. 创建一个 PHP 文件，使用带透明度的颜色绘制 3 个部分叠加的矩形。
5. 创建一个 PHP 文件，使用 imagesetpixel()函数绘制直线和抛物线。
6. 创建一个 PHP 文件，创建图像并绘制矩形、三角形、椭圆和椭圆弧等轮廓图形。
7. 创建一个 PHP 文件，创建图像并绘制矩形、三角形、椭圆和五角星等填充图形。
8. 创建两个 PHP 文件，一个用于生成图像验证码，另一个用于模拟网站登录页（包含图像验证码）。
9. 创建一个 PHP 文件，用于创建图像并在其中绘制中文文本。

第 8 章　MySQL 数据库管理

MySQL 是一个小型关系型数据库管理系统，具有体积小、速度快、总体成本低和开放源码等特点。由于 MySQL 和 PHP 都可以免费使用，所以在 PHP Web 应用开发中通常会选择 MySQL 作为网站的后台数据库。本章介绍如何使用和管理 MySQL，主要包括创建和维护数据库、操作和查询数据、使用其他数据库对象、数据备份与还原和安全性管理等。

8.1　MySQL 应用基础

本节介绍使用 MySQL 所需要的一些基础知识，首先简要介绍 MySQL 程序和实用工具，然后重点介绍 mysql 命令行工具的使用方法。

8.1.1　MySQL 程序介绍

在安装 MySQL 的过程中，会自动在 bin 文件夹中复制一些 MySQL 程序和实用工具，如图 8.1 所示。

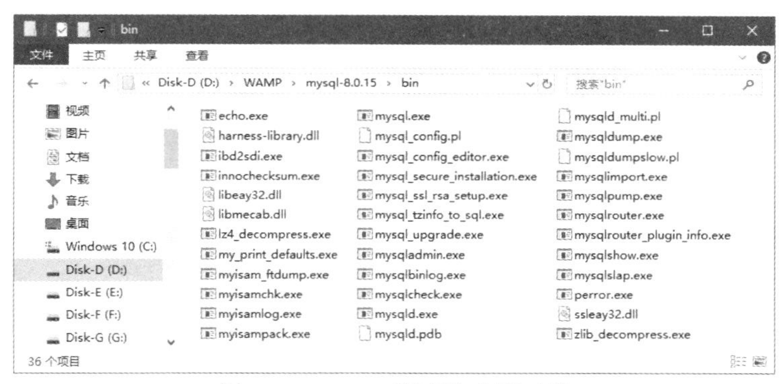

图 8.1　MySQL 程序和实用工具

一些常用的 MySQL 程序和实用工具如表 8.1 所示。

表 8.1　常用 MySQL 程序和实用工具

程　序	说　明
mysqld	SQL 守护程序，即 MySQL。要使用客户端程序，必须先运行 mysqld 程序，因为客户端是通过连接到服务器来访问数据库的
mysql	MySQL 命令行工具，可以通过交互方式输入 SQL 语句或从文件以批处理模式执行 SQL 语句。在服务器上创建数据库、查询和操作数据主要通过这个工具来实现
mysqladmin	MySQL 服务器管理程序，可以用于创建或删除数据库、重载授权表、将表刷新到硬盘上，以及重新打开日志文件，还可以用来检索版本、进程和服务器的状态信息
mysqlcheck	客户端表维护程序，用于检查、修复、分析和优化表
mysqldump	客户端数据库备份程序，可将 MySQL 作为 SQL 语句、文本或 XML 转存到文件中
mysqlimport	数据导入程序，可使用 LOAD DATA INFILE 将文本文件导入 MySQL 的相关表
mysqlpump	数据库备份程序，可将 MySQL 作为 SQL 转存到文件中
mysqlshow	显示数据库、表、列和索引相关信息的客户端程序
perror	显示系统或 MySQL 错误代码含义的实用工具

表 8.1 所列出的这些 MySQL 程序均为命令行程序，这些程序有着许多不同的选项。但是，每个 MySQL 程序都提供了一个“--help”选项，用来全面描述程序不同的选项，可以帮助用户了解这些程序的命令格式和使用方法，如“mysql --help”。

除了命令行程序，也有一些基于图形界面的可视化程序可以用于管理 MySQL，比较常用的有 MySQL Workbench、Navicat for MySQL 等。phpMyAdmin 则是基于 PHP 网页形式的 MySQL 管理工具，详情请参阅第 1 章。用户可以根据实际情况选择一种 MySQL 管理工具。

8.1.2 mysql 命令行工具

mysql 是一个简单的 SQL 外壳程序，它具有行编辑功能，支持交互式和非交互式模式。当以交互式模式使用时，查询结果以 ASCII 表格形式显示。当以非交互式模式使用时，查询结果以制表符分隔格式显示。根据需要，也可以使用命令行选项来更改输出格式。

1. 调用 mysql

mysql 使用的方法很简单，可以通过命令提示符调用，命令格式如下。

```
mysql -h<hostname> -u<username> -p<password>
```

其中，hostname 指定要连接的 MySQL 的主机名，若要连接本机上的 MySQL，主机名可用 localhost 表示；username 指定用户名，如 root；password 表示登录密码，若使用了“-p”选项而未指定密码，则会显示“Enter Password:”提示用户输入密码。

例如，要以 root 用户身份连接本机的 MySQL，可以输入以下命令。

```
mysql -hlocalhost -uroot -p
```

在输入正确的密码后，会显示欢迎信息并出现提示符“mysql>”，如图 8.2 所示。

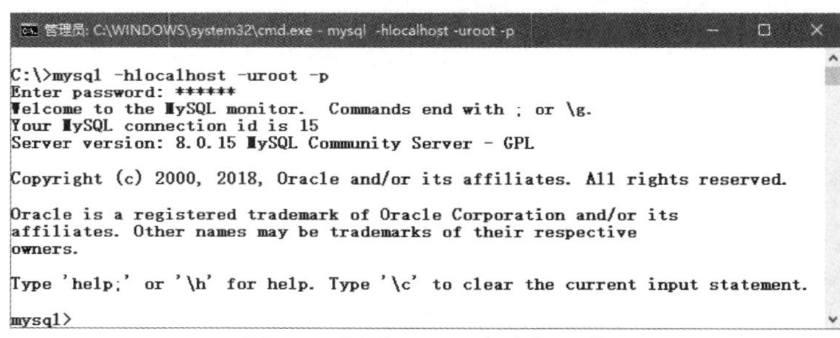

图 8.2 调用 mysql 命令行工具

在“mysql>”提示符后，可以输入一条 SQL 语句，并以“;”、“\g”或“\G”结尾，然后按“Enter”键执行该语句。如果要退出 mysql 命令行工具，则可以执行 quit 或 exit 命令。

2. mysql 选项

mysql 命令行工具提供了许多选项，其中多数选项都有长形式和短形式。在调用 mysql 时，可以使用这些选项。下面列出常用的 mysql 选项。

- --help，-?：显示帮助消息并退出。
- --compress，-C：压缩在客户端与服务器之间发送的信息（如果二者均支持压缩）。
- --default-character-set=charset：使用 charset 作为默认值的字符集。
- --execute=statement，-e statement：执行指定的语句并退出。
- --force，-f：即使出现一个 SQL 错误仍然继续。
- --host=hostname，-h hostname：连接给定主机上的 MySQL。
- --html，-H：产生 HTML 输出。

- --password[=password]，-p[password]：连接服务器时使用的密码。如果使用短选项形式(-p)，则选项与密码之间不能有空格。如果在命令行中“--password”或“-p”选项后面没有提供密码，则按“Enter”键后会提示用户输入一个密码。
- --port=port_num，-P port_num：用于连接的 TCP/IP 端口号。
- --prompt=format_str：将提示设置为指定的格式，默认为“mysql>”。
- --protocol={TCP | SOCKET | PIPE | MEMORY}：指定使用的连接协议。
- --quick，-q：不缓存每个查询的结果，按照接收顺序打印每一行。如果输出被挂起，则服务器速度会慢下来。如果使用了该选项，则 mysql 不使用历史文件。
- --reconnect：如果与服务器之间的连接断开，则自动尝试重新连接。在每次连接断开后，会尝试一次重新连接。要想禁止重新连接，应使用“--skip-reconnect”。
- --tables，-t：用表格式显示输出。这是交互式应用的默认设置，但可用来以批处理模式产生表输出。
- --tee=file_name：将输出复制添加到给定的文件中。该选项在批处理模式不工作。
- --unbuffered，-n：每次查询后刷新缓存区。
- --user=username，-u username：当连接服务器时 MySQL 使用的用户名。
- --verbose，-v：冗长模式。多次使用该选项可以产生更多的输出。
- --version，-V：显示版本信息并退出。
- --vertical，-E：垂直输出查询的行。如果没有该选项，则可以用“\G”结尾来指定单个语句的垂直输出。
- --xml，-X：产生 XML 输出。

3．mysql 命令

mysql 可以将 SQL 语句发送到待执行的服务器，此外还有一些 mysql 命令可以由 mysql 自行解释。如果要查看这些命令，则需在“mysql>”提示符后面输入“help”或“\h：”。

下面列出了一些 mysql 的常用命令，每个命令有长形式和短形式。长形式对大小写不敏感；短形式对大小写敏感。长形式后面可以加一个分号结束符，但短形式不可以。

- ?（\?）：与 help 命令相同。
- clear（\c）：清除命令。
- connect（\r）：重新连接到服务器，可选参数为 db 和 host。
- delimiter（\d）：设置语句定界符，将本行中的其余内容作为新的定界符。在该命令中，应避免使用反斜线（\），因为这是 MySQL 的转义符。
- edit（\e）：使用$EDITOR 编辑命令行，只适用于 UNIX。
- ego（\G）：将命令发送到 MySQL，并以垂直方式显示结果。
- exit（\q）：退出 mysql 工具，与 quit 命令相同。
- go（\g）：将命令发送到 MySQL。
- help（\h）：显示帮助信息。
- prompt（\R）：更改 mysql 提示符。
- quit（\q）：退出 mysql 命令行工具。
- source（\.）：执行 SQL 脚本文件，以后面连接的文件名作为参数。
- status（\s）：从服务器获取状态信息。此命令提供与连接和使用的服务器相关的部分信息。
- system（\!）：执行一个系统外壳命令，只适用于 UNIX。

- tee（\T）：设置输出文件[to_outfile]。如果要记录查询及其输出，则应使用 tee 命令。屏幕上显示的所有数据被追加到给定的文件后面。这对于调试也很有用。
- use（\u）：使用另一个数据库，以指定的数据库名作为参数。

4．从脚本文件执行 SQL 语句

首先将要执行的 SQL 语句保存到一个脚本文件（.sql）中，然后通过 mysql 从该文件读取输入。为此，需要创建一个脚本文件 script.sql 并编写要执行的语句，然后按以下方式来调用 mysql 命令行工具。

```
mysql db_name < script.sql > output.tab
```

在执行脚本文件中包含的批处理后，输出结果会写入文件 output.tab。

如果在文本文件中包含一个 use db_name 语句，则不需要在命令行中指定数据库名。语法格式如下。

```
mysql < script.sql
```

如果 mysql 提示符正在运行，也可以使用 source 或“\.”命令执行 SQL 脚本文件。语法格式如下。

```
mysql> source script.sql;
mysql> \.script.sql;
```

8.2 创建和管理数据库

如果要使用数据库存储数据，则要先创建数据库。本节介绍如何创建和管理 MySQL，包括创建数据库、显示数据库列表和删除数据库等。

8.2.1 创建数据库

在 MySQL 中，可以使用 CREATE DATABASE 语句来创建数据库，语法格式如下。

```
CREATE DATABASE [IF NOT EXISTS] db_name
[[DEFAULT] CHARACTER SET charset_name
[DEFAULT] COLLATE collation_name]
```

其中，db_name 指定要创建的数据库的名称。如果已经存在同名的数据库，并且没有指定 IF NOT EXISTS，则会出现错误。

CHARACTER SET 子句指定默认的数据库字符集，常用的有 gbk、utf8、utf8mb4；COLLATE 子句指定默认的数据库校对规则，常用的有 gbk_chinese_ci、utf8_general_ci、utf8mb4_900_ai_ci。如果省略这些子句，则使用 MySQL 配置文件 my.ini 中设置的默认值。例如：

```
CREATE DATABASE IF NOT EXISTS Sales;
```

8.2.2 显示数据库列表

使用 SHOW DATABASES 语句可以显示当前服务器上所有数据库的列表，语法格式如下。

```
SHOW DATABASES [LIKE 'pattern']
```

其中，LIKE 子句是可选项，限制语句只输出名称与模式匹配的数据库；'pattern' 是一个字符串，可以包含 SQL 通配符“%”和“_”，“%”表示任意多个字符，“_”表示任意单个字符。如果未指定 LIKE 子句，则显示当前服务器上所有数据库的列表。

8.2.3 删除数据库

使用 DROP DATABASE 语句可以从服务器上删除指定的数据库，语法格式如下。

```
DROP DATABASE [IF EXISTS] db_name
```

其中，db_name 指定要删除数据库的名称。此语句用于删除数据库中的所有表并删除该数据库。IF EXISTS 用于防止当数据库不存在时发生的错误。

【例 8.1】创建、显示和删除数据库示例，用 mysql 工具执行以下语句。

```
CREATE DATABASE IF NOT EXISTS test;
```

```
SHOW DATABASES LIKE 't%';
DROP DATABASE IF EXISTS test;
SHOW DATABASES LIKE 't%';
```

上述语句的执行如果如图 8.3 所示。

```
mysql> CREATE DATABASE IF NOT EXISTS test;
Query OK, 1 row affected (0.55 sec)

mysql> SHOW DATABASES LIKE 't%';
+----------------+
| Database (t%) |
+----------------+
| test           |
+----------------+
1 row in set (0.00 sec)

mysql> DROP DATABASE IF EXISTS test;
Query OK, 0 rows affected (0.19 sec)

mysql> SHOW DATABASES LIKE 't%';
Empty set (0.00 sec)
```

图 8.3　创建、显示和删除数据库示例

8.3　创建和维护表

数据库是各种数据库对象的容器，新建的数据库不包含任何对象。为了存储各种数据，在创建一个数据库后，还需要在该库中创建表。在创建表时需要对该表的结构进行定义，也就是对其中每一列的名称、数据类型及其他属性进行设置，然后才能在表中存储数据。本节首先介绍 MySQL 中的数据类型，然后介绍创建、查看、修改和删除表等操作。

8.3.1　MySQL 数据类型

在数据库中创建表时，必须对每一列设置数据类型。为了优化存储，在任何情况下都应当使用最精确的类型。MySQL 支持多种数据类型，包括字符串类型、数值类型和日期/时间类型。下面介绍常用的 MySQL 数据类型。

1. 字符串类型

常用的字符串类型包括以下 5 种。

（1）CHAR(M)：定长字符串，其中 M 表示字符个数，取值范围为 0～255。如果字符串的实际长度小于 M，则在其后面补充空格；如果字符串的实际长度大于 M，则报错。

（2）VARCHAR(M)：变长字符串，其中 M 表示最大字符个数，取值范围为 0～65535。如果字符串的实际长度大于 M，则报错。

（3）TINYTEXT、TEXT[(M)]、MEDIUMTEXT 和 LONGTEXT：文本类型。TEXT 列有一个字符集，并根据字符集校对规则对值进行排序和比较，不能有默认值，适用于存储长文本。

（4）ENUM('value1', 'value2', ...)：枚举类型，这是一个字符串对象，其值从 'value1'、'value2'、...、NULL 或特殊错误值中选出，最多可以有 65535 个不同的值。

（5）SET('value1', 'value2', ...)：集合类型，也是一个字符串对象，可以有零个或多个字符串值，每个值必须来自列值 'value1'、'value2'、...，最多可以有 64 个成员。

ENUM 值和 SET 值在内部均用整数表示。

2. 数值类型

常用的数值类型包括以下 8 种。

（1）BIT[(M)]：位值类型。M 表示每个值的位数，取值范围为 1～64，默认值为 1。

（2）TINYINT：极短整型，占 1 个字节存储空间，取值范围为-128～127；如果为无符号数（需要设置 UNSIGNED 属性），则取值范围为 0～255。

（3）BOOL、BOOLEAN：布尔型，TINYINT(1)的同义词。0 和非 0 分别视为 false 和 true。

（4）SMALLINT：短整型，占两个字节存储空间，取值范围为-32768～32767；如果为无符号数（需要设置 UNSIGNED 属性），则取值范围为 0～65535。

（5）INT：整型，占 4 个字节存储空间，取值范围为-2147483648～2147483647；如果为无符号数（需要设置 UNSIGNED 属性），则取值范围为 0～4294967295。

（6）FLOAT[(M,D)]：单精度浮点数，M 和 D 分别表示总位数和小数位数。单精度浮点数允许的值为-3.402823466E+38～-1.175494351E-38、0 和 1.175494351E-38～3.402823466E+38。

（7）DOUBLE[(M,D)]：双精度浮点数，所允许的取值范围为-1.7976931348623157E+ 308～-2.2250738585072014E-308、0 和 2.2250738585072014E-308～1.7976931348623157E-308。

（8）DECIMAL[(M[,D])]：定点数，小数点和负号不包括在 M 中。如果 D 是 0，则值没有小数点或分数部分。DECIMAL 的整数最大位数（M）为 65，最大位数（D）为 30。

3. 日期/时间类型

常用的日期/时间类型包括以下 4 种。

（1）DATE：日期型，支持的日期范围为 '1000-01-01'～'9999-12-31'。在 MySQL 中，以 'YYYY-MM-DD'格式显示 DATE 值，但允许使用字符串或数字为 DATE 列分配值。

（2）TIME：时间型，支持的范围为 '-838:59:59'～'838:59:59' 。MySQL 以 'HH:MM:SS' 格式显示 TIME 值，但允许使用字符串或数字为 TIME 列分配值。

（3）DATETIME：日期和时间的组合，支持的范围为 '1000-01-01 00:00:00'～'9999-12-31 23:59:59'。MySQL 以 'YYYY-MM-DD HH:MM:SS' 格式显示 DATETIME 值，但允许使用字符串或数字为 DATETIME 列分配值。

（4）TIMESTAMP[(M)]：时间戳，范围是 '1970-01-01 00:00:00'～2037 年。TIMESTAMP 列用于 INSERT 或 UPDATE 操作时记录日期和时间。如果不分配值，则表中的第一个 TIMESTAMP 列自动设置为最近操作的日期和时间。也可以通过分配一个 NULL 值，将 TIMESTAMP 列设置为当前的日期和时间。TIMESTAMP 值返回后显示为'YYYY-MM-DD HH:MM:SS'格式的字符串，显示宽度固定为 19 个字符。

8.3.2 创建表

如果要在一个数据库中创建表，则先要使用 USE 语句通知 MySQL 在后续操作中将该数据库作为默认的当前数据库来使用。USE 语句的语法格式如下。

```
USE db_name
```

USE 语句将数据库 db_name 保持为默认数据库，直到语句段的结尾，或者直到发布另一个不同的 USE 语句。在使用 USE 语句选择一个数据库之后，即可使用 CREATE TABLE 语句在该数据库中创建一个具有给定名称的表，基本语法格式如下。

```
CREATE [TEMPORARY] TABLE [IF NOT EXISTS] tbl_name
(column_definition, ...)
[CHARACTER SET charset_name]
[COLLATE collation_name]
[COMMENT 'string']
ENGINE=engine_name

column_definition:
col_name type [NOT NULL|NULL] [DEFAULT default_value]
[AUTO_INCREMENT] [UNIQUE [KEY] | PRIMARY KEY] [COMMENT 'string']
```

其中，tbl_name 指定要创建的表的名称。在默认情况下，会在当前数据库中创建表。如果指定的表已存在，或者没有当前数据库，或者数据库不存在，则会出现错误。

表名称可以通过 db_name.tbl_name 形式来指定，以便在特定的数据库中创建表。不论是否存在当前数据库，都可以通过这种方式创建表。如果使用加引号的识别名，则应该对数据库和表名称分别加引号（`），此引号用键盘数字 1 左边的按键输入，例如，`mydb`.`mytbl`。

使用 TEMPORARY 关键词可以创建临时表。如果表已存在，则可用 IF NOT EXISTS 选项来防止发生错误。CHARACTER SET 子句设置表的默认字符集。COLLATE 子句设置表的默认校对规则。COMMENT 子句给出表或列的注释。

ENGINE 指定表的存储引擎，常用的存储引擎有 InnoDB 和 MyISAM。InnoDB 是一种通用存储引擎，可以创建具有行锁定和外键的事务安全表。在 MySQL 8.0 中，InnoDB 是默认的 MySQL 存储引擎。MyISAM 是二进制便携式存储引擎，每个 MyISAM 表都以两个文件的形式存储在磁盘上。这些文件的名称以表名开头，数据文件扩展名为“.myd”，索引文件扩展名为“.myi”。表定义存储在 MySQL 字典数据中。

column_definition 给出列（字段）的定义，col_name 表示列名。表名和列名都可以用引号引起来。type 表示列的数据类型，可以使用 8.3.1 节中介绍的任何数据类型。

NOT NULL | NULL 指定列值是否可以为空，如果未指定 NULL 或 NOT NULL，则在创建列时默认值为 NULL。DEFAULT 子句为列指定一个默认值，这个默认值必须是一个常数，不能是一个函数或一个表达式。例如，一个日期列的默认值不能被设置为一个函数，如 NOW()函数或 CURRENT_DATE；但是，可以对 TIMESTAMP 列指定 CURRENT_TIMESTAMP 为默认值。

AUTO_INCREMENT 指定列为自动编号，该列必须指定为一种整数类型，其值从 1 开始，依次加 1。UNIQUE [KEY]将列设置为唯一索引；PRIMARY KEY 将列设置为主键，主键列必须定义为 NOT NULL。一个表只能有一个主键（可包含多列）。COMMENT 子句给出列的注释。

【例 8.2】 创建一个名为 stuinfo 的 MySQL 数据库，然后在该数据库中创建 3 个表，表名称分别为 students、courses 和 scores。各个表的结构如表 8.2 所示。

表 8.2　stuinfo 数据库的表结构

表名称	列名称	数据类型	备注	属性
students	stuid	char(8)	学号	主键
	stuname	varchar(10)	姓名	不允许为空
	gender	enum('男', '女')	性别	不允许为空
	birthdate	date	出生日期	不允许为空
	department	enum('计算机科学系', '电子技术系', '电子商务系')	系部	不允许为空
	class	char(5)	班级	不允许为空
	email	varchar(20)	电子信箱	允许为空
	mobile	Char(11)	手机号码	不允许为空
courses	couid	tinyint	课程编号	主键，自动递增
	couname	varchar(30)	课程	不允许为空
	hours	smallint	学时	不允许为空
scores	stuid	char(8)	学号	主键
	couid	tinyint	课程编号	主键
	score	tinyint	成绩	允许为空

创建数据库和表的操作步骤如下。

（1）在记事本程序中新建文件并编写以下 SQL 语句。

```
CREATE DATABASE IF NOT EXISTS stuinfo;
USE stuinfo;
CREATE TABLE IF NOT EXISTS students (
    stuid char(8) NOT NULL COMMENT '学号' PRIMARY KEY,
    stuname varchar(10) NOT NULL COMMENT '姓名',
    gender enum ('男','女') NOT NULL COMMENT '性别',
```

```
        birthdate date NOT NULL COMMENT '出生日期',
        department enum ('计算机科学系','电子技术系','电子商务系') NOT NULL COMMENT '系部',
        classname char(5) NOT NULL COMMENT '班级',
        email varchar(20) NOT NULL COMMENT '电子信箱',
        mobile char(11) NOT NULL COMMENT '手机号码'
    );
    CREATE TABLE IF NOT EXISTS courses (
        couid int UNSIGNED AUTO_INCREMENT COMMENT '课程编号' PRIMARY KEY,
        couname varchar(30) NOT NULL COMMENT '课程',
        hours smallint(6) NOT NULL COMMENT '学时'
    );
    CREATE TABLE IF NOT EXISTS scores (
        stuid char(8) NOT NULL COMMENT '学号',
        couid tinyint NOT NULL COMMENT '课程编号',
        score tinyint NULL COMMENT '成绩',
        PRIMARY KEY (stuid, couid)
    );
```

（2）以 UTF-8 编码格式将文件保存为 stuinfo.sql。

（3）运行 mysql 命令行工具，连接到 MySQL。

（4）在 mysql 命令行工具提示符后输入以下命令，以运行脚本文件 stuinfo.sql。

```
source stuinfo.sql
```

上述命令的执行结果如图 8.4 所示。

```
mysql> source stuinfo.sql
Query OK, 1 row affected (0.42 sec)

Database changed
Query OK, 0 rows affected (0.71 sec)

Query OK, 0 rows affected (0.72 sec)

Query OK, 0 rows affected (0.66 sec)

mysql> _
```

图 8.4　创建 stuinfo 数据库

8.3.3　查看表信息

在一个数据库中创建表之后，可以使用 SHOW TABLES 语句来列出该数据库中所有非临时表的清单，语法格式如下。

```
SHOW [FULL] TABLES [FROM db_name] [LIKE 'pattern']
```

SHOW TABLES 语句可以列举数据库中的其他视图。如果使用 FULL 修改符，则 SHOW FULL TABLES 可以显示第二个输出列。对于表而言，第二列的值为 BASE TABLE；对于视图而言，第二列的值为 VIEW。

如果要查看一个给定表中各列的信息，则可以使用 SHOW COLUMNS 语句，语法格式如下。

```
SHOW [FULL] COLUMNS FROM tbl_name [FROM db_name] [LIKE 'pattern']
```

SHOW COLUMNS 语句还可以用于获取一个给定视图中各列的信息。

在 SHOW COLUMNS 语句中，可以使用 db_name.tbl_name 作为 tbl_name FROM db_name 语法的另一种形式。

此外，还可以使用 DESCRIBE 语句来获取有关表中各列的信息。DESCRIBE 语句是 SHOW COLUMNS FROM 语句的快捷方式，语法格式如下。

```
{DESCRIBE | DESC} tbl_name [col_name | wild]
```

其中，col_name 可以是一个列名称，也可以是一个包含通配符“%”和“_”的字符串，用于获取带有与字符串相匹配的名称的各列的输出。

【例 8.3】查看 stuinfo 数据库中的表和 courses 表中的列。用 mysql 工具执行以下语句。

```
USE stuinfo;
SHOW TABLES;
DESC courses;
```

上述语句的执行结果如图 8.5 所示。

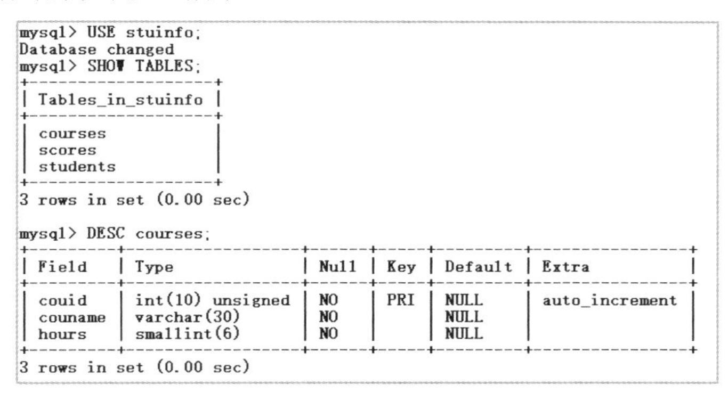

```
mysql> USE stuinfo;
Database changed
mysql> SHOW TABLES;
+--------------------+
| Tables_in_stuinfo  |
+--------------------+
| courses            |
| scores             |
| students           |
+--------------------+
3 rows in set (0.00 sec)

mysql> DESC courses;
+---------+------------------+------+-----+---------+----------------+
| Field   | Type             | Null | Key | Default | Extra          |
+---------+------------------+------+-----+---------+----------------+
| couid   | int(10) unsigned | NO   | PRI | NULL    | auto_increment |
| couname | varchar(30)      | NO   |     | NULL    |                |
| hours   | smallint(6)      | NO   |     | NULL    |                |
+---------+------------------+------+-----+---------+----------------+
3 rows in set (0.00 sec)
```

图 8.5　查看表信息示例

8.3.4　修改表

在数据库中创建一个表后，如果需要对该表的结构进行修改，可以通过 ALTER TABLE 语句来实现，语法格式如下。

```
ALTER [IGNORE] TABLE tbl_name
alter_specification[, alter_specification] ...
```

其中，tbl_name 指定待修改的表的名称。IGNORE 是 MySQL 相对于标准 SQL 的扩展，用于控制 ALTER TABLE 的运行。如果没有指定 IGNORE，则当发生重复关键字错误时，复制操作会被放弃，并返回前一步骤。如果指定了 IGNORE，则对于有重复关键字的行而言，只使用第一行，其他有冲突的行会被删除，并且会对错误值进行修正，使之尽量接近正确值。

alter_specification 指定如何对列进行修改，其内容很丰富，这里仅列出比较常用的部分。

```
ADD [COLUMN] column_definition [FIRST|AFTER col_name]
|ADD [COLUMN] (column_definition, ...)
|ALTER [COLUMN] col_name {SET DEFAULT literal|DROP DEFAULT}
|CHANGE [COLUMN] old_col_name column_definition [FIRST|AFTER col_name]
|MODIFY [COLUMN] column_definition [FIRST|AFTER col_name]
|DROP [COLUMN] col_name
|DROP PRIMARY KEY | RENAME [TO] new_tbl_name
```

ALTER TABLE 语句用于更改原有表的结构。例如，可以增加或删除列，创建或删除索引，更改原有列的类型，重新命名列或表，还可以更改表的注释和表的类型。

【例 8.4】 创建一个表，然后在该表中增加两列。用 mysql 工具执行以下语句。

```
CREATE DATABASE IF NOT EXISTS test;
USE test;
CREATE TABLE IF NOT EXISTS test (
   colA int, colB int
);
DESC test;
ALTER TABLE test
ADD COLUMN (colC int, colD int);
DESC test;
```

上述语句的执行结果如图 8.6 所示。

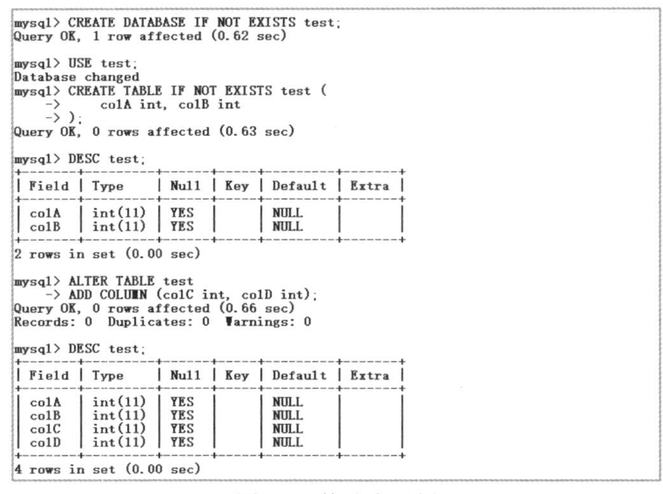

```
mysql> CREATE DATABASE IF NOT EXISTS test;
Query OK, 1 row affected (0.62 sec)

mysql> USE test;
Database changed
mysql> CREATE TABLE IF NOT EXISTS test (
    ->     colA int, colB int
    -> );
Query OK, 0 rows affected (0.63 sec)

mysql> DESC test;
+-------+---------+------+-----+---------+-------+
| Field | Type    | Null | Key | Default | Extra |
+-------+---------+------+-----+---------+-------+
| colA  | int(11) | YES  |     | NULL    |       |
| colB  | int(11) | YES  |     | NULL    |       |
+-------+---------+------+-----+---------+-------+
2 rows in set (0.00 sec)

mysql> ALTER TABLE test
    -> ADD COLUMN (colC int, colD int);
Query OK, 0 rows affected (0.66 sec)
Records: 0  Duplicates: 0  Warnings: 0

mysql> DESC test;
+-------+---------+------+-----+---------+-------+
| Field | Type    | Null | Key | Default | Extra |
+-------+---------+------+-----+---------+-------+
| colA  | int(11) | YES  |     | NULL    |       |
| colB  | int(11) | YES  |     | NULL    |       |
| colC  | int(11) | YES  |     | NULL    |       |
| colD  | int(11) | YES  |     | NULL    |       |
+-------+---------+------+-----+---------+-------+
4 rows in set (0.00 sec)
```

图 8.6　修改表示例

8.3.5　重命名表

使用 RENAME TABLE 语句可以对一个或多个表进行重命名，语法格式如下。

```
RENAME TABLE tbl_name1 TO new_tbl_name[, tbl_name2 TO new_tbl_name2] ...
```

其中，tbl_name1 和 tbl_name2 分别表示表的原名称，new_tbl_name 和 new_tbl_name2 分别指定表的新名称。例如：

```
RENAME TABLE test TO demo;
```

8.3.6　删除表

使用 DROP TABLE 语句可以从数据库中删除一个或多个表，语法格式如下。

```
DROP [TEMPORARY] TABLE [IF EXISTS] tbl_name[, tbl_name] ...
```

其中，tbl_name 表示待删除的表的名称。对于不存在的表而言，使用 IF EXISTS 可以防止错误发生。在使用 TEMPORARY 关键词时，此语句只删除 TEMPORARY 表。例如：

```
DROP TABLE IF EXISTS demo;
```

8.4　数据操作与查询

在数据库中创建表时，只是创建了表的结构，即设置了表中有哪些列，各个列采用哪种数据类型，以及表中的主键是如何设置的等，此时表中还没有存储任何数据。在创建表之后，就可以使用相应的 SQL 语句向表中添加数据了。表中的一行数据称为一条记录。一个表可以包含许多条记录。在实际应用中，经常要从表中查询所需要的记录，或者对特定记录进行修改和删除操作。本节介绍如何使用 SQL 语句进行记录的增删改和查询。

8.4.1　插入记录

新创建的表仅包含一些列的定义，还没有任何数据记录。如果要使用指定的值向表中插入一条或多条记录，可以使用 INSERT...VALUES 语句来实现，基本语法格式如下。

```
INSERT [INTO] tbl_name [(col_name, ...)]
VALUES ({expr | DEFAULT}, ...), (...), ...
[ON DUPLICATE KEY UPDATE col_name=expr, ...]
```

其中，tbl_name 指定表的名称，col_name 指定字段的名称。如果不为 INSERT...VALUES 语句指定一个字段列表，则表中每个字段的值必须由 VALUES 列表提供。如果指定了一个字段列表，但此列表没有包含表中的所有字段，则未包含的各个字段将被设置为默认值。

如果指定了 ON DUPLICATE KEY UPDATE，并且插入记录后导致在一个 UNIQUE 索引或

PRIMARY KEY 中出现了重复值，则对原有记录执行 UPDATE 操作。

【例 8.5】在 courses 表中添加一些课程数据。用 mysql 工具执行以下语句。

```
USE stuinfo;
INSERT INTO courses (couname, hours)
VALUES
('计算机应用基础', 72), ('英语', 68), ('数学', 68),
('平面设计', 64), ('网页设计', 90), ('SQL Server', 72),
('电路分析基础',90), ('数字电子技术', 88), ('电子线路 CAD', 64),
('网络营销', 72), ('电子商务概论', 80), ('电子支付与结算', 64);
SELECT * FROM courses;
```

本例用 INSERT...VALUES 语句向 courses 表中添加多条记录，虽然没有在字段列表中列出 couid 字段，但由于该字段具有自动递增特性，因此它会自动获得值。SELECT 语句从 courses 表中检索所有字段（用星号*表示）的值。上述语句的执行结果如图 8.7 所示。

```
mysql> USE stuinfo;
Database changed
mysql> INSERT INTO courses (couname, hours)
    -> VALUES
    -> ('计算机应用基础', 72), ('英语', 68), ('数学', 68),
    -> ('平面设计', 64), ('网页设计', 90), ('SQL Server', 72),
    -> ('电路分析基础',90), ('数字电子技术', 88), ('电子线路CAD', 64),
    -> ('网络营销', 72), ('电子商务概论', 80), ('电子支付与结算', 64);
Query OK, 12 rows affected (0.26 sec)
Records: 12  Duplicates: 0  Warnings: 0

mysql> SELECT * FROM courses;
+-------+----------------------+-------+
| couid | couname              | hours |
+-------+----------------------+-------+
|     1 | 计算机应用基础       |    72 |
|     2 | 英语                 |    68 |
|     3 | 数学                 |    68 |
|     4 | 平面设计             |    64 |
|     5 | 网页设计             |    90 |
|     6 | SQL Server           |    72 |
|     7 | 电路分析基础         |    90 |
|     8 | 数字电子技术         |    88 |
|     9 | 电子线路CAD          |    64 |
|    10 | 网络营销             |    72 |
|    11 | 电子商务概论         |    80 |
|    12 | 电子支付与结算       |    64 |
+-------+----------------------+-------+
12 rows in set (0.00 sec)
```

图 8.7 向 courses 表中添加数据

在使用 INSERT...VALUES 语句向一个表中插入多条记录时，如果 SQL 语句内容比较长，则可以将这些语句保存到脚本文件中，然后用 mysql 工具执行该脚本文件。

【例 8.6】向 students 表中添加一些学生记录，为此创建脚本文件 insertstudents.sql，其中包含以下语句。

```
USE stuinfo;
INSERT INTO students VALUES
('18161001', '李英豪', '男', '2000-03-09', '计算机科学系', '计 1801', 'lyh@163.com',
'13603711233'),
('18161002', '许宇娟', '女', '1999-06-03', '计算机科学系', '计 1801',
'xyj@sina.com','13703712299'),
('18161003', '陈伟强', '男', '2000-10-19', '计算机科学系', '计 1801', 'cwq@126.com',
'13703716688'),
('18161004', '刘爱梅', '女', '1999-05-28', '计算机科学系', '计 1801', 'lam@163.com',
'13903713698'),
('18161005', '李智浩', '男', '2001-09-09', '计算机科学系', '计 1801', 'lzy@msn.com',
'13503711266'),
('18161006', '刘春燕', '女', '1999-05-21', '计算机科学系', '计 1801',
'lcy@sina.com','13803712631'),
('18161007', '李亚轩', '男', '2000-07-16', '计算机科学系', '计 1801', 'lyx@gmail.com',
'13503713626'),
('18161008', '石永康', '男', '1999-10-15', '计算机科学系', '计 1801', 'syk@163.com',
'13303712367'),
('18161009', '冯敏杰', '女', '2000-06-26', '计算机科学系', '计 1801', 'fmj@126.com',
'15603711081'),
```

```
    ('18161010', '庄子麟', '男', '1999-08-20', '计算机科学系', '计1801',
'zzl@gmail.com','13603712628');
    SELECT * FROM students;
```

上述脚本文件的执行结果如图 8.8 所示。

```
mysql> \. insertstudents.sql
Database changed
Query OK, 10 rows affected (0.37 sec)
Records: 10  Duplicates: 0  Warnings: 0

+----------+---------+--------+------------+--------------+-----------+---------------+-------------+
| stuid    | stuname | gender | birthdate  | department   | classname | emai          | mobile      |
+----------+---------+--------+------------+--------------+-----------+---------------+-------------+
| 18161001 | 李英豪  | 男     | 2000-03-09 | 计算机科学系 | 计1801    | lyh@163.com   | 13603711233 |
| 18161002 | 许宇娟  | 女     | 1999-06-03 | 计算机科学系 | 计1801    | xyj@sina.com  | 13703712299 |
| 18161003 | 陈伟强  | 男     | 2000-10-19 | 计算机科学系 | 计1801    | cwq@126.com   | 13703716688 |
| 18161004 | 刘爱梅  | 女     | 1999-05-28 | 计算机科学系 | 计1801    | lam@163.com   | 13903713698 |
| 18161005 | 李智浩  | 男     | 2001-09-09 | 计算机科学系 | 计1801    | lzy@msn.com   | 13503711266 |
| 18161006 | 刘春燕  | 女     | 1999-05-21 | 计算机科学系 | 计1801    | lcy@sina.com  | 13803712631 |
| 18161007 | 李亚轩  | 男     | 2000-07-16 | 计算机科学系 | 计1801    | lyx@gmail.com | 13503713626 |
| 18161008 | 石永康  | 男     | 1999-10-15 | 计算机科学系 | 计1801    | syk@163.com   | 13303712367 |
| 18161009 | 冯敏杰  | 女     | 2000-06-26 | 计算机科学系 | 计1801    | fmj@126.com   | 15603711081 |
| 18161010 | 庄子麟  | 男     | 1999-08-20 | 计算机科学系 | 计1801    | zzl@gmail.com | 13603712628 |
+----------+---------+--------+------------+--------------+-----------+---------------+-------------+
10 rows in set (0.00 sec)
```

图 8.8　向 students 表中添加记录

如果要使用来自一个或多个现有表中的数据向另一个表中插入多条记录，可以使用 INSERT...SELECT 语句来实现，基本语法格式如下。

```
    INSERT [INTO] tbl_name [(col_name, ...)]
    SELECT ...
    [ON DUPLICATE KEY UPDATE col_name=expr, ...]
```

其中，tbl_name 指定要插入记录的目标表的名称，col_name 指定列的名称。SELECT 子句的作用是从其他表中获取要添加的记录。其他选项与 INSERT...VALUES 语句相同。

【例 8.7】 要向 scores 表中添加一些成绩记录，为此创建脚本文件 insertscores.sql，其中包含以下语句。

```
    USE stuinfo;
    INSERT INTO scores(stuid, couid)
    SELECT DISTINCT students.stuid, courses.couid
    FROM students, courses
    WHERE students.stuid NOT IN (SELECT stuid FROM scores)
    AND courses.couid NOT IN (SELECT couid FROM scores)
    AND courses.couid<=3;

    INSERT INTO scores(stuid, couid)
    SELECT DISTINCT students.stuid, courses.couid
    FROM students, courses, scores
    WHERE students.department='计算机科学系'
    AND (courses.couid=4 OR courses.couid=5 OR courses.couid=6);

    INSERT INTO scores(stuid, couid)
    SELECT DISTINCT students.stuid, courses.couid
    FROM students, courses, scores
    WHERE students.department='电子技术系'
    AND (courses.couid=7 OR courses.couid=8 OR courses.couid=9);

    INSERT INTO scores(stuid, couid)
    SELECT DISTINCT students.stuid, courses.couid
    FROM students, courses, scores
    WHERE students.department='电子商务系'
    AND (courses.couid=10 OR courses.couid=11 OR courses.couid=12);

    SELECT * FROM scores ORDER BY stuid, couid;
```

上述脚本文件的执行结果如图 8.9 所示。

```
mysql> \. insertscores.sql
Database changed
Query OK, 180 rows affected (0.34 sec)
Records: 180  Duplicates: 0  Warnings: 0

Query OK, 60 rows affected (0.20 sec)
Records: 60  Duplicates: 0  Warnings: 0

Query OK, 60 rows affected (0.15 sec)
Records: 60  Duplicates: 0  Warnings: 0

Query OK, 60 rows affected (0.27 sec)
Records: 60  Duplicates: 0  Warnings: 0

+----------+-------+-------+
| stuid    | couid | score |
+----------+-------+-------+
| 18161001 |     1 | NULL  |
| 18161001 |     2 | NULL  |
| 18161001 |     3 | NULL  |
| 18161001 |     4 | NULL  |
| 18161001 |     5 | NULL  |
| 18161001 |     6 | NULL  |
| 18161002 |     1 | NULL  |
```

图 8.9　向 scores 表中添加记录

8.4.2　查询记录

在使用 INSERT...VALUES 和 INSERT...SELECT 语句向表中插入记录后，可以使用 SELECT 语句从一个或多个表中选择记录，基本语法格式如下。

```
SELECT select_expr, ...
[INTO OUTFILE 'file_name' export_options|INTO DUMPFILE 'file_name']
[FROM table_references]
[WHERE where_definition]
[GROUP BY {col_name|expr|position} [ASC|DESC], ...]
[HAVING where_definition]
[ORDER BY {col_name|expr|position} [ASC|DESC], ...]
[LIMIT {[offset, ]row_count|row_count OFFSET offset}]
```

其中，SELECT 子句指定一个要选择的字段列表；INTO 子句指定将选择的行写入一个文件；FROM 子句指定从哪个表或哪些表中选择行；WHERE 子句指定被选择的行必须满足的条件；GROUP BY 子句指定输出行根据 GROUP BY 列进行分类；ORDER BY 子句指定如何对检索到的行进行排序处理；HAVING 子句指定记录的过滤条件，通常与 GROUP BY 子句一起使用；LIMIT 子句用于限制被 SELECT 语句返回的行数。

从一个表中检索所有行（记录）和列（字段）是 SELECT 语句最简单的应用。在这种情况下，SELECT 子句使用星号（*）表示所有字段。如果要检索表中的一部分字段，则需要在 SELECT 子句中指定要检索的字段列表，不同字段名之间用逗号分隔。在指定字段列表时，可为字段指定别名，语法格式如下。

```
col_name [AS] alias_name
```

例如，在 courses 表中，课程编号和课程名称字段都是用英文表示的，在查询记录时可以为这些字段指定中文别名。

```
SELECT couid AS 课程编号, couname AS 课程名称 FROM courses;
```

如果希望查询的结果集包含不同值，则可以在 SELECT 子句中使用关键词 DISTINCT 或 DISTINCTROW 来删除重复值。

如果只需要从表中检索符合某种条件的行，则可以通过 WHERE 子句来设置查询条件。在设置查询条件时，可使用的比较运算符包括“=”“>”“<”“>=”“<=”“<>（!=）”，另外一些运算符如表 8.3 所示。通过比较运算产生的结果为 1（true）、0（false）或 NULL。

表 8.3　用于 WHERE 子句的部分比较运算符

比较运算符	说　　明	示　　例
IS [NOT] NULL	检验一个值是否为 NULL	score IS NULL
[NOT] BETWEEN	语法：expr BETWEEN min AND max 规则：若 expr>=min 且 expr<=max，则返回 1，否则返回 0	score BETWEEN 86 AND 93
[NOT] IN	语法：expr IN (value , ...) 规则：若 expr 为 IN 列表中的任一值，则返回为 1，否则返回 0	class IN ('计 1801', '计 1802' ,'计 1803')
[NOT] LIKE	模式匹配	stuname LIKE '张%'

在 WHERE 子句中，可以使用逻辑运算符来连接多个查询条件。可用的逻辑运算符包括 NOT 或 !（逻辑非）、AND 或&&（逻辑与），以及 OR 或 ||（逻辑或）。在 SQL 中，所有逻辑运算符的求值所得结果均为 true、false 或 NULL（UNKNOWN）。在 MySQL 中，这些结果体现为 1（true）、0（false）和 NULL。

【例 8.8】从电子技术系中查询所有男同学的记录。用 mysql 工具执行以下语句。

```
USE stuinfo;
SELECT stuid AS 学号, stuname AS 姓名, gender AS 性别,
birthdate AS 出生日期, department AS 系部, classname AS 班级,
email AS 电子信箱, mobile AS 手机号码
FROM students
WHERE gender='男' AND department='电子技术系';
```

上述语句的执行结果如图 8.10 所示。

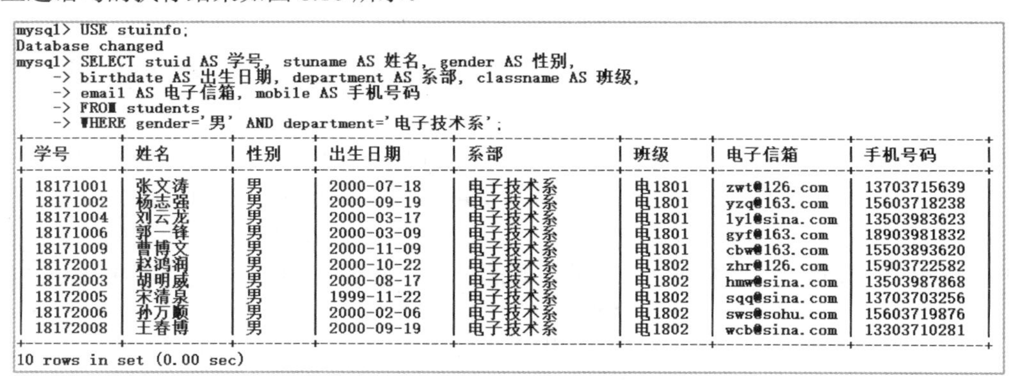

```
mysql> USE stuinfo;
Database changed
mysql> SELECT stuid AS 学号, stuname AS 姓名, gender AS 性别,
    -> birthdate AS 出生日期, department AS 系部, classname AS 班级,
    -> email AS 电子信箱, mobile AS 手机号码
    -> FROM students
    -> WHERE gender='男' AND department='电子技术系';
```

学号	姓名	性别	出生日期	系部	班级	电子信箱	手机号码
18171001	张文涛	男	2000-07-18	电子技术系	电1801	zwt@126.com	13703715639
18171002	杨志强	男	2000-09-19	电子技术系	电1801	yzq@163.com	15603718238
18171004	刘云龙	男	2000-03-17	电子技术系	电1801	lyl@sina.com	13503983623
18171006	郭一锋	男	2000-03-09	电子技术系	电1801	gyf@163.com	18903981832
18171009	曹博文	男	2000-11-09	电子技术系	电1801	cbw@163.com	15503893620
18172001	赵鸿润	男	2000-10-22	电子技术系	电1802	zhr@126.com	15903722582
18172003	胡明威	男	2000-08-17	电子技术系	电1802	hmw@sina.com	13503987868
18172005	宋清泉	男	1999-11-22	电子技术系	电1802	sqq@sina.com	13703703256
18172006	孙万顺	男	2000-02-06	电子技术系	电1802	sws@sohu.com	15603719876
18172008	王春博	男	2000-09-19	电子技术系	电1802	wcb@sina.com	13303710281

10 rows in set (0.00 sec)

图 8.10　使用 SELECT 语句从表中查询记录

在实际应用中，往往需要从多个表中检索数据，对于按规范方法设计的数据库而言更是如此。在执行多表查询时，需要在 FROM 子句中使用各种连接（JOIN）运算来组合不同表中的列，同时使用 ON 子句来设置表之间的关联条件。在 FROM 子句中，可以用“表名 [AS] 别名”形式为表设置别名，该别名可以用在 SELECT 列清单和 ON 子句中。对于不同表中拥有相同名称的列而言，应在这些列前面冠以表的名称或别名。

使用 ORDER BY 子句可以指定按一列或多列对结果集进行排序。排序依据可以是列名或列别名，也可以是表示列名或列别名在选择列清单中位置的整数，从 1 开始。在 ORDER BY 子句中可以指定多个列作为排序依据，这些列在该子句中出现的顺序决定结果集如何排序，先按照前面的列值进行排序，如果在两行中该列的值相同，则按照后面的列值进行排序。

ASC 和 DESC 用于指定排序方向。ASC 指定按递增顺序，即从最低值到最高值对指定列中的值进行排序；DESC 指定按递减顺序，即从最高值到最低值对指定列中的值进行排序。如果在排序表达式中未用 ASC 或 DESC，则默认的排序方向为递增顺序。空值（NULL）将被处理为最小值。

使用 GROUP BY 子句可以将结果集中的行分为若干个组来输出，每个组中的行在指定的列中具有相同的值。当使用 GROUP BY 子句时，如果在 SELECT 子句的选择列表中包含统计函数，则针对每个组计算出一个汇总值，从而实现对查询结果的分组统计。

使用 LIMIT 子句可以限制通过 SELECT 语句返回的行数。LIMIT 取一个或两个数字自变量，自变量必须是非负整型常数（当使用已预备的语句时除外）。

在使用两个自变量时，第一个自变量指定返回的第一行的偏移量，第二个自变量指定返回的行数。初始行的偏移量为 0。当使用一个自变量时，该值指定从结果集的开头返回的行数。换言之，LIMIT n 与 LIMIT 0, n 等价。如果要恢复从某个偏移量到结果集的末端的所有的行，可以对第二个参数使用比较大的数，如 18 446 744 073 709 551 615。

在从数据库中查询数据时，常常需要获取记录的一些统计数据，如平均值、记录数、最小值、最大值和总和等。通过统计函数可以获取这些数据。常用的统计函数及说明如表 8.4 所示。

表 8.4　常用统计函数及说明

函　　数	说　　明
AVG([DISTINCT] expr)	返回 expr 的平均值。DISTINCT 选项可用于返回 expr 不同值的平均值。若找不到匹配的行，则 AVG()返回 NULL
COUNT([DISTINCT] expr | *)	返回 SELECT 语句检索到的行中非 NULL 值的数目。使用 DISTINCT 选项可返回不同的非 NULL 值数目。若找不到匹配的行，则 COUNT()返回 0。COUNT(*)返回检索行的数目，不论其是否包含 NULL 值
MIN(expr)	返回 expr 的最小值。MIN()的取值可以是一个字符串参数，此时返回最小字符串值。若找不到匹配的行，则 MIN()返回 NULL
MAX(expr)	返回 expr 的最大值。MAX()的取值可以是一个字符串参数，此时返回最大字符串值。若找不到匹配的行，则 MAX()返回 NULL
SUM(expr)	返回 expr 的总和。若返回集合中无任何行，则 SUM()返回 NULL

如果一个 SELECT 语句能够返回一个单值或一列值，并嵌套在一个 SELECT、INSERT、UPDATE 或 DELETE 语句中，则称之为子查询或内层查询，而包含一个子查询的语句称为主查询或外层查询。一个子查询可以嵌套在另外一个子查询中。为了与外层查询有所区别，总是将子查询写在括号中。子查询中必须包含 SELECT 子句和 FROM 子句，并可以根据需要选择 WHERE 子句、GROUP BY 子句和 HAVING 子句。在实际应用中，通常将子查询用在外层查询的 WHERE 子句或 HAVING 子句中，与比较运算符或逻辑运算符一起构成查询条件，从而完成比较测试、集成员测试、存在性测试和批量测试。

【例 8.9】 查询班级的各科平均分、最高分和最低分。用 mysql 工具执行以下语句。

```
USE stuinfo;
SELECT classname AS 班级, couname AS 课程,
   ROUND(AVG(score), 1) AS 平均分, MAX(score) AS 最高分, MIN(score) AS 最低分
FROM students, courses, scores
WHERE students.stuid=scores.stuid AND courses.couid=scores.couid
GROUP BY courses.couid, classname ORDER BY courses.couid;
```

上述语句的执行结果如图 8.11 所示。

```
mysql> USE stuinfo;
Database changed
mysql> SELECT classname AS 班级, couname AS 课程,
    ->     ROUND(AVG(score), 1) AS 平均分, MAX(score) AS 最高分, MIN(score) AS 最低分
    -> FROM students, courses, scores
    -> WHERE students.stuid=scores.stuid AND courses.couid=scores.couid
    -> GROUP BY courses.couid, classname ORDER BY courses.couid;
+--------+------------------+--------+--------+--------+
| 班级   | 课程             | 平均分 | 最高分 | 最低分 |
+--------+------------------+--------+--------+--------+
| 商1801 | 计算机应用基础   |   77.3 |     90 |     61 |
| 商1802 | 计算机应用基础   |   81.6 |     91 |     63 |
| 电1801 | 计算机应用基础   |   83.1 |     93 |     66 |
| 电1802 | 计算机应用基础   |   81.6 |     90 |     69 |
| 计1801 | 计算机应用基础   |   81.4 |     90 |     65 |
| 计1802 | 计算机应用基础   |   81.6 |     88 |     65 |
| 商1801 | 英语             |   79.0 |     89 |     65 |
| 商1802 | 英语             |   81.2 |     90 |     68 |
| 电1801 | 英语             |   82.4 |     92 |     65 |
| 电1802 | 英语             |   81.5 |     89 |     66 |
| 计1801 | 英语             |   81.7 |     91 |     67 |
| 计1802 | 英语             |   81.8 |     90 |     65 |
```

图 8.11　在多表查询中应用统计函数

8.4.3　更改记录

使用 UPDATE 语句可以用新值更新原有表行中的各列。该语句有单表语法和多表语法两种语法格式。

单表语法格式：

```
UPDATE [LOW_PRIORITY] [IGNORE] tbl_name
SET col_name1=expr1[,col_name2=expr2...]
[WHERE where_definition]
[ORDER BY...]
[LIMIT row_count]
```

多表语法格式：

```
UPDATE [LOW_PRIORITY] [IGNORE] tbl_name[,tbl_name]
SET col_name1=expr1[,col_name2=expr2...]
[WHERE where_definition]
```

SET 子句指定要修改哪些列和要给予哪些值。WHERE 子句指定应更新哪些行。如果没有使用 WHERE 子句，则会更新所有的行。如果指定了 ORDER BY 子句，则按照被指定的顺序对行进行更新。LIMIT 子句指定一个限值，限制可以被更新的行数。

如果使用 LOW_PRIORITY 关键词，则 UPDATE 语句的执行会被延迟，直到没有其他客户端从表中读取为止。如果使用 IGNORE 关键词，则即使在更新过程中出现错误，更新语句也不会中断。如果出现了重复关键字冲突，则这些行不会被更新。如果在列被更新后，新值导致了数据转化错误，则这些行会被更新为最接近合法的值。

使用 LIMIT row_count 子句可以限定 UPDATE 语句的范围。该子句是一个与行匹配的限定。只要发现可以满足 WHERE 子句的 row_count 行，该语句就会中止，不论这些行是否被改变。

如果一个 UPDATE 语句包括一个 ORDER BY 子句，则按照该子句指定的顺序更新行。

【例 8.10】更新记录示例。用 mysql 工具执行以下语句。

```
USE stuinfo;
SELECT students.stuid AS 学号, stuname AS 姓名, couname AS 课程, score AS 成绩
FROM students, courses, scores
WHERE students.stuid=scores.stuid AND courses.couid=scores.couid
   AND scores.stuid='18161006' AND courses.couid=1;
UPDATE scores SET score=85 WHERE stuid='18161006' AND couid=1;
SELECT students.stuid AS 学号, stuname AS 姓名, couname AS 课程, score AS 成绩
FROM students, courses, scores
WHERE students.stuid=scores.stuid AND courses.couid=scores.couid
   AND scores.stuid='18161006' AND courses.couid=1;
```

上述语句的执行结果如图 8.12 所示。

```
mysql> USE stuinfo;
Database changed
mysql> SELECT students.stuid AS 学号, stuname AS 姓名, couname AS 课程, score AS 成绩
    -> FROM students, courses, scores
    -> WHERE students.stuid=scores.stuid AND courses.couid=scores.couid
    ->     AND scores.stuid='18161006' AND courses.couid=1;
+----------+--------+----------------+------+
| 学号     | 姓名   | 课程           | 成绩 |
+----------+--------+----------------+------+
| 18161006 | 刘春燕 | 计算机应用基础 |   69 |
+----------+--------+----------------+------+
1 row in set (0.00 sec)

mysql> UPDATE scores SET score =85 WHERE stuid='18161006' AND couid=1;
Query OK, 1 row affected (0.44 sec)
Rows matched: 1  Changed: 1  Warnings: 0

mysql> SELECT students.stuid AS 学号, stuname AS 姓名, couname AS 课程, score AS 成绩
    -> FROM students, courses, scores
    -> WHERE students.stuid=scores.stuid AND courses.couid=scores.couid
    ->     AND scores.stuid='18161006' AND courses.couid=1;
+----------+--------+----------------+------+
| 学号     | 姓名   | 课程           | 成绩 |
+----------+--------+----------------+------+
| 18161006 | 刘春燕 | 计算机应用基础 |   85 |
+----------+--------+----------------+------+
1 row in set (0.00 sec)
```

图 8.12　更新记录示例

8.4.4　删除记录

使用 DELETE 语句可以从表中删除行，该语句有以下 3 种语法格式。

单表语法格式：

```
DELETE [LOW_PRIORITY] [QUICK] [IGNORE] FROM tbl_name
[WHERE where_definition]
[ORDER BY...]
[LIMIT row_count]
```

多表语法格式：

```
DELETE [LOW_PRIORITY] [QUICK] [IGNORE]
tbl_name [.*] [ ,tbl_name[.*]...]
FROM table_references
[WHERE where_definition]
```

或者：

```
DELETE [LOW_PRIORITY] [QUICK] [IGNORE]
FROM tbl_name[.*] [, tbl_name[.*]...]
USING table_references
[WHERE where_definition]
```

DELETE 语句用于删除 tbl_name 表中满足给定条件 where_definition 的行，并返回被删除行的数目。如果 DELETE 语句中没有 WHERE 子句，则所有的行都会被删除。当无须获取被删除行的数目时，可以使用更快捷的方法——TRUNCATE TABLE 语句。

如果指定 LOW_PRIORITY 关键词，则 DELETE 语句的执行会被延迟，直到没有其他客户端读取该表时再执行。对于 MyISAM 表而言，如果使用 QUICK 关键词，则在删除过程中存储引擎不会合并索引端结点，这样可以加快部分种类删除操作的速度。

如果指定 IGNORE 关键词，则在删除行的过程中会忽略所有错误。在分析阶段遇到的错误会以常规方式处理。由于使用该选项而被忽略的错误会作为警告返回。

LIMIT row_count 选项用于通知服务器在控制命令被返回到客户端前被删除行的最大值。该选项用于确保一个 DELETE 语句不会占用过多的时间。

如果 DELETE 语句包括一个 ORDER BY 子句，则各行按照子句所指定的顺序进行删除。但是，该子句只在与 LIMIT 联用时才起作用。

在一个 DELETE 语句中可以指定多个表，并根据这些表中的特定条件，从一个表或多个表中删除行。table_references 列出了包含在联合中的表。不能在一个多表 DELETE 语句中使用 ORDER BY 或 LIMIT 子句。

使用 DELETE 语句的单表语法，只能删除列于 FROM 子句之前表中对应的行；使用 DELETE 语句的多表语法，会删除列于 FROM 子句之中位于 USING 子句之前表中对应的行，且同时删除多个表中的行，并使用其他表进行搜索。例如：

```
DELETE t1,t2 FROM t1,t2,t3
WHERE t1.id=t2.id AND t2.id=t3.id;
```

也可以写成以下形式：

```
DELETE FROM t1,t2 USING t1,t2,t3
WHERE t1.id=t2.id AND t2.id=t3.id;
```

当搜索待删除记录时，这些语句会使用所有表，但只从表 t1 和表 t2 中删除对应记录。

【例 8.11】使用多表语法格式删除记录示例。用 mysql 工具执行以下语句。

```
USE stuinfo;
DELETE scores FROM students, courses, scores
WHERE students.stuid=scores.stuid AND courses.couid=scores.couid
AND stuname='刘云龙' AND couname='电子线路 CAD';
```

上述语句的执行结果如图 8.13 所示。

```
mysql> USE stuinfo;
Database changed
mysql> DELETE scores FROM students, courses, scores
    -> WHERE students.stuid=scores.stuid AND courses.couid=scores.couid
    -> AND stuname='刘云龙' AND couname='电子线路CAD';
Query OK, 1 row affected (0.44 sec)
```

图 8.13　删除记录示例

8.5　其他数据库对象

在数据库中创建表并添加数据表之后，可以根据需要在数据库中创建其他对象，主要包括：加快数据访问速度的索引，作为虚拟表的视图，由一组 SQL 语句组成的存储过程，由一组 SQL 语句组成且有一个返回值的存储函数，以及由表上的特定事件来激活的触发器。本节介绍如何创建和使用索引、视图、存储过程、存储函数和触发器等数据库对象。

8.5.1　索引

索引用于快速找出在某一列中有一特定值的行。如果表中查询的列有一个索引，则 MySQL 可以快速到达一个位置并搜索数据文件，而无须搜索所有数据。索引基于键值提供对表中数据的快速访问，也可以在表的行上强制唯一性。

索引可以与表同时创建，也可以在创建表之后单独创建。如果创建表时未创建索引，可以使用 CREATE INDEX 语句在该表中创建索引，语法格式如下。

```
CREATE [UNIQUE|FULLTEXT] INDEX index_name
[USING {BTREE | HASH}] ON tbl_name (index_col_name, ...)
index_col_name:
col_name [(length)] [ASC|DESC]
```

其中，index_name 表示索引名；tbl_name 表示表名；col_name 表示列名。

也可以创建多列索引，此时应该在括号中给出列清单，列名之间用逗号（,）分隔。

对于 CHAR 和 VARCHAR 列，只用一列的一部分就可以创建索引。在创建索引时，应使用 col_name(length)语法对前缀编制索引，前缀包括每列值的前 length 个字符。BLOB 和 TEXT 列也可以编制索引，但是必须给出前缀长度。

USING 子句用于指定索引的类型，可以是 BTREE 或 HASH。UNIQUE 索引可以确保被索引的列不包含重复的值。FULLTEXT 索引只能对 CHAR、VARCHAR 和 TEXT 列编制索引，并且只能在 MyISAM 表中编制。

在表中创建索引之后，可使用 SHOW INDEX 语句来获取表的索引信息，语法格式如下。

```
SHOW INDEX FROM tbl_name [FROM db_name]
```

其中，tbl_name 表示表名；db_name 表示数据库名。

例如，以下第一个语句基于 stuname 列在 students 表中创建一个索引，第二个语句用于查看该表包含的所有索引。

```
CREATE INDEX ix_stuname ON stuinfo.students(stuname);
SHOW INDEX FROM stuinfo.students;
```

使用 DROP INDEX 语句可以从指定表中删除索引，语法格式如下。

```
DROP INDEX index_name ON tbl_name
```

其中，index_name 表示待删除的索引名；tbl_name 表示表名。

8.5.2 视图

视图是一个基于选择查询的虚拟表，其内容是通过选择查询来定义的。视图与真实的表有很多类似之处。例如，视图也是由若干个列和行组成的，也可以像数据库表一样作为 SELECT 语句的数据来源使用，在满足某些条件的情况下，还可以通过视图来插入、更改和删除表数据。但是，视图并不是以一组数据的形式存储在数据库中的，视图中的列和行都来自数据库表（称为基表），视图本身并不存储数据，视图中的数据是在引用视图时动态生成的。视图提供查看和存取数据的另外一种途径，使用视图不仅可以简化数据操作，也可以提高数据库的安全性。

在 MySQL 中，可以使用 CREATE VIEW 语句在数据库中创建一个视图，语法格式如下。

```
CREATE [OR REPLACE] [ALGORITHM={UNDEFINED|MERGE|TEMPTABLE}]
VIEW view_name[(column_list)]
AS select_statement
[WITH [CASCADED|LOCAL] CHECK OPTION]
```

其中，view_name 指定要创建的视图名称。表和视图共享数据库中相同的名称空间，因此，数据库不能包含具有相同名称的表和视图。在默认情况下，会在当前数据库中创建新视图。如果要在给定数据库中明确创建视图，则创建时应将视图名称指定为 db_name.view_name。

视图必须具有唯一的列名，不得重复，就像基表一样。在默认情况下，由 SELECT 语句检索的列名将用作视图列名。如果要为视图列定义明确的名称，则应使用可选的 column_list 子句，并将列名用逗号隔开。column_list 中的名称数目必须等于 SELECT 语句检索的列数。

select_statement 是一个 SELECT 语句，它给出了视图的定义，该语句可从基表或其他视图中进行选择。SELECT 语句检索的列可以是对表列的简单引用，也可以是使用函数、常量值、操作符等的表达式。

CREATE VIEW 语句用于在数据库中创建新的视图。如果使用了 OR REPLACE 子句，则可以替换已有的视图。ALGORITHM 子句是对标准 SQL 的 MySQL 扩展，用于指定视图的算法，ALGORITHM 子句有以下 3 个选项。

- MERGE：会将引用视图的语句文本与视图定义合并起来，使得视图定义的某一部分取代语句的对应部分。
- TEMPTABLE：视图的结果会被置于临时表中，然后使用它执行语句。
- UNDEFINED：MySQL 会选择所要使用的算法。如果可能，它倾向于 MERGE 而不是 TEMPTABLE，这是因为 MERGE 通常更有效，而且如果使用了临时表，视图是不可更新的。如果没有 ALGORITHM 子句，默认算法是 UNDEFINED。

某些视图是可更新的，也就是说，可以在诸如 UPDATE、DELETE 或 INSERT 等语句中使用这些视图，以更新基表的内容。对于可更新的视图而言，在视图中的行和基表中的行之间必须具有一对一的关系，同时，可给定 WITH CHECK OPTION 子句来防止插入或更新行，除非作用于行上 select_statement 中的 WHERE 子句表达式为 true。

当根据另一个视图定义当前视图时，在该子句中可以使用 LOCAL 和 CASCADED 关键字决定检查测试的范围。LOCAL 关键字会对 CHECK OPTION 进行限制，使其仅作用在定义的视图上；CASCADED 关键字会对待评估的基表进行检查。如果未绑定任一关键字，则默认值为 CASCADED。

视图定义有一些限制。例如，视图的 SELECT 语句不能包含 FROM 子句中的子查询，不能引用系统变量或用户变量，也不能引用预处理语句参数。

对于已有视图而言，可以使用 ALTER VIEW 语句对其定义进行修改，语法格式如下。

```
ALTER [ALGORITHM={UNDEFINED|MERGE|TEMPTABLE}]
VIEW view_name [(column_list)]
AS select_statement
[WITH [CASCADED|LOCAL] CHECK OPTION]
```

其中，各个选项的作用与 CREATE VIEW 语句中类似。

如果不再需要某些视图，则可使用 DROP VIEW 语句从数据库中将它们删除，语法格式如下。

```
DROP VIEW [IF EXISTS] view_name[, view_name] ...
```

其中，view_name 指定要删除的视图名称。使用 IF EXISTS 选项可以防止因视图不存在而出错。在使用 DROP VIEW 语句时，必须对每个视图都拥有 DROP 权限。

【例 8.12】 视图应用示例。用 mysql 工具执行以下语句。

```
USE stuinfo;
DROP VIEW IF EXISTS v_student;
CREATE VIEW v_student
AS SELECT students.stuid AS 学号, stuname AS 姓名,
    department AS 系部, couname AS 课程, score AS 成绩
FROM students, courses, scores
WHERE students.stuid=scores.stuid AND courses.couid=scores.couid;
SELECT * FROM v_student WHERE 系部='电子商务系' LIMIT 12;
```

上述语句的执行结果如图 8.14 所示。

```
mysql> USE stuinfo;
Database changed
mysql> DROP VIEW IF EXISTS v_student;
Query OK, 0 rows affected (0.79 sec)

mysql> CREATE VIEW v_student
    -> AS SELECT students.stuid AS 学号, stuname AS 姓名,
    ->     department AS 系部, couname AS 课程, score AS 成绩
    -> FROM students, courses, scores
    -> WHERE students.stuid=scores.stuid AND courses.couid=scores.couid;
Query OK, 0 rows affected (0.23 sec)

mysql> SELECT * FROM v_student WHERE 系部='电子商务系' LIMIT 12;
+----------+--------+------------+------------------+------+
| 学号     | 姓名   | 系部       | 课程             | 成绩 |
+----------+--------+------------+------------------+------+
| 18181001 | 刘亦铭 | 电子商务系 | 计算机应用基础   |   63 |
| 18181001 | 刘亦铭 | 电子商务系 | 英语             |   70 |
| 18181001 | 刘亦铭 | 电子商务系 | 数学             |   68 |
| 18181001 | 刘亦铭 | 电子商务系 | 网络营销         |   75 |
| 18181001 | 刘亦铭 | 电子商务系 | 电子商务概论     |   70 |
| 18181001 | 刘亦铭 | 电子商务系 | 电子支付与结算   |   80 |
| 18181002 | 王嘉诚 | 电子商务系 | 计算机应用基础   |   90 |
| 18181002 | 王嘉诚 | 电子商务系 | 英语             |   89 |
| 18181002 | 王嘉诚 | 电子商务系 | 数学             |   88 |
| 18181002 | 王嘉诚 | 电子商务系 | 网络营销         |   87 |
| 18181002 | 王嘉诚 | 电子商务系 | 电子商务概论     |   92 |
| 18181002 | 王嘉诚 | 电子商务系 | 电子支付与结算   |   89 |
+----------+--------+------------+------------------+------+
12 rows in set (0.00 sec)
```

图 8.14　视图应用示例

8.5.3　存储过程

存储过程是指存储在服务器中，并且能够完成特定功能的一组 SQL 语句。有了存储过程，客户端不需要再重新发布许多单独的语句，而可以通过引用一个存储过程来替代。在 MySQL 中，可以使用 CREATE PROCEDURE 语句在当前数据库中创建一个存储过程，语法格式如下。

```
CREATE PROCEDURE sp_name([proc_parameter[, ...]])
[characteristic...] routine_body
```

其中，sp_name 指定要创建的存储过程的名称。在默认情况下，存储过程与当前数据库关联。如果要明确地将存储过程与给定的数据库 db_name 关联起来，则在创建存储过程时可以将其名称

指定为 db_name.sp_name。

proc_parameter 表示存储过程的参数，可以通过以下方式来定义。

```
[IN|OUT|INOUT] param_name type
```

其中，param_name 指定参数的名称；type 指定参数的数据类型，可以是任何有效的 MySQL 数据类型；可选项 IN 表示该参数为输入参数，OUT 表示该参数为输出参数，INOUT 表示该参数为输入/输出参数。

characteristic 用来设置存储过程的一些特征，可以通过以下方式来定义。

```
LANGUAGE SQL | [NOT] DETERMINISTIC
| {CONTAINS SQL|NO SQL|READS SQL DATA|MODIFIES SQL DATA}
| SQL SECURITY {DEFINER|INVOKER}|COMMENT 'string'
```

如果程序或线程总是对同样的输入参数产生同样的结果，则认为它是确定的，否则是非确定的。如果既没有给定 DETERMINISTIC 也没有给定 NOT DETERMINISTIC，则默认为 NOT DETERMINISTIC。

CONTAINS SQL 表示存储过程不包含读或写数据的语句。NO SQL 表示存储过程不包含 SQL 语句。READS SQL DATA 表示存储过程包含读数据的语句，但不包含写数据的语句。MODIFIES SQL DATA 表示存储过程包含写数据的语句。如果没有明确给定这些特征，则默认为 CONTAINS SQL。SQL SECURITY 指定存储过程应该使用创建存储过程者（DEFINER）的许可来执行，还是使用调用者（INVOKER）的许可来执行，其默认值为 DEFINER。

COMMENT 子句是一个 MySQL 的扩展，用来描述存储过程。routine_body 是任何合法的 SQL 语句。这些语句都必须包含在复合语句 BEGIN...END 内。复合语句可以包含声明、循环和其他控制结构语句，但不允许使用 USE 语句。

用 CREATE PROCEDURE 语句创建的存储过程可通过 CALL 语句来调用，语法格式如下。

```
CALL sp_name([parameter[, ...]])
```

其中，sp_name 指定要调用的存储过程的名称；parameter 表示存储过程的参数。

CALL 语句可以用声明为 OUT 的参数或 INOUT 的参数为其调用者传回值。此外，CALL 语句也返回受影响的行数，客户端程序可以在 SQL 级别通过调用 ROW_COUNT()函数获得此行数。

当调用一个存储过程时，一个隐含的 USE db_name 被执行。通过使用数据库名来限定存储过程名，可以调用一个不在当前数据库中的存储过程。

在创建存储过程时，会用到各种 SQL 语句。下面介绍一些常用的语句。

（1）使用 DECLARE 语句可以声明局部变量，语法格式如下。

```
DECLARE var_name[, ...] type [DEFAULT value]
```

其中，var_name 指定局部变量的名称；type 指定局部变量的数据类型。如果要给变量提供一个默认值，则需要包含一个 DEFAULT 子句，value 可以被指定为一个表达式。

局部变量的作用范围是其声明所在的 BEGIN...END 块。除了那些用相同名字声明变量的块，它可以被用在嵌套的块中。

（2）使用 SET 语句可以对变量赋值，语法格式如下。

```
SET var_name=expr[, var_name=expr] ...
```

其中，var_name 指定变量名，可以是存储过程中声明的变量，或者是全局服务器变量；expr 为一个表达式，其值通过 SET 语句赋给变量。

（3）使用 SELECT...INTO 语句可以将数据表的列值存储到局部变量中，语法格式如下。

```
SELECT col_name[, ...] INTO var_name [, ...] FROM tbl_name
```

其中，col_name 表示列名；var_name 表示变量名；tbl_name 表示表名。

（4）使用 IF 语句可以实现一个基本的条件结构，语法格式如下。

```
IF search_condition THEN statement_list
[ELSEIF search_condition THEN statement_list]...
[ELSE statement_list]
```

```
END IF
```

如果对条件 search_condition 求值为真，则执行相应的 SQL 语句列表。如果没有条件 search_condition 匹配，则执行 ELSE 子句中的语句列表。

statement_list 可以包括一个或多个语句。

（5）使用 CASE 语句可以实现一个复杂的条件结构，有以下两种语法格式。

第一种语法格式：

```
CASE case_value
    WHEN when_value THEN statement_list
    [WHEN when_value THEN statement_list]...
    [ELSE statement_list]
END CASE
```

如果 case_value 与 when_value 的值匹配，则执行相应的 SQL 语句列表。如果不存在这样的 when_value，则执行 ELSE 子句中的语句列表。

第二种语法格式：

```
CASE
    WHEN search_condition THEN statement_list
    [WHEN search_condition THEN statement_list]...
    [ELSE statement_list]
END CASE
```

在存储过程中，可以使用 CASE 语句实现一个复杂的条件结构。如果对条件 search_condition 求值为真，则执行相应的 SQL 语句列表。如果没有条件 search_condition 匹配，则执行 ELSE 子句中的语句列表。

（6）使用 WHILE 语句可以实现一个循环结构，语法格式如下。

```
[begin_label:] WHILE search_condition DO
   statement_list
END WHILE [end_label]
```

WHILE 语句内的语句会被重复，直至条件 search_condition 为真。而且 WHILE 语句可以被标注。只有 begin_label 存在，end_label 才能被使用，如果两者都存在，则它们必须是一样的。

一个存储过程与特定数据库相联系，当移除数据库时，与其关联的所有存储过程会随之被移除。使用 DROP PROCEDURE 语句可以从数据库中删除指定的存储过程，语法格式如下。

```
DROP PROCEDURE [IF EXISTS] sp_name
```

其中，sp_name 指定待删除存储过程的名称；IF EXISTS 子句是一个 MySQL 的扩展。如果存储过程不存在，则可以防止发生错误。

【例 8.13】存储过程应用示例。创建脚本文件 createsp.sql，其中包含以下语句。

```
USE stuinfo;
DROP PROCEDURE IF EXISTS sp_score_by_class;
DELIMITER //
CREATE PROCEDURE sp_score_by_class(IN classname char(5))
BEGIN
    CREATE TEMPORARY TABLE IF NOT EXISTS temp_score (
      stuid INT NOT NULL,
      stuname VARCHAR(10) NOT NULL,
      couname VARCHAR(30) NOT NULL,
      score TINYINT NULL
    );
    INSERT INTO temp_score (stuid, stuname, couname, score)
    SELECT st.stuid, stuname,co.couname, score
    FROM scores sc INNER JOIN courses co ON sc.couid=co.couid
    INNER JOIN students st ON sc.stuid=st.stuid ;
    SELECT temp_score.stuid AS 学号, temp_score.stuname AS 姓名,
```

```
        SUM(CASE couname WHEN '计算机应用基础' THEN score ELSE 0 END) AS 计算机应用
基础,
        SUM(CASE couname WHEN '英语' THEN score ELSE 0 END) AS 英语,
        SUM(CASE couname WHEN '数学' THEN score ELSE 0 END) AS 数学
    FROM temp_score INNER JOIN studenst ON students.stuid=temp_score.stuid
    WHERE students.classname=classname
    GROUP BY temp_score.stuid, temp_score.stuname;
  DROP TEMPORARY TABLE IF EXISTS temp_score;
END //
DELIMITER ;
```

用 mysql 工具执行上述脚本文件，可以创建存储过程 sp_score_by_class，并用 CALL 语句来调用该存储过程，执行结果如图 8.15 所示。

```
mysql> \. createsp.sql
Database changed
Query OK, 0 rows affected, 1 warning (0.06 sec)

Query OK, 0 rows affected (0.23 sec)

mysql> CALL sp_score_by_class('电1801');
+----------+--------+----------------+------+------+
| 学号     | 姓名   | 计算机应用基础 | 英语 | 数学 |
+----------+--------+----------------+------+------+
| 18171001 | 张文涛 |             79 |   83 |   86 |
| 18171002 | 杨志强 |             90 |   91 |   89 |
| 18171003 | 李东霏 |             83 |   82 |   86 |
| 18171004 | 刘云龙 |             93 |   90 |   88 |
| 18171005 | 何丽颖 |             78 |   69 |   75 |
| 18171006 | 郭一锋 |             80 |   78 |   82 |
| 18171007 | 赵倩倩 |             86 |   87 |   85 |
| 18171008 | 刘敏之 |             86 |   87 |   86 |
| 18171009 | 曹博文 |             90 |   92 |   88 |
| 18171010 | 王琬筱 |             66 |   65 |   61 |
+----------+--------+----------------+------+------+
10 rows in set (0.01 sec)

Query OK, 0 rows affected (0.04 sec)
```

图 8.15　存储过程应用示例

8.5.4　存储函数

存储函数简称为函数，它与存储过程类似，也存储在某个数据库中。与存储过程不同，函数具有一个返回值，因此可以用在任何需要使用表达式的位置。在 MySQL 中，可以使用 CREATE FUNCTION 语句在数据库中创建一个函数，语法格式如下。

```
CREATE FUNCTION func_name([param_name type[, ...]])
RETURNS type
[characteristic...] routine_body
```

其中，func_name 指定函数的名称；param_name 指定参数的名称；type 指定参数的数据类型。函数的参数一般被认为是 IN 参数。RETURNS type 子句用于指定函数返回值的数据类型，可以是任何有效的 MySQL 数据类型。

characteristic 设置函数的特征，可参阅 CREATE PROCEDURE 语句。routine_body 表示函数体，其中必须包含一个 RETURN value 语句。如果函数体只包含一个语句，则不必使用 BEGIN...END 复合语句。

函数具有返回值，可以用在任何使用表达式的位置。函数不能通过 CALL 语句来调用，这一点不同于存储过程。

对于不再需要的函数而言，可使用 DROP FUNCTION 语句将其从数据库中删除，语法格式如下。

```
DROP FUNCTION [IF EXISTS] func_name
```

其中，func_name 指定待删除函数的名称；IF EXISTS 子句是 MySQL 的一个扩展，用于函数不存在时防止发生错误。

【例 8.14】函数应用示例。创建脚本文件 createsf.sql，其中包含以下语句。

```
set global log_bin_trust_function_creators=TRUE;
USE stuinfo;
```

```
DROP FUNCTION IF EXISTS chn_date;
DROP FUNCTION IF EXISTS age;
DELIMITER //
CREATE FUNCTION chn_date (d date) RETURNS CHAR(20)
BEGIN
    DECLARE d1 VARCHAR(20);
    DECLARE d2 VARCHAR(5);
    DECLARE d3 VARCHAR(6);
    SET d1=DATE_FORMAT(d, '%Y年%m月%d日');
    SET d2=DATE_FORMAT(d, '%w');
    CASE d2
        WHEN '0' THEN SET d3=' 周日';
        WHEN '1' THEN SET d3=' 周一';
        WHEN '2' THEN SET d3=' 周二';
        WHEN '3' THEN SET d3=' 周三';
        WHEN '4' THEN SET d3=' 周四';
        WHEN '5' THEN SET d3=' 周五';
        WHEN '6' THEN SET d3=' 周六';
    END CASE;
    RETURN CONCAT(d1, d3);
END
//
CREATE FUNCTION age (birthdate date) RETURNS INT
RETURN DATEDIFF(CURDATE(), birthdate)/365;
//
DELIMITER ;
```

用 mysql 工具执行上述脚本文件，即可在 stuinfo 数据库中创建函数 chn_date 和 age，然后执行以下 SELECT 语句。

```
SELECT stuid AS 学号, stuname AS 姓名, gender AS 性别,
   chn_date(birthdate) AS 出生日期, age(birthdate) AS 年龄
FROM students ORDER BY 年龄 DESC LIMIT 10;
```

上述语句的执行结果如图 8.16 所示。

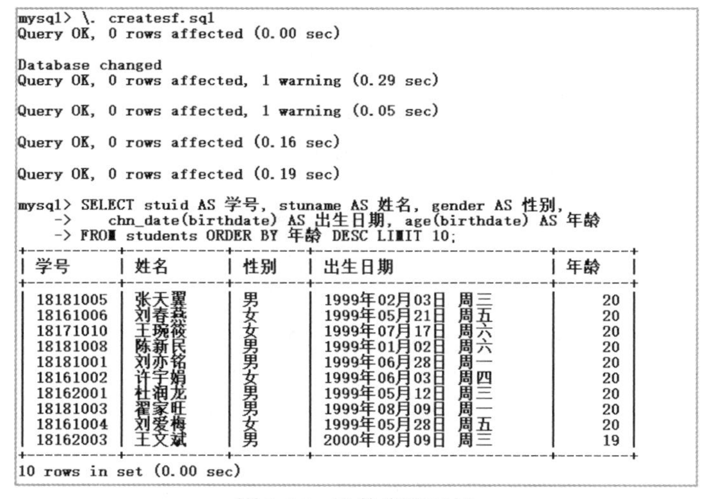

```
mysql> \. createsf.sql
Query OK, 0 rows affected (0.00 sec)

Database changed
Query OK, 0 rows affected, 1 warning (0.29 sec)

Query OK, 0 rows affected, 1 warning (0.05 sec)

Query OK, 0 rows affected (0.16 sec)

Query OK, 0 rows affected (0.19 sec)

mysql> SELECT stuid AS 学号, stuname AS 姓名, gender AS 性别,
    ->     chn_date(birthdate) AS 出生日期, age(birthdate) AS 年龄
    -> FROM students ORDER BY 年龄 DESC LIMIT 10;
+----------+--------+------+--------------------+------+
| 学号     | 姓名   | 性别 | 出生日期           | 年龄 |
+----------+--------+------+--------------------+------+
| 18181005 | 张天翼 | 男   | 1999年02月03日 周三 |   20 |
| 18161006 | 刘春燕 | 女   | 1999年05月21日 周五 |   20 |
| 18171010 | 王琬筱 | 女   | 1999年07月17日 周六 |   20 |
| 18181008 | 陈新民 | 男   | 1999年01月02日 周六 |   20 |
| 18181001 | 刘亦铭 | 男   | 1999年06月28日 周一 |   20 |
| 18161002 | 许宇娟 | 女   | 1999年06月03日 周四 |   20 |
| 18162001 | 杜润龙 | 男   | 1999年05月12日 周三 |   20 |
| 18181003 | 翟家旺 | 男   | 1999年08月09日 周一 |   20 |
| 18161004 | 刘爱梅 | 女   | 1999年05月28日 周五 |   20 |
| 18162003 | 王文斌 | 男   | 2000年08月09日 周三 |   19 |
+----------+--------+------+--------------------+------+
10 rows in set (0.00 sec)
```

图 8.16　函数应用示例

8.5.5　触发器

触发器是与表有关的命名数据库对象，当表上出现特定事件时，会激活该对象。触发器并不需要由用户来直接调用，而是在对表发出 UPDATE、INSERT 或 DELETE 语句时自动执行。

在 MySQL 中，可以使用 CREATE TRIGGER 语句在指定表中创建触发器，语法格式如下。

```
CREATE TRIGGER trigger_name trigger_time trigger_event
ON tbl_name FOR EACH ROW trigger_stmt
```

其中，trigger_name 指定触发器的名称；tbl_name 指定要在其中创建触发器的表的名称，它必须引用永久性表。需要注意的是，不能将触发器与 TEMPORARY 表或视图关联起来。

trigger_time 是触发器的动作时间，可为 BEFORE 或 AFTER，指定触发器是在激活它的语句之前或之后触发。trigger_event 指定激活触发器的语句的类型，可以取下列值之一。

- INSERT：当把新行插入表时激活触发器。例如，执行 INSERT、LOAD DATA 和 REPLACE 语句。
- UPDATE：当更改某一行时激活触发器。例如，执行 UPDATE 语句。
- DELETE：当从表中删除某一行时激活触发器。例如，执行 DELETE 和 REPLACE 语句。

对于具有相同触发器动作时间和事件的给定表而言，其不能有两个触发器。例如，某一个表不能有两个 BEFORE UPDATE 触发器，但可以有一个 BEFORE UPDATE 触发器和一个 BEFORE INSERT 触发器，或一个 BEFORE UPDATE 触发器和一个 AFTER UPDATE 触发器。

trigger_stmt 是当触发器激活时执行的语句。如果要执行多个语句，可以使用 BEGIN...END 复合语句结构。这样，就能使用存储过程中允许的相同语句。

使用别名 OLD 和 NEW（不区分大小写），能够引用与触发器相关的表中的列。在 INSERT 触发器中，只能使用 NEW.col_name 来引用要插入的新行的一列。在 DELETE 触发器中，只能使用 OLD.col_name 来引用已有行中的一列。在 UPDATE 触发器中，可以使用 OLD.col_name 来引用更新前的某一行的列，也可以使用 NEW.col_name 来引用更新后的行中的列。关键字 OLD 和 NEW 是 MySQL 对触发器的扩展。

用 OLD 命名的列是只读的，可以引用它，但不能更改它。对于用 NEW 命名的列而言，如果其具有 SELECT 权限，则可以引用它；在 BEFORE 触发器中，如果其具有 UPDATE 权限，则可以使用“SET NEW.col_name = value”来更改其值。这表明，可以使用触发器来更改要插入新行的值，或用于更新行的值。

在 BEFORE 触发器中，AUTO_INCREMENT 列的 NEW 值为 0，这并不是实际插入新记录时自动生成的序列号。

对于不再需要的触发器而言，可以使用 DROP TRIGGER 语句将其从表中删除，语法格式如下。

```
DROP TRIGGER [schema_name.]trigger_name
```

其中，trigger_name 指定待删除的触发器。可选参数 schema_name 指定方案名称，如果省略该参数，则从当前方案中删除触发器。

【例 8.15】触发器应用示例。在 students 表中创建触发器 tr_insert_score，所用语句如下。

```
USE stuinfo;
DELIMITER //
CREATE TRIGGER tr_insert_score AFTER INSERT
ON students FOR EACH ROW
INSERT INTO scores (stuid, couid) VALUES
(NEW.stuid, 1), (NEW.stuid, 2), (NEW.stuid, 3);
//
DELIMITER ;
```

输入并执行以下语句，以验证触发器的效果。

```
INSERT INTO students VALUES
('18182011', '李春明', '男', '2000-03-26','电子商务系', '商1802', 'lcm@163.com',
'13603712688');

SELECT students.stuid AS 学号, stuname AS 姓名, couname AS 课程, score AS 成绩
FROM scores INNER JOIN students ON scores.stuid=students.stuid
```

```
INNER JOIN courses ON scores.couid=courses.couid
WHERE stuname='李春明';
```

上述语句的执行结果如图 8.17 所示。

```
mysql> INSERT INTO students VALUES
    -> ('18182011', '李春明', '男', '2000-03-26','电子商务系', '商1802', '1cm@163.com', '13603712688');
Query OK, 1 row affected (0.39 sec)

mysql> SELECT students.stuid AS 学号, stuname AS 姓名, couname AS 课程, score AS 成绩
    -> FROM scores INNER JOIN students ON scores.stuid=students.stuid
    -> INNER JOIN courses ON scores.couid=courses.couid
    -> WHERE stuname='李春明';
+----------+--------+----------------+------+
| 学号     | 姓名   | 课程           | 成绩 |
+----------+--------+----------------+------+
| 18182011 | 李春明 | 计算机应用基础 | NULL |
| 18182011 | 李春明 | 英语           | NULL |
| 18182011 | 李春明 | 数学           | NULL |
+----------+--------+----------------+------+
3 rows in set (0.00 sec)
```

图 8.17 触发器应用示例

8.6 数据备份和恢复

备份和恢复是 MySQL 中的重要操作。备份是指将 MySQL 的数据库及其表结构和数据转存到文件中的过程；恢复是指通过预先生成的备份文件将数据还原到 MySQL 中。通过备份和恢复不仅可以有效地防止数据丢失，也可以方便地将数据迁移到其他 MySQL 中。

8.6.1 备份数据库

在 MySQL 中，数据库备份可以通过客户端实用程序 mysqldump 来完成。mysqldump 根据要备份的表结构生成相应的 CREATE 语句，并将表中的所有记录转换成相应的 INSERT 语句，表结构和数据以这些 SQL 语句的形式存储在脚本文件中，通过执行该脚本文件就可以重现原始数据库对象定义和表数据。mysqldump 通常有以下 3 种使用方式。

1. 备份单个数据库

如果要备份单个指定的数据库及其表结构和数据，则可以使用以下语法格式。

```
mysqldump -u username -p dbname [tbl_name ...] > backup.sql
```

其中，dbname 表示要备份数据库的名称；tbl_name 表示要备份的表的名称，不同表名称之间用空格分隔；如果不提供表名称，则备份整个数据库；backup.sql 表示数据库备份所生成的脚本文件的路径。在使用这种语法格式时，不会生成 CREATE DATABASE 语句。

2. 备份多个数据库

如果要备份多个数据库并生成创建和选择数据库的语句，则可以使用以下语法格式。

```
mysqldump -u username -p --databases db_name ...> backup.sql
```

其中，“--databases”用于指定多个数据库；db_name 表示要备份数据库的名称，不同数据库名称之间用空格分隔。在使用这种语法格式时，会自动生成 CREATE DATABASE 和 USE 语句。如果要在 CREATE DATABASE 语句之前编写 DROP DATABASE 语句，则可以添加选项“--add-drop-database”。

【例 8.16】备份数据库示例。在命令提示符下执行 mysqldump 程序，命令格式如下。

```
mysqldump -u root -p --add-drop-database --databases stuinfo >
C:\backup_stuinfo.sql
```

在执行上述命令时，会在指定位置生成脚本文件，不会出现任何提示信息，具体执行情况如图 8.18 所示。

```
C:\>mysqldump -u root -p --add-drop-database --databases stuinfo > C:\backup_stuinfo.sql
Enter password: ******
```

图 8.18 备份数据库示例

3. 备份所有数据库

如果要备份当前 MySQL 上的所有数据库，则可以通过以下语法格式来调用 mysqldump。

```
mysqldump -u username -p --all-databases > backup.sql
```

其中，“--all-databases”用于指定当前 MySQL 上的所有数据库，无须指定任何数据库名称。使用这种语法格式也会自动生成 CREATE DATABASE 和 USE 语句。如果要在 CREATE DATABASE 语句之前编写 DROP DATABASE 语句，则可以添加选项“--add-drop-database”。

8.6.2 恢复数据库

在使用 mysqldump 备份数据库时会生成一个脚本文件，其中包含创建数据库和表的 SQL 语句。如果要恢复数据库，则执行该脚本文件即可。例如：

```
mysql -u root -p < backup.sql
```

其中，backup.sql 为由 mysqldump 程序所生成的备份文件的路径。

8.7 安全性管理

在安装和配置 MySQL 时，通常会创建一个 root 账户，该账户拥有最高权限，可以对整个服务器和所有数据库进行管理。为了确保数据的安全性，应该为开发人员创建专用的 MySQL 用户账户，并针对不同用户设置不同的访问权限。本节介绍如何在 MySQL 中管理用户及其权限。

8.7.1 管理用户

MySQL 数据库管理系统具有良好的安全性。用户只有拥有自己的账户和密码，才能登录 MySQL。如果要对 MySQL 安全性进行管理，则应掌握创建用户、删除用户、重命名用户和设置登录密码的方法。

1. 创建用户

使用 CREATE USER 语句可以创建新的 MySQL 用户账户，基本语法格式如下。

```
CREATE USER [IF NOT EXISTS]
user IDENTIFIED [WITH auth_plugin] BY 'auth_string'
```

其中，user 指定要创建的用户名，其值可用 username@hostname 形式来指定。如果 username 或 hostname 与不加引号的标识符一样，是合法的，则不需要对它加引号。但是，如果要在用户名或主机名中包含特殊字符（如“-”）或通配符（如“%”），则应当加引号。例如，'test-user'@'test-hostname'。

在 hostname 中可以指定通配符。例如，username@'%.loc.gov' 适用于 loc.gov 域中任何主机的 username。同时，username@'144.155.166.%' 适用于 144.155.166 C 级子网中任何主机的 username。简单形式的 username 是 username@'%' 的同义词，其中通配符“'%'”表示任意主机。

IDENTIFIED WITH…BY 子句用于设置账户的身份验证方式，指定账户身份验证插件和凭据。auth_plugin 表示身份验证插件，可以是 mysql_native_password 或 caching_sha2_password，在 MySQL 8.0 中，后者为默认值，可以在配置文件中设置。'auth_string'表示为账户设置的密码。

在使用 CREATE USER 语句创建一个用户账户后，即可通过该账户登录 MySQL。但在对该账户授予适当的权限之前，暂时还不能通过它来进行数据访问。

如果要使用 CREATE USER，则必须拥有 MySQL 的全局 CREATE USER 权限，或拥有 INSERT 权限。对于每个账户而言，CREATE USER 会在没有权限的 mysql.user 表中创建一个新记录。如果指定的账户已经存在，则出现错误。

用户账户信息存储在系统数据库的 user 表中，可以通过 SELECT 语句从该表中查看现有的用户账户信息。账户名称的用户和主机部分与用户表记录的 user 和 host 列值相对应。

2. 重命名用户

使用 RENAME USER 语句可以对现有 MySQL 账户进行重命名，语法格式如下。

```
RENAME USER old_user TO new_user[, old_user TO new_user] ...
```

其中，old_user 和 new_user 值的格式为 'username'@'hostname'。

如果要使用 RENAME USER 语句，则必须拥有全局 CREATE USER 权限或 MySQL 的 UPDATE 权限。如果不存在旧账户或已存在新账户，则会出现错误。例如：

```
RENAME USER 'andy'@'localhost' TO 'smith'@%', 'mary'@'%' TO 'tina'@'localhost';
```

3. 修改用户

对于已有的 MySQL 用户账户而言，可以使用 ALTER USER 语句进行修改，语法格式如下。

```
ALTER USER [IF EXISTS]
user IDENTIFIED [WITH auth_plugin] BY 'auth_string'
```

其中，user 表示要修改的用户账户。其他选项的含义与 CREATE USER 语句中相同。例如：

```
ALTER USER 'root'@'localhost' IDENTIFIED WITH mysql_native_password BY
'pcYWmEHPEJ';
```

4. 删除用户

使用 DROP USER 语句可以删除一个或多个 MySQL 用户账户，语法格式如下。

```
DROP USER user [, user] ...
```

其中，user 格式为 'username'@'lhostname'，用户和主机都必须放在引号中。账户名称的用户和主机部分与用户表记录的 hser 和 host 列值相对应。例如：

```
DROP USER 'andy'@'localhost', 'mary'@'%';
```

如果要使用 DROP USER，则必须拥有 MySQL 的全局 CREATE USER 权限或 DELETE 权限。

【例 8.17】 创建和查看用户示例。用 mysql 工具执行以下语句。

```
CREATE USER smith@localhost IDENTIFIED BY 'HyhCQJFCaw';
CREATE USER jack@'%' IDENTIFIED WITH caching_sha2_password BY 'bRxKUsnNK3';
CREATE USER mary@'%' IDENTIFIED WITH mysql_native_password BY 'fX3AqN1S5y';
USE mysql;
SELECT host, user, plugin, authentication_string from user;
```

上述语句的执行结果如图 8.19 所示。从图 8.19 中可以看出，因为在创建用户账户 smith@localhost 时未设置身份验证插件，所以该账户自动使用默认的身份验证插件 caching_sha2_password。

```
mysql> CREATE USER smith@localhost IDENTIFIED BY 'HyhCQJFCaw';
Query OK, 0 rows affected (0.18 sec)

mysql> CREATE USER jack@'%' IDENTIFIED WITH caching_sha2_password BY 'bRxKUsnNK3';
Query OK, 0 rows affected (0.29 sec)

mysql> CREATE USER mary@'%' IDENTIFIED WITH mysql_native_password BY 'fX3AqN1S5y';
Query OK, 0 rows affected (0.13 sec)

mysql> USE mysql;
Database changed
mysql> SELECT host, user, plugin, authentication_string FROM user;
+-----------+------------------+-----------------------+------------------------------------------------------------------------+
| host      | user             | plugin                | authentication_string                                                  |
+-----------+------------------+-----------------------+------------------------------------------------------------------------+
| %         | jack             | caching_sha2_password | $A$005$}HdV□hI□3N}{p1c2Q<AvsHx1KQF01YW3jBuxA/kAow2Fyn5GDvsMRjTJn3hH9    |
| %         | mary             | mysql_native_password | *49CAEEBA6D6F4ED8169B6FD810D1AF48B291EA5E                               |
| localhost | mysql.infoschema | caching_sha2_password | $A$005$THISISACOMBINATIONOFINVALIDSALTANDPASSWORDTHATMUSTNEVERBRBEUSED |
| localhost | mysql.session    | caching_sha2_password | $A$005$THISISACOMBINATIONOFINVALIDSALTANDPASSWORDTHATMUSTNEVERBRBEUSED |
| localhost | mysql.sys        | caching_sha2_password | $A$005$THISISACOMBINATIONOFINVALIDSALTANDPASSWORDTHATMUSTNEVERBRBEUSED |
| localhost | root             | mysql_native_password | *6BB4837EB74329105EE4568DDA7DC67ED2CA2AD9                               |
| localhost | smith            | caching_sha2_password | $A$005$F□1hUU_q□□□v□@'□jiIDd.DsGgZj.c5580fzeHybEVqR3PJPqgK5f6.qx0ea0   |
+-----------+------------------+-----------------------+------------------------------------------------------------------------+
7 rows in set (0.00 sec)
```

图 8.19 创建和查看用户示例

8.7.2 管理权限

在用 CREATE USER 语句创建一个用户账户后，即可通过该账户登录 MySQL，但此时还不能访问任何数据库。如果希望通过某个用户账户访问数据库，则必须对该账户授予适当的权限。而且在必要时还可以撤销用户权限。

1. 设置权限

系统管理员可以使用 GRANT 语句对一个现有 MySQL 用户账户授予适当的权限，也可以使用该语句创建一个新的用户账户并对其进行授权，语法格式如下。

```
    GRANT
    priv_type [(column_list)] [, priv_type [(column_list)]] ...
    ON [object_type] priv_level TO user [, user] ...
    [WITH GRANT OPTION]

    object_type: {TABLE | FUNCTION| PROCEDURE}
    priv_level: {* | *.* | db_name.* | db_name.tbl_name | tbl_name |
db_name.routine_name}
```

其中，priv_type 表示可授予用户账户的各种权限，这些权限及说明如表 8.5 所示。

表 8.5　可授予用户账户的权限及说明

权　限	说　明
ALL [PRIVILEGES]	设置指定级别的简单权限（GRANT OPTION 和 PROXY 语句除外）
ALTER	允许使用 ALTER TABLE 语句
ALTER ROUTINE	允许更改和删除存储过程
CREATE	允许使用 CREATE TABLE 语句
CREATE ROUTINE	允许创建存储过程
CREATE TEMPORARY TABLES	允许使用 CREATE TEMPORARY TABLE 语句
CREATE USER	允许使用 CREATE USER、DROP USER、RENAME USER 和 REVOKE ALL PRIVILEGES 语句
CREATE VIEW	允许使用 CREATE VIEW 语句
DELETE	允许使用 DELETE 语句
DROP	允许使用 DROP TABLE 语句
EXECUTE	允许运行存储过程
FILE	允许使用 SELECT...INTO OUTFILE 和 LOAD DATA INFILE 语句
INDEX	允许使用 CREATE INDEX 和 DROP INDEX 语句
INSERT	允许使用 INSERT 语句
LOCK TABLES	允许对拥有 SELECT 权限的表使用 LOCK TABLES 语句
PROCESS	允许使用 SHOW FULL PROCESSLIST 语句
RELOAD	允许使用 RELOAD 语句
REPLICATION CLIENT	允许访问从属服务器或主服务器的地址
REPLICATION SLAVE	用于复制型从属服务器（从主服务器中读取二进制日志事件）
SELECT	允许使用 SELECT 语句
SHOW DATABASES	SHOW DATABASES 显示所有数据库
SHOW VIEW	允许使用 SHOW CREATE VIEW 语句
SHUTDOWN	允许使用 mysqladmin shutdown 命令
SUPER	允许使用 CHANGE MASTER、KILL、PURGE MASTER LOGS 和 SET GLOBAL 语句，以及 mysqladmin debug 命令；允许连接（一次），即使已达到 max_connections
UPDATE	允许使用 UPDATE 语句
USAGE	“无权限”的同义词
GRANT OPTION	允许授予权限

column_list 用来对表中的一个或多个字段指定权限。

object_type 表示数据库对象类型。TABLE、FUNCTION 或 PROCEDURE 关键字指定后续目标是一个表、一个存储函数或一个存储过程。

priv_level 表示要授予的权限级别。tbl_name 表示被授权的表名称。使用“ON *.* ”语法可以赋予全局级别权限，全局权限适用于一个给定服务器中的所有数据库。使用“ON db_name.* ”语法可以赋予数据库级别权限，数据库权限适用于一个给定数据库中的所有对象。如果指定了“ON *”并选择了一个默认数据库，则权限被赋予到该数据库中。如果指定了“ON * ”而没有选择一个默认数据库，则权限是全局的。

在 GRANT 语句中指定数据库名称时，可以使用“_”和“%”通配符。如果要使用下画线“_”字符作为数据库名称的一部分，则应该在 GRANT 语句中指定为“_”，以防止用户访问其他符合此通配符格式的数据库。例如，GRANT ... ON `student\_info`.* TO ...。

user 指定要被授权的用户账户，其格式为 'username'@'hostname'。

如果使用 WITH GRANT OPTION 选项，则允许用户在指定的权限级别向其他用户授予其拥有的任何权限。GRANT OPTION 权限只允许授予其拥有的权限，不能向其他用户授予自己没有的权限。

用 GRANT 语句对 MySQL 用户账户授权的用法示例如下。

授予全局级别权限：

```
GRANT ALL ON *.* TO 'someuser'@'somehost';
GRANT SELECT, INSERT ON *.* TO 'someuser'@'somehost';
```

授予数据库级别权限：

```
GRANT ALL ON mydb.* TO 'someuser'@'somehost';
GRANT SELECT, INSERT ON mydb.* TO 'someuser'@'somehost';
```

授予表级别权限：

```
GRANT ALL ON mydb.mytbl TO 'someuser'@'somehost';
GRANT SELECT, INSERT ON mydb.mytbl TO 'someuser'@'somehost';
```

授予列级别权限：

```
GRANT SELECT (col1), INSERT (col1, col2) ON mydb.mytbl TO 'someuser'@'somehost';
```

授予存储过程级别权限：

```
GRANT CREATE ROUTINE ON mydb.* TO 'someuser'@'somehost';
GRANT EXECUTE ON PROCEDURE mydb.myproc TO 'someuser'@'somehost';
```

如果要查看当前用户自己的权限，可以使用以下语句。

```
SHOW GRANTS;
```

如果要查看其他 MySQL 用户权限，可以使用以下语句。

```
SHOW GRANTS FOR dba@localhost;
```

【例 8.18】 创建一个用户并对其授予全局权限。用 mysql 工具执行以下语句。

```
CREATE USER dba@'localhost' IDENTIFIED WITH mysql_native_password BY 'yuWftetvIF';
GRANT ALL ON *.* TO dba@localhost WITH GRANT OPTION;
```

2. 撤销权限

使用 REVOKE 语句可以撤销用户权限，有以下两种语法格式。

语法格式一：

```
REVOKE priv_type [(column_list)] [, priv_type [(column_list)]] ...
ON [TABLE | FUNCTION | PROCEDURE] {tbl_name | * | *.* | db_name.*}
FROM user[, user] ...
```

语法格式二：

```
REVOKE ALL PRIVILEGES, GRANT OPTION FROM user[, user]...
```

在上述语法格式中，各个参数的含义同 GRANT 语句。

例如，以下 REVOKE 语句用于撤销用户 dba@localhost 的所有权限。

```
REVOKE ALL ON *.* FROM dba@localhost;
```

习　题　8

一、选择题

1．在下列各项中，以（　　）作为 SQL 语句结尾时，按回车键不能执行该语句。

A．\EXEC　　B．;　　C．\G　　D．\g

2．在 MySQL 中，使用通配符（　　）可表示任意单个字符。

A．?　　B．*　　C．%　　D．_

3．使用 SELECT 语句查询记录时，可用（　　）子句对检索到的行进行排序处理。

A．GROUP BY　　B．ORDER BY

C．WHERE　　D．HAVING

4．要从 students 表中查询所有姓张的学生，可在 WHERE 子句中使用（　　）条件。

A．stuname LIKE '张*'　　B．stuname LIKE '张?'

C．stuname LIKE '张%'　　D．stuname LIKE '张_'

5．使用 SELECT 语句查询记录时，通过（　　）子句可对结果集中的记录进行分类。

A．WHERE　　B．GROUP BY

C．HAVING　　D．ORDER BY

二、判断题

1.（　　）要以 root 用户连接到本机上的 MySQL，可以执行“mysql -hlocalhost -uroot -p”命令。

2.（　　）使用 phpMyAdmin 工具只能访问本机的 MySQL。

3.（　　）在执行 CREATE DATABASE 语句时，如果已经存在同名数据库，则即使没有指定 IF NOT EXISTS，也不会出现错误。

4.（　　）使用 CREATE TABLE 语句只能在当前数据库中创建表。

5.（　　）使用 SHOW COLUMNS 语句或 DESCRIBE 语句都可以查看表中所有列的信息。

6.（　　）使用 INSERT...VALUES 语句只能向表中插入一条记录。

7.（　　）使用 DELETE 语句可从多个表中删除记录。

8.（　　）使用 CREATE USER 创建的用户可以立刻访问 MySQL。

三、简答题

1．MySQL 采用什么体系结构？该结构有什么特点？

2．什么是主键？它有什么作用？

3．什么是子查询？

4．索引有什么作用？

5．什么是视图？视图有什么作用？

6．如何在数据库中创建存储过程？如何调用存储过程？

7．存储函数与存储过程有什么不同点？

8．在创建触发器时，别名 OLD 和 NEW 有什么作用？

9．如何创建新的 MySQL 用户账户？

10．如何对用户账户设置密码？

11．如何对用户账户设置和撤销权限？

12．如何备份和恢复 MySQL？

四、操作题

1．使用 mysql 命令行工具在 MySQL 上创建一个数据库并命名为 stuinfo。

2．使用 mysql 命令行工具在 stuinfo 数据库中创建 3 个表，并将它们分别命名为 students、

courses 和 scores，这些表的结构定义参见表 8.2。

3．使用 INSERT 语句在 stuinfo 数据库的各个表中分别添加一些数据记录。

4．在 stuinfo 数据库中创建一个视图，基于 students 表、courses 表和 scores 表检索数据，要求包含学号、姓名、课程名称和成绩字段。

5．在 stuinfo 数据库中创建一个存储过程，其功能是根据所传递的班级显示学生成绩。

6．在 stuinfo 数据库中创建一个函数，可以根据学生的出生日期计算年龄。

7．使用 mysql 命令行工具在 students 表中创建一个触发器，其功能是每当从 students 表中删除一个学生时删除该学生的成绩记录。

8．使用 mysql 命令行工具在 MySQL 上创建一个用户账户并命名为 dba，同时授予该账户访问 stuinfo 数据库的全部权限。

9．首先使用 mysqldump 程序备份 stuinfo 数据库，然后使用 mysql 命令行工具将这个数据库恢复到其他 MySQL 上。

第 9 章　通过 PHP 操作 MySQL

在开发 PHP Web 应用程序时，通常会选择 MySQL 作为后台数据库，而使用 PHP 通过 Web 来读取和更新 MySQL 中的信息是应用开发的重要内容。PHP 提供了几种 MySQL API 扩展，可以方便地实现对 MySQL 的访问。本章介绍如何通过 PHP 实现对 MySQL 的访问，主要包括 MySQL API 简介、连接 MySQL、查询记录和增删改操作等。

9.1　MySQL API 简介

API 是 Application Programming Interface 的缩写，意即应用程序编程接口，它定义了应用程序需要调用的类、方法、函数和变量，可用于执行某种任务。对于需要与 MySQL 通信的 PHP Web 应用程序而言，相关的 API 通常是通过 PHP 扩展来公开的。

9.1.1　选择 MySQL API

根据 PHP 版本的不同，有两种或三种 PHP API 可以用于访问 MySQL。当使用 PHP 5 进行开发时，可以在 mysql、mysqli 或 PDO_MySQL 扩展之间进行选择。由于旧的 mysql 扩展在 PHP 5.5.0 中已被弃用，并且在 PHP 7 中已被彻底删除，因此，当使用 PHP 7 或更高版本进行开发时就只剩下后面两个选项了。

本书中使用的是 MySQL 8.0.15，建议使用 mysqli 或 PDO_MySQL 扩展来实现 MySQL 操作。mysqli 和 PDO_MySQL 扩展的整体性能大致相同，所不同的是，mysqli 扩展同时提供了面向过程和面向对象两种接口，PDO_MySQL 扩展则仅提供了面向对象接口。面向对象的 API 符合现代编程风格，能够更好地组织程序代码，理应作为首选。下面介绍如何通过 mysqli 扩展访问 MySQL，主要介绍面向对象接口。

如果要启用 mysqli 和 PDO_MySQL 扩展，则需要打开 PHP 配置文件 php.ini，并从中查找以下两行。

```
;extension=mysqli
;extension=pdo_mysql
```

找到之后移除这两行前面的分号，然后重启 Apache。

【例 9.1】不同 MySQL 扩展编程风格比较。源文件为 09/page09_01.php，源代码如下。

```
<?php
echo "<h3>两种 PHP MySQL 扩展</h3>";
echo "<hr>";
echo "<ul>";
$stmt = "SELECT 'Hello, MySQL!' AS message FROM students";

//mysqli 过程化风格
$mysqli = mysqli_connect("localhost", "dba", "123456", "stuinfo");
$result = mysqli_query($mysqli, $stmt);
$row = mysqli_fetch_assoc($result);
echo "<li>mysqli<ul><li>过程化风格：";
echo $row['message'];

//mysqli 面向对象风格
$mysqli = new mysqli("localhost", "dba", "123456", "stuinfo");
$result = $mysqli->query($stmt);
```

```
    $row = $result->fetch_assoc();
    echo "<li>面向对象风格: ";
    echo $row['message'];
    echo "</ul>";

    //PDO 面向对象
    $pdo = new PDO('mysql:host=localhost;dbname=stuinfo', 'dba', '123456');
    $statement = $pdo->query($stmt);
    $row = $statement->fetch(PDO::FETCH_ASSOC);
    echo "<li>PDO 面向对象: ";
    echo $row['message'];
    ?>
```

本例分别使用 mysqli 扩展的两种方式和 PDO_MySQL 扩展连接 MySQL，并选择 stuinfo 作为默认数据库进行操作。上述代码的运行结果如图 9.1 所示。

图 9.1　不同 MySQL 扩展编程风格 API 比较

9.1.2　访问 MySQL 的基本流程

无论选择哪一种 PHP 扩展来访问 MySQL，都需要先建立与 MySQL 的连接，并选择一个数据库作为操作的默认数据库，然后才能向 MySQL 发送 SQL 语句，并执行数据查询或数据操作任务，其基本流程如图 9.2 所示。

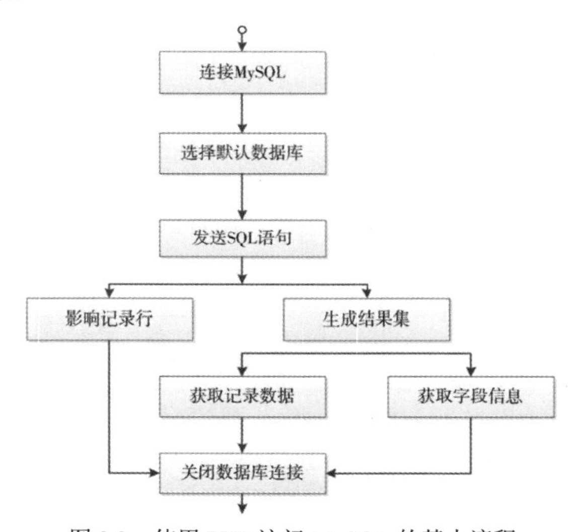

图 9.2　使用 PHP 访问 MySQL 的基本流程

从 PHP 向 MySQL 发送的 SQL 语句分为两种类型：第一种类型是诸如 INSERT、UPDATE 或 DELETE 的操作性语句，可以用于添加、修改或删除记录，执行成功时会对数据表的记录产生影响；第二种类型是类似 SELECT 的查询语句，可以用于查询记录，执行成功时会生成一个结果集，此时还需要对结果集做进一步处理，包括获取字段信息和记录数据，以及呈现结果集内容。无论执行何种操作，操作结束后都需要关闭数据库连接。

9.2 连接 MySQL

在通过 PHP 脚本访问 MySQL 中的数据前，必须先创建与 MySQL 的连接。只有有了数据库连接，才能对数据库进行查询、更新或删除操作。在完成数据库操作后，还需要及时关闭数据库连接。

9.2.1 创建数据库连接

在使用 mysqli 扩展时，连接 MySQL 可以通过调用 mysqli 类的构造方法来实现，语法格式如下。

```
mysqli::__construct([string $host[, string $username)[, string $passwd[,
    string $dbname[, int $port[, string $socket]]]]]])
```

其中，host 可以是主机名或 IP 地址。如果要连接本地主机，则可以将该参数设置为字符串“localhost”或 IP 地址“127.0.0.1”。username 为 MySQL 用户名。

passwd 为登录密码。如果未提供该参数或其值为 NULL，则 MySQL 会尝试针对那些没有设置登录密码的用户进行身份验证。

dbname 表示数据库名称。如果提供了该参数，则会指定为执行查询时要使用的默认数据库。port 指定尝试连接 MySQL 服务器的端口号，其默认值为 3306。socket 指定要使用的套接字或命名管道。

该构造方法在调用成功时会返回一个 mysqli 实例对象，表示与 MySQL 的连接。

为了确认创建数据库连接成功，可以通过以下两种方式对连接进行检查。

（1）使用 mysqli::connect_error 属性获取一个字符串，用于描述连接中出现的错误。

（2）使用 mysqli::connect_errno 属性获取一个整数，其值表示最后一次函数调用产生的错误代码，如果返回 0，则表示没有发生任何错误。

【例 9.2】检查连接错误示例。源文件为 09/page09_02.php，源代码如下。

```
<h3>检查连接错误示例</h3>
<hr>
<?php
$mysqli = @new mysqli('localhost', 'fake_user', 'my_password', 'my_db');
if ($mysqli->connect_errno) {
    $msg = sprintf('创建数据库连接出现错误<br>代码：%d<br>描述：%s'
        , $mysqli->connect_errno, $mysqli->connect_error);
    die($msg);
}
?>
```

在本例中，语言结构 die()等同于 exit()，其功能是输出一个消息并退出当前脚本。上述代码的运行结果如图 9.3 所示。

图 9.3　检查连接错误示例

9.2.2 创建持久化连接

mysqli 扩展提供了持久化连接支持，目的在于重用客户端与服务器之间的连接，而不是每次在需要的时候都重新建立一个连接。由于持久化连接可以将已经建立的连接缓存起来，以备后续使用，因此无须建立新连接，可以带来性能上的提升。

mysqli 扩展并没有提供一个专门的方法来打开持久化连接。如果需要打开一个持久化连接，则在创建连接时在主机名前加上“p:”前缀就可以了。例如：

```
$mysqli = new mysqli("p:localhost", "dba", "123456", "stuinfo");
```

使用持久化连接也会存在一些风险，这是因为缓存中的连接可能处于一种不可预测的状态。例如，如果客户端未能正常关闭连接，则可能在这个连接上残留了对库表的锁，当这个连接被其他请求重用的时候，这个连接还是处于锁定状态。所以，如果要很好地使用持久化连接，则要求代码在和数据库进行交互时，确保做好清理工作，并保证被缓存的连接处于一个干净的、没有残留的状态。

mysqli 扩展的持久化连接提供了内建的清理处理代码。mysqli 所做的清理工作包括：回滚处于活动状态的事务；关闭并删除临时表；对表解锁；重置会话变量；关闭预编译 SQL 语句；关闭处理程序；释放通过 GET_LOCK()获得的锁。这确保了在将连接返回连接池时，它处于一种“干净”的状态，并可以被其他客户端进程使用。

自动清理特性应一分为二地看待，它既有优点也有缺点。其优点是程序员不再需要担心附加的清理代码，这是因为这些代码会自动调用；其缺点是性能可能会较慢，这是因为每次从连接池返回一个连接都需要执行这些清理代码。

9.2.3 选择数据库

在创建连接时，可以通过 dbname 参数指定要使用的数据库名称。但是，因为这个参数是可选的，所以也可以不提供。在这种情况下，连接到 MySQL 之后就需要调用 mysqli 连接对象的 select_db()方法，为后续执行 SQL 语句选择一个默认的数据库，语法格式如下。

```
mysqli::select_db(string $dbname) : bool
```

其中，dbname 指定要选择的数据库名称。

如果在创建连接时已经指定了数据库，则可以通过调用 select_db()方法选择一个不同的数据库。如果执行成功，则 select_db()方法返回 true，否则返回 false。

【例 9.3】选择数据库示例。源文件为 09/page09_03.php，源代码如下。

```
<h3>选择数据库示例</h3>
<hr>
<?php
$mysqli = new mysqli("localhost", "dba", "123456", "mysql");
/* 检查连接 */
if ($mysqli->connect_error) {
    die('创建数据库连接出现错误：' .$mysqli->connect_error);
}
/* 检查当前默认数据库 */
if ($result = $mysqli->query("SELECT DATABASE()")) {        //执行 SQL 语句
    $row = $result->fetch_row();                            //从结果集中获取行
    printf("当前默认数据库为<b>%s</b>。<br>", $row[0]);      //从行中获取第一列
    $result->close();                                       //关闭结果集
}

/* 将当前数据库更改为 stuinfo */
$mysqli->select_db("stuinfo");
/* 检查当前默认数据库 */
if ($result = $mysqli->query("SELECT DATABASE()")) {
```

```
        $row = $result->fetch_row();
        printf("当前默认数据库为<b>%s</b>。<br>", $row[0]);
        $result->close();
    }

    $mysqli->close();                                   //关闭数据库连接
    ?>
```

本例在创建连接时指定系统数据库作为默认数据库，然后另行选择一个数据库作为默认数据库。代码运行结果如图 9.4 所示。

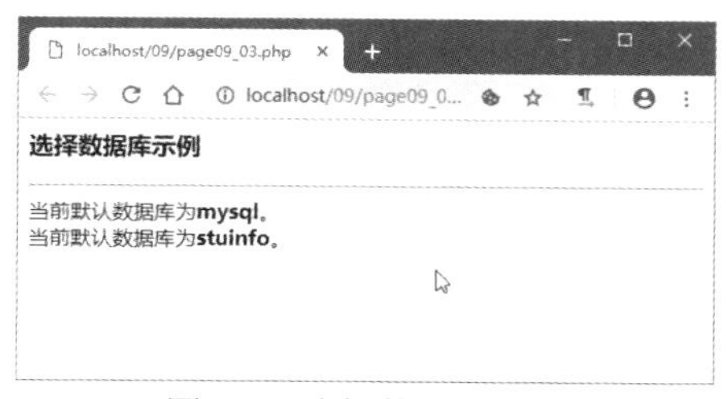

图 9.4　选择数据库示例

9.2.4　关闭数据库连接

在创建一个数据库连接并完成数据操作时，可以通过调用 mysqli 连接对象的 close()方法来关闭先前打开的数据库连接，语法格式如下。

```
mysqli::close(void) : bool
```

close()方法关闭先前打开的数据库连接。如果调用成功，则 close()方法返回 true，否则返回 false。

通常情况下，可以不调用 mysqli 连接对象的 close()方法，这是因为已打开的数据库连接在脚本执行完毕后会自动关闭。

9.3　查询记录

在 MySQL 中，查询记录主要是通过 SELECT 语句来实现的，通过查询可以从一个或多个表中获取一条或多条记录。在 PHP 中使用 mysqli 扩展访问 MySQL 时，可以通过调用数据库连接对象的相关方法来获取表中的字段信息和记录数据，并通过适当的 HTML 标签将字段和记录内容呈现出来。

9.3.1　执行 SQL 查询

在 PHP 中，可以通过调用 mysqli 连接对象的 query()方法对当前数据库执行一次查询，语法格式如下。

```
mysqli::query(string $query[, int $resultmode]) : mixed
```

其中，query 表示查询字符串；resultmode 为可选参数，用于指定查询是否使用缓冲，其值可以是常量 MYSQLI_USE_RESULT（使用无缓冲的结果集）或 MYSQLI_STORE_RESULT（使用缓冲的结果集），后者为默认值。

当成功执行 SELECT、SHOW、DESCRIBE 或 EXPLAIN 查询语句时，query()方法会返回一个 mysqli_result 对象（表示结果集）；当成功执行 INSERT、UPDATE 或 DELETE 查询语句时，返回布尔值 true，否则返回布尔值 false。

如果成功执行了查询语句，则可以使用连接对象的 num_rows 属性来查看 SELECT 语句返回的行数，或者使用连接对象的 affected_rows 属性来查看 DELETE、INSERT、REPLACE 或 UPDATE 语句影响的行数。

下面对缓冲查询和无缓冲查询进行解释。

（1）当执行缓冲查询时，查询结果会立即从 MySQL 传输到 PHP，然后保存在 PHP 进程的内存中，此时可以进行额外的操作，如计算行数或移动当前结果指针，还可以在处理结果集时在同一连接上发送进一步的查询。使用缓冲模式的缺点：结果集比较大，可能需要相当多的内存，而且内存会保持占用状态，直到销毁对结果集的所有引用或显式释放结果集。如果需要只读取有限的结果集，或者需要在读取所有行之前就知道返回的行数，则应使用缓冲查询。在默认情况下，查询方式使用缓冲模式，称为存储结果。

（2）当执行无缓冲查询时，数据仍然在 MySQL 上等待，直到获取结果集时才会返回资源。这在 PHP 端使用的内存较少，但有可能增加服务器的负担。除非从服务器获取了完整的结果集，否则无法通过同一连接发送进一步的查询。如果需要得到更大的结果集，则查询方式应使用无缓冲模式，称为使用结果。

【例 9.4】执行 SQL 查询示例。源文件为 09/page09_04.php，源代码如下。

```
<h3>执行 SQL 查询示例</h3>
<hr>
<?php
$mysqli = new mysqli("localhost", "dba", "123456", "stuinfo");
/* 检查连接 */
if ($mysqli->connect_errno) {
    printf("连接失败：%s", $mysqli->connect_error);
    exit();
}
/* 创建临时表时不会返回结果集 */
if ($mysqli->query("CREATE TEMPORARY TABLE stus LIKE students") === true) {
    printf("stus 表创建成功。<br>");
}
/* 选择查询返回一个结果集 */
if ($result = $mysqli->query("SELECT stuid FROM students LIMIT 20")) {
    printf("选择查询返回了%d 行。<br><br>", $result->num_rows);
    /* 释放结果集 */
    $result->close();
}
/* 如果必须检索大量数据，可使用 MYSQLI_USE_RESULT */
if ($result = $mysqli->query("SELECT * FROM students", MYSQLI_USE_RESULT)) {
    /* 关闭结果集之前无法执行任何与服务器交互的函数
       所有调用都会返回“不同步”错误 */
    if (!$mysqli->query("SET @a:='this will not work'")) {
        printf("语句错误<br>代码：%d<br>描述：%s", $mysqli->errno, $mysqli->error);
    }
    $result->close();
}
$mysqli->close();
?>
```

本例先后三次执行了不同的 SQL 语句：第一次执行 CREATE TEMPORARY TABLE ... LIKE ...语句，根据现有表的定义创建了一个空的临时表，执行成功则返回 true；第二次使用缓冲模式执行 SELECT 语句，从 students 表中检索 20 条记录并返回结果集，然后通过结果集的 num_rows 属性得到查询的行数；第三次使用无缓冲模式执行 SELECT 语句，并在关闭结果集之前再次执行查询，结果出现了“不同步”错误。代码运行结果如图 9.5 所示。

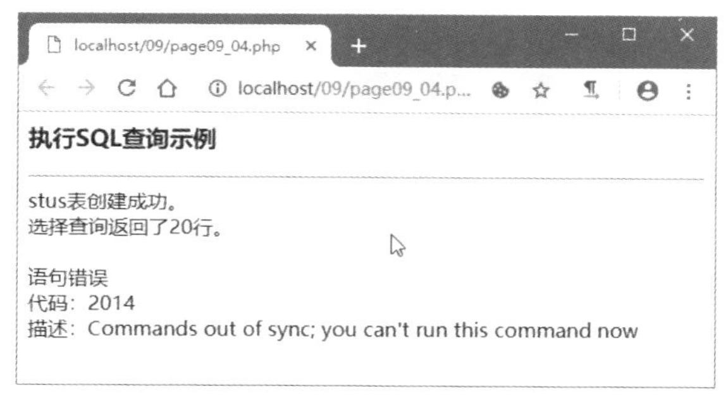

图 9.5　执行 SQL 查询示例

9.3.2　处理结果集

在 mysqli 扩展中，mysqli_result 类代表从一个数据库中获取的结果集。当调用 mysqli 连接对象的 query()方法执行 SELECT 语句的选择查询时，会返回一个结果集对象。如果要从结果集中获取查询到的每一行记录，则需要通过调用结果集对象的 fetch_array()方法来实现，语法格式如下。

```
mysqli_result::fetch_array([int $resulttype]) : mixed
```

其中，resulttype 为可选参数，其值是一个 PHP 常量，指定应从当前行数据生成哪种类型的数组，其可能值是常量 MYSQLI_ASSOC、MYSQLI_NUM 或 MYSQLI_BOTH（默认值）。当使用 MYSQLI_ASSOC 常量时，该方法的行为与 fetch_assoc()方法相同，会得到一个以结果集的字段名作为键名的关联索引数组；当使用 MYSQLI_NUM 常量时，该方法的行为与 fetch_row()方法相同，会得到一个具有数字索引的枚举数组；当使用 MYSQLI_BOTH 常量时，会创建一个同时包含关联索引和数字索引的数组。

fetch_array()方法返回与获取的行对应的数组，如果结果集中没有行，则返回 NULL。此方法返回的字段名是区分大小写的，并将 NULL 字段设置为 PHP NULL 值。

如果结果集中的两列或更多列具有相同的字段名称，则最后一列优先并覆盖先前的数据。为了访问具有相同名称的多个列，必须使用该行的数字索引版本。

为了在页面中显示一个结果集的内容，可以使用结果集的 num_rows 和 field_count 属性来获取该结果集包含的行数和列数。对一个结果集处理之后，可以调用该结果集的 free()或 close()方法，以释放它所占用的内存空间。

每调用一次 fetch_xxx()方法，记录指针都会前移一行，最终导致结果集中没有行可取，此时这些方法将返回 NULL。如果要使记录指针重返首记录，则可以调用结果集的 data_seek()方法。

【例 9.5】处理结果集示例。源文件为 09/page09_05.php，源代码如下。

```
<h3>处理结果集示例</h3>
<hr>
<?php
$mysqli = new mysqli("localhost", "dba", "123456", "stuinfo");
/* 检查连接 */
if ($mysqli->connect_errno) {
   printf("连接失败：%s。", $mysqli->connect_error);
   exit();
}
$query = "SELECT * FROM courses LIMIT 4";
$result = $mysqli->query($query);
/* 枚举数组 */
$row = $result->fetch_array(MYSQLI_NUM);
echo "枚举数组：";
printf("%s.%s (%d) <br>", $row[0], $row[1], $row[2]);
/* 关联数组 */
$row = $result->fetch_array(MYSQLI_ASSOC);
```

```
    echo "关联数组：";
    printf("%s.%s (%d) <br>", $row["couid"], $row["couname"], $row["hours"]);
    /* 枚举数组和关联数组 */
    $row = $result->fetch_array(MYSQLI_BOTH);
    echo "混合数组：";
    printf("%s.%s (%d) <br>", $row[0], $row["couname"], $row[2]);
    echo "关联数组：";
    $row = $result->fetch_assoc();
    foreach ($row as $key => $value){
        echo "{$key}: {$value}  ";
    }
    $result->data_seek(0);
    $rows = $result->num_rows;
    $cols = $result->field_count;
    echo "<br><br>遍历结果集（{$rows}行{$cols}列）<ul>";
    while ($row = $result->fetch_array(MYSQLI_ASSOC)) {
        echo "<li>";
        foreach ($row as $key => $value) {
            echo "{$key}: {$value}  ";
        }
    }
    /* 释放结果集 */
    $result->free();
    /* 关闭数据库连接 */
    $mysqli->close();
    ?>
```

本例使用不同类型的数组对查询返回的结果集进行了处理，通过将 0 作为偏移量传入 data_seek()方法使记录指针复位，并对结果集中的行进行遍历。代码运行结果如图 9.6 所示。

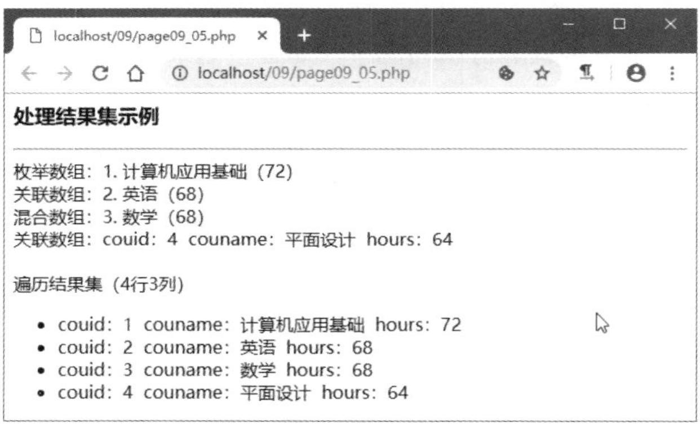

图 9.6　处理结果集示例

9.3.3　获取元数据

MySQL 结果集包含元数据，元数据用于描述结果集中的字段。MySQL 发送的所有元数据可以通过结果集对象的 fetch_field()方法来获取，语法格式如下。

```
    mysqli_result::fetch_field(void) : object
```

fetch_field()方法以对象形式返回结果集中的下一个字段，该对象用于描述结果集中的下一个字段的定义，重复调用此方法可以检索有关结果集中所有字段的信息。fetch_field()方法的返回值是一个包含字段定义信息的对象，如果没有可用的字段信息，则返回 false。

字段对象的主要属性及描述如表 9.1 所示。

表 9.1　字段对象的主要属性及描述

属　性	描　述
name	字段名
orgname	如果指定了别名，则为原始字段名
table	字段所属表的名称
orgtable	如果指定了别名，则为原始表名
max_length	结果集的字段的最大宽度
length	表定义中指定的字段宽度（以字节为单位）
charsetnr	字段的字符集编号
flags	一个整数，表示字段的位标志
type	字段的数据类型
decimals	小数位数（对于整数字段）

需要说明的是，length 属性值（字节）可能与表定义值（字符）不同，具体取决于所使用的字符集。例如，字符集 utf8 每个字符有 3 个字节，因此，对于 utf8 字符集而言，varchar(10)的返回值为 30（10 * 3），但对于 latin1 而言，varchar(10)返回值为 10（10 * 1）。

如果要一次性获取结果集中所有字段的信息，则可以通过调用 fetch_fields()方法来实现，语法格式如下。

```
mysqli_result::fetch_fields(void) : array
```

fetch_fields()方法返回一个对象数组，用于描述结果集中所有字段定义的信息，该数组中的一个元素对应于结果集中的一个字段。如果没有可用的字段信息，则返回 false。

【例 9.6】获取字段信息数据示例。源文件为 09/page09_06.php，源代码如下。

```
<!doctype html>
<html>
<head>
<meta charset="utf-8">
<title>检测 PHP 内部函数相关信息</title>
<style type="text/css">
h3 {
    text-align: center;
}
div {
    column-count: 3;
    column-rule: thin dashed gray;
    column-gap: 32px;
}
ul, ol {
    margin-top: 0;
    margin-left: 12px;
    padding-left: 6px;
}
</style>
</head>

<body>
<h3>获取字段信息示例</h3>
<hr>
<div>
<?php
$mysqli = new mysqli("localhost", "dba", "123456", "stuinfo");
if ($mysqli->connect_errno) {
```

```
        printf("连接失败：%s。", $mysqli->connect_error);
        exit();
    }
    $query = "SELECT couid AS 课程编号, couname AS 课程名称, hours AS 学时 FROM courses";
    if ($result = $mysqli->query($query)) {
        $finfo = $result->fetch_fields();

        foreach ($finfo as $fld) {
            echo "<ul>";
            foreach ($fld as $key => $val) {
                if ($val) printf("<li>%s: %s</li>", $key, $val);
            }
            echo "</ul>";
        }
        $result->free();
    }

    $mysqli->close();
    ?>
    </div>
    </body>
    </html>
```

本例在 SELECT 语句的字段列表中指定了中文别名，并在执行该语句后得到一个结果集。通过调用 fetch_fields()方法返回一个对象数组，并通过双重的 foreach 循环遍历数组中的每个对象及其每个属性，从而列出结果集中所有字段的信息，运行结果如图 9.7 所示。

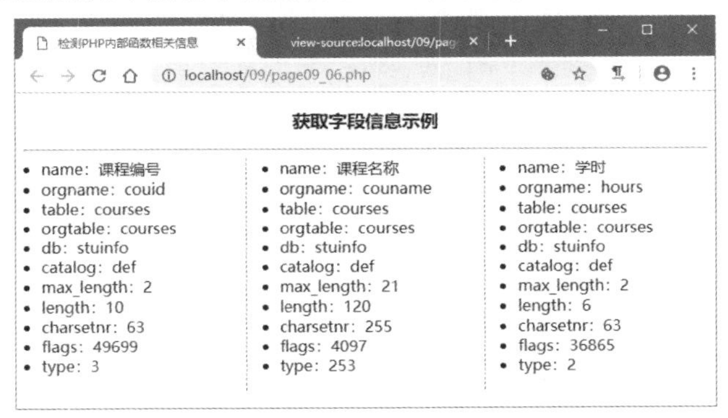

图 9.7　获取字段信息示例

9.3.4　分页显示结果集

如果查询结果集包含的记录比较多，则应当设置每页显示的记录数以缩短页面下载时间，并以分页形式来显示结果集的内容。对于 MySQL 而言，如果要实现结果集的分页显示，则需要在 SELECT 语句中添加 LIMIT 子句，以指定要显示的起始记录和终止记录，并在每个页面中显示一定数量的记录，使这些记录构成一个记录组。如果要在不同记录组之间移动，则需要添加记录集导航条，此外还可以通过记录计数器来显示总页数、当前页号和记录总数等信息。

【例 9.7】结果集分页显示。本例包含以下两个源文件。

源文件 includes/page.class.php，用于定义分页类 Page，源代码如下。

```
<?php
class Page {
    private $total;                          //数据表中总记录数
    private $listRows;                       //每页显示行数
    private $limit;                          //SQL 语句使用的 LIMIT 子句，限制获取记录条数
```

```
    private $uri;                       //自动获取 URI 的请求地址
    private $pageNum;                   //总页数
    private $page;                      //当前页
    private $config = ['head' => "条记录", 'prev' => "上一页",
       'next' => "下一页", 'first' => "首页", 'last' => "末页"
    ];
    private $listNum = 10;              //默认分页列表显示的个数
    /**
    * 定义构造方法，参数 total 为总记录数；参数 listRows 为每页显示的记录数
    * 参数 query 为向目标页面传递的参数，可为数组或查询字符串格式
    * 参数 ord 默认值为 true，从第一页开始显示，设置 false 则为最后一页
    */
    public function __construct($total, $listRows = 25, $query = "", $ord = true)
{
        $this->total = $total;
        $this->listRows = $listRows;
        $this->uri = $this->getUri($query);
        $this->pageNum = ceil($this->total / $this->listRows);
        /* 设置当前页面 */
        if (!empty($_GET["page"])) {
           $page = $_GET["page"];
        } else {
           $page = $ord ? 1 : $this->pageNum;
        }
        if ($total > 0) {
           if (preg_match('/\D/', $page)) {
              $this->page = 1;
           } else {
              $this->page = $page;
           }
        } else {
           $this->page = 0;
        }
        $this->limit = "LIMIT " .$this->setLimit();
    }
    /* 定义 set()方法，用于设置显示分页的信息 */
    function set($param, $value) {
        if (array_key_exists($param, $this->config)) {
           $this->config[$param] = $value;
        }
        return $this;
    }
    /* 定义魔术方法__get()方法，用于直接获取私有属性 limit 和 page 的值 */
    function __get($args) {
        if ($args == "limit" || $args == "page")
           return $this->$args;
        else
           return null;
    }
    /* 定义 fpage()方法，按指定的格式返回一个字符串，其中包含记录导航条信息 */
    function fpage() {
        $arr = func_get_args();
        $html[0] = "<span class='p1'> 共<b> {$this->total}
</b>{$this->config["head"]} </span>";
        $html[1] = " 本页 <b>" .$this->disnum() ."</b> 条 ";
        $html[2] = " 从 <b>{$this->start()}</b> 到 <b>{$this->end()}</b> 条 ";
        $html[3] = " <b>{$this->page}/{$this->pageNum}</b>页 ";
```

```
        $html[4] = $this->firstprev();
        $html[5] = $this->pageList();
        $html[6] = $this->nextlast();
        $html[7] = $this->goPage();
        $fpage = '<div>';
        if (count($arr) < 1) $arr = array(0, 1, 2, 3, 4, 5, 6, 7);
        for ($i = 0; $i < count($arr); $i++) $fpage .= $html[$arr[$i]];
        $fpage .= '</div>';
        return $fpage;
    }
    /* 定义私有方法 setLimit() */
    private function setLimit() {
        if ($this->page > 0)
            return ( $this->page - 1 ) * $this->listRows .", {$this->listRows}";
        else
            return 0;
    }
    /* 定义私有方法 getUri()，用于获取当前 URI */
    private function getUri($query) {
        $request_uri = $_SERVER["REQUEST_URI"];
        $url = strstr($request_uri, '?') ? $request_uri : $request_uri .'?';
        if (is_array($query))
            $url .= http_build_query($query);
        else if ($query != "")
            $url .= "&" .trim($query, "?&");
        $arr = parse_url($url);
        if (isset($arr["query"])) {
            parse_str($arr["query"], $arrs);
            unset($arrs["page"]);
            $url = $arr["path"] .'?' .http_build_query($arrs);
        }
        if (strstr($url, '?')) {
            if (substr($url, -1) != '?')
                $url = $url .'&';
        } else {
            $url = $url .'?';
        }
        return $url;
    }
    /* 定义私有方法 start()，用于获取当前页开始的记录数 */
    private function start() {
        if ($this->total == 0)
            return 0;
        else
            return ( $this->page - 1 ) * $this->listRows + 1;
    }
    /* 定义私有方法 end()，用于获取当前页结束的记录数 */
    private function end() {
        return min($this->page * $this->listRows, $this->total);
    }
    /* 定义私有方法 firstprev()，用于获取上一页和首页的操作信息 */
    private function firstprev() {
        if ($this->page > 1) {
            $str = " <a href='{$this->uri}page=1'>{$this->config["first"]}</a> ";
            $str .= "<a href='{$this->uri}page=" .( $this->page -
1 ) ."'>{$this->config["prev"]}</a> ";
            return $str;
```

```
            }
        }
        /* 定义私有方法 pageList()，用于获取页数列表信息 */
        private function pageList() {
            $linkPage = " <b>";
            $inum = floor($this->listNum / 2);
            /*当前页前面的列表 */
            for ($i = $inum; $i >= 1; $i--) {
                $page = $this->page - $i;
                if ($page >= 1) $linkPage .= "<a
href='{$this->uri}page={$page}'>{$page}</a> ";
            }
            /*当前页的信息 */
            if ($this->pageNum > 1)
                $linkPage .= "<span style='padding:1px 2px; background:#bbb;
color:white'>{$this->page} </span> ";
            /*当前页后面的列表 */
            for ($i = 1; $i <= $inum; $i++) {
                $page = $this->page + $i;
                if ($page <= $this->pageNum)
                    $linkPage .= "<a href='{$this->uri}page={$page}'>{$page}</a> ";
                else
                    break;
            }
            $linkPage .= '</b>';
            return $linkPage;
        }
        /* 定义私有方法 nextlast()，用于获取下一页和尾页的操作信息 */
        private function nextlast() {
            if ($this->page != $this->pageNum) {
                $str = " <a href='{$this->uri}page=" .( $this->page +
1 ) ."'>{$this->config["next"]}</a> ";
                $str .= " <a
href='{$this->uri}page=" .( $this->pageNum ) ."'>{$this->config["last"]}</a> ";
                return $str;
            }
        }
        /* 定义私有方法 goPage()，用于显示和处理表单跳转页面 */
        private function goPage() {
            if ($this->pageNum > 1) {
                return ' <input
style="width:20px;height:17px !important;height:18px;border:1px solid
#ccc;text-align: center;" type="text"
onkeydown="javascript:if(event.keyCode==13){var
page=(this.value>' .$this->pageNum .')?' .$this->pageNum .':this.value;location=\'
' .$this->uri .'page=\'+page+\'\'}" value="' .$this->page .'"><input
style="cursor:pointer;width:46px;height:22px;border:1px solid #ccc;" type="button"
value="转到" onclick="javascript:var
page=(this.previousSibling.value>' .$this->pageNum .')?' .$this->pageNum .':this.p
reviousSibling.value;location=\'' .$this->uri .'page=\'+page+\'\'"> ';
            }
        }
        /* 定义私有方法 disnum()，用于获取本页显示的记录条数 */
        private function disnum() {
            if ($this->total > 0) {
                return $this->end() - $this->start() + 1;
            } else {
```

```
            return 0;
        }
    }
}
```

源文件 09/page09_07.php，通过分页类实现学生信息的分页显示，源代码如下。

```
<?php
include( "../includes/page.class.php" );
$mysqli = new mysqli("localhost", "dba", "123456", "stuinfo");
if ($mysqli->connect_errno) {
   printf("连接失败：%s。", $mysqli->connect_error);
   exit();
}
$query = "SELECT stuid AS 学号, stuname AS 姓名, gender AS 性别, birthdate AS 出生日期,
   department AS 系部, classname AS 班级, email AS 电子信箱, mobile AS 手机号码 FROM students";
$result = $mysqli->query($query);
$total = $result->num_rows;          //获取记录总数
$col_num = $result->field_count;    //获取字段总数
$page = new Page($total, 15);       //创建分页类实例，设置每页显示 15 条记录
$query .= " " .$page->limit;        //用分页类实例的 limit 属性为查询语句添加 LIMIT 子句
$result = $mysqli->query($query); //执行 SELECT 语句，返回当前页显示的结果集
$fields = $result->fetch_fields();//获取字段对象数组
?>
<!doctype html>
<html>
<head>
<meta charset="utf-8">
<title>结果集分页显示</title>
<style>
table {
   border-collapse: collapse;
   margin: 0 auto;
}
caption {
   margin-top: 10px; margin-bottom: 10px;
   font-size: 18px; font-weight: bold;
}
th, td {
   padding: 4px;
   text-align: center;
}
th {
   background-color: #ccc;
}
nav {
   text-align: center;
   margin-top: 10px;
}
a, a:visited, a:link{
   color: #0056b3;
}
</style>
</head>

<body>
<?php
```

```
    echo '<table border="1">';
    echo '<caption>学生信息表</caption>';
    echo '<tr>';
    foreach ($fields as $field) {
        printf("<th>%s</th>", $field->name);
    }
    echo '</tr>';
    while ($row = $result->fetch_row()) {
        echo "<tr>";
        for ($i = 0; $i < $col_num; $i++) {
            printf("<td>%s</td>", $row[$i]);
        }
        echo "</tr>";
    }
    echo '</table>';
    echo "<nav>" .$page->fpage() ."</nav>";
    ?>
    </body>
    </html>
```

本例在源文件 page09_07.php 中包含了 page.class.php，以便引用其中的分页类；在创建分页类实例后，用分页类实例的 limit 属性为查询语句添加了 LIMIT 子句，以生成当前页面上显示的结果集；通过调用分页类实例的 fpage()方法生成了记录导航条。代码运行结果如图 9.8 所示。

结果集分页显示

localhost/09/page09_07.php?page=2

学生信息表

学号	姓名	性别	出生日期	系部	班级	电子信箱	手机号码
18162006	吴艺涵	男	2000-09-22	计算机科学系	计1802	wyh@163.com	15803719988
18162007	程慧兰	女	1999-12-20	计算机科学系	计1802	chl@sina.com	15503713683
18162008	李玮琦	男	2000-03-10	计算机科学系	计1802	lwq@126.com	15903963626
18162009	程子研	女	2000-12-28	计算机科学系	计1802	czy@163.com	13503982621
18162010	李淑敏	女	1999-09-10	计算机科学系	计1802	lsm@sina.com	13603703632
18171001	张文涛	男	2000-07-18	电子技术系	电1801	zwt@126.com	13703715639
18171002	杨志强	男	2000-09-19	电子技术系	电1801	yzq@163.com	15603718238
18171003	李东霏	女	1999-11-12	电子技术系	电1801	ldf@sina.com	15903712587
18171004	刘云龙	男	2000-03-17	电子技术系	电1801	lyl@sina.com	13503983623
18171005	何丽颖	女	1999-12-26	电子技术系	电1801	hly@126.com	13603982269
18171006	郭一锋	男	2000-03-09	电子技术系	电1801	gyf@163.com	18903981832
18171007	赵倩倩	女	2000-09-21	电子技术系	电1801	zqq@126.com	15603703628
18171008	刘敏之	女	1999-10-20	电子技术系	电1801	lmz@sina.com	15903702182
18171009	曹博文	男	2000-11-09	电子技术系	电1801	cbw@163.com	15503893620
18171010	王琬筱	女	1999-07-17	电子技术系	电1801	wwx@sina.com	15803713933

共 **60** 条记录 本页 **15** 条 从 **16** 到 **30** 条 **2/4**页 首页 上一页 1 2 3 4 下一页 末页 2 转到

图 9.8 分页显示结果集

9.3.5 创建搜索/结果页

为了给 PHP Web 应用程序添加搜索功能，通常需要创建一个搜索页和一个结果页。在搜索页中，访问者通过 HTML 表单输入搜索参数并将这些参数传递给结果页。结果页在获取搜索参数后，连接到数据库并根据搜索参数对数据库进行查询，创建结果集并显示其内容。在实际应用中，往往把搜索页和结果页合并在同一页面中。

在通过 PHP 实现数据库记录搜索时，主要包括以下编程要点。

（1）在搜索页上创建 HTML 表单，用于输入要搜索的参数值。

（2）在结果页上连接到要搜索的 MySQL 数据库。

（3）通过预定义数组$_POST 或$_GET 获取通过表单提交的搜索参数并基于这些参数生成搜索条件；调用 mysqli 连接对象的 query()方法执行 SELECT 查询语句并返回一个结果集。

（4）通过调用连接对象的 fetch_xxx()方法从该结果集中依次取出每条记录，并以适当形式将这些记录的内容呈现出来。

（5）如果结果集为空，则显示相应的提示信息。

（6）可以将搜索表单和搜索结果合并在同一页面中，但在这种情况下需要判断表单是否已经提交。

【例 9.8】创建搜索/结果页示例。源文件为 09/page09_08.php，源代码如下。

```
<?php
$classname ='';
$couname='';
if (isset($_POST["query"])) {
$classname = $_POST["classname"];
$couname = $_POST["couname"];
$mysqli = new mysqli("localhost", "dba", "123456", "stuinfo");
if ($mysqli->connect_errno) {
    die("数据库连接失败：" .$mysqli->connect_error);
}
$query = "SELECT department AS 系部, classname AS 班级, students.stuid AS 学号,
stuname AS 姓名, couname AS 课程, score AS 成绩
FROM scores INNER JOIN students ON students.stuid=scores.stuid
INNER JOIN courses ON courses.couid=scores.couid
WHERE classname='{$classname}' AND courses.couname='{$couname}'";
$result = $mysqli->query($query);     //执行查询并生成结果集
$row = $result->fetch_assoc();        //从结果集中获取行
$count = $result->num_rows;           //获取行数
$col_num = $result->field_count;      //获取列数
$cols = $result->fetch_fields();      //从结果集中获取字段对象数组
}
?>
<!doctype html>
<html>
<head>
<meta charset="utf-8">
<title>学生成绩查询</title>
<style>
h3, div,p {
    text-align: center;
}
table {
    border-collapse: collapse;
    margin: 0 auto;
}
caption {
    margin-top: 10px;
    margin-bottom: 10px;
    font-size: 18px;
    font-weight: bold;
}
th, td {
    padding: 5px 20px;
    text-align: center;
}
th {
    background-color: #CCCCCC;
}
</style>
</head>
```

```
<body>
<h3>学生成绩查询</h3>
<form method="post" action="">
<div>
   <label for="classname">班级：</label>
   <input type="text" id="classname" name="classname" value="<?php echo
$classname; ?>" required placeholder="输入班级">
      <label for="couname">课程：</label>
      <input type="text" id="couname" name="couname" value="<?php echo
$couname; ?>" required placeholder="输入课程">
      <button type="submit" name="query">查询</button>
   </div>
</form>
<?php
if (isset($_POST["query"])) {          //如果提交表单
   if ($count) {                       //如果查询到数据
      echo '<div>';
      echo '<table border="1">';
      echo '<caption>查询结果如下：</caption>';
      echo '<tr>';
      foreach ($cols as $key) {
         printf("<th>%s</th>", $key->name);
      }
      echo '</tr>';
      while ($row = $result->fetch_row()) {
         echo "<tr>";
         for ($i = 0; $i < $col_num; $i++) {
            printf("<td>%s</td>", $row[$i]);
         }
         echo "</tr>";
      }
      echo '</table>';
      echo '</div>';
   } else {                            //未查询到数据
      echo '<p style="color: #ac2925;"><b>未找到匹配的记录！</b></p>';
   }
} ?>
</body>
</html>
```

本例将搜索表单和搜索结果合并在同一页面中。在表单中输入班级和课程并单击“查询”按钮时，会按照指定的班级和课程从数据库中执行查询成绩数据。如果查询到了成绩数据，则以表格形式将结果呈现出来，否则显示“未找到匹配的记录！”，如图 9.9 和图 9.10 所示。

系部	班级	学号	姓名	课程	成绩
电子技术系	电1802	18172002	孔令飞	计算机应用基础	90
电子技术系	电1802	18172003	胡明威	计算机应用基础	76
电子技术系	电1802	18172004	许一丹	计算机应用基础	85
电子技术系	电1802	18172005	宋清泉	计算机应用基础	87
电子技术系	电1802	18172006	孙万顺	计算机应用基础	90
电子技术系	电1802	18172007	何晓明	计算机应用基础	70
电子技术系	电1802	18172008	王春博	计算机应用基础	69
电子技术系	电1802	18172009	冯岱若	计算机应用基础	79
电子技术系	电1802	18172010	吕一鸣	计算机应用基础	90

图 9.9　显示查询到的成绩记录

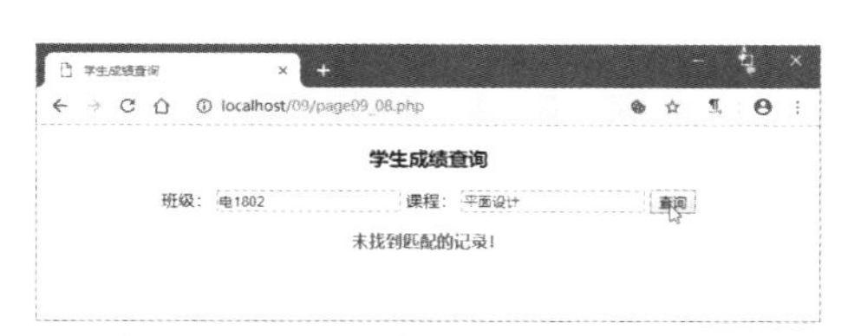

图 9.10　显示“未找到匹配的记录!”

9.3.6 创建主/详细页

主/详细页是一种比较常用的页面组合，它由主页和详细页所组成，通过两个明细级别来显示从数据库中检索的信息。在主页上显示通过查询返回的所有记录部分信息的列表，而且针对每条记录都创建一个超链接。当单击主页上的某个超链接时，会打开详细页并传递一个或多个 URL 参数，在详细页中读取 URL 参数并根据这些参数的值执行数据库查询，以检索所选记录的更多详细信息并显示出来。

创建主/详细页时，主要有以下编程要点。

（1）在主页上创建一个包含较少字段的结果集，并在显示该结果集时针对每条记录创建一个超链接。该超链接的目标 URL 就是详细页的路径，可以在该 URL 后面附加一个或多个参数，通常是将表主键字段值作为参数传递到详细页。

（2）在详细页中使用预定义数组$_GET 来获取所传递的 URL 参数值，并将这些参数值用在 SELECT 查询语句的 WHERE 子句中动态构成筛选条件，然后通过执行查询语句得到包含更多字段的结果集，并将该结果集内容显示出来。

【例 9.9】创建主/详细页示例。本例包含以下两个源文件。

源文件 09/page09_09_m.php，用作主页面，列出学生简明信息，源代码如下。

```
<?php
include( "../includes/page.class.php" );
$mysqli = new mysqli("localhost", "dba", "123456", "stuinfo");
if ($mysqli->connect_errno) {
    printf("连接失败：%s。", $mysqli->connect_error);
    exit();
}
$query = "SELECT stuid AS 学号, stuname AS 姓名, gender AS 性别 FROM students";
$result = $mysqli->query($query);
$total = $result->num_rows;
$col_num = $result->field_count;
$page = new Page($total, 10);
$query .= " " .$page->limit;
$result = $mysqli->query($query);
$fields = $result->fetch_fields();
?>
<!doctype html>
<html>
<head>
<meta charset="utf-8">
<title>学生信息表</title>
<style>
h3 {
    text-align: center
}
table {
    border-collapse: collapse;
    margin: 0 auto;
}
caption {
    margin-top: 10px;
    margin-bottom: 10px;
    font-size: 18px;
    font-weight: bold;
}
th, td {
    padding: 4px 38px;
```

```
    text-align: center;
  }
  a, a:visited, a:link {
    color: #0056b3;
  }
  </style>
  </head>

  <body>
  <?php
  echo '<table border="1">';
  echo '<caption>学生信息表</caption>';
  echo '<tr>';
  foreach ($fields as $field) {
    printf("<th>%s</th>", $field->name);
  }
  echo '<th>操作</th>';
  echo '</tr>';
  while ($row = $result->fetch_array()) {
    echo "<tr>";
    for ($i = 0; $i < $col_num; $i++) {
      printf("<td>%s</td>", $row[$i]);
    }
    printf("<td><a href='page09_09_d.php?stuid=%s'>查看学生详细信息</a></td>",
$row["学号"]);
    echo "</tr>";
  }
  echo '</table>';
  echo "<nav>" .$page->fpage() ."</nav>";
  ?>
  </body>
  </html>
```

源文件 09/page09_09_d.php，用作详细页面，列出选定学生的详细信息，源代码如下。

```
  <?php
  $stuname = "";
  if (isset($_GET["stuid"])) {
    $stuid = $_GET["stuid"];
    $mysqli = new mysqli("localhost", "dba", "123456", "stuinfo");
    if ($mysqli->connect_errno) {
      printf("连接失败：%s。", $mysqli->connect_error);
      exit();
    }
    $query = "SELECT stuid AS 学号, stuname AS 姓名, gender AS 性别,
          birthdate AS 出生日期, department AS 系部, classname AS 班级,
          email AS 电子信箱, mobile AS 手机号码 FROM students WHERE
stuid='" .$stuid ."'";
    $result = $mysqli->query($query);
    $row = $result->fetch_array();
    $col_num = $result->field_count;
    $cols = $result->fetch_fields();
    $stuname = $row["姓名"];
  }
  ?>
  <!doctype html>
  <html>
  <head>
  <meta charset="utf-8">
```

```
<title><?php printf("学生%s 的详细信息", $stuname) ?></title>
<style>
table {
    border-collapse: collapse;
    margin: 0 auto;
}
td {
    padding: 8px 36px;
}
caption {
    margin-top: 10px;
    margin-bottom: 10px;
    font-size: 18px;
    font-weight: bold;
}
</style>
</head>

<body>
<?php
echo '<table border="1">';
printf("<caption>学生%s 的详细信息</caption>", $stuname);
for ($i = 0; $i < $col_num; $i++) {
    echo '<tr>';
    printf("<td>%s</td>", $cols[$i]->name);
    printf("<td>%s</td>", $row[$i]);
    echo '</tr>';
}
echo '</table>';
?>
<p style="text-align: center">
    <button type="button" onclick="history.back();">返回</button>
</p>
</body>
</html>
```

本例创建了一个主/详细页组合。当在主页的学生信息表中单击“查看学生详细信息”超链接时，会跳转到详细页，该页列出了所选学生的详细信息，如图 9.11 和图 9.12 所示。

图 9.11　在主页上单击超链接

图 9.12　在详细页上查看更多信息

9.4　增删改操作

增删改操作是指在数据库中添加记录、更新记录和删除记录，这些操作都是数据库的基本操作，也是创建与后台 MySQL 交互的 PHP Web 应用程序的基础，在此基础上可以实现更复杂、更强大的功能。本节介绍如何通过 PHP 在 MySQL 中实现添加记录、更新记录和删除记录。

9.4.1 添加记录

在 MySQL 中添加记录是通过执行 INSERT 语句实现的，而执行该语句时所需要的相关字段的值往往来自用户通过表单提交的数据。

在 PHP Web 应用开发中，实现添加记录主要包括以下编程要点。

（1）创建一个 HTML 表单，用于输入和提交字段值。

（2）通过预定义数组$_POST 获取用户通过表单提交的数据，并将这些表单数据应用到 INSERT 语句中。

（3）连接到 MySQL 并选择要访问的数据库，通过执行连接对象的 query()方法向 MySQL 发送一条 INSERT 语句，执行该语句即可在表中添加新的记录。

（4）在完成添加操作后，使用连接对象的 affected_rows 属性来获取所插入的记录行数。

注意： affected_rows 属性用于获取先前 MySQL 操作中受影响的行数，其返回值是受上一次 INSERT、UPDATE 或 DELETE 查询语句影响的行数。如果最近一次数据操作成功，则返回一个大于 0 的整数，表示受影响的行数。如果最近一次数据操作失败，则返回-1。

【例 9.10】 添加记录示例。源文件为 09/page09_10.php，源代码如下。

```
    <?php
    $stuid = $stuname = $gender = $birthdate = $department = $classname = $email = $mobile
= "";
    $msg = "";
    if (isset($_POST["save"])) {
       $stuid = $_POST["stuid"];
       $stuname = $_POST["stuname"];
       $gender = $_POST["gender"];
       $birthdate = $_POST["birthdate"];
       $department = $_POST["department"];
       $classname = $_POST["classname"];
       $email = $_POST["email"];
       $mobile = $_POST["mobile"];
       $mysqli = new mysqli("localhost", "dba", "123456", "stuinfo");
       if ($mysqli->connect_errno) {
          printf("连接失败：%s。", $mysqli->connect_error);
          exit();
       }
       $query = sprintf("SELECT stuid FROM students WHERE stuid='%s'", $stuid);
       $result = $mysqli->query($query);
       if ($result->num_rows == 0) {
          $query = sprintf("INSERT INTO students VALUES('%s', '%s', '%s', '%s', '%s',
'%s', '%s', '%s')",
             $stuid, $stuname, $gender, $birthdate, $department, $classname, $email,
$mobile);
          $result = $mysqli->query($query);
          if ($mysqli->affected_rows > 0) {
             $msg = "数据保存成功！";
          } else {
             $msg = "数据保存失败！<br>代码：" .$mysqli->errno ."<br>描述：
" .$mysqli->error;
          }
       } else {
          $msg = "学号{$stuid}已经录入过了";
       }
    }
```

```
?>
<!doctype html>
<html>
<head>
<meta charset="utf-8">
<title>录入学生信息</title>
<style>
table {
    margin: 0 auto;
}
caption {
    font-weight: bold;
    margin: 6px 0;
}
td:first-child {
    text-align: right;
}
#msg {
    text-align: center;
    color: #0056b3;
}
</style>
</head>

<body>
<form method="post" action="">
<table>
    <caption>录入学生信息</caption>
    <tr>
        <td><label for="stuid">学号：</label></td>
        <td><input type="text" id="stuid" name="stuid"
            value="<?php echo $stuid; ?>" required placeholder="输入学号"></td>
    </tr>
    <tr>
        <td><label for="stuname">姓名：</label></td>
        <td><input type="text" id="stuname" name="stuname"
            value="<?php echo $stuname; ?>" required placeholder="输入姓名"></td>
    </tr>
    <tr>
        <td><label for="male">性别：</label></td>
        <td><input type="radio" id="male" name="gender"
                value="男"<?php echo ( $gender == "男" ) ? "checked" : "" ?>>
            <label for="male">男</label>
            <input type="radio" id="female" name="gender"
                value="女"<?php echo ( $gender == "女" ) ? "checked" : "" ?>>
            <label for="female">女</label></td>
    </tr>
    <tr>
        <td><label for="birthdate">出生日期：</label></td>
        <td><input type="date" id="birthdate" name="birthdate"
                value="<?php echo $birthdate; ?>" required placeholder="输入出生
日期："></td>
    </tr>
    <tr>
        <td><label for="department">系部：</label></td>
        <td><select id="department" name="department" required>
            <option value="">选择一项</option>
```

```
            <option value="计算机科学系"
              <?php echo ( $department == "计算机科学系" ) ? "selected" : ""; ?>>
计算机科学系
            </option>
            <option value="电子技术系"
              <?php echo ( $department == "电子技术系" ) ? "selected" : ""; ?>>电
子技术系
            </option>
            <option value="电子商务系"
              <?php echo ( $department == "电子商务系" ) ? "selected" : ""; ?>>电
子商务系
            </option>
          </select></td>
      </tr>
      <tr>
        <td><label for="classname">班级：</label></td>
        <td><input type="text" id="classname" name="classname"
          value="<?php echo $classname; ?>" required placeholder="输入班级"></td>
      </tr>
      <tr>
        <td><label for="email">电子信箱：</label></td>
        <td><input type="email" id="email" name="email"
          value="<?php echo $email; ?>" required placeholder="输入电子信箱"></td>
      </tr>
      <tr>
        <td><label for="mobile">手机号码：</label></td>
        <td><input type="tel" id="mobile" name="mobile"
          value="<?php echo $mobile; ?>" required placeholder="输入手机号码"></td>
      </tr>
      <tr>
        <td></td>
        <td><button type="submit" name="save" value="保存">保存</button>
          <button type="reset">重置</button></td>
      </tr>
    </table>
    </form>
    <div id="msg"><?php echo $msg; ?></div>
    </body>
    </html>
```

本例创建了一个学生信息录入表单。当填写好各个字段并单击“保存”按钮时，会先检查所提交的学号是否已经存在于数据库，如果不存在，则显示“数据保存成功！”，否则出现错误并显示出错信息，如图 9.13 和图 9.14 所示。

图 9.13　数据保存成功时

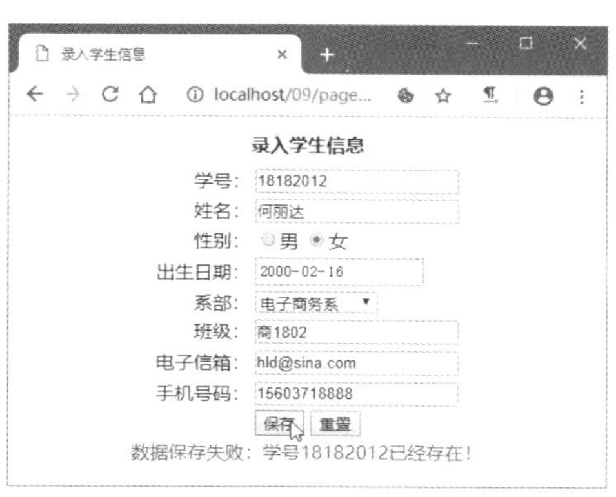

图 9.14　数据保存失败时

9.4.2 更新记录

在 MySQL 中更新记录是通过执行 UPDATE 语句实现的，而执行该语句时所需要的相关字段的值往往来自用户通过表单提交的数据。

在 PHP Web 应用开发中，实现更新记录主要包括以下编程要点。

（1）通过主/详细页组合实现记录的选择和更新：在主页中通过超链接选择要更新的记录，并通过 URL 参数向详细页传递要更新记录的标识（例如学号）；在详细页中获取该记录标识并据此来检索要更新的结果集，将各个表单控件绑定到相关的记录字段上。有时也将主页和详细页合并在同一页面中。

（2）当提交表单时，通过预定义数组$_POST 获取表单变量的值并将这些值作为字段的值用于 UPDATE 语句，以筛选要更新的记录并为该记录提供新的字段值。

（3）连接到 MySQL 并选择要访问的数据库，通过调用连接对象的 query()方法执行 UPDATE 语句，以实现记录的更新。

（4）在执行 UPDATE 语句后，使用连接对象的 affected_rows 属性获取被更新的记录行数。

【例 9.11】更新记录示例。本例包含以下两个源文件。

源文件 09/page09_11_s.php，分页列出学生名单，用于选择要更新的记录，源代码如下。

```
<?php
include( "../includes/page.class.php" );
$mysqli = new mysqli("localhost", "dba", "123456", "stuinfo");
if ($mysqli->connect_errno) {
    printf("连接失败：%s。", $mysqli->connect_error);
    exit();
}
$query = "SELECT stuid AS 学号, stuname AS 姓名, gender AS 性别 FROM students";
$result = $mysqli->query($query);
$total = $result->num_rows;
$col_num = $result->field_count;
$page = new Page($total, 10);
$query .= " " .$page->limit;
$result = $mysqli->query($query);
$fields = $result->fetch_fields();
?>
<!doctype html>
<html>
<head>
<meta charset="utf-8">
<title>学生信息表</title>
<style>
table {
    width: 580px;
    border-collapse: collapse;
    margin: 0 auto;
}
caption {
    margin-top: 10px; margin-bottom: 10px;
    font-size: 18px; font-weight: bold;
}
th, td {
    padding: 4px;
    text-align: center;
}
th {
    background-color: #ccc;
```

```
}
nav {
    text-align: center;
    margin-top: 10px;
    font-size: small;
}
a, a:visited, a:link {
    color: #0056b3;
}
</style>
</head>

<body>
<?php
echo '<table border="1">';
echo '<caption>学生信息表</caption>';
echo '<tr>';
foreach ($fields as $field) {
    printf("<th>%s</th>", $field->name);
}
echo '<th>操作</th>';
echo '</tr>';
while ($row = $result->fetch_array()) {
    echo "<tr>";
    for ($i = 0; $i < $col_num; $i++) {
        printf("<td>%s</td>", $row[$i]);
    }
    printf("<td><a href='page09_11_u.php?stuid=%s'>编辑学生信息</a></td>", $row["
学号"]);
    echo "</tr>";
}
echo '</table>';
echo "<nav>" .$page->fpage() ."</nav>";
?>
</body>
</html>
```

源文件 09/page09_11_u.php，通过表单列出所选学生信息，用于更新记录，源代码如下。

```
<?php
$stuid = $stuname = $gender = $birthdate = $department = $classname = $email = $mobile
= "";
$msg = "";
$mysqli = new mysqli("localhost", "dba", "123456", "stuinfo");
if ($mysqli->connect_errno) {
    printf("连接失败：%s。", $mysqli->connect_error);
    exit();
}
if (isset($_GET["stuid"])) {            //如果收到第一个页面传来的 URL 参数
    $stuid = $_GET["stuid"];
    $query = "SELECT * FROM students WHERE stuid='" .$stuid ."'";
    $result = $mysqli->query($query);
    $row = $result->fetch_array();
    $col_num = $result->field_count;
    $cols = $result->fetch_fields();
    $stuname = $row["stuname"];
}
if (isset($_POST["update"])) {          //如果单击“更新”按钮
    $stuid = $_POST["stuid"];
```

```
        $stuname = $_POST["stuname"];
        $gender = $_POST["gender"];
        $birthdate = $_POST["birthdate"];
        $department = $_POST["department"];
        $classname = $_POST["classname"];
        $email = $_POST["email"];
        $mobile = $_POST["mobile"];
        $query = sprintf("UPDATE students SET stuname='%s', gender='%s',
birthdate='%s',
            department='%s', classname='%s', email='%s', mobile='%s' WHERE
stuid='%s'",
            $stuname, $gender, $birthdate, $department, $classname, $email, $mobile,
$stuid);
        $result = $mysqli->query($query);
        if ($mysqli->affected_rows > 0) {
            $msg = "数据更新成功！";
        } else {
            $msg = "数据更新失败！<br>代码：" .$mysqli->errno ."<br>描述：" .$mysqli->error;
        }
    }
    ?>
    <!doctype html>
    <html>
    <head>
    <meta charset="utf-8">
    <title>编辑学生<?php echo $stuname; ?>的个人信息</title>
    <style>
    table {
        margin: 0 auto;
    }
    caption {
        font-weight: bold;
        margin: 6px 0;
    }
    td {
        padding: 6px;
    }
    td:first-child {
        text-align: right;
    }
    #msg {
        text-align: center;
        color: #20458e;
    }
    </style>
    </head>

    <body>
    <form method="post" action="">
    <table>
        <caption>编辑学生<?php echo $stuname; ?>的个人信息</caption>
        <tr>
            <td><label for="stuid">学号：</label></td>
            <td><input type="text" id="stuid" name="stuid" value="<?php echo
$stuid; ?>" readonly>
            </td>
        </tr>
```

```
    <tr>
        <td><label for="stuname">姓名：</label></td>
        <td><input type="text" id="stuname" name="stuname"
             value="<?php echo $row["stuname"]; ?>" required></td>
    </tr>
    <tr>
        <td><label for="male">性别：</label></td>
        <td><input type="radio" id="male" name="gender"
                value="男"<?php echo ( $row["gender"] == "男" ) ? "checked" : "" ?>>
            <label for="male">男</label>
            <input type="radio" id="female" name="gender"
                value="女"<?php echo ( $row["gender"] == "女" ) ? "checked" : "" ?>>
            <label for="female">女</label></td>
    </tr>
    <tr>
        <td><label for="birthdate">出生日期：</label></td>
        <td><input type="date" id="birthdate" name="birthdate"
               value="<?php echo $row["birthdate"]; ?>" required></td>
    </tr>
    <tr>
        <td><label for="department">系部：</label></td>
        <td><select id="department" name="department" required>
            <option value="">选择一项</option>
            <option value="计算机科学系"
                <?php echo ( $row["department"] == "计算机科学系" ) ? "selected" :
""; ?>>
                计算机科学系</option>
            <option value="电子技术系"
                <?php echo ( $row["department"] == "电子技术系" ) ? "selected" : ""; ?>>
                电子技术系</option>
            <option value="电子商务系"
                <?php echo ( $row["department"] == "电子商务系" ) ? "selected" : ""; ?>>
                电子商务系</option></select>
        </td>
    </tr>
    <tr>
        <td><label for="classname">班级：</label></td>
        <td><input type="text" id="classname" name="classname"
               value="<?php echo $row["classname"]; ?>" required></td>
    </tr>
    <tr>
        <td><label for="email">电子信箱：</label></td>
        <td><input type="email" id="email" name="email"
               value="<?php echo $row["email"]; ?>" required></td>
    </tr>
    <tr>
        <td><label for="mobile">手机号码：</label></td>
        <td><input type="tel" id="mobile"
               name="mobile" value="<?php echo $row["mobile"]; ?>" required></td>
    </tr>
    <tr>
        <td></td>
        <td><button type="submit" name="update" value="更新">更新</button>
            <button type="reset">重置</button></td>
    </tr>
</table>
</form>
```

```
    <div id="msg"><?php echo $msg; ?></div>
    </body>
    </html>
```

本例由两个页面组成。第一个页面以分页形式列出学生信息，在单击“编辑学生信息”超链接时，会进入第二个页面，可以在这里修改所选定的学生的信息，如图 9.15 和图 9.16 所示。

学生信息表

学号	姓名	性别	操作
18161001	李英豪	男	编辑学生信息
18161002	许宇娟	女	编辑学生信息
18161003	陈伟强	男	编辑学生信息
18161004	刘爱梅	女	编辑学生信息
18161005	李智浩	男	编辑学生信息
18161006	刘春燕	女	编辑学生信息
18161007	李亚轩	男	编辑学生信息
18161008	石永康	男	编辑学生信息
18161009	冯敏杰	男	编辑学生信息
18161010	庄子麟	男	编辑学生信息

共 62 条记录 本页 10 条 从 1 到 10 条 1/7页 1 2 3 4 5 6 下一页 末页 1 转到

localhost/09/page09_11_u.php?stuid=18161004

图 9.15　选择要编辑的学生

图 9.16　数据更新成功

9.4.3　删除记录

在 MySQL 中删除记录是通过执行 DELETE 语句实现的，而执行该语句时应满足的删除条件往往来自用户通过表单提交的数据。

在 PHP Web 应用开发中，实现删除记录主要包括以下编程要点。

（1）通过主/详细页组合实现记录的选择和删除：在主页中通过单击超链接选择要删除的记录，并通过 URL 参数向详细页传递要删除记录的标识（例如学号）；在详细页中获取该记录标识并据此来检索要删除的结果集。如果要批量删除记录，则可以在记录列表为每条记录添加一个复选框并将其值设置为表的主键字段值。

（2）通过预定义数组$_GET 获取请求的记录标识，并将其应用于 DELETE 语句的 WHERE 子句中，以指定要删除哪些记录。

（3）当用户单击“提交”按钮时，连接到 MySQL 并选择要访问的数据库，调用连接对象的 query()方法向服务器发送一个 DELETE 语句，以完成记录删除操作。

（4）如果有需要，则可以对“提交”按钮编写客户端脚本，以便让用户对删除操作进行确认。

（5）在执行 DELETE 语句后，使用连接对象的 affected_rows 属性获取被删除的记录行数。

【例 9.12】批量删除记录示例。源文件为 09/page09_12.php，源代码如下。

```
    <?php
    include( "../includes/page.class.php" );
    $mysqli = new mysqli("localhost", "dba", "123456", "stuinfo");
    if ($mysqli->connect_errno) {
        printf("连接失败：%s。", $mysqli->connect_error);
        exit();
    }
    if (isset($_POST["delete"])) {                //单击“删除”按钮
        $n = count($_POST["stuid"]);              //获取选中的复选框数目
        $ids = [];                                //创建一个空数组
        for ($i = 0; $i < $n; $i++) array_push($ids, "'" .$_POST["stuid"][$i] ."'");
        $str = implode(",", $ids);                //数组元素组合为字符串
        $query = sprintf("DELETE FROM students WHERE stuid IN (%s)", $str);//执行 DELETE
语句
        $reslut = $mysqli->query($query) or die("不能删除记录：" .$mysqli->error);
        header(sprintf("Location: %s", $_SERVER["PHP_SELF"])); //再次转到当前页面
```

```
    exit;
}
$query = "SELECT stuid AS 学号, stuname AS 姓名, gender AS 性别 FROM students";
$result = $mysqli->query($query);          //执行 SELECT 语句
$total = $result->num_rows;
$col_num = $result->field_count;
$page = new Page($total, 10);
$query .= " " .$page->limit;
$result = $mysqli->query($query);
$fields = $result->fetch_fields();
?>
<!doctype html>
<html>
<head>
<meta charset="utf-8">
<title>学生信息表</title>
<style>
table {
    width: 560px;
    border-collapse: collapse;
    margin: 0 auto;
}

#del {
    float: left;
    cursor: pointer;
    width: 46px;
    height: 22px;
    border: 1px solid #ccc;
    margin-left: 2em;
}

#tt {
    float: left;
    margin-left: 10em;
    font-weight: bold;
}

th, td {
    padding: 4px;
    text-align: center;
}
th {
    background-color: #ccc;
}
nav {
    text-align: center;
    margin-top: 10px;
    font-size: small;
}
a, a:visited, a:link {
    color: #0056b3;
}
</style>
<script>
window.onload = function () {
    var delForm = document.getElementById("delForm");
```

```
        var allEle = document.getElementById("sel_all");
        var stuidEles = document.getElementsByClassName("stu");

        delForm.onsubmit = function () {
            var n = 0;
            for (var i = 0; i < stuidEles.length; i++) {
                if (stuidEles[i].checked) n++;
            }
            if (n == 0) {
                alert("请选择要删除的记录！");
                return false;
            } else if (n > 0) {
                return confirm("您确实要删除选定的这" + n + "条记录吗？");
            }
        };

        allEle.onclick = function () {
            for (var i = 0; i < stuidEles.length; i++) {
                stuidEles[i].checked = allEle.checked;
            }
        };

        for (var i = 0; i < stuidEles.length; i++) {
            stuidEles[i].onclick = function (e) {
                if (!e.target.checked) {
                    allEle.checked = false;
                    return;
                }
            };
        }
    };
    </script>
    </head>

    <body>
    <form id="delForm" method="post" action="">
    <?php
    echo '<table border="1">';
    echo '<caption><button id="del" name="delete" type="submit">删除</button>
        <span id="tt">学生信息表</span></caption>';

    echo '<tr>';
    echo '<th><input type="checkbox" id="sel_all"></th>';
    foreach ($fields as $field) {
        printf("<th>%s</th>", $field->name);
    }
    echo '</tr>';

    while ($row = $result->fetch_array()) {
        echo "<tr>";
        printf("<td><input type='checkbox' class='stu' name='stuid[]'
value='%s'></td>", $row["学号"]);
        for ($i = 0; $i < $col_num; $i++) {
            printf("<td>%s</td>", $row[$i]);
        }
        echo "</tr>";
    }
```

```
echo '</table>';
echo '<nav>' .$page->fpage() ."</nav>";
?>
</form>
</body>
</html>
```

在本例中，可以通过复选框选择一组要删除的记录，然后单击“删除”按钮，即可弹出一个对话框让用户确认删除记录操作，再单击“确定”按钮，即可将选定的记录从表中删除，如图 9.17 和图 9.18 所示。

图 9.17　确认删除记录

图 9.18　记录删除成功

习　题　9

一、选择题

1．使用 mysqli 对象的（　　）方法可以对 MySQL 执行一次查询。

A．commit()　　　　B．query()

C．select_db()　　　　D．refresh()

2．要从结果集中获取一行并作为枚举数组返回，应调用 mysqli_result 对象的（　　）方法。

A．fetch_array()　　　　B．fetch_row()

C．fetch_assoc()　　　　D．fetch_fields()

3．使用 mysqli_result 对象的（　　）可获取结果集包含的行数。

A．num_rows 属性　　　　B．field_count 属性

C．fetch_field()方法　　　　D．free()方法

4．字段对象的（　　）属性表示该字段的数据类型。

A．name　　　　B．table

C．flags　　　　D．type

二、判断题

1．（　　）mysql 扩展在 PHP 7 及其更高版本中仍然可以使用。

2．（　　）在使用 mysqli 创建持久化连接时，应在主机名前面添加“:p”前缀。

3．（　　）mysqli 扩展仅提供了过程性编程接口。

4．（　　）使用 mysqli 象的 select_db()方法可以为执行查询选择一个默认的数据库。

5．（　　）如果 mysqli 对象的 connect_errno 属性为 0，则表示连接发生了错误。

6.（　　）使用 mysqli_result 对象的 fetch_array()方法从结果集中获取的行只能作为枚举数组使用。

7.（　　）使用 mysqli_result 对象的 field_count 属性可以获取结果集中包含的字段数。

三、简答题

1．访问 MySQL 的基本流程是什么？

2．什么是持久化连接？如何创建持久化链接？

3．缓冲查询与非缓冲查询有什么不同？

4．通过 PHP 添加记录主要哪些编程要点？

5．通过 PHP 更新记录主要哪些编程要点？

6．通过 PHP 删除记录主要哪些编程要点？

四、编程题

1．创建一个 PHP 文件，连接到 MySQL 并选择一个数据库。

2．创建一个 PHP 文件，实现学生信息的分页显示。

3．创建一个搜索/结果页组合，根据班级和课程名称查询成绩。

4．创建一个主/详细页组合，在主页中列出学生信息，单击超链接时打开详细页，并在该页中列出所选学生成绩。

5．创建一个 PHP 文件，实现添加记录功能。

6．创建一个 PHP 文件，实现更新记录功能。

7．创建一个 PHP 文件，实现批量删除记录功能。

第 10 章　开发新闻发布系统

新闻发布系统是常见的动态网站类型之一，它用于各种时效性较强的新闻信息的动态发布，可以为社会组织、企事业单位构建网络信息发布平台。新闻编辑或信息发布者无论身处何地，都可以登录到新闻发布系统，将最新信息发送到服务器，再添加到网站后台数据库中，并按照事先设计好的模板动态生成新闻网页，以供大众进行浏览。作为本书内容的综合应用，本章介绍如何基于 PHP 技术和 MySQL 数据库开发一个新闻发布系统。

10.1　系统功能设计

在进行系统开发之前，先介绍新闻发布系统的总体设计，包括系统功能分析、数据库设计与实现和系统功能模块划分。

10.1.1　系统功能分析

使用新闻发布系统的用户按照权限可以分为匿名用户、新闻编辑和系统管理员。

各个新闻发布系统按照功能可以分为前台和后台两个部分，前台部分主要提供新闻浏览功能，后台部分则用于新闻编辑和新闻信息的管理。总体而言，该系统应提供以下 4 项功能，其中第一项属于前台部分，其他各项属于后台部分。

（1）浏览新闻。按时间顺序显示最新的新闻标题，通过单击标题超链接即可查看新闻的详细内容；将新闻划分成各种不同类别，如国内新闻、国际新闻、军事新闻、体育新闻和娱乐新闻等，以满足不同用户的阅读需要；允许用户通过输入关键词来搜索自己感兴趣的新闻。

（2）用户管理。按照权限将用户分为匿名用户、新闻编辑和系统管理员。匿名用户无须注册和登录即可浏览新闻信息，在系统中不需要对这类用户进行管理；新闻编辑登录到后台，可以发布新闻，也可以修改自己发布的新闻；系统管理员除了拥有新闻编辑的所有权限，还可以对新闻编辑进行管理，包括创建新用户、修改用户信息和删除用户等。

（3）新闻类别管理。新闻类别管理功能包括添加新的类别、编辑和删除已有类别，这些功能仅限系统管理员使用。

（4）新闻管理。新闻管理功能包括发布、编辑和删除新闻，这些功能可以由新闻编辑和系统管理员使用。但新闻编辑和系统管理员权限有所不同，前者只能对自己发布的新闻进行编辑操作，后者则可以对所有新闻进行编辑和删除操作。

10.1.2　数据库设计与实现

在新闻发布系统中，用户信息、新闻类别和新闻信息通过一个 MySQL 数据库来存储，该数据库的名称为 news，其中包含以下 3 个表，表结构如表 10.1 所示。

（1）users 表：用于存储新闻编辑和系统管理员的相关信息。新闻编辑和系统管理员通过 role 字段来区分，该字段为枚举类型 enum('新闻编辑', '系统管理员')，默认值为“新闻编辑”。

（2）categories 表：用于存储新闻的类别编号和类别名称信息。

（3）articles 表：用于存储每条新闻的文章编号、文章标题、文章内容、发布时间、类别编号、编辑姓名和新闻来源信息。其中，“编辑姓名”通过用户名表示，该列的值应存在于 username 列。

表 10.1　news 数据库的表结构

表名称	列名称	数据类型	备注	属性
users	userid	smallint	用户编号	主键，自动递增
	username	varchar(20)	用户名	不允许为空，唯一索引
	password	varchar(30)	密码（经过加密）	不允许为空
	email	varchar(30)	电子信箱	允许为空
	role	enum('新闻编辑', '系统管理员')	角色	不允许为空
categories	catgid	tinyint	类别编号	主键，自动递增
	catgname	varchar(30)	类别名称	不允许为空
articles	artid	int	文章编号	主键
	title	varchar(60)	文章标题	不允许为空
	content	longtext	文章内容	不允许为空
	issuetime	timestamp	发布时间	默认值为当前系统时间
	catgid	tinyint	类别编号	不允许为空
	editor	varchar(20)	编辑姓名	不允许为空
	source	varchar(30)	新闻来源	不允许为空

categories 表与 articles 表之间存在一对多关系，对于 categories 表中的一条记录而言，articles 表可以有多条记录与之对应。当从 categories 表中删除一个新闻类别后，articles 表中与该类别相关的所有新闻也应随之删除。为了实现这种关联性，可以在 categories 表中创建一个触发程序。users 表与 articles 表之间也存在一对多关系，这是因为一个新闻编辑可以发布多条新闻。为了简化编写 SQL 语句的过程，还需要在 news 数据库中创建一些视图，主要用于创建多表查询。

下面编写一个 SQL 脚本文件并保存为 create_newsdb.sql，用于创建新闻发布系统的后台数据库、表、视图和触发器，源代码如下。

```
-- 创建 news 数据库
CREATE DATABASE IF NOT EXISTS news;
USE news;
-- 创建 users 表
CREATE TABLE IF NOT EXISTS users (
  userid smallint(6) unsigned NOT NULL AUTO_INCREMENT COMMENT '用户编号',
  username varchar(20) NOT NULL COMMENT '用户姓名',
  password varchar(30) NOT NULL COMMENT '密码',
  email varchar(30) NOT NULL COMMENT '电子信箱',
  role enum('新闻编辑', '系统管理员') NOT NULL DEFAULT '新闻编辑' COMMENT '角色',
  PRIMARY KEY ( userid ),
  UNIQUE KEY username ( username )
);
-- 创建 categories 表
CREATE TABLE IF NOT EXISTS categories (
  catgid tinyint(3) unsigned NOT NULL AUTO_INCREMENT COMMENT '类别编号',
  catgname varchar(30) NOT NULL COMMENT '类别名称',
  PRIMARY KEY ( catgid )
);
-- 在 categories 表中创建触发器
CREATE TRIGGER delete_categoriey_trigger
AFTER DELETE ON categories
FOR EACH ROW
DELETE FROM articles WHERE articles.catgid=OLD.catgid;
-- 创建 articles 表
```

```sql
CREATE TABLE IF NOT EXISTS articles (
  artid int(10) unsigned NOT NULL AUTO_INCREMENT COMMENT '文章编号',
  title varchar(60) NOT NULL COMMENT '文章标题',
  content longtext NOT NULL COMMENT '文章内容',
  issuetime timestamp NOT NULL DEFAULT CURRENT_TIMESTAMP COMMENT '发布时间',
  catgid tinyint(6) unsigned NOT NULL COMMENT '类别编号',
  editor varchar(20) NOT NULL COMMENT '编辑姓名',
  source varchar(30) DEFAULT NULL COMMENT '新闻来源',
  PRIMARY KEY ( artid )
);
-- 创建 catgview 视图
CREATE ALGORITHM=UNDEFINED DEFINER=root@localhost
SQL SECURITY DEFINER VIEW catgview
AS
SELECT categories.catgid, categories.catgname, COUNT(articles.artid) AS artcount
FROM categories LEFT JOIN articles
ON categories.catgid = articles.catgid
GROUP BY categories.catgid;
-- 创建 artview 视图
CREATE ALGORITHM=UNDEFINED DEFINER=root@localhost
SQL SECURITY DEFINER VIEW artview
AS
SELECT articles.artid, articles.title, articles.catgid, categories.catgname,
articles.content, articles.issuetime, articles.editor, articles.source
FROM articles INNER JOIN categories ON categories.catgid = articles.catgid
ORDER BY articles.issuetime DESC;
```

10.1.3 系统功能模块划分

新闻发布系统按照功能可以划分为以下 5 个模块，每个模块由若干个页面组成。其中，一些页面允许所有用户访问，另一些页面则仅限注册用户访问，还有一些页面仅限系统管理员访问。各个模块包含的主要页面及其文件名如表 10.2 所示。

表 10.2 系统功能模块划分

模　块	页　面	文 件 名	说　明
用户管理	系统登录页面	login.php	任何用户都可以访问
	创建用户页面	createuser.php	仅限系统管理员访问
	修改用户页面	alteruser.php	仅限系统管理员访问
	删除用户页面	deleteuser.php	仅由其他页面调用
	管理用户页面	userlist.php	仅限系统管理员访问
新闻类别管理	添加新闻类别页面	addcatg.php	仅限系统管理员访问
	修改新闻类别页面	altercatg.php	仅限系统管理员访问
	删除新闻类别页面	deletecatg.php	仅由其他页面调用
	管理新闻类别页面	catglist.php	仅限系统管理员访问
新闻管理	发布新闻页面	releaseart.php	仅限注册用户访问
	管理新闻页面	artlist.php	仅限系统管理员访问
	删除新闻页面	deleteart.ph	仅限系统管理员访问
	编辑新闻页面	editart.php	仅限注册用户访问（稿件编辑）
新闻浏览	新闻首页	index.php	任何用户都可以访问
	按类别显示新闻页面	classify.php	任何用户都可以访问
	新闻详细页面	detail.php	任何用户都可以访问

续表

模　块	页　面	文　件　名	说　明
新闻浏览	新闻搜索结果页面	result.php	任何用户都可以访问
其他	数据库连接	connect.php	仅由其他页面调用
	后台导航条	nav1.php	仅由其他页面调用
	前台导航条	nav2.php	仅由其他页面调用
	出错信息显示页面	errore.php	仅由其他页面调用
	后台入口页面	switch.php	仅由其他页面调用
	系统管理员权限检查	checkpriv1.php	仅由其他页面调用
	用户登录检查	checkpriv2.php	仅由其他页面调用
	结果分页类	page.class.php	仅由其他页面调用

10.2　实现用户管理

在新闻发布系统中，发布新闻、管理新闻和浏览新闻都是由各类用户实现的。用户管理是新闻发布系统后台管理的重要组成部分。本节介绍如何实现用户管理功能，包括系统登录、创建用户、管理用户、修改用户和删除用户。

10.2.1　系统登录

系统管理员或新闻编辑在使用后台管理功能时，必须先通过系统登录页对用户名和密码进行验证。如果提交的用户名和密码与存储在数据库中的信息匹配，则系统登录成功，此时系统管理员会进入用户管理页，新闻编辑会进入新闻发布页，否则系统登录失败，此时会继续停留在系统登录页，如图 10.1 所示。

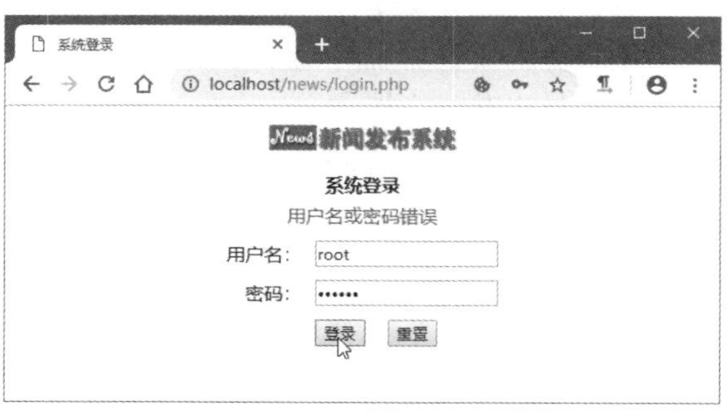

图 10.1　系统登录页

在系统登录页及其他页面中连接 MySQL 数据库时，需要用到源文件 news/includes/ connect.php，其功能是连接 MySQL 数据库服务器，源代码如下。

```
<?php
$link = new mysqli("localhost", "dba", "123456", "news");
if ($link->connect_errno) {
    printf("连接失败：%s。", $link->connect_error);
    exit();
}
?>
```

系统登录页的文件名为 news/login.php，源代码如下。

```
<?php
include_once("includes/connect.php");
if (session_status() !== PHP_SESSION_ACTIVE) session_start();
$username = $password = $msg = "";
```

```
    if (!empty($_POST)) {
        $username = $_POST["username"];
        $password = $_POST["password"];
        /* 用 crypt()函数生成单向字符串散列，对密码加密 */
        $hashed_password = crypt($password, '$1$NEWS$');
        $sql = sprintf("SELECT * FROM users WHERE username='%s' AND password='%s'",
            $username, $hashed_password);
        $rs = $link->query($sql);
        $row = $rs->fetch_array();
        if ($rs->num_rows == 1) {
            $_SESSION["username"] = $username;
            $_SESSION["role"] = $row["role"];
            if ($row["role"] == "系统管理员") {
                header("Location:userlist.php");
            } else if ($row["role"] == "新闻编辑") {
                header("Location:releaseart.php");
            }
        } else {
            $msg = "用户名或密码错误";
        }
    }
    ?>
    <!doctype html>
    <html>
    <head>
    <meta charset="utf-8">
    <title>系统登录</title>
    <link href="style/news.css" rel="stylesheet">
    <style>
    p {
        text-align: center;
    }
    table {
        margin: 0 auto;
    }
    caption {
        font-weight: bold;
    }
    td {
        padding: 5px;
    }
    td:first-child {
        text-align: right;
    }
    #msg {
        color: #ac2925;
        text-align: center;
    }
    </style>
    </head>

    <body>
    <p><a href="index.php"><img src="images/news_logo.png" width="160"
height="23"></a></p>
    <form name="form1" method="post" action="">
        <table>
            <caption>系统登录</caption>
```

```
        <tr><td id="msg" colspan="2"><?php echo $msg; ?></td></tr>
        <tr>
            <td><label for="username">用户名：</label></td>
            <td><input type="text" name="username" id="username"
                    value="<?php echo $username; ?>" required
                    placeholder="输入用户名"></td>
        </tr>
        <tr>
            <td><label for="password">密码：</label></td>
            <td><input type="password" name="password" id="password"
                   value="<?php echo $password;?>"
                   required placeholder="输入密码"></td>
        </tr>
        <tr>
            <td> </td>
            <td><input type="submit" value="登录">  
                <input type="reset" value="重置"></td>
        </tr>
    </table>
</form>
</body>
</html>
```

10.2.2 创建用户

在新闻发布系统中，只有系统管理员才拥有创建用户的权限，不允许其他人自己进行注册。在以系统管理员身份成功登录新闻发布系统后，在后台导航条上单击“创建用户”超链接，即可进入创建用户页。在该页上可以创建新的用户，通过输入用户名、密码和电子信箱，然后单击“创建”按钮，将表单数据（密码经过加密处理）提交到服务器端进行处理。如果所提交的用户名尚未使用，则成功创建新用户，然后跳转到用户管理页，否则显示出错信息，如图 10.2 所示。创建用户页是一个受限页，仅限系统管理员访问，如果匿名用户或新闻编辑试图访问该页，则会被重定向到出错信息显示页。

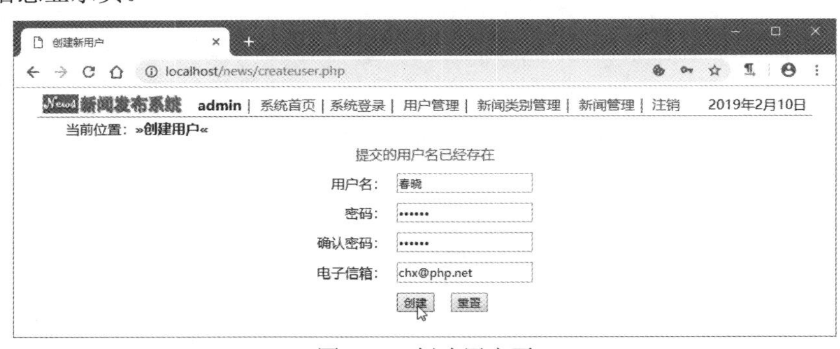

图 10.2 创建用户页

在创建用户页上需要使用站点的统一样式，为此需要创建一个 CSS 样式表文件。该样式表文件为 news/style/news.css，源代码如下。

```
* {
    font-family: '微软雅黑';
}
nav table {
    margin: 0 auto;
    border-bottom: thin solid grey;
    width: 96%;
}
```

```
nav table td {
   padding: 0 6px;
}
nav table td:first-child {
   width: 166px;
}
nav table td:last-child {
   text-align: right;
}
table {
   border-collapse: collapse;
   margin: 0 auto;
}
a:link, a:visited {
   color: #20458e;
   text-decoration: none;
   white-space:nowrap;
}
a:hover {
   text-decoration: underline;
}
header {
   text-align: center;
}
form h1 {
   font-size: 14px;
   text-align: center;
}
form table {
   margin: 0 auto;
}
form table td {
   padding: 6px 6px;
}
form table td:first-child {
   text-align: right;
}
#current {
   margin-left: 3.2em;
   margin-top: 3px;
   margin-bottom: 3px;
}
.data td {
   text-align: center;
}
.data tr:first-child {
   background-color: #dddddd;
}
#nav {
   text-align: center;
   margin-top: 3px;
}
```

当用户成功登录新闻发布系统时，会将用户角色存储在会话变量“$_SESSION["role"]”中。在进入创建用户页后，需要对用户权限进行检查，其他几个页面也是如此。为了避免重复编写代码，可以通过编写一个PHP文件来实现检查权限的任务，该文件为news/includes/checkpriv1.php，源代码如下。

```
<?php
if (session_status() !== PHP_SESSION_ACTIVE) session_start();
if (empty($_SESSION)) {       //未登录
    header("Location:error.php?errno=1");
    exit();
}
if ($_SESSION["role"] != "系统管理员") {
    header("Location:error.php?errno=2");
    exit();
}
```

在检查权限时，可能需要调用 header()函数实现网址的重定向。重定向的目标网址是出错信息显示页，其功能是根据不同的错误代码显示不同的错误信息，源代码如下。

```
<?php
$errno = $_GET["errno"];
switch( $errno ) {
    case "1":
        $errmsg = "登录后才能使用相关功能！";
        break;
    case "2":
        $errmsg = "您无权访问系统管理员专属区域！";
        break;
    case "3":
        $errmsg = "您无权修改别人的稿件！";
        break;
}
?>
<!doctype html>
<html>
<head>
<meta charset="utf-8">
<title>出错啦</title>
<style>
p {
    text-align: center;
}
#error {
    height: 150px;
    width: 300px;
    border: thin solid grey;
    border-radius: 10px;
    box-shadow: 10px 10px 5px #888888;
    margin: 2em auto 0 auto;
    display: flex;
    justify-content: center;
    align-items: center;
}
</style>
<link href="style/news.css" rel="stylesheet">
</head>

<body>
<p><a href="index.php"><img src="images/news_logo.png" width="160"
height="23"></a></p>
<table id="error">
    <tr>
        <th align="left"><img src="images/alert.gif"></th>
```

```
            <th><?php echo $errmsg; ?></th>
        </tr>
        <tr>
            <td> </td>
            <td> </td>
        </tr>
        <tr>
            <th colspan="2">
                <input type="button" value="登录系统"
onclick="location.href='login.php';"></th>
        </tr>
    </table>
    </body>
    </html>
```

在创建用户页中使用统一的后台导航条，其中列出新闻发布系统后台管理的相关超链接，该导航条通过源文件 news/includes/nav1.php 来实现，其源代码如下。

```
    <?php $filename = basename($_SERVER["PHP_SELF"]); ?>
    <nav>
    <table>
        <tr>
            <td><a href="index.php"><img src="images/news_logo.png"></a></td>
            <td><strong><?php echo $_SESSION["username"]; ?></strong> | <a
href="index.php">系统首页</a> | <a href="login.php">系统登录</a> | <?php echo ( $filename
== "userlist.php" ) ? "&raquo;用户管理&laquo;" : "<a href=\"userlist.php\">用户管理
</a>"; ?> | <?php echo ( $filename == "catglist.php" ) ? "&raquo;新闻类别管理&laquo;" :
"<a href=\"catglist.php\">新闻类别管理</a>"; ?> | <?php echo ( $filename ==
"artlist.php" ) ? "&raquo;新闻管理&laquo;" : "<a href=\"artlist.php\">新闻管理</a>"; ?> |
<a href="logout.php">注销</a></td>
            <td nowrap=""><?php echo date("Y年n月j日"); ?></td>
        </tr>
    </table>
    </nav>
```

在后台导航条上包含一个“注销”超链接，在单击该超链接时会跳转到文件 news/logout.php，该文件用于销毁会话变量，结束本次会话，然后跳转到系统登录页，其源代码如下。

```
    <?php
    if (session_status() !== PHP_SESSION_ACTIVE) session_start();
    $_SESSION = array();
    header("Location:login.php");
    exit();
    ?>
```

创建用户页的源文件为 news/createuser.php，源代码如下。

```
    <?php
    include_once("includes/connect.php");
    include ("includes/checkpriv1.php");
    $username = $password = $confirm = $email = $msg = "";
    if (!empty($_POST)) {
        $username = $_POST["username"];
        $password = $_POST["password"];
        /* 用 crypt()函数生成单向字符串散列，对密码加密 */
        $hashed_password = crypt($password, '$1$NEWS$');
        $email = $_POST["email"];
        /* 检查用户名是否已经存在 */
        $sql = sprintf("SELECT userid FROM users WHERE username='%s'", $username);
        $rs = $link->query($sql);
        $row = $rs->fetch_array();
```

```
        if ($rs->num_rows == 0) {
            $sql = sprintf("INSERT INTO users (username, password, email) VALUES('%s',
'%s','%s')",
                $username, $hashed_password, $email);
            $rs = $link->query($sql);
            if ($link->affected_rows > 0) {
                $msg = "新用户创建成功";
            } else {
                $msg = "创建新用户失败：" .$link->error;
            }
        } else {
            $msg = "提交的用户名已经存在";
        }
    }
    ?>
    <!doctype html>
    <html>
    <head>
    <meta charset="utf-8">
    <title>创建新用户</title>
    <link href="style/news.css" rel="stylesheet">
    <style>
    #msg {
        color: #ac2925;
        text-align: center;
    }
    </style>
    </head>

    <body>
    <?php include( "includes/nav1.php" ); ?>
    <p id="current">当前位置：<b>&raquo;创建用户&laquo;</b></p>
    <form name="form1" method="post" action="">
        <table>
            <tr>
                <td id="msg" colspan="2"><?php echo $msg; ?></td>
            </tr>
            <tr>
                <td><label for="username">用户名：</label></td>
                <td><input type="text" name="username" id="username"
                        value="<?php echo $username; ?>"
                        required placeholder="输入用户名"></td>
            </tr>
            <tr>
                <td><label for="password">密码：</label></td>
                <td><input type="password" name="password" id="password"
                       value="<?php echo $password; ?>"
                       required placeholder="输入密码"></td>
            </tr>
            <tr>
                <td><label for="confirm">确认密码：</label></td>
                <td><input type="password" name="confirm" id="confirm"
                      value="<?php echo $confirm; ?>"
                       required placeholder="再次输入密码"></td>
            </tr>
            <tr>
                <td><label for="email">电子信箱：</label></td>
```

```
            <td><input type="email" name="email" id="email"
                     value="<?php echo $email; ?>"
                     required placeholder="输入电子信箱"></td>
        </tr>
        <tr>
            <td> </td>
            <td><input type="submit" value="创建">
                  
                <input type="reset" value="重置"></td>
        </tr>
    </table>
</form>
<script>
    var password = document.getElementById("password");
    var confirm = document.getElementById("confirm");
    var msg = document.getElementById("msg");

    confirm.onblur = function () {
        if (password.value != confirm.value) {
            msg.innerHTML = "两次输入的密码不一致";
        } else {
            msg.innerHTML = "";
        }
    }
</script>
</body>
</html>
```

10.2.3 管理用户

用户管理页仅限系统管理员访问。在以系统管理员身份成功登录新闻发布系统后，会自动进入用户管理页，或者可以通过单击后台导航条上的“用户管理”超链接进入该页，如图 10.3 所示。

用户管理 ×
localhost/news/userlist.php

新闻发布系统 admin | 系统首页 | 系统登录 | »用户管理« | 新闻类别管理 | 新闻管理 | 注销 2019年2月10日

创建用户

用户编号	用户名	电子信箱	角色	操作	
16	李明	liming@php.net	新闻编辑	修改用户	删除用户
15	王强	wangq@msn.com	新闻编辑	修改用户	删除用户
12	莉娜	lina@php.net	新闻编辑	修改用户	删除用户
11	春晓	chx@php.net	新闻编辑	修改用户	删除用户
10	张强	zhq@msn.com	新闻编辑	修改用户	删除用户
9	云飞	gyf@msn.com	新闻编辑	修改用户	删除用户
8	mary	mary@msn.com	新闻编辑	修改用户	删除用户
7	jack	jack@msn.com	新闻编辑	修改用户	删除用户

共 14 条记录 本页 8 条 从 1 到 8 条 1/2页 1 2 下一页 末页 1 转到

图 10.3 用户管理页

用户管理页的主要编程要点：从后台数据库中查询所有用户信息，以获取一个结果集，然后以表格形式分页显示该结果集的内容，并在这个表格中添加一些指向修改用户页和删除用户页的动态超链接，通过单击这些超链接可以对所选定的用户进行修改或删除操作。

用户管理页的源文件为 news/userlist.php，源代码如下。

```
<?php
include_once("includes/connect.php");
include("includes/page.class.php");
include ("includes/checkpriv1.php");
```

```
    $sql = "SELECT userid, username, email, role FROM users ORDER BY userid DESC";
    $rs = $link->query($sql);
    $total = $rs->num_rows;
    $col_num = $rs->field_count;

    $page = new Page($total, 8);
    $sql .= " " .$page->limit;
    $rs = $link->query($sql);
    ?>
    <!doctype html>
    <html>
    <head>
    <meta charset="utf-8">
    <title>用户管理</title>
    <link href="style/news.css" rel="stylesheet">
    </head>

    <body>
    <?php include( "includes/nav1.php" ); ?>
    <div id="current">
        <button type="button" onclick="location.href='createuser.php';">创建用户
</button>
    </div>
    <table border="1" width="96%" align="center" cellpadding="5" class="data">
        <tr>
            <th>用户编号</th><th>用户名</th><th>电子信箱</th>
            <th>角色</th><th colspan="2">操作</th>
        </tr>
        <?php
        while ($row = $rs->fetch_row()) {
            echo "<tr>";
            for ($i = 0; $i < $col_num; $i++) {
                if ($i == 2) {
                    printf("<td><a href='mailto:%s'>%s</a></td>", $row[$i], $row[$i]);
                } else {
                    printf("<td>%s</td>", $row[$i]);
                }
            }
            printf("<td><a href='alteruser.php?userid=%s'>修改用户</a></td>",
$row[0]);
            printf("<td><a href='deleteuser.php?userid=%s'
                onclick='return confirm(\"您确实要删除这个用户吗？\");'>删除用户</a></td>",
$row[0]);
            echo "</tr>";
        }
        ?>
    </table>
    <?php echo "<nav id='nav'>" .$page->fpage() ."</nav>"; ?>
    </body>
    </html>
```

10.2.4 修改用户

在用户管理页中单击“修改用户”超链接，即可进入修改用户信息页，在此可以修改用户的密码、电子信箱和角色（不能修改用户名），如图 10.4 所示。当单击“更新”按钮时，修改后的用户信息会被保存到后台数据库中，然后跳转到用户管理页。

修改用户信息页的主要编程要点：先检查用户权限，如果用户不是系统管理员，则重定向到出错信息显示页；查询数据库以获取待修改用户信息的结果集；创建用于显示和修改该结果集内容的更新表单；通过执行 UPDATE 语句在后台数据库中修改记录。

图 10.4　修改用户信息页

修改用户信息页的源文件为 news/alteruser.php，源代码如下。

```
<?php
include_once("includes/connect.php");
include("includes/page.class.php");
include ("includes/checkpriv1.php");
$username = $password = $email = $role = $msg = "";
if (isset($_GET["userid"])) {
    $userid = $_GET["userid"];
    $sql = sprintf("SELECT * FROM users WHERE userid=%s", $userid);
    $rs = $link->query($sql);
    $row = $rs->fetch_array();
    $username = $row["username"];
    $password = $row["password"];
    $hashed_password = crypt($password, '$1$NEWS$');
    $email = $row["email"];
    $role = $row["role"];
} else {
    header("Location:userlist.php");
    exit();
}

if (!empty($_POST)) {
    $userid = $_POST["userid"];
    $password = $_POST["password"];
    $hashed_password = crypt($password, '$1$NEWS$');
    $email = $_POST["email"];
    $role = $_POST["role"];
    $sql = sprintf("UPDATE users SET password='%s', email='%s', role='%s' WHERE
userid=%s",
        $hashed_password, $email, $role, $userid);
    $link->query($sql);
    if ($link->errno == 0 or $link->affected_rows > 0) {
        $msg = "<script>alert('数据更新成功!
');location.href='userlist.php';</script>";
    } else {
        $msg = "更新数据失败：" .$link->error;
```

```
        }

    }
    ?>
    <!doctype html>
    <html>
    <head>
    <meta charset="utf-8">
    <title>修改用户<?php echo $username ?>的个人信息</title>
    <link href="style/news.css" rel="stylesheet">
    </head>

    <body>
    <?php include( "includes/nav1.php" ); ?>
    <p id="current">当前位置：<b>&raquo;修改用户信息&laquo;</b></p>
    <form name="form1" method="post" action="">
        <table>
            <tr>
                <td><label for="username">用户名：</label></td>
                <td><input type="text" name="username" id="username"
                        value="<?php echo $username; ?>" readonly></td>
            </tr>
            <tr>
                <td><label for="password">密码：</label></td>
                <td><input type="password" name="password" id="password"
                        value="<?php echo $hashed_password; ?>"
                        required placeholder="输入密码"></td>
            </tr>
            <tr>
                <td><label for="confirm">确认密码：</label></td>
                <td><input type="password" name="confirm" id="confirm"
                        value="<?php echo $hashed_password; ?>"
                        required placeholder="再次输入密码"></td>
            </tr>
            <tr>
                <td><label for="email">电子信箱：</label></td>
                <td><input type="email" name="email" id="email"
                        value="<?php echo $email; ?>"
                        required placeholder="输入电子信箱"></td>
            </tr>
            <tr>
                <td><label for="admin">角色：</label></td>
                <td><label>
                      <input type="radio" name="role" id="admin" value="系统管理员"
                        <?php echo ( $row["role"] == "系统管理员" ) ? "checked" : "" ?>>
                      管理员</label>
                   <label>
                      <input type="radio" name="role" id="editor" value="新闻编辑"
                        <?php echo ( $row["role"] == "新闻编辑" ) ? "checked" : "" ?>>
                      编辑</label></td>
            </tr>
            <tr>
                <td><input type="hidden" name="userid" value="<?php echo
$row["userid"]; ?>"></td>
                <td><input type="submit" value="更新">
                     
                   <input type="reset" value="重置"></td>
```

```
        </tr>
        <tr>
            <td id="msg" colspan="2"><?php echo $msg; ?></td>
        </tr>
    </table>
</form>
<script>
var password = document.getElementById("password");
var confirm = document.getElementById("confirm");
var msg = document.getElementById("msg");
confirm.onblur = function () {
    if (password.value != confirm.value) {
        msg.innerHTML = "两次输入的密码不一致";
    } else {
        msg.innerHTML = "";
    }
}
</script>
</body>
</html>
```

10.2.5 删除用户

在用户管理页中单击“删除用户”超链接，即可弹出一个确认框，在此单击“确定”按钮，即可跳转到用户删除页，并从数据库中删除所选定的用户，然后跳转到用户管理页。用户删除页仅限系统管理员访问，其功能是执行用户删除操作，该页不包含任何可见的内容。

用户删除页的源文件为 news/deleteuser.php，源代码如下。

```
<?php
include_once("includes/connect.php");
include ("includes/checkpriv1.php");
if (isset($_GET["userid"])) {
    $userid = $_GET["userid"];
    $sql = sprintf("DELETE FROM users WHERE userid=%s", $userid);
    $rs = $link->query($sql) or die("删除用户失败：" .$link->error);
}
header("Location:userlist.php");
exit();
?>
```

10.3 实现新闻类别管理

在新闻发布系统中，只有系统管理员才有权限对新闻类别进行管理，包括添加、修改和删除新闻类别，与这些操作相关的页面都必须先检查用户权限，如果用户不是系统管理员，则重定向到出错信息显示页。本节介绍如何实现新闻类别管理功能。

10.3.1 管理新闻类别

新闻类别管理页仅限系统管理员访问。首先以系统管理员身份成功登录新闻发布系统，然后在后台导航条上单击“新闻类别管理”链接，即可进入新闻类别管理页，如图 10.5 所示。该页列出了当前已添加的所有新闻类别，并允许通过单击相应的按钮或超链接添加、修改或删除新闻类别。

新闻类别管理 ×

localhost/news/catglist.php

新闻发布系统 admin | 系统首页 | 系统登录 | 用户管理 | »新闻类别管理« | 新闻管理 | 注销 2019年2月10日

添加新闻类别

新闻类别编号	新闻类别名称	新闻类别操作	
1	国内新闻	修改新闻类别	删除新闻类别
2	国际新闻	修改新闻类别	删除新闻类别
3	军事新闻	修改新闻类别	删除新闻类别
4	财经新闻	修改新闻类别	删除新闻类别
5	体育新闻	修改新闻类别	删除新闻类别
6	娱乐新闻	修改新闻类别	删除新闻类别
7	社会新闻	修改新闻类别	删除新闻类别
8	科技新闻	修改新闻类别	删除新闻类别
9	教育新闻	修改新闻类别	删除新闻类别

图 10.5　新闻类别管理页

新闻类别管理页的主要编程要点：先对用户权限进行检查，如果用户不是系统管理员，则重定向到出错信息显示页；从后台数据库中查询所有新闻类别信息，生成一个结果记录集，以表格形式显示该记录集内容，并在表格中添加“修改新闻类别”和“删除新闻类别”超链接。在“删除新闻类别”超链接上还要设置 onclick 事件处理程序，以增加删除确认功能。

新闻类别管理页的源文件为 news/catglist.php，源代码如下。

```
<?php
include_once("includes/connect.php");
include("includes/page.class.php");
include ("includes/checkpriv1.php");
$sql = "SELECT catgid, catgname FROM categories";
$rs = $link->query($sql);
$total = $rs->num_rows;
$col_num = $rs->field_count;
?>
<!doctype html>
<html>
<head>
<meta charset="utf-8">
<title>新闻类别管理</title>
<link href="style/news.css" rel="stylesheet">
</head>

<body>
<?php include( "includes/nav1.php" ); ?>
<div id="current">
    <button type="button" onclick="location.href='addcatg.php';">添加新闻类别
</button>
</div>
<table border="1" width="96%" align="center" cellpadding="5" class="data">
    <tr>
        <th>新闻类别编号</th>
        <th>新闻类别名称</th>
        <th colspan="2">新闻类别操作</th>
    </tr>
    <?php
    while ($row = $rs->fetch_row()) {
        echo "<tr>";
        for ($i = 0; $i < $col_num; $i++) {
            if ($i == 2) {
```

```
                printf("<td><a href='mailto:%s'>%s</a></td>", $row[$i], $row[$i]);
            } else {
                printf("<td>%s</td>", $row[$i]);
            }
        }
        printf("<td><a href='altercatg.php?catgid=%s'>修改新闻类别</a></td>",
$row[0]);
        printf("<td><a href='deletecatg.php?catgid=%s' onclick='return confirm(\"
您确实要删除这个新闻类别吗？\");'>删除新闻类别</a></td>", $row[0]);
        echo "</tr>";
    }
    ?>
</table>
</body>
</html>
```

10.3.2　添加新闻类别

新闻类别添加页仅限系统管理员访问。首先以系统管理员身份成功登录新闻发布系统，然后在新闻类别管理页上单击“添加新闻类别”按钮，即可进入新闻类别添加页，如图 10.6 所示。当在该页输入新闻类别并单击“添加”按钮时，会将新的新闻类别添加到后台数据库中，然后跳转到新闻类别管理页。

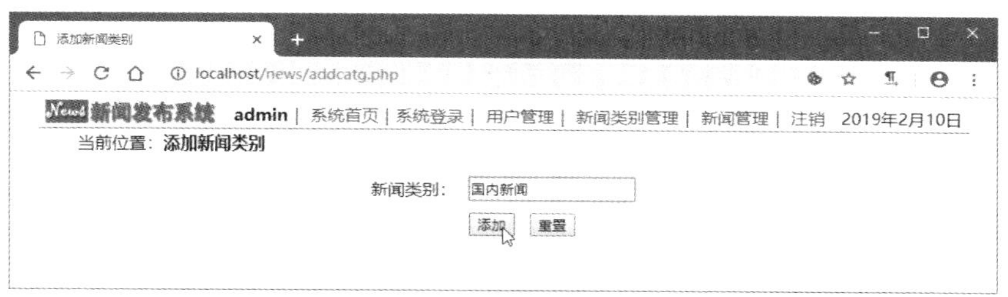

图 10.6　新闻类别添加页

新闻类别添加页的主要编程要点：先对用户权限进行检查，如果用户不是系统管理员，则重定向到出错信息显示页；获取通过表单提交的新闻类别；通过执行 INSERT 语句保存所添加的新闻类别；检查数据库操作是否成功并显示提示信息。

新闻类别添加页的源文件为 news/addcatg.php，源代码如下。

```
<?php
include_once("includes/connect.php");
include( "includes/checkpriv1.php" );
$catgname = $msg = "";
if (!empty($_POST)) {
    $catgname = $_POST["catgname"];
    $sql = sprintf("INSERT INTO categories (catgname) VALUES ('%s')", $catgname);
    $rs = $link->query($sql);

    if ($link->affected_rows > 0) {
        $msg = "新闻类别添加成功";
    } else {
        $msg = "新闻类别添加失败：" .$link->error;
    }
}
?>
<!doctype html>
<html>
<head>
```

```
    <meta charset="utf-8">
    <title>添加新闻类别</title>
    <link href="style/news.css" rel="stylesheet">
    <style>
    #msg {
        color: #ac2925;
        text-align: center;
    }
    </style>
    </head>

    <body>
    <?php include( "includes/nav1.php" ); ?>
    <p id="current">当前位置：<b>添加新闻类别</b></p>
    <form method="post" action="">
        <table>
            <tr>
                <td id="msg" colspan="2"><?php echo $msg; ?></td>
            </tr>
            <tr>
                <td><label for="catgname">新闻类别：</label></td>
                <td><input type="text" name="catgname" value="<?php echo
$catgname; ?>"></td>
            </tr>
            <tr>
                <td></td>
                <td><input type="submit" value="添加">
                     
                    <input type="reset" value="重置"></td>
            </tr>
        </table>
    </form>
    </body>
    </html>
```

10.3.3 修改新闻类别

新闻类别修改页仅限系统管理员访问。首先以系统管理员身份成功登录新闻发布系统，然后在新闻类别管理页上单击“修改新闻类别”超链接，即可进入新闻类别修改页，如图 10.7 所示。当在该页对新闻类别进行修改并单击“更新”按钮时，会将更改保存到后台数据库中，然后跳转到新闻类别管理页。

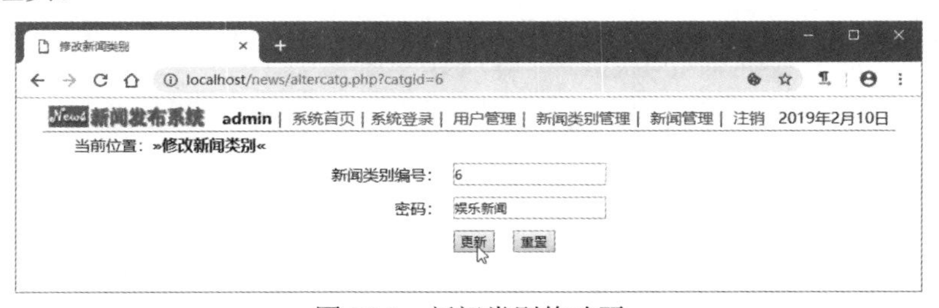

图 10.7　新闻类别修改页

新闻类别修改页的主要编程要点：先对用户权限进行检查，如果用户不是系统管理员，则重定向到出错信息显示页；根据传递的新闻类别编号在后台数据库中进行查询，以创建一个结果记录集；创建一个表单来绑定和修改该记录集的字段内容；通过执行 UPDATE 语句实现字段值的修改。

新闻类别修改页的源文件 news/altertcatg.php，源代码如下。

```
<?php
include_once("includes/connect.php");
include( "includes/checkpriv1.php" );
$catgid = $catgname = $msg = "";
if (isset($_GET["catgid"])) {
    $catgid = $_GET["catgid"];
    $sql = sprintf("SELECT * FROM categories WHERE catgid=%s", $catgid);
    $rs = $link->query($sql);
    $row = $rs->fetch_array();
    $catgname = $row["catgname"];
} else {
    header("Location:catglist.php");
    exit();
}
if (!empty($_POST)) {
    $catgid = $_POST["catgid"];
    $catgname = $_POST["catgname"];
    $sql = sprintf("UPDATE categories SET catgname='%s' WHERE catgid=%s",
        $catgname, $catgid);
    $link->query($sql);
    if ($link->errno == 0 or $link->affected_rows > 0) {
        header("Location:catglist.php");
    } else {
        $msg = "新闻类别更新失败：" .$link->error;
    }
}
?>
<!doctype html>
<html>
<head>
<meta charset="utf-8">
<title>修改新闻类别</title>
<link href="style/news.css" rel="stylesheet">
</head>

<body>
<?php include( "includes/nav1.php" ); ?>
<p id="current">当前位置：<b>&raquo;修改新闻类别&laquo;</b></p>
<form name="form1" method="post" action="">
    <table>
        <tr>
            <td><label for="catgid">新闻类别编号：</label></td>
            <td><input type="text" name="catgid" id="catgid"
                        value="<?php echo $catgid; ?>" readonly></td>
        </tr>
        <tr>
            <td><label for="catgname">密码：</label></td>
            <td><input type="text" name="catgname" id="catgname"
                        value="<?php echo $catgname; ?>"
                        required placeholder="输入新闻类别名称"></td>
        </tr>
        <tr>
            <td></td>
            <td><input type="submit" value="更新">
                  
                <input type="reset" value="重置"></td>
```

```
        </tr>
        <tr>
            <td id="msg" colspan="2"><?php echo $msg; ?></td>
        </tr>
    </table>
</form>
</body>
</html>
```

10.3.4 删除新闻类别

新闻类别删除页仅限系统管理员访问。首先以系统管理员身份成功登录新闻发布系统，然后在新闻类别管理页上单击“删除新闻类别”超链接，即可弹出一个确认框，在此单击“确定”按钮，即可执行新闻类别删除页中的PHP代码，从而将所选定的新闻类别从数据库中删除，然后跳转到新闻类别管理页。

新闻类别删除页的主要编程要点：先对用户权限进行检查，如果用户不是系统管理员，则重定向到出错信息显示页；获取通过链接发送的新闻类别；通过执行DELETE语句从数据库中删除记录；如果检测到删除操作出错，则显示提示信息。

新闻类别删除页的源文件为news/deletecatg.php，源代码如下。

```
<?php
include_once("includes/connect.php");
include ("includes/checkpriv1.php");
if (isset($_GET["catgid"])) {
    $catgid = $_GET["catgid"];
    $sql = sprintf("DELETE FROM categories WHERE catgid=%s", $catgid);
    $rs = $link->query($sql) or die("删除新闻类别失败：" .$link->error);
}
header("Location:catglist.php");
exit();
?>
```

10.4 实现新闻管理

发布新闻和管理新闻是新闻发布系统的核心功能，只有注册用户（包括新闻编辑和系统管理员）才能使用这些功能。新闻编辑可以发布新闻，也可以修改自己发布的新闻。系统管理员则可以修改和删除所有新闻。本节介绍如何实现新闻发布和管理功能。

10.4.1 发布新闻

在以新闻编辑身份成功登录新闻发布系统后，会自动进入新闻发布页，如图10.8所示。也可以在后台导航条上单击“新闻管理”超链接进入新闻管理页，然后单击“发布新闻”按钮进入新闻发布页。该页仅限注册用户访问，如果匿名用户试图通过输入网址来访问该页，则会被重定向到出错信息显示页。在表单中输入新闻标题、选择新闻类别、输入新闻来源和新闻内容，并单击“发布”按钮，即可将提交的新闻信息添加到后台数据库中，然后跳转到新闻浏览页。

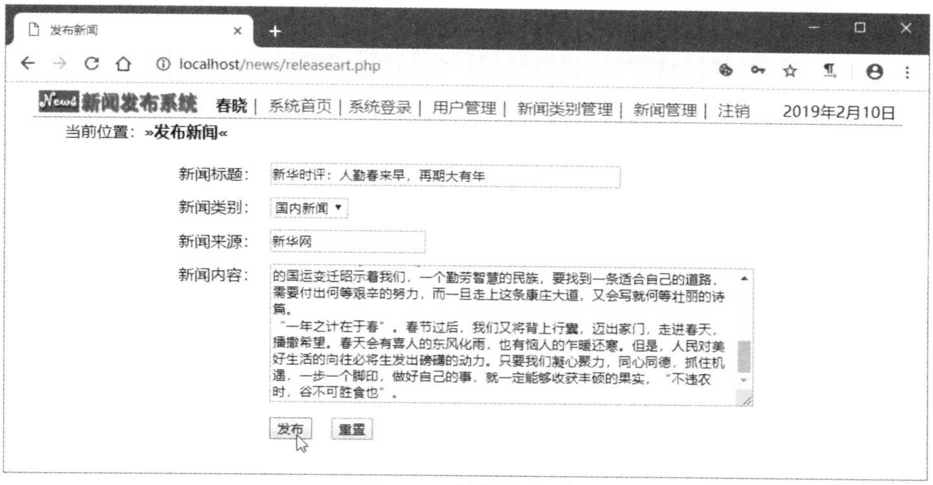

图 10.8　新闻发布页

新闻发布页的主要编程要点：先检查用户是否已经登录，如果用户尚未登录，则重定向到出错信息显示页；创建一个用于输入和提交数据的插入表单；连接到后台数据库并获取新闻类别，创建一个为列表框提供条目的结果记录集；通过预定义数组$_POST 获取表单数据，动态生成一个 INSERT 语句，用于添加新的数据库记录。

在新闻发布页和新闻管理相关页面中，都必须对用户是否登录成功进行检查，如果用户是匿名用户，则拒绝其使用相关功能，并重定向到出错信息显示页。为了避免重复编写代码，可以编写一个专门的文件来执行这个任务，该文件为 news/includes/checkpriv2.php，源代码如下。

```
<?php
if (session_status() !== PHP_SESSION_ACTIVE) session_start();
if (empty($_SESSION)) {        //如果未登录
    header("Location:error.php?errno=1");
    exit();
}
```

新闻发布页的源文件为 news/releaseart.php，源代码如下。

```
<?php
include_once("includes/connect.php");
include("includes/page.class.php");
include("includes/checkpriv2.php");
$title = $content = $catgid = $editor = $source = $msg = "";
$sql = "SELECT * FROM categories";
$rs = $link->query($sql);
if (!empty($_POST)) {
    $title = $_POST["title"];
    $content = $_POST["content"];
    $catgid = $_POST["catgid"];
    $editor = $_SESSION["username"];
    $source = $_POST["source"];
    $sql = sprintf("INSERT INTO articles (title, content, catgid, editor, source)
VALUES ('%s', '%s', %d, '%s', '%s')", $title, $content, $catgid, $editor, $source);
    $rs = $link->query($sql);
    if ($link->affected_rows > 0) {
        $sql = sprintf("SELECT MAX(artid) FROM articles");
        $rs = $link->query($sql);
        $row = $rs->fetch_array();
        $artid = $row[0];
        header("Location:details.php?artid=" .$artid);
```

```
    } else {
        $msg = "新闻发布失败：" .$link->error;
    }
}
?>
<!doctype html>
<html>
<head>
<meta charset="utf-8">
<title>发布新闻</title>
<link href="style/news.css" rel="stylesheet">
</head>

<body>
<?php include( "includes/nav1.php" ); ?>
<p id="current">当前位置：<b>&raquo;发布新闻&laquo;</b></p>
<form name="form1" method="post" action="">
    <table>
        <tr>
            <td id="msg" colspan="2"><?php echo $msg; ?></td>
        </tr>
        <tr>
            <td><label for="title">新闻标题：</label></td>
            <td><input style="width: 26em;" type="text" name="title" id="title"
                    value="<?php echo $title; ?>"
                    required placeholder="输入新闻标题"></td>
        </tr>
        <tr>
            <td><label for="catgid">新闻类别：</label></td>
            <td><select id="catgid" name="catgid">
                    <?php
                    while ($row = $rs->fetch_row()) {
                        printf("<option value='%s'>%s</option>", $row[0], $row[1]);
                    }
                    ?>
                </select></td>
        </tr>
        <tr>
            <td><label for="source">新闻来源：</label></td>
            <td><input type="text" name="source" id="source"
                    value="<?php echo $source; ?>"
                    required placeholder="输入新闻来源"></td>
        </tr>
        <tr>
            <td valign="top"><label for="content">新闻内容：</label></td>
            <td><textarea id="content" name="content" cols="66"
rows="8"></textarea></td>
        </tr>
        <tr>
            <td> </td>
            <td><input type="submit" value="发布">  
                <input type="reset" value="重置"></td>
        </tr>
    </table>
</form>
<div><?php echo $msg; ?></div>
</body>
```

```
</body>
</html>
```

10.4.2 管理新闻

新闻管理页可以由新闻编辑和系统管理员访问，但是新闻编辑只能修改由自己发布的新闻，而且不能删除已发布的新闻，系统管理员则可以修改和删除所有新闻。用户成功登录新闻发布系统后，在后台导航条上单击“新闻管理”超链接，即可进入新闻管理页，如图 10.9 所示。新闻管理页以分页形式列出所有新闻的标题、类别和发布时间等信息，可以通过单击新闻标题的超链接浏览新闻的详细信息，也可以根据所拥有的权限对新闻进行编辑和删除操作。

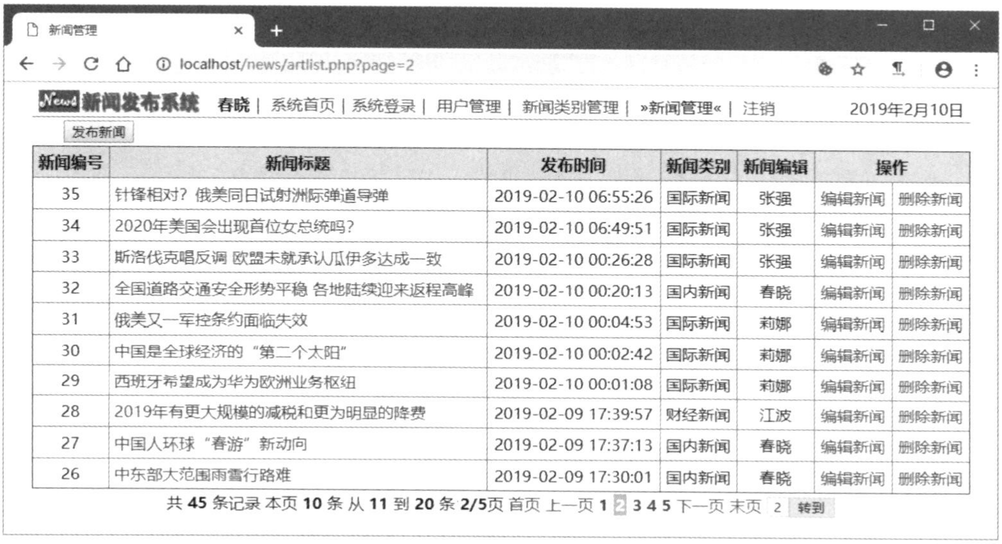

新闻管理 ×
localhost/news/artlist.php?page=2

News新闻发布系统 春晓 | 系统首页 | 系统登录 | 用户管理 | 新闻类别管理 | »新闻管理« | 注销 2019年2月10日

发布新闻

新闻编号	新闻标题	发布时间	新闻类别	新闻编辑	操作	
35	针锋相对？俄美同日试射洲际弹道导弹	2019-02-10 06:55:26	国际新闻	张强	编辑新闻	删除新闻
34	2020年美国会出现首位女总统吗？	2019-02-10 06:49:51	国际新闻	张强	编辑新闻	删除新闻
33	斯洛伐克唱反调 欧盟未就承认瓜伊多达成一致	2019-02-10 00:26:28	国际新闻	张强	编辑新闻	删除新闻
32	全国道路交通安全形势平稳 各地陆续迎来返程高峰	2019-02-10 00:20:13	国内新闻	春晓	编辑新闻	删除新闻
31	俄美又一军控条约面临失效	2019-02-10 00:04:53	国际新闻	莉娜	编辑新闻	删除新闻
30	中国是全球经济的“第二个太阳”	2019-02-10 00:02:42	国际新闻	莉娜	编辑新闻	删除新闻
29	西班牙希望成为华为欧洲业务枢纽	2019-02-10 00:01:08	国际新闻	莉娜	编辑新闻	删除新闻
28	2019年有更大规模的减税和更为明显的降费	2019-02-09 17:39:57	财经新闻	江波	编辑新闻	删除新闻
27	中国人环球“春游”新动向	2019-02-09 17:37:13	国内新闻	春晓	编辑新闻	删除新闻
26	中东部大范围雨雪行路难	2019-02-09 17:30:01	国内新闻	春晓	编辑新闻	删除新闻

共 45 条记录 本页 10 条 从 11 到 20 条 2/5页 首页 上一页 1 2 3 4 5 下一页 末页 2 转到

图 10.9　新闻管理页

新闻管理页的主要编程要点：先检查用户权限，如果用户是匿名用户，则拒绝访问并重定向到出错信息显示页；连接到后台数据库并从中查询所有新闻信息，得到一个结果记录集；以表格形式分页显示该记录集的内容，在表格中创建“编辑新闻”和“删除新闻”动态超链接，并对“删除新闻”超链接设置 onclick 事件处理程序，以增加删除确认功能。

新闻管理页的源文件为 news/artlist.php，源代码如下。

```
<?php
include_once("includes/connect.php");
include("includes/page.class.php");
include("includes/checkpriv2.php");
$sql = "SELECT artid, title, issuetime, catgname, editor FROM artview ORDER BY artid
DESC";
$rs = $link->query($sql);
$total = $rs->num_rows;
$col_num = $rs->field_count;
$page = new Page($total, 10);
$sql .= " " .$page->limit;
$rs = $link->query($sql);
?>
<!doctype html>
<html>
<head>
<meta charset="utf-8">
<title>新闻管理</title>
```

```
<link href="style/news.css" rel="stylesheet">
<style>
td:nth-child(2) {
    text-align: left;
}
</style>
</head>

<body>
<?php include( "includes/nav1.php" ); ?>
<div id="current">
    <button type="button" onclick="location.href='releaseart.php';">发布新闻
</button>
</div>
<table border="1" width="96%" align="center" cellpadding="5" class="data">
    <tr>
        <th>新闻编号</th><th>新闻标题</th><th>发布时间</th>
        <th>新闻类别</th><th>新闻编辑</th><th colspan="2">操作</th>
    </tr>
    <?php
    while ($row = $rs->fetch_row()) {
        echo "<tr>";
        for ($i = 0; $i < $col_num; $i++) {
            if ($i == 1) {
                printf("<td><a href='details.php?artid=%s'>%s</a></td>", $row[0],
$row[1]);
            } else {
                printf("<td>%s</td>", $row[$i]);
            }
        }
        printf("<td><a href='alterart.php?artid=%s'>修改新闻</a></td>", $row[0]);
        printf("<td><a href='deleteart.php?artid=%s' onclick='return confirm(\"
您确实要删除这条新闻吗？\");'>删除新闻</a></td>", $row[0]);
        echo "</tr>";
    }
    ?>
</table>
<?php echo "<nav id='nav'>" .$page->fpage() ."</nav>"; ?>
</body>
</html>
```

10.4.3 编辑新闻

在新闻管理页中单击“编辑新闻”超链接，即可进入新闻编辑页，如图 10.10 所示。新闻编辑和系统管理员都可以访问该页，但是两者的权限有所不同，新闻编辑只能修改自己发布的新闻，系统管理员则可以修改所有新闻。如果检测到当前用户角色虽然是新闻编辑，但不是当前所选定新闻稿的发布者，则会重定向到出错信息显示页并传递 errno 参数值为 3。

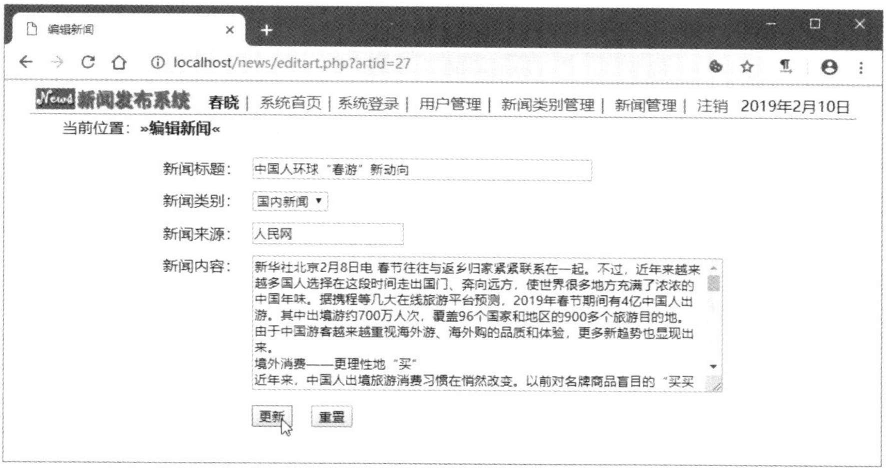

图 10.10　新闻编辑页

新闻编辑页的主要编程要点：先对用户权限进行检查，如果用户是匿名用户，则拒绝访问，如果用户不是当前新闻稿的编辑，则同样拒绝访问；从后台数据库中查询数据，分别得到两个结果记录集，一个是包含待修改新闻稿内容的结果记录集，另一个是包含新闻类别并为列表框提供条目的结果记录集；创建一个用于绑定和修改选定记录字段值的更新表单；通过执行 UPDATE 语句更新新闻稿内容，并在完成修改后跳转到新闻浏览页，查看修改结果。

新闻编辑页的源文件 news/editart.php，源代码如下。

```
<?php
include_once("includes/connect.php");
include("includes/checkpriv2.php");

$artid = $title = $content = $catgid = $editor = $source = $msg = "";
$sql = "SELECT * FROM categories";
$rscatg = $link->query($sql);

if (isset($_GET["artid"])) {
    $artid = $_GET["artid"];
    $sql = sprintf("SELECT * FROM articles WHERE artid=%d", $artid);
    $rs = $link->query($sql);
    $row = $rs->fetch_array();
    $title = $row["title"];
    $content = $row["content"];
    $catgid = $row["catgid"];
    $editor = $row["editor"];
    $source = $row["source"];
    if ($_SESSION["username"] != $editor) {              //如果当前用户不是本文作者
        header("Location:error.php?errno=3");            //重定向，传递错误代码 3
        exit();
    }
} else {
    header("Location:artlist.php");
    exit();
}

if (!empty($_POST)) {
    $artid = $_POST["artid"];
    $title = $_POST["title"];
    $content = $_POST["content"];
```

```
        $catgid = $_POST["catgid"];
        $source = $_POST["source"];

        $sql = sprintf("UPDATE articles SET title='%s', content='%s', catgid=%s,
source='%s' WHERE artid=%d", $title, $content, $catgid, $source, $artid);
        $link->query($sql);
        if ($link->errno == 0 or $link->affected_rows > 0) {
            header("Location:details.php?artid=" .$artid);
            exit();
        } else {
            $msg = "新闻修改失败：" .$link->error;
        }

    }
    ?>
    <!doctype html>
    <html>
    <head>
    <meta charset="utf-8">
    <title>编辑新闻</title>
    <link href="style/news.css" rel="stylesheet">
    </head>

    <body>
    <?php include( "includes/nav1.php" ); ?>
    <p id="current">当前位置：<b>&raquo;编辑新闻&laquo;</b></p>
    <form name="form1" method="post" action="">
        <table>
            <tr>
                <td id="msg" colspan="2"><?php echo $msg; ?></td>
            </tr>
            <tr>
                <td><label for="title">新闻标题：</label></td>
                <td><input style="width: 26em;" type="text" name="title" id="title"
                        value="<?php echo $title; ?>"
                        required placeholder="输入新闻标题"></td>
            </tr>
            <tr>
                <td><label for="catgid">新闻类别：</label></td>
                <td><select id="catgid" name="catgid">
                        <?php
                        while ($row = $rscatg->fetch_row()) {
                            printf("<option value='%s'%s>%s</option>",
                                $row[0], ( $row[0] == $catgid ? "selected" : "" ), $row[1]);
                        }
                        ?>
                    </select></td>
            </tr>
            <tr>
                <td><label for="source">新闻来源：</label></td>
                <td><input type="text" name="source" id="source"
                        value="<?php echo $source; ?>"
                        required placeholder="输入新闻来源"></td>
            </tr>
            <tr>
                <td valign="top"><label for="content">新闻内容：</label></td>
```

```
            <td><textarea id="content" name="content" cols="66" rows="8"><?php echo
$content; ?></textarea></td>
          </tr>
          <tr>
            <td><input type="hidden" name="artid" value="<?php echo
$artid; ?>"></td>
            <td><input type="submit" value="更新">
                
              <input type="reset" value="重置"></td>
          </tr>
        </table>
    </form>
    <div><?php echo $msg; ?></div>
    </body>
    </html>
```

10.4.4 删除新闻

首先以系统管理员身份成功登录新闻发布系统，然后在新闻管理页上单击“删除新闻”超链接，即可弹出一个确认对话框，在此单击“确定”按钮，即可跳转到新闻删除页，并从后台数据库中删除所选定的新闻记录，然后再返回新闻管理页。

新闻删除页的主要编程要点：先检查用户权限，如果用户不是系统管理员，则拒绝访问；如果用户是系统管理员，则获取 URL 参数值，为 DELETE 语句设置搜索条件，并从数据库中删除选定的记录。

新闻删除页的源文件为 news/deleteart.php，源代码如下。

```
    <?php
    include_once("includes/connect.php");
    include ("includes/checkpriv1.php");

    if (isset($_GET["artid"])) {
        $artid = $_GET["artid"];
        $sql = sprintf("DELETE FROM articles WHERE artid=%s", $artid);
        echo $sql;
        $rs = $link->query($sql) or die("删除新闻类别失败：" .$link->error);
    }

    header("Location:artlist.php");
    exit();
    ?>
```

10.5 实现新闻浏览

新闻浏览功能属于新闻发布系统的前台功能模块，相关页面包括系统首页、新闻浏览页、新闻分类浏览页和新闻搜索页等。这些页面主要用于查询和显示数据库记录，不支持数据的增删改操作，它们对所有用户开放，不需要设置访问权限。本节介绍如何实现新闻浏览功能，包括登录系统首页、浏览新闻、分类浏览新闻和搜索新闻等。

10.5.1 登录系统首页

系统首页是进入新闻发布系统的第一个页面，如图 10.11 所示。系统首页不再使用后台导航条，而是使用前台导航条，其中包含一些常用超链接。通过单击“后台管理”超链接可以进入后台管理页；通过单击“设为书签”超链接可以弹出一个对话框，提示如何收藏本页；通过在搜索文本框中输入关键字并单击“搜索”按钮可以按新闻标题或内容进行搜索。

图 10.11 新闻发布系统首页

系统首页列出当前已添加的所有新闻类别，当单击新闻类别超链接时，会进入分类浏览页。系统首页的主要内容是按照类别列出新闻标题，而且在每个新闻类别中只列出 5 个最新的新闻标题。如果单击某个新闻标题上的超链接，则进入相应的新闻浏览页，可以浏览这条新闻的详细内容。如果在某个类别中新发布一条新闻，则这条新闻的标题会出现在该类别的顶部。如果原来已经显示了 5 个新闻标题，则最下方的那个新闻标题将被“挤出”系统首页。通过单击“更多……”超链接可以进入新闻分类浏览页。

在前台模块的各个页面中统一使用了前台导航条，其中包含所有新闻类别超链接、后台入口、当前系统日期和搜索表单（使用 GET 方法）等内容，源文件为 news/includes/nav2.php，源代码如下。

```
    <?php require_once("includes/connect.php");
    $sql = "SELECT * FROM categories";
    $rs_catg = $link->query($sql);
    $row_catg = $rs_catg->fetch_assoc();
    $total_catg = $rs_catg->num_rows;
    ?>
    <nav>
    <table>
        <tr>
            <td><a href="index.php"><img src="images/news_logo.png"></a></td>
            <td><a href="switch.php">后台管理</a> | <a href="javascript:void(0);"
            onclick="alert('按 Ctrl+D 将本页保存为书签，全面了解最新资讯，方便快捷。');">设为
书签</a></td>
            <td><?php echo date("Y 年 n 月 j 日"); ?></td>
```

```
        <td><form method="get" action="results.php">
            <input type="text" name="key" required placeholder="请输入关键字">
            <input type="submit" value="搜索">
        </form></td>
    </tr>
</table>
</nav>
<table border="1" style="border:thin solid grey; border-collapse: collapse; width:
96%">
    <tr align="center">
        <?php
        if ($total_catg > 0) {
            do {
                printf("<td><a
href=\"classify.php?catgid=%d&catgname=%s\">%s</a></td>",
                    $row_catg['catgid'],
                    urlencode($row_catg['catgname']),
                    $row_catg['catgname']);
            } while ($row_catg = $rs_catg->fetch_assoc());
        }
        ?>
    </tr>
</table>
```

当用户在导航条上单击“后台管理”超链接时，会跳转到系统调度页，其功能是根据权限不同，将用户重定向到不同的后台管理页面，源代码如下。

```
<?php
if (session_status() !== PHP_SESSION_ACTIVE) session_start();
$url = "";
if (!empty($_SESSION)) {
    $role = $_SESSION["role"];
    if ($role == "系统管理员") {
        $url = "userlist.php";
    } else if ($role == "新闻编辑") {
        $url = "releaseart.php";
    }
} else {
    $url = "login.php";
}
header("Location:" .$url);
exit();
?>
```

新闻发布系统首页的源文件为 news/index.php，源代码如下。

```
<?php
require_once("includes/connect.php");
$sql = "SELECT catgid, catgname FROM categories";
$rs_catg = $link->query($sql);
$row_catg = $rs_catg->fetch_assoc();
$total_catg = $rs_catg->num_rows;
?>
<!doctype html>
<html>
<head>
<meta charset="utf-8">
<title>新闻发布系统首页</title>
<link href="style/news.css" rel="stylesheet">
<style type="text/css">
```

```
    #list {
        width: 96%;
    }
    #list td {
        padding: 4px;
    }
    </style>
    </head>

    <body>
    <?php
    include( "includes/nav2.php" );
    $rs_catg->data_seek(0);            //将记录指针移到首记录
    $row_catg = $rs_catg->fetch_assoc();

    do {
        $sql = sprintf("SELECT * FROM articles WHERE catgid=%d
    ORDER BY issuetime DESC LIMIT 5", $row_catg['catgid']);
        $rs_news = $link->query($sql);
        $row_news = $rs_news->fetch_assoc();
        $total_news = $rs_news->num_rows;
        if ($total_news > 0) {
            printf("<table id=\"list\">");
            printf("<tr style=\"background-color: #f8f9fa\">");
            printf("<td> <strong>%s</strong></td>", $row_catg['catgname']);
            printf("<td><a href=\"classify.php?catgid=%d&catgname=%s\">更
多%s...</a></td>",
                $row_catg['catgid'], urlencode($row_catg['catgname']),
$row_catg['catgname']);

            do {
                printf("<tr>");
                printf("<td colspan=\"2\">");
                printf("&raquo; <a href=\"details.php?artid=%d\"
target=\"_blank\">%s</a>",
                    $row_news["artid"], $row_news["title"]);
                printf("  <span style=\"color: #5a6268; font-size:
10px\">%s</span></td>", $row_news["issuetime"]);
                printf("</tr>");
            } while ($row_news = $rs_news->fetch_assoc());
            printf("</table>");
        } else {
            continue;
        }
    } while ($row_catg = $rs_catg->fetch_assoc());
    ?>
    </body>
    </html>
```

10.5.2 浏览新闻

当用户在系统首页或新闻分类浏览页上单击一个新闻标题超链接时，会进入新闻浏览页，该页列出所选新闻的标题、发布时间、编辑、来源和详细内容，如图 10.12 所示。通过对 content 字段值进行处理，换行符“\n”前后的新闻内容使用<p>和</p>标签环绕起来，从而转换为一个段落，并通过应用 CSS 样式形成每个段落首行缩进两个字符的效果。

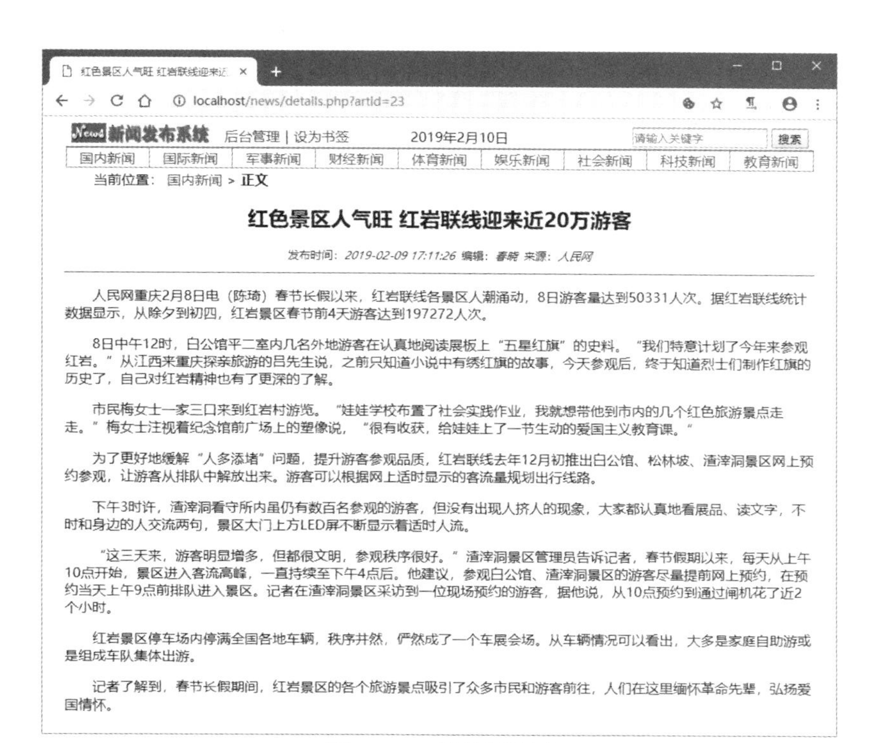

图 10.12　新闻浏览页

新闻浏览页的源文件为 news/details.php，源代码如下。

```
<?php
require_once("includes/connect.php");
$artid = "-1";
if (isset($_GET['artid'])) {
   $artid = $_GET['artid'];
}

$sql = sprintf("SELECT * FROM artview WHERE artid = %d", $artid);
$rs_art=$link->query($sql);
$row_art=$rs_art->fetch_assoc();
$total_art=$rs_art->num_rows;

function showtext( $text ) {
   $text = str_replace ( "　" , "" , $text); //全角空格替换为空字符串
   $a = explode ( "\n", $text );
   $str = "";
   for ( $i = 0; $i < count ( $a ); $i++ ) {
      $str .= sprintf( "<p>%s</p>\n", $a[$i] );
   }
   echo $str;
}
?>
<!doctype html>
<html>
<head>
<meta charset="utf-8">
<title><?php echo $row_art['title']; ?></title>
<link rel="stylesheet" type="text/css" href="style/news.css">
<style type="text/css">
#content {
```

```
        text-indent: 2em;
        width: 96%;
        margin: 0 auto;
    }
    </style>
    </head>

    <body>
    <?php include( "includes/nav2.php" ); ?>
    <p id="current">当前位置： <a href="classify.php?catgid=<?php echo
$row_art['catgid']; ?>"> <?php echo $row_art['catgname']; ?></a> &gt; <strong>正文
</strong></p>
    <article>
        <header>
            <h1><?php echo $row_art['title']; ?></h1>
            <p style="font-size: small;">发布时间：<em><?php echo
$row_art['issuetime']; ?></em> 
                编辑：<em><?php echo $row_art['editor']; ?></em> 
                来源：<em><?php echo $row_art['source']; ?></em> </p>
        </header>
        <hr width="96%" size="1" noshade="noshade" color="#003366">
        <div id="content">
            <?php showtext( $row_art['content'] ); ?>
        </div>
    </article>
    </body>
    </html>
```

10.5.3 分类浏览新闻

当用户在系统首页或新闻浏览页上单击某个新闻类别超链接时，会进入新闻分类浏览页，如图 10.13 所示。该页以表格形式分页列出所选择的新闻类别包含的所有新闻标题、发布时间和新闻来源，通过单击新闻标题超链接即可查看新闻的详细内容。

图 10.13 新闻分类浏览页

新闻分类浏览页的源文件为 news/classify.php，源代码如下。

```
<?php
require_once("includes/connect.php");
include("includes/page.class.php");
$sql = "SELECT * FROM categories";
$rs_catg = $link->query($sql);
```

```
    $row_catg = $rs_catg->fetch_assoc();
    $total_catg = $rs_catg->num_rows;

    $catgid = $catgname="";
    if (isset($_GET['catgid'])) {
        $catgid = $_GET['catgid'];
        $catgname = $_GET["catgname"];
    }
    $sql = sprintf("SELECT artid, title, catgname, issuetime, source FROM artview WHERE
catgid = %s
    ORDER BY issuetime DESC", $catgid);
    $rs_art = $link->query($sql);
    $total = $rs_art->num_rows;
    $col_num = $rs_art->field_count;
    $page = new Page($total, 6);
    $sql .= " " .$page->limit;
    $rs_art = $link->query($sql);
    ?>
    <!doctype html>
    <html>
    <head>
    <meta charset="utf-8">
    <title>分类浏览新闻</title>
    <link rel="stylesheet" type="text/css" href="style/news.css">
    </head>

    <body>
    <?php include ("includes/nav2.php");?>
    <p id="current">当前位置：<strong><?php echo $catgname; ?></strong></p>
    <table border="1" width="96%" align="center" cellpadding="5" class="data">
        <tr>
            <th>新闻标题</th><th>发布时间</th><th>新闻来源</th>
        </tr>
        <?php
        while ($row_art = $rs_art->fetch_assoc()) {
            echo "<tr>";
            printf("<td style='text-align: left'><a
href='details.php?artid=%s'>%s</a></td>",
                $row_art["artid"], $row_art["title"]);
            printf("<td>%s</td>", $row_art["issuetime"]);
            printf("<td>%s</td>", $row_art["source"]);
            echo "</tr>";
        }
        ?>
    </table>
    <?php echo "<nav id='nav'>" .$page->fpage() ."</nav>"; ?>
    </body>
    </html>
```

10.5.4 搜索新闻

与浏览新闻相关的几个页面上都包含一个搜索表单。在文本框中输入关键字并单击“搜索”按钮，即可进入新闻搜索结果页，如图 10.14 所示。该页以表格形式分页列出所找到的相关新闻的标题，通过单击标题超链接即可查看新闻的详细内容。

图 10.14　新闻搜索结果页

新闻搜索结果页的源文件为 news/results.php，代码如下。

```
<?php
require_once( 'includes/connect.php' );
include("includes/page.class.php");
$key = "-1";
if (isset($_GET['key'])) {
    $key = $_GET['key'];
}
$arg = "'%" .$key ."%'";
$sql = sprintf("SELECT artid, title, catgname, issuetime, source FROM artview
WHERE title LIKE %s OR content LIKE %s ORDER BY issuetime DESC", $arg, $arg);
$rs = $link->query($sql);
$total = $rs->num_rows;
$col_num = $rs->field_count;
$page = new Page($total, 10);
$sql .= " " .$page->limit;
$rs = $link->query($sql);
$row = $rs->fetch_array();
?>
<!doctype html>
<html>
<head>
<meta charset="utf-8">
<title>搜索"<?php echo $_GET['key']; ?>"的结果</title>
<link href="style/news.css" rel="stylesheet">
<style>
table {
    width: 96%;
}
caption {
    margin-bottom: 1em;
    font-weight: bold;
}
</style>
</head>
```

```
    <body>
    <?php include( 'includes/nav2.php' ); ?>
    <p id="current">当前位置：<strong>搜索"<?php echo $_GET['key']; ?>"的结果
</strong></p>
    <table border="1" cellpadding="5">
       <caption>找到相关新闻<?php echo $total; ?>篇</caption>
       <tr style="background-color: #dddddd">
          <th>新闻标题</th><th>新闻类别</th><th>发布时间</th><th>新闻来源</th>
       </tr>
       <?php do { ?>
       <tr>
          <td><a href="details.php?artid=<?php echo $row['artid']; ?>"><?php echo
$row['title']; ?></a></td>
          <td align="center"><?php echo $row['catgname']; ?></td>
          <td align="center"><?php echo $row['issuetime']; ?></td>
          <td><?php echo $row['source']; ?></td>
       </tr>
       <?php } while ($row = $rs->fetch_array()); ?>
    </table>
    <?php echo "<nav id='nav'>" .$page->fpage() ."</nav>"; ?>
    </body>
    </html>
```

习 题 10

一、选择题

1．在本章的新闻发布系统中，模块（ ）属于前台管理部分。

A．用户管理　　B．新闻类别管理

C．新闻管理　　D．新闻浏览

3．如果登录成功，则用户名会保存在（ ）中。

A．$username　　B．$_SESSION["username"]

C．$role　　D．$_SESSION["role"]

3．在本章的新闻发布系统中，（ ）只能由系统管理员访问。

A．系统登录页　　B．用户创建页

C．新闻发布页　　D．新闻浏览页

4．在本章的新闻发布系统中，新闻编辑页可以由（ ）访问。

A．所有用户　　B．新闻编辑

C．系统管理员　　D．当前新闻的发布者

二、判断题

1．（ ）在系统登录页和创建用户页上密码都没有经过加密处理。

2．（ ）在单击“注销”超链接时，会销毁所有会话变量。

3．（ ）在检查新用户名时，需要在数据库中查询所提交的用户名。

4．（ ）检查用户权限是通过检查会话变量$_SESSION["username"]来实现的。

三、简答题

1．在本章制作的新闻发布系统中，用户分为哪几类？他们分别具有哪些权限？

2．在创建新闻发布系统首页时，如何实现新闻的分类别显示？如何在每个新闻类别中只显示最新发布的若干条新闻？

3．在制作新用户创建页时，如何实现对密码的加密？

4．在创建新闻类别添加页时，为什么不为新闻类别编号字段提供值？

5．在创建更新记录和删除记录页时，为什么必须为主键列设置提供值？

6．如果要创建一个仅限注册用户访问的 PHP 页，应如何设置访问权限？如果要求该页仅限管理员访问，应如何设置访问权限？

7．新闻发布系统中的各个相关页面需要用到共同的代码，如检查权限和导航条，为了避免重复编写代码，应当如何处理？

四、课程设计

参照本章内容设计一个新闻发布系统，首先进行系统功能分析、设计和创建数据库，然后设计和制作每个页面，最后对整个设计过程进行总结并写出上机报告。